清华
开发者书库

网络工程设计
与实施综合实训

邓 平　宁东玲◎编著

清华大学出版社
北京

内 容 简 介

本书以目前主流的 CISCO 和 HUAWEI(思科和华为)信息通信设备作为网络工程设计举例,系统地阐述了 IPv4/IPv6 路由交换技术在网络工程中的综合应用。全书以网络工程项目的规划、设计、实施及运维为主线,以案例剖析为导向、任务分解为流程,较为详细地阐述了 CISCO 和 HUAWEI 的路由器、交换机、防火墙、无线控制器 AC 和无线接入点 AP 等通信设备在网络工程设计、实施及运维中的应用。书中给出了大量典型的工程应用实例。全书共分为 3 篇 14 章,内容主要包括: IPv4/IPv6 网络兼容技术、路由器与交换机的远程管理技术、虚拟局域网(VLAN)与负载均衡技术、动态分配 IP 地址的 DHCP 技术、静态路由与默认路由技术、中小型网络动态路由技术、大型网络动态路由技术、广域网技术、接入网路由策略技术、网络安全技术、无线局域网(WLAN)技术、综合布线技术、网络工程系统集成技术、园区级网络工程设计等。

本书的项目任务明确,侧重实用、图文并茂、案例典型,将 CISCO 和 HUAWEI 的网络工程原理、设计方法等融入实训项目中,较为详细地针对 CISCO 和 HUAWEI 网络设备在不同网络环境中的命令配置进行比较,有利于学习者的网络工程实践技术的综合应用。本书可作为计算机科学与技术、网络工程、通信工程等相关专业的本科生教材或教学参考书,也可作为网络工程技术人员的参考书。

图书在版编目(CIP)数据

网络工程设计与实施综合实训/邓平,宁东玲编著.—北京:清华大学出版社,2021.10 (2024.2重印)
(清华开发者书库)
ISBN 978-7-302-59036-1

Ⅰ.①网… Ⅱ.①邓… ②宁… Ⅲ.①计算机网络-网络设计-高等学校-教材 Ⅳ.①TP393.02

中国版本图书馆 CIP 数据核字(2021)第 178837 号

责任编辑: 赵　凯
封面设计: 李召霞
责任校对: 徐俊伟
责任印制: 沈　露

出版发行: 清华大学出版社
　　　　网　　　址: https://www.tup.com.cn, https://www.wqxuetang.com
　　　　地　　　址: 北京清华大学学研大厦 A 座　　　邮　　编: 100084
　　　　社　总　机: 010-83470000　　　　邮　　购: 010-62786544
　　　　投稿与读者服务: 010-62776969, c-service@tup.tsinghua.edu.cn
　　　　质量反馈: 010-62772015, zhiliang@tup.tsinghua.edu.cn
　　　　课件下载: https://www.tup.com.cn, 010-83470236
印　装　者: 三河市君旺印务有限公司
经　　　销: 全国新华书店
开　　　本: 185mm×260mm　　印　张: 26　　　　字　　数: 646 千字
版　　　次: 2021 年 11 月第 1 版　　　　　　　印　　次: 2024 年 2 月第 4 次印刷
印　　　数: 3301~4300
定　　　价: 89.00 元

产品编号: 090230-01

前言
PREFACE

为了适应新时期应用型（职业）本科教学改革的需要，按照新的人才培养方案及课程标准的要求，针对计算机网络及其相关实践性课程的特点，突出应用型本科生能力培养，在相关课程教学的基础上，独立开设网络工程设计与实施综合实训课程。本书是通过网络工程技术岗位及人才需求调研，并组织专家讨论研究，同时听取和征求多所应用型本科院校计算机网络教学工作者的意见后编写而成。本书继承了前人不同时期出版的计算机网络工程实验教材的优点，突出针对性、实用性、科学性，力求从教材体系和专业发展上进行提炼，以使教学对象能适应未来社会的需要。

本书的设计思想是以社会对网络工程技术人才的实际需求为出发点，以职业岗位群的工作为依据，突出学生应用能力的培养，主要以项目需求为导向，以职业能力和应用能力的培养为中心。全书以计算机网络工程项目的规划、设计、实施及运维为主线，以案例剖析为导向、任务分解为流程的思路编排章节，实训任务明确，侧重实用、图文并茂、案例典型，特色鲜明地将各类计算机网络工程的基本原理、知识和工程设计方法等融入实训教学过程中，真正体现了理实一体化的综合实训教学理念。书中较为系统地介绍了网络工程设计、实施及维护等技术，并且给出了大量典型的工程应用实例。全书共分为3篇14章，内容主要包括IPv4与IPv6网络兼容技术、路由器与交换机的远程管理技术、虚拟局域网（VLAN）与负载均衡技术、动态分配IP地址的DHCP技术、静态路由与默认路由技术、中小型网络动态路由技术、大型网络动态路由技术、广域网技术、接入网路由策略技术、网络安全技术、无线局域网（WLAN）技术、综合布线技术、网络工程系统集成技术和园区级网络工程设计等。

本书可以作为计算机科学与技术、网络工程、通信工程等相关专业的本科生教材或教学参考书，也可以作为从事网络工程设计、实施及维护的工程技术人员的参考书。

本书由邓平、宁东玲编著。另外，林明辉、刘树林、李海英、张敏、彭毓蓉等也参与了本书初稿的整理工作。全书的编写工作得到了各方面的鼓励和支持，在此一并表示衷心的感谢。

本书虽然经过多次讨论并反复修改，但由于时间仓促及编者水平有限，书中难免有不妥和错误之处，敬请读者批评指正。

编　者
2021年8月于昆明

目 录
CONTENTS

本书课件　　参考资料

第一篇　技术综合应用

第二篇　网络信息系统集成

第三篇　网络工程设计

第一篇 技术综合应用

第1章

IPv4 与 IPv6 网络兼容技术

1.1 实训预备知识

1.1.1 IPv4 地址表示

网际协议版本 4(Internet Protocol version 4,IPv4),又称互联网通信协议第 4 版,是网际协议开发过程中的第 4 个修订版本。IPv4 是互联网的核心,也是目前使用最广泛的网际协议版本,其后继版本为 IPv6。截至 2019 年 11 月,全球 IPv4 地址已经耗尽。

IPv4 地址是一个 32 位的二进制数,通常被分割为 4 个八位二进制数(即 4 字节)。IPv4 地址通常用"点分十进制"表示成(X. X. X. X)的形式,其中 X 是 0～255 的十进制整数。

二进制数:基数为 2,数字符号只有 0 和 1,逢二进一。例如,"11.1"按照位权展开转换成十进制数,则为 $(11.1)_2 = 1 \times 2^1 + 1 \times 2^0 + 1 \times 2^{-1} = 2 + 1 + 0.5 = 3.5$。

八位二进制数转换成十进数的公式如下:

$10000000 \text{ B} = 1 \times 2^7 = 128$,$01000000 \text{ B} = 1 \times 2^6 = 64$,$00100000 \text{ B} = 2^5 = 32$,$00010000 \text{ B} = 2^4 = 16$,$00001000 \text{ B} = 2^3 = 8$,$00000100 \text{ B} = 2^2 = 4$,$00000010 \text{ B} = 2^1 = 2$,$00000001 \text{ B} = 2^0 = 1$。

IPv4 地址可以划分为若干个固定类,每一类地址由网络号和主机号组成。记为:IPv4 地址=⟨⟨网络号⟩,⟨主机号⟩⟩,使用点分十进制表示,即每 8 位二进制用一个十进制表示。

若计算机中存放的 IPv4 地址为 32 位二进制数 00000001000000100000001100000100,如果采用点分十进制表示,则 IPv4 地址为 1.2.3.4。

若给 IPv4 地址分类为 A 类、B 类、C 类、D 类和 E 类,其网络号与主机号如图 1-1 所示。

A 类地址是以二进制数"0"开头,网络位长度为 8 位,可变部分为 7 位。网络位范围为 000000000～01111111,即 0～127,但只有 126 个可用的 A 类网络,第一是 IPv4 地址中的全"0"表示网络位全"0"的 IPv4 地址是保留地址,意思是"本网络";第二网络号为 127(即 0111111)是保留作为本地软件环回测试(loopback test)本主机的进程之间的通信的。每个网络容纳主机数量为 $2^{24} - 2$ 台主机,因为主机地址位全"0"表示该 IPv4 地址是"本主机"所连接到的单个网络地址,全"1"表示"所有的",全"1"的主机号字段表示网络上所有的主机。

B 类地址是以二进制数"10"开头,网络位长度为 16 位,可变部分为 14 位。其中十进制

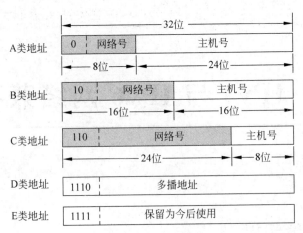

图 1-1　IPv4 地址分类中的网络号和主机号

数表示的 IPv4 地址 128.0.0.0 是网络地址,不指派。

　　C 类地址以二进制数"110"开头,网络位长度为 24 位,可变部分为 21 位。其中十进制数表示的 IPv4 地址 192.0.0.0 是网络地址,不指派。

　　D 类地址不分网络段和主机段。

　　E 类地址不分网络段和主机段。

　　针对表 1-1、表 1-2 作如下说明:

　　(1) 二进制数表示的 IPv4 地址,全"0"的地址是"这个"的意思。

　　(2) 直接广播地址。主机地址二进制数表示全为"1"的 IPv4 地址用于广播地址,称为直接广播地址。直接广播是指在网上的任何一点均可向其他任何网络进行广播。

　　一个 A 类网络广播地址格式为:[网络段].255.255.255,例如 110.255.255.255。

　　一个 B 类网络广播地址格式为:[网络段].255.255,例如 130.89.255.255。

　　(3) 受限广播地址,例如 255.255.255.255,只能作为目的地址,路由器不转播该分组,该地址也叫作本地广播地址。

　　(4) 回路地址,用于测试本主机的网络配置情况。例如 ping 127.0.0.1,测试本机 TCP/IP 是否正常。

　　(5) 组播地址,例如 224.0.0.1,是指组播中的所有主机,224.0.0.2 是指组播中所有路由器。

　　(6) 保留的私有地址,该地址不可以在公网上使用,但可以在局域网中使用;若路由器遇到目的地址为私有地址数据包,一律不转发到外网。

表 1-1　IPv4 的 A 类、B 类和 C 类地址网络位和主机位

类别	网络段长度	最大可指派的网络数	第一个可指派的网络号	最后一个可指派的网络号	主机段长度	每个网络主机数量
A	8	$126(2^7-2)$	1	126	24	$2^{24}-2=1677214$
B	16	$16383(2^{14}-1)$	128.1	191.255	16	$2^{14}-2=65534$
C	24	$2097151(2^{21}-1)$	192.0.1	223.255.255	8	$2^8-2=254$

表 1-2　特殊的 IPv4 地址情况

网络号	主机号	源地址使用	目的地址使用	代表意义
0	0	可以	不可	本网络本主机
0	主机号(host-id)	可以	不可	本网中的某个主机(host-id)
网络号(net-id)	111…111	不可	可以	对网络(net-id)上所有主机进行广播(直接广播地址)
全 1	全 1	不可	可以	只在本网络内部广播,各路由器均不转发(受限广播地址)
01111111	任何值			回路地址,作环回测试

IPv4 的 A 类、B 类和 C 类的私有地址范围如表 1-3 所示。

表 1-3　私有的 IPv4 地址范围

类别	地址范围	网络数	每个网络主机数量
A	10.0.0.0～10.255.255.255	1	$2^{24}-2$
B	172.16.0.0～172.31.255.255	16	$2^{16}-2$
C	192.168.0.0～192.168.255.255	256	2^8-2

默认路由(Default route)地址在 TCP/IP 中,其网络地址为 0.0.0.0,子网掩码为 0.0.0.0。

1.1.2　IPv4 子网划分

1. 子网掩码

如图 1-2 所示,子网掩码也是 32 位数字,由一串"1"和随后的一串"0"组成,子网掩码中"1"对应二级 IP 地址中原来的网络号和子网号,"0"对应的是三级地址结构中的主机号。将子网掩码和二级 IP 地址逐位进行逻辑与 AND 运算后,可得到子网的网络地址。

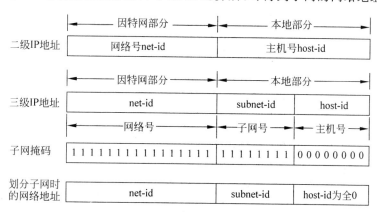

图 1-2　三级 IP 地址和子网掩码对应关系

逻辑与 AND 运算公式如下:

$$1 \text{ AND } 1 = 1, \quad 1 \text{ AND } 0 = 0, \quad 0 \text{ AND } 0 = 0$$

A 类、B 类和 C 类 IP 地址的默认子网掩码,如图 1-3 所示。

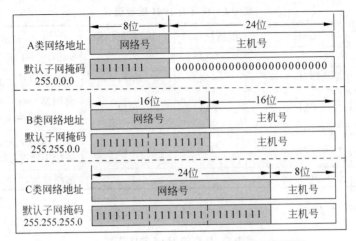

图 1-3 A 类、B 类和 C 类 IP 地址的默认子网掩码

2. 定长子网划分

例题 1：某公司获得了 C 类网络号 202.116.94.0，该公司有 A、B、C、D 共 4 个部门，各部门的计算机数量均 60 台。公司要求对获得的网络地址进行划分，每个部门划分到不同的子网中。

定常划分子网，划分子网 4 个，需要占取 2 位主机位，主机位有 6 位，每个子网可分配的 IP 地址最多为 $2^6-2=62$ 个，刚好够用，子网掩码为 255.255.255.192。各部门 IP 地址网段情况汇总，如表 1-4 所示。

表 1-4 各部门 IP 地址网段情况汇总表

部门	网络地址	主机地址范围	子网掩码	可分地址数量	广播地址
A	202.116.94.0 (00000000)	202.116.94.01(00000001)~ 202.116.94.62(00111110)	255.255.255.192	2^6-2	202.116.94.63 (00111111)
B	202.116.94.64 (01000000)	202.116.94.65(01000001)~ 202.116.94.126(01111110)	255.255.255.192	2^6-2	202.116.94.127 (01111111)
C	202.116.94.128 (10000000)	202.116.94.129(10000001)~ 202.116.94.190(10111110)	255.255.255.192	2^6-2	202.116.94.191 (10111111)
D	202.116.94.192 (11000000)	202.116.94.193(11000001)~ 202.116.94.254(11111110)	255.255.255.192	2^6-2	202.116.94.255 (11111111)

3. 可变长子网掩码

可变长子网掩码（Variable Length Subnet Mask，VLSM）在子网划分中的运用，举例如下。

例题 2：某公司获得了 C 类网络号 202.116.94.0，该公司有 A、B、C、D 共 4 个部门，各部门的计算机数量分别为 120、60、30 和 28。公司要求对获得的网络地址进行划分，每个部门划分到不同的子网中。

如果定常划分子网，要划分子网 4 个，需要占取 2 位主机位，主机位有 6 位，每个子网可分配的 IP 地址最多为 $2^6-2=62$ 个，由于 A 部门有 120 台主机，此主机位不够，需要采用

VLSM。

　　A. 120 台需主机位 7 位子网掩码：255.255.255.10000000

　　B. 60 台需主机位 6 位子网掩码：255.255.255.11000000

　　C. 30 台需主机位 5 位子网掩码：255.255.255.11100000

　　D. 28 台需主机位 5 位子网掩码：255.255.255.11100000

各部门 IP 地址网段情况，如表 1-5 所示。

表 1-5　各部门 IP 地址网段汇总

部门	网络地址	地址范围	子网掩码	可分地址数量	广播地址
A	202.116.94.0 (00000000)	202.116.94.0～ 202.116.94.127	255.255.255.128	2^7-2	202.116.94.127 (01111111)
B	202.116.94.128 (10000000)	202.116.94.128～ 202.116.94.191	255.255.255.192	2^6-2	202.116.94.191 (10111111)
C	202.116.94.192 (11000000)	202.116.94.192～ 202.116.94.223	255.255.255.224	2^5-2	202.116.94.223 (11011111)
D	202.116.94.224 (11100000)	202.116.94.224～ 202.116.94.255	255.255.255.224	2^5-2	202.116.94.255 (11111111)

1.1.3　IPv4 无分类域间路由

　　无分类域间路由(CIDR)消除了传统的 A 类、B 类和 C 类地址以及划分子网的概念。IP 地址从三级编址(使用子网掩码)回到了二级编址：IP 地址::=｛<网络前缀>,<主机号>｝。IP 地址使用"斜线记法"，即在 IP 地址后面加上斜线"/"，然后写上网络前缀占的位数，例如地址 128.14.32.0/20。虽然 CIDR 不使用子网掩码，但 CIDR 的斜线记法中，斜线后的数字就是二进制地址掩码中"1"的个数，即子网掩码。

　　CIDR 记法多种形式，地址块 10.0.0.0/10，可写为 10/10，即把点分十进制中低位的连续"0"省略。另一种简化方法是在网络前缀的后面加上一个 ＊ 号，如 0000101000＊，＊ 号之前为网络前缀，而 ＊ 号表示 IP 地址中主机地址。

　　地址聚合是将若干个 CIDR 块聚合成一个 CIDR 块，这个地址的聚合称为路由聚合。路由聚合计算过程是将需要聚合的几个网段的地址转换为二进制表达方式，然后比较这些网段，寻找它们 IP 地址前面相同的部分，从发生不同的位置进行划分，相同的部分作为网络段，而不同的部分作为主机段。

1.1.4　IPv6 地址的表示

　　IPv6 地址二进制长度为 128 位(16 字节)。IPv6 表示方法是将 128 位分成 8 组，每组 16 位二进制，16 位二进制再转换为十六进制，即使用冒号十六进制记法。

　　十六进制数：基数为 16，逢十六进一，数字的表示从 0 到 9，10 用 A 表示，依此类推，B、C、D、E、F 表示 10、11、12、13、14、15。如"4FD"按照位权展开：

　　$(4FD)_{16}=4\times16^2+15\times16^1+13\times16^0=4FDH$

　　产生的原因主要是因为 32 位的 IP 地址不够用，IPv6 建立在 IPv4 基础上，长度改变，各种协议也改变。IPv4 地址长度为 32 位，IPv6 长度为 128 位。

表示方法：将 128 位分成 8 组，每组 16 位二进制，16 位二进制转换为十六进制，即使用冒号十六进制记法，"0000"可写作"0"，数字前的"0"可不写，多个"0:0:0"相连，可写成"::"，但是，每个 IPv6 地址中只能有一次将多个"0:0:0"用"::"压缩方式表示。

例题 3：对于 56FA:0000:0000:0000:AAAA:0000:0000:0021 的 IPv6 地址如何进行压缩？

求解过程如下：

首次压缩后的结果为：56FA:0:0:0:AAAA:0:0:21。

再次压缩的结果为：56FA::AAAA:0:0:21 或 56FA:0:0:0:AAAA::21。

1.1.5　IPv6 地址的分配

IPv6 地址的分配是由地址前面几位实现的，包含前几位的可变长域叫作格式前缀，如表 1-6 所示。

表 1-6　IPv6 地址的分配

格式前缀	类型	占用比例
00000000	保留	1/256
00000001	未指定	11/256
0000001	OSINSAP 地址	1/128
0000010	NovellNetWareIPX 地址	1/128
0000011	未指定	1/32
00001	未指定	1/16
0001	未指定	1/16
001	可聚集全球单播地址	1/8
010	基于提供者的地址	1/8
011	未指定	1/8
100	基于地理的地址	1/8
101	未指定	1/8
110	未指定	1/8
1110	未指定	1/16
1110	未指定	1/32
111110	未指定	1/64
1111110	未指定	1/128
111111100	未指定	1/502
1111111010	链路本地单播地址	1/1024
1111111011	站地本地单播地址	1/1024
11111111	多点播送	1/256

1.1.6　IPv6 地址分类

按实现的用途，IPv6 地址分为三个大类型：单播地址、多播地址和任意播地址。

1. 单播（Unicast）地址

单播地址包括可聚集的全局单播地址、链路本地地址、站点本地地址和其他一些特殊的单点传送地址。

（1）可聚集的全局单播地址：全局单播地址是在全局范围内唯一的 IPv6 地址，等价于公用 IPv4 地址。可聚合的全局单播地址也称为全局地址。

（2）链路本地地址：用于同一链路的相邻节点间通信，如单条链路上没有路由器时主机间的通信，其有效域仅限于本地链路。

（3）站点本地地址：在局域网内部使用的私有地址空间，局域网内部可以使用站点本地地址，其有效域限于一个局域网，局域网内本地地址不可被局域网外站点访问，同时含此类地址的 IPv6 包也不会被路由器转发到局域网外。

（4）未指定地址："0:0:0:0:0:0:0:0"表示没有这个地址。当发送 IPv6 包的主机还没分配地址时使用，不能分配给任何节点。

（5）回呼地址："0:0:0:0:0:0:0:1"用来向自身发送 IPv6 包，不能分配给任何物理接口。

（6）嵌有 IPv4 地址的 IPv6 地址：包括 IPv4 兼容地址"::A.B.C.D"和 IPv4 映射地址"::FFFF:A.B.C.D"（其中 A、B、C、D 是以十进制表示的 IPv4 地址），使 IPv4 地址可以在 IPv6 协议中使用，帮助 IPv4 平稳过渡到 IPv6。

（7）NSAP 地址：NSAP 地址到 IPv6 地址的映射，用来让 IPv6 支持 OSINSAP 寻址。

（8）IPX 地址：IPX 地址到 IPv6 地址的映射。

2．多播（Multicast）地址

IPv6 的多播地址是以"11111111"作为开始进行标识。其运作与 IPv4 相同，通过多播地址可以将数据传输给组内所有成员。组的成员是动态的，成员可以通过发送修改的 IGMP 包加入一个组或退出一个组。

3．任意播（Anycast）地址

IPv6 的任意播地址从单播地址空间分配而来，可用任何一种单播地址格式，所以在语法上，任意播地址无法区别于单播地址。但任意播地址被分配给一组不同节点的接口。对于目标地址是任意播地址的 IPv6，将被发送到具有该地址的最近（根据路由算法度量）接口。

1.2　实训项目：CISCO 的静态路由构建 IPv6 网络

1.2.1　实训目的

掌握基于 CISCO 设备的 IPv6 规划、配置等技术以及 IPv4 与 IPv6 网络的兼容构建。

1.2.2　实训设备

（1）硬件要求：CISCO 2911 路由器 3 台，直连线 3 条，串口线 2 条，Console 控制线 2 条。

（2）软件要求：CISCO Packet Tracer 7.2.1 仿真软件，Secure CRT 软件或者超级终端软件。

（3）实训设备均为空配置。

1.2.3 项目需求分析

某企业网络,目前是 IPv4 网络,但是随着技术的进步与更迭,企业的网络需要从 IPv4 迁移至 IPv6,对于管理员,首先需要在现有网络上进行 IPv6 网络的设计改造。要求如下:

(1)规划 IPv6 地址分配方案以及 IPv6 路由协议。

(2)在路由器上使用 IPv6 默认路由、静态路由等,实现全网互联。

1.2.4 网络系统设计

根据项目需求的情况,网络拓扑设计如图 1-4 所示。

 2020:4DE3:12::2/64 G0/0　　　　G0/1 2020:5AB6:23::2/64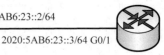

G0/0 2020:4DE3:12::1/64　　　　　　　　　　　　　2020:5AB6:23::3/64 G0/1

路由器Router1　　　　　　　　　　　路由器Router2　　　　　　　　　　　路由器Router3

图 1-4　某企业 IPv6 网络构建系统图(部分)

1.2.5 工程组织与实施

第一步:按照图 1-4,使用串口线与直连线连接物理设备。

第二步:根据图 1-4,规划 IP 地址、子网掩码等参数。

第三步:启动超级终端程序,并设置相关参数。

第四步:配置路由器的 IPv6 地址及相关路由信息,实现互通。

(1)在路由器 Router1 上的配置,其配置命令如下。

```
Router > enable
Router # config terminal
Router(config) # hostname Router1
Router1(config) # ipv6 unicast - routing (启用 IPv6 数据包转发)
Router1(config) # interface G0/0
Router1(config - if) # ipv6 address 2020:4DE3:12::1/64
Router1(config - if) # no shutdown
Router1(config - if) # interface GigabitEthernet0/1
Router1(config - if) # ipv6 address 2020:5CD6:23::1/64
Router1(config - if) # no shutdown
Router1(config - if) # exit
Router1(config) # ipv6 route ::/0 2020:4DE3:12::2 (配置默认路由)
Router1(config) # end
Router1 # copy running - config startup - config (保存当前配置信息)
```

(2)在路由器 Router2 上的配置,其配置命令如下。

```
Router > enable
Router # config terminal
Router(config) # hostname Router2
Router2(config) # ipv6 unicast - routing
```

```
Router2(config)♯interface G0/0
Router2(config-if)♯ipv6 address 2020:4DE3:12::2/64
Router2(config-if)♯no shutdown
Router2(config)♯interface G0/1
Router2(config-if)♯ipv6 address 2020:5AB6:23::2/64
Router2(config-if)♯no shutdown
Router2(config-if)♯exit
Router2(config)♯ipv6 route ::/0 2020:5AB6:23::3
Router2(config)♯ipv6 route ::/0 2020:4DE3:12::1
Router2(config)♯write                  //保存当前配置信息;
```

（3）在路由器 Router3 上的配置，其配置命令如下。

```
Router>enable
Router♯config terminal
Router(config)♯hostname Router3
Router3(config)♯ipv6 unicast-routing
Router3(config)♯interface GigabitEthernet0/1
Router3(config-if)♯ipv6 address 2020:5AB6:23::3/64
Router3(config-if)♯no shutdown
Router3(config-if)♯exit
Router3(config)♯interface GigabitEthernet0/2
Router3(config-if)♯ipv6 address 2020:5CD6:23::2/64
Router3(config-if)♯no shutdown
Router3(config-if)♯exit
Router3(config)♯ipv6 route ::/0 2020:5AB6:23::2
Router3(config)♯end
Router3♯write
```

1.2.6　测试与验收

本实训项目详细的测试步骤，请扫描下面二维码。

通过一系列的测试，可知路由器 Router1、Router2 和 Router3 的 IPv6 配置及默认路由的配置是正确的，已实现了全网路由器的互联互通。

1.3　实训项目：HUAWEI 的 OSPF 构建 IPv6 网络

1.3.1　实训目的

掌握基于 HUAWEI 设备的 IPv6 规划、配置等技术以及 IPv4 与 IPv6 网络的兼容构建。

1.3.2 实训设备

(1) 硬件要求：HUAWEI AR2240 路由器 3 台,华为 S3700 交换机 1 台,PC 1 台,网线若干条,Console 控制线 1 条。

(2) 软件要求：HUAWEI eNSP V100R002C00B510. exe 仿真软件,VirtualBox-5. 2. 22-126460-Win. exe 软件,Secure CRT 软件或者超级终端软件。

(3) 实训设备均为空配置。

1.3.3 项目需求分析

某企业网络,目前是 IPv4 网络,但是随着技术的进步与更迭,企业的网络需要从 IPv4 迁移至 IPv6,作为管理员首先需要在现有网络上进行 IPv6 网络的设计改造,需要部署有状态 IPv6 地址分配方案以及 IPv6 路由协议。

1.3.4 网络系统设计

根据项目需求分析,现简化网络系统设计,以便实现关键技术,如图 1-5 所示。

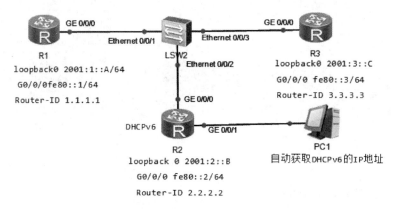

图 1-5 某企业 IPv6 网络构建系统图(部分)

1.3.5 工程组织与实施

第一步：按照图 1-5,使用网络线连接物理设备。

第二步：根据图 1-5,规划路由器的 IPv6 地址、子网掩码、默认网关等参数。

第三步：启动超级终端程序,并设置相关参数。

第四步：在路由器 R1、R2、R3 上配置 IPv6 地址。

(1) 在路由器 R1、R2、R3 上配置设备名称,其配置命令如下。

```
< huawei > system - view
[ huawei]sysname R1
< huawei > system - view
[ huawei]sysname R2
< huawei > system - view
[ huawei]sysname R3
```

（2）配置 IPv6 地址,在路由器 R1、R2、R3 的环回接口上配置 IPv6 全球单播地址,在所有路由器的 G0/0/0 接口配置本地链路地址。

配置路由器 R1 的 IPv6 地址,其配置命令如下。

```
[R1]ipv6
[R1]interface loopback 0
[R1 - LoopBack0]ipv6 enable
[R1 - LoopBack0]ipv6 address 2001:1::A 64
[R1 - LoopBack0]quit
[R1]interface GigabitEthernet 0/0/0
[R1 - GigabitEthernet0/0/0]ipv6 enable
[R1 - GigabitEthernet0/0/0]ipv6 address fe80::1 link - local
```

配置路由器 R2 的 IPv6 地址,其配置命令如下。

```
[R2]ipv6
[R2]interface loopback 0
[R2 - LoopBack0]ipv6 enable
[R2 - LoopBack0]ipv6 address 2001:2::B 64
[R2 - LoopBack0]quit
[R2]interface GigabitEthernet 0/0/0
[R2 - GigabitEthernet0/0/0]ipv6 enable
[R2 - GigabitEthernet0/0/0]ipv6 address fe80::2 link - local
```

配置路由器 R3 的 IPv6 地址,其配置命令如下。

```
[R3]ipv6
[R3]interface loopback 0
[R3 - LoopBack0]ipv6 enable
[R3 - LoopBack0]ipv6 address 2001:3::C 64
[R3 - LoopBack0]quit
[R3]interface GigabitEthernet 0/0/0
[R3 - GigabitEthernet0/0/0]ipv6 enable
[R3 - GigabitEthernet0/0/0]ipv6 address fe80::3 link - local
```

查看路由器 R1 的 IPv6 接口信息,其结果如下。

```
< R1 > display ipv6 interface GigabitEthernet 0/0/0
GigabitEthernet0/0/0 current state : UP
IPv6 protocol current state : UP
IPv6 is enabled, link - local address is FE80::1
No global unicast address configured
Joined group address(es):
FF02::1:FF00:1
FF02::2
FF02::1
MTU is 1500 bytes
ND DAD is enabled, number of DAD attempts: 1
```

```
ND reachable time is 30000 milliseconds
ND retransmit interval is 1000 milliseconds
Hosts use stateless autoconfig for addresses
```

查看路由器 R2 的 IPv6 接口信息,其结果如下。

```
<R2>display ipv6 interface GigabitEthernet 0/0/0
GigabitEthernet0/0/0 current state : UP
IPv6 protocol current state : UP
IPv6 is enabled, link-local address is FE80::2
  No global unicast address configured
  Joined group address(es):
    FF02::1:FF00:2
    FF02::2
    FF02::1
  MTU is 1500 bytes
  ND DAD is enabled, number of DAD attempts: 1
  ND reachable time is 30000 milliseconds
  ND retransmit interval is 1000 milliseconds
  Hosts use stateless autoconfig for addresses
```

查看路由器 R3 的 IPv6 接口信息,其结果如下。

```
<Huawei>display ipv6 interface GigabitEthernet 0/0/0
GigabitEthernet0/0/0 current state : UP
IPv6 protocol current state : UP
IPv6 is enabled, link-local address is FE80::3
  No global unicast address configured
  Joined group address(es):
    FF02::1:FF00:3
    FF02::2
    FF02::1
  MTU is 1500 bytes
  ND DAD is enabled, number of DAD attempts: 1
  ND reachable time is 30000 milliseconds
  ND retransmit interval is 1000 milliseconds
  Hosts use stateless autoconfig for addresses
```

IPv6 接口可以通过加入多个组播组(如 FF02::1 和 FF02::2)来进行重复地址检测(DAD),证实本地链路地址是独一无二的,以支持无状态地址自动配置(SLAAC)。

第五步:配置路由器上的 OSPFv3,开启 OSPFv3 进程,并指定 R1、R2 和 R3 的路由器 ID,然后在接口下指定所属区域。

(1)路由器 R1 上的 OSPFv3 配置,其配置命令如下。

```
[R1]ospfv3 100
[R1-ospfv3-100]router-id 1.1.1.1
[R1-ospfv3-100]quit
[R1]interface GigabitEthernet 0/0/0
```

```
[R1 - GigabitEthernet0/0/0]ospfv3 100 area 0
[R1 - GigabitEthernet0/0/0]quit
[R1]interface loopback 0
[R1 - LoopBack0]ospfv3 100 area 0
[R1 - LoopBack0]return
< R1 > save
```

（2）路由器 R2 上的 OSPFv3 配置，其配置命令如下。

```
[R2]ospfv3 100
[R2 - ospfv3 - 100]router - id 2.2.2.2
[R2 - ospfv3 - 100]quit
[R2]interface GigabitEthernet 0/0/0
[R2 - GigabitEthernet0/0/0]ospfv3 100 area 0
[R2 - GigabitEthernet0/0/0]quit
[R2]interface loopback 0
[R2 - LoopBack0]ospfv3 100 area 0
[R2 - LoopBack0]return
< R2 > save
```

（3）路由器 R3 上的 OSPFv3 配置，其配置命令如下。

```
[R3]ospfv3 100
[R3 - ospfv3 - 100]router - id 3.3.3.3
[R3 - ospfv3 - 100]quit
[R3]interface GigabitEthernet 0/0/0
[R3 - GigabitEthernet0/0/0]ospfv3 100 area 0
[R3 - GigabitEthernet0/0/0]quit
[R3]interface loopback 0
[R3 - LoopBack0]ospfv3 100 area 0
[R3 - LoopBack0]return
< R3 > save
```

（4）在路由器 R1 上执行 display ospfv3 peer 命令，查看 OSPFv3 的邻居关系，其结果如下。

```
< R1 > display ospfv3 peer
OSPFv3 Process (100)
OSPFv3 Area (0.0.0.0)
Neighbor ID    Pri State          Dead Time Interface        Instance ID
2.2.2.2         1 Full/Backup     00:00:38 GE0/0/0                     0
3.3.3.3         1 Full/DROther    00:00:31 GE0/0/0                     0
```

（5）在路由器 R2 上执行 display ospfv3 peer 命令，查看 OSPFv3 的邻居关系，其结果如下。

```
< R2 > display ospfv3 peer
OSPFv3 Process (100)
```

```
OSPFv3 Area (0.0.0.0)
Neighbor ID        Pri State          Dead Time Interface          Instance ID
1.1.1.1            1 Full/DR          00:00:37 GE0/0/0                       0
3.3.3.3            1 Full/DROther     00:00:30 GE0/0/0                       0
```

（6）在路由器 R3 上执行 display ospfv3 peer 命令，查看 OSPFv3 的邻居关系，其结果如下。

```
< R3 > display ospfv3 peer
OSPFv3 Process (100)
OSPFv3 Area (0.0.0.0)
Neighbor ID        Pri State          Dead Time Interface          Instance ID
1.1.1.1            1 Full/DR          00:00:39 GE0/0/0                       0
2.2.2.2            1 Full/Backup      00:00:40 GE0/0/0                       0
```

由上述结果，可以观察到邻居关系为 Full，其中如果 1.1.1.1 不是指定路由器（DR），则可以使用 reset ospfv3 1 graceful-restart 命令重启 OSPFv3 进程，例如< R3 > reset ospfv3 1 graceful-restart。

（7）在路由器 R1 上使用 ping ipv6 命令检测对端本地链路地址是否可达，测试结果如下。

```
< R1 > ping ipv6 fe80::3 - i GigabitEthernet 0/0/0
  PING fe80::3 : 56 data bytes, press CTRL_C to break
    Reply from FE80::3
    bytes = 56 Sequence = 1 hop limit = 64 time = 70 ms
    Reply from FE80::3
    bytes = 56 Sequence = 2 hop limit = 64 time = 60 ms
    Reply from FE80::3
    bytes = 56 Sequence = 3 hop limit = 64 time = 60 ms
    Reply from FE80::3
    bytes = 56 Sequence = 4 hop limit = 64 time = 40 ms
    Reply from FE80::3
    bytes = 56 Sequence = 5 hop limit = 64 time = 50 ms
  --- fe80::3 ping statistics ---
    5 packet(s) transmitted
    5 packet(s) received
    0.00 % packet loss
    round - trip min/avg/max = 40/56/70 ms
```

（8）在路由器 R1 上使用 ping ipv6 命令检测对端 LoopBack 0 接口的全球单播地址是否可达，测试结果如下。

```
< R1 > ping ipv6 2001:3::C
  PING 2001:3::C : 56 data bytes, press CTRL_C to break
    Reply from 2001:3::C
    bytes = 56 Sequence = 1 hop limit = 64 time = 90 ms
```

```
Reply from 2001:3::C
bytes = 56 Sequence = 2 hop limit = 64 time = 50 ms
Reply from 2001:3::C
bytes = 56 Sequence = 3 hop limit = 64 time = 50 ms
Reply from 2001:3::C
bytes = 56 Sequence = 4 hop limit = 64 time = 60 ms
Reply from 2001:3::C
bytes = 56 Sequence = 5 hop limit = 64 time = 60 ms
--- 2001:3::C ping statistics ---
5 packet(s) transmitted
5 packet(s) received
0.00 % packet loss
round - trip min/avg/max = 50/62/90 ms
```

以上测试结果表明,路由器 R1 与对端本地链路地址和 LoopBack 0 接口的全球单播地址是可达的。

第六步:配置 DHCPv6 分配 IPv6 地址,在路由器 R2 上开启 DHCPv6 服务器功能,为其他设备配置 IPv6 地址。然后创建 IPv6 地址池并指定地址池中 IPv6 地址的前缀和前缀长度,再配置 IPv6 地址池中不参与自动分配的 IPv6 地址(通常为网关地址)以及 DNS 服务器的 IPv6 地址。

(1) 在路由器 R2 上配置 DHCPv6,地址池名称为 pool1,为 R1 和 R3 的接口分配 IPv6 地址,其配置命令如下。

```
[R2]dhcp enable
[R2]dhcpv6 pool pool1
[R2 - dhcpv6 - pool - pool1]address prefix 2020:FACE::/64
[R2 - dhcpv6 - pool - pool1]dns - server 2020:444e:5300::1
[R2 - dhcpv6 - pool - pool1]excluded - address 2020:FACE::1
[R2 - dhcpv6 - pool - pool1]quit
```

(2) 在 G0/0/0 接口配置 IPv6 地址为地址池中网关地址,并配置 DHCPv6 服务器功能和指定的地址池名称,其配置命令如下。

```
[R2]interface GigabitEthernet 0/0/0
[R2 - GigabitEthernet0/0/0]ipv6 enable
[R2 - GigabitEthernet0/0/0]ipv6 address 2020:FACE::1 64
[R2 - GigabitEthernet0/0/0]dhcpv6 server pool1
```

(3) 在路由器 R2 上执行 display dhcpv6 pool 命令,查看 DHCPv6 地址池的信息,测试结果如下。

```
< R2 > display dhcpv6 pool
DHCPv6 pool: pool1
  Address prefix: 2020:FACE::/64
    Lifetime valid 172800 seconds, preferred 86400 seconds
    2 in use, 0 conflicts
```

```
Excluded – address 2020:FACE::1
1 excluded addresses
Information refresh time: 86400
DNS server address: 2020:444E:5300::1
Conflict – address expire – time: 172800
Active normal clients: 2
```

（4）在路由器 R2 上配置 DHCPv6，地址池名称为 pool_2，为主机 PC1 分配 IPv6 地址，其配置命令如下。

```
[R2]dhcp enable
[R2]dhcpv6 pool pool_2
[R2 – dhcpv6 – pool – pool1]address prefix 2222::/64
[R2 – dhcpv6 – pool – pool1]dns – server 2020:444e:5300::1
[R2 – dhcpv6 – pool – pool1]excluded – address 2222::1
[R2 – dhcpv6 – pool – pool1]quit
```

（5）在 G0/0/1 接口配置 IPv6 地址为地址池中网关地址，并配置 DHCPv6 服务器功能和指定的地址池名称，其配置命令如下。

```
[R2]interface GigabitEthernet 0/0/1
[R2 – GigabitEthernet0/0/1]ipv6 enable
[R2 – GigabitEthernet0/0/1]ipv6 address 2222::1 64
[R2 – GigabitEthernet0/0/1]dhcpv6 server pool_2
```

（6）在 PC1 主机测试自动获取的 IPv6 地址，测试结果如下。

```
PC > ipconfig /renew6
IP Configuration
Link local IPv6 address............: fe80::5689:98ff:fe08:6291
IPv6 address.....................: 2222::2 / 128
IPv6 gateway.....................: fe80::2e0:fcff:fe46:7a7e
```

第七步：在路由器 R1 和 R3 上配置 DHCPv6 客户端功能，并在相应接口下配置通过 DHCPv6 自动获取 IPv6 地址功能。

（1）在路由器 R1 上配置 DHCPv6 客户端功能，其配置命令如下。

```
[R1]dhcp enable
[R1]interface gigabitethernet 0/0/0
[R1 – GigabitEthernet0/0/0]ipv6 address auto dhcp
```

（2）在路由器 R3 上配置 DHCPv6 客户端功能，其配置命令如下。

```
[R3]dhcp enable
[R3]interface GigabitEthernet 0/0/0
[R3 – GigabitEthernet0/0/0]ipv6 address auto dhcp
```

1.3.6　测试与验收

本实训项目详细的测试步骤,请扫描下面二维码。

通过以上一系列的测试及调试结果表明,实现了 HUAWEI 设备的 OSPF 构建 IPv4 与 IPv6 网络。

1.4　实训项目:CISCO 的 GRE 隧道构建 IPv4-IPv6 网通信

1.4.1　实训目的

掌握基于 CISCO 设备的 GRE 隧道技术,实现 IPv4 与 IPv6 两类主机的通信。

1.4.2　实训设备

(1)硬件要求:CISCO S2811 路由器 2 台,三层交换机 2 台,PC 2 台,直连线 2 条,交叉线 2 条,串口线 1 条,Console 控制电缆 1 条。

(2)软件要求:CISCO Packet Tracer 7.2.1 仿真软件,Secure CRT 软件或者超级终端软件。

(3)实训设备均为空配置。

1.4.3　项目需求分析

背景:某企业网有一个总部和一个分支构建,内网是由 IPv6 构建的网络,而骨干网络是 IPv4 构建的,现在需要实现 IPv4 与 IPv6 两类网络的主机能够兼容通信,也就是需要将 IPv6 报文封装在 IPv4 报文中,让 IPv6 数据包穿过 IPv4 网络进行通信。

R1 和 R2 通过串口经 IPv4 相连,路由器以太网接口分别连接两个 IPv6 网段。通过 Tunnel 将 IPv6 的数据包封装到 IPv4 的数据包中,实现点对点的数据传输。

1.4.4　网络系统设计

根据项目需求分析,现简化网络系统设计,以便实现关键技术,如图 1-6 所示。

1.4.5　工程组织与实施

第一步:按照图 1-6,使用直连线、交叉线和光纤连接物理设备。

第二步:根据图 1-6,规划 IP 地址,并且配置 PC 的 IPv6 地址、子网掩码、默认网关等参数。

第三步:启动超级终端程序,并设置相关参数。

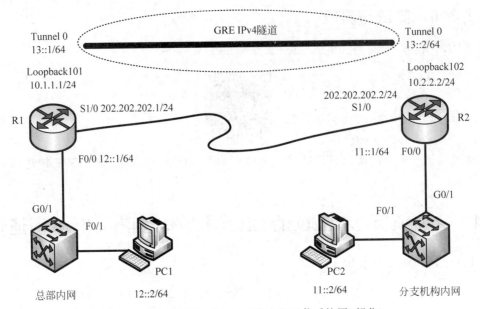

图 1-6　某企业网 IPv6-IPv4 网络主机通信系统图(部分)

第四步：在路由器 R1 上配置 IPv4 与 IPv6 地址、GRE 隧道、RIP 等。

(1) 在路由器 R1 上配置串口信息，其配置命令如下。

```
Router > enable
Router # config terminal
Router(config) # hostname R1
R1(config) # no ip domain - lookup
R1(config) # interface S1/0
R1(config - if) # clock rate 2000000
R1(config - if) # bandwidth 10000000
R1(config - if) # ip address 202.202.202.1 255.255.255.0
R1(config - if) # no shutdown
```

(2) 在路由器 R1 上配置以太网口 IPv6 地址，其配置命令如下。

```
R1(config) # interface f0/0
R1(config - if) # ipv6 address 12::1/64
R1(config - if) # no shutdown
```

(3) 在路由器 R1 上配置回环接口，其配置命令如下。

```
R1(config) # interface Loopback 101
R1(config - if) # ip address 10.1.1.1 255.255.255.0
R1(config - if) # no shutdown
R1(config - if) # exit
```

(4) 在路由器 R1 上配置 GRE 隧道，其配置命令如下。

```
R1(config)♯ipv6 unicast-routing                    //开启 IPv6 单播路由;
R1(config)♯interface tunnel 0
R1(config-if)♯no ip address
R1(config-if)♯ipv6 address 13::1/64
R1(config-if)♯tunnel source Loopback 101
R1(config-if)♯tunnel destination 10.2.2.2
R1(config-if)♯tunnel mode ipv6ip                   //设置 tunnel 模式为 IPv6 的 GRE 隧道;
```

（5）在路由器 R1 上配置 RIP，其配置命令如下。

```
R1(config)♯ipv6 router rip dengping
R1(config)♯interface tunnel 0
R1(config-if)♯ipv6 rip dengping enable    //在 R1 的 tunnel 0 上启用 RIP,别名为 dengping;
R1(config-if)♯interface f0/0
R1(config-if)♯ipv6 rip dengping enable    //在 R1 的 f0/0 上启用 RIP,别名为 dengping;
R1(config-if)♯exit
R1(config)♯router rip
R1(config-router)♯version 2
R1(config-router)♯network 10.1.1.0
R1(config-router)♯network 202.202.202.0
```

第五步：在路由器 R2 上配置 IP 地址、GRE 隧道、RIP 等。

（1）在路由器 R2 上配置串口信息，其配置命令如下。

```
Router>enable
Router♯conf t
Router(config)♯hostname R2
R2(config)♯no ip domain-lookup
R2(config)♯interface S1/0
R2(config-if)♯bandwidth 10000000
R2(config-if)♯ip address 202.202.202.2 255.255.255.0
R2(config-if)♯no shutdown
```

（2）在路由器 R2 上配置以太网口 IPv6 地址，其配置命令如下。

```
R2(config)♯interface f0/0
R2(config-if)♯ipv6 address 11::1/64
R2(config-if)♯no shutdown
```

（3）在路由器 R2 上配置回环接口，其配置命令如下。

```
R2(config)♯interface Loopback 102
R2(config-if)♯ip address 10.2.2.2 255.255.255.0
R2(config-if)♯no shutdown
R2(config-if)♯exit
```

（4）在路由器 R2 上配置 GRE 隧道，其配置命令如下。

```
R2(config) # ipv6 unicast - routing            //开启 IPv6 单播路由;
R2(config) # interface tunnel 0
R2(config - if) # no ip address
R2(config - if) # ipv6 address 13::2/64
R2(config - if) # tunnel source Loopback 102
R2(config - if) # tunnel destination 10.1.1.1
R2(config - if) # tunnel mode ipv6ip            //设置 tunnel 模式为 IPv6 的 GRE 隧道;
```

（5）在路由器 R2 上配置 RIP，其配置命令如下。

```
R2(config) # ipv6 router rip dengping
R2(config) # interface tunnel 0
R2(config - if) # ipv6 rip dengping enable     //在 R1 的 tunnel 0 上启用 RIP,别名为 dengping;
R2(config - if) # interface f0/0
R2(config - if) # ipv6 rip dengping enable     //在 R1 的 f0/0 上启用 RIP,别名为 dengping;
R2(config - if) # exit
R2(config) # router rip
R2(config - router) # version 2
R2(config - router) # network 10.2.2.0
R2(config - router) # network 202.202.202.0
```

第六步：配置 PC1 和 PC2 主机上的 IPv6 地址。
略。

1.4.6　测试与验收

本实训项目详细的测试步骤，请扫描下面二维码。

通过以上一系列的测试结果可知，在路由器 R1 和路由器 R2 上完成了 IPv6-over-IPv4 GRE 隧道的配置，实现了 IPv4 与 IPv6 两类网络的主机能够兼容通信。

1.5　实训项目：HUAWEI 的 NAT-PT 构建 IPv4-IPv6 网通信

1.5.1　实训目的

掌握基于 HUAWEI 设备的 NAT-PT 技术，实现 IPv4 与 IPv6 两类主机的通信。

1.5.2　实训设备

（1）硬件要求：HUAWEI AR2240 路由器 3 台，直连线 3 条，Console 控制线 2 条。
（2）软件要求：HUAWEI eNSP V100R002C00B510．exe 仿真软件，VirtualBox-5.2.22-126460-Win．exe 软件，Secure CRT 软件或者超级终端软件。

（3）实训设备均为空配置。

1.5.3　项目需求分析

某运营商网络 ISP 的 IPv4 网络与 IPv6 网络通过 NAT-PT 路由器 RouterB 相连，RouterB 上配置 IPv4 侧报文静态映射和 IPv6 侧报文静态映射，使 IPv4 网络和 IPv6 网络之间可以互相访问。

NAT-PT（Network Address Translation-Protocol Translation）是附带协议转换器的网络地址转换器，它通过修改 IP 报文头中的地址和协议，使 IPv6 网络和 IPv4 网络之间可以互通。NAT-PT 的三种机制：①静态映射的 NAT-PT 机制，NAT-PT 静态映射报文的转换过程。不管是 IPv6 地址到 IPv4 地址的转换，还是 IPv4 地址到 IPv6 地址的转换，均由 NAT-PT 服务器来完成。②动态映射的 NAT-PT 机制，它要求先创建一个地址池，然后根据需要从地址池中选取空闲地址来完成 IPv4 到 IPv6 地址的映射。③NAPT-PT 机制提供多个有 IPv6 前缀的 IPv6 地址和一个源 IPv4 地址间多对一动态映射。

1.5.4　网络系统设计

根据项目需求分析，现简化网络系统设计，以便实现关键技术，如图 1-7 所示。

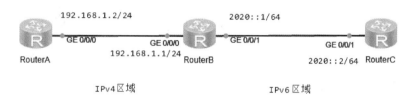

图 1-7　某企业网基于 NAT-PT 技术的 IPv6-IPv4 通信系统图（部分）

1.5.5　工程组织与实施

第一步：按照图 1-7，使用网络线连接物理设备。

第二步：根据图 1-7，规划路由器的 IP 地址、子网掩码、默认网关等参数。

第三步：启动超级终端程序，并设置相关参数。

第四步：在路由器上配置 NAT-PT 功能。

（1）在路由器 RouterA 上配置接口的 IPv4 地址，其配置命令如下。

```
< Router > system - view
[RouterA]sysname RouterA
[RouterA]interface G0/0/0
[RouterA - G0/0/0]ip address 192.168.1.2 255.255.255.0
[RouterA - G0/0/0]quit
```

（2）在路由器 RouterC 上配置接口的 IPv6 地址，使其具备 IPv6 报文转发功能，其配置命令如下。

```
< Router > system - view
[Router]sysname RouterC
[RouterC]ipv6
[RouterC]interface G0/0/1
[RouterC - G0/0/1]ipv6 enable
[RouterC - G0/0/1]ipv6 address 2020::2/64          //配置接口 G0/0/1 的 IPv6 地址;
[RouterC - G0/0/1]quit
[RouterC]ipv6 route - static :: 0 G0/0/1           //配置静态路由;
```

（3）在路由 RouterB 上配置接口地址，使其接口具备 NAT-PT 功能，其配置命令如下。

```
< Router > system - view
[RouterB]ipv6
[RouterB]interface G0/0/0
[RouterB - G0/0/0]ip address 192.168.1.1 255.255.255.0
[RouterB - G0/0/0]natpt enable
[RouterB - G0/0/0]quit
[RouterB]interface G0/0/1
[RouterB - G0/0/1]ipv6 address 2020::1/64
[RouterB - G0/0/1]natpt enable
[RouterB - G0/0/1]quit
[RouterB]natpt prefix 2020::                        //配置 NAT - PT 前缀;
[RouterB]natpt v4bound static 192.168.1.2 2020::1   //配置 IPv4 侧报文的静态映射;
[RouterB]natpt v6bound static 2020::2 192.168.1.5   //配置 IPv6 侧报文的静态映射;
```

1.5.6　测试与验收

本实训项目详细的测试步骤，请扫描下面二维码。

通过以上一系列的测试结果信息可知，基于 HUAWEI 设备的 NAT-PT 技术，实现了
IPv4 与 IPv6 两类主机的通信。

习题

（1）简述 IPv4 的可变长子网掩码 VLSM 的特点。

（2）简述 IPv4 与 IPv6 网络如何兼容。

（3）一般情况下，OSPF 应用在哪种情况？

（4）IPv4 和 IPv6 网络环境下 CISCO 设备的 OSPF 配置命令有何区别？

（5）简述 IPv6 地址的特点。

（6）IPv6 与 IPv4 网络通信的兼容性配置，除了 IPv6-over-IPv4 GRE 隧道技术外，还有
哪些技术能实现 IPv4 与 IPv6 两类网络的主机通信？

（7）动态映射的 NAT-PT 机制是什么？

（8）CISCO 和 HUAWEI 设备的 NAT-PT 机制有何区别？

（9）ISATAP 是一种 IPv6 转换传送机制，允许 IPv6 数据包通过 IPv4 网络上双栈节点传输；它与 IPv6-over-IPv4 有何区别？

（10）ISATAP 有哪几种自动隧道方式？

（11）根据本章各实训项目的需求，分别设计网络拓扑，构建网络环境，安装调试设备，撰写实训报告，并写清楚实训操作过程中出现的问题以及解决办法。

第 2 章　路由交换设备的远程维护技术

2.1　实训预备知识

2.1.1　IOS 命令模式

CISCO 的交换机和路由器都运行 IOS(Internetword Operation System)网络操作系统,其命令模式基本相同,下面以 CISCO 交换机为例加以说明。假如其主机名为 SwitchA (在全局配置模式下,可使用 hostname SwitchA 修改主机名称),则各种 IOS 命令模式如下。

1. 用户模式 SwitchA >

一旦连接到网络设备后,即进入用户模式 SwitchA >。这时只能看到交换机的连接状态,访问其他网络和主机,但不能看到和更改交换机的配置内容。

2. 特权模式 SwitchA ♯

在 SwitchA >提示符下输入 enable,交换机进入特权模式 SwitchA ♯,这时不但可以执行所有的用户命令,还可以看到和更改交换机的配置内容。

3. 配置模式 SwitchA(config)♯

在 SwitchA ♯提示符下输入 configure terminal,交换机进入全局配置模式,这时可以设置交换机的全局参数。

4. 局部配置模式

在 SwitchA(config)♯提示符下输入局部配置参数,交换机进入相应的局部配置模式,这时可以设置交换机某个局部的参数。通过输入不同的局部配置参数,可进入不同的局部配置模式。不论处在哪一级模式,都可用 exit 命令退回到前一级模式,使用 end 命令或按 Ctrl+Z 快捷键可以直接回到特权模式。

5. >或 rommon >

在开机后 60s 内按 Ctrl+Break 快捷键即可进入此模式,这时交换机不能完成正常的功能,只能进行软件升级和手工引导。

6. 设置对话模式

一台新的路由器开机时自动进入的模式,在特权命令模式(在用户模式下输入 enable) 下使用 setup 命令也可以进入此模式,这时可以通过对话方式对交换机进行设置。

7. SwitchA(vlan)♯

在特权模式下输入 vlan database 进入 vlan 配置模式,可以配置交换机的 vlan 参数。

2.1.2　IOS 文件管理

像任何一种操作系统一样,IOS 也有自己用于文件管理的命令。在全局配置模式下,通过这些命令,IOS 可以方便地对操作系统和配置文件进行管理。

NVRAM 是非易失性 RAM(NonVolatile RAM),用于存储网络设备的启动配置文件(startup-config)。当 startup-config 被调入内存 RAM 中后,在 RAM 中运行的配置文件就是 running-config。对配置文件作更改,其实只是对 running-config 作更改,所以在处理完毕后,一般要把更改好的配置保存到 startup-config。

2.1.3　IOS 常用命令

1. 帮助命令

在 IOS 操作中,无论何种模式和位置,都可以键入"?"得到系统的帮助。

2. 改变模式命令

要改变模式命令,可用表 2-1 中所列的命令。

表 2-1　改变模式的命令

命　　令	说　　明
enable	进入特权命令模式
disable	退出特权命令模式
setup	进入设置对话模式
configure terminal	进入全局设置模式
end	退回特权命令模式
Interface type slot/number	进入端口设置模式
line type slot/number	进入线路设置模式
router protocol	进入路由设置模式
exit	退出局部设置模式

3. 显示命令

要显示设备的配置和工作状态,可用表 2-2 中所列的命令。

表 2-2　显示命令

命　　令	说　　明
show version	查看版本及引导信息
show running-config	查看运行设置
show startup-config	查看开机设置
show interfaces type slot/number	显示端口信息
show ip route	查看路由表信息
show history	查看用户输入的最后几条命令
show ip protocol	显示路由器配置了哪种路由协议

4. 复制命令

要复制系统的配置信息，可用表 2-3 所列的命令。

表 2-3　复制命令

命　　令	说　　明
copy running-config startup-config	保存配置文件到 NVRAM
copy startup-config running-config	将配置文件从 NVRAM 调入内存
copy running-config tftp	保存配置文件到 tftp 服务器
copy tftp running-config	将配置文件从 tftp 服务器调入内存
copy startup-config tftp	保存 NVRAM 的配置文件到 tftp 服务器
copy tftp startup-config	将配置文件 tftp 服务器复制到 NVRAM
copy tftp flash	将配置文件或 IOS 从 tftp 服务器复制到 flash
copy flash tftp	将配置文件或 IOS 从 flash 复制到 tftp 服务器
erASe startup-config	删除配置文件
reload	重新装载系统，调入启动配置文件并逐条执行

5. 网络命令

要登录远程主机、检测主机、跟踪路由，可用表 2-4 所列的命令。

表 2-4　网络命令

命　　令	说　　明
telnet〈hostname │IP address〉	登录远程主机
ping〈hostname │IP address〉	网络侦测
tracert〈hostname │IP address〉	路由跟踪

6. 基本命令

要设置网络设备的密码，端口地址和一些基本工作参数，可用表 2-5 所列的命令。

表 2-5　基本命名

命　　令	说　　明
config terminal	全局设置
username username password password	设置访问用户及密码
enable password password	设置密码(明文显示)
enable secret password	设置密码(加密显示)
hostname name	设置设备名称
ip route destination subnet-mask next-hop	设置静态路由
ip routing	启动 IP 路由
interface type slot/number	端口设置
ip address address subnet-mask	设置 IP 地址
no shutdown	激活端口
line type number	物理路线设置
login〔local│tacacs server〕	启动登录进程
password password	设置登录密码

2.2　实训项目：CISCO 路由器的远程管理维护技术

2.2.1　实训目的

掌握基于 CISCO 路由器高级配置命令的用法；利用 Telnet 实用程序对路由器进行远程管理。

2.2.2　实训设备

（1）硬件要求：CISCO S2911 路由器 2 台，PC 2 台，直连线 3 条，Console 控制线 2 条。

（2）软件要求：CISCO Packet Tracer 7.2.1 仿真软件，Secure CRT 软件或者超级终端软件，CISCO TFTP Server 软件。

（3）实训设备均为空配置。

2.2.3　项目需求分析

若你是某公司的网络管理员，由于部分网络设备老化原因，现有一台路由器需要更换，为了方便今后网络设备的管理，需要你为新的路由器做相应的配置和远程管理维护工作。

2.2.4　网络系统设计

根据项目需求分析，现简化网络系统设计，以便实现关键技术，如图 2-1 所示。

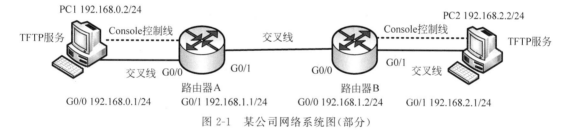

图 2-1　某公司网络系统图（部分）

2.2.5　工程组织与实施

第一步：按照图 2-1，使用 Console 控制线与交叉线连接物理设备。

第二步：根据图 2-1，规划 IP 地址，并配置 PC 的 IP 地址、子网掩码、默认网关等参数。

第三步：启动超级终端程序，并设置相关参数。

第四步：配置路由器并在 PC 主机上安装 TFTP 等相关信息。

1. 路由器 A 的相关配置信息

（1）PC1 主机通过 Console 口登录路由器。

（2）设置路由器主机名，设置系统时间，其配置命令如下。

```
Router＞enable                    //Router＞表示用户模式；
Router＃configure terminal        //Router＃表示特权模式；
Router(config)＃                  //Router(config)＃表示全局配置模式；
```

```
RA(config)＃no ip domain－lookup              //关闭域名解析;
Router(config)＃hostname RA                  //设置路由器主机名为 RA;
RA(config)＃clock timezone GMT 8             //修改当前系统的时区为 GMT ＋8;
RA(config)＃exit
RA＃clock set 18:15:30 March 8 2020          //修改当前设置的时间;
```

（3）路由器常用的命令：配置 Console 永不超时，配置 Console 的日志同步，其配置命令如下。

```
RA(config)＃line console 0
RA(config－line)＃no exec－timeout            //配置 Console 永不超时;
RA(config－line)＃logging synchronous        //配置 Console 的日志同步;
RA(config－line)＃exit                       //退出控制台接口模式;
```

（4）创建登录设备时显示信息 MOTD，其配置命令如下。

```
RA(config)＃banner motd ＃Welcome to RA＃
//配置执行标志区,即为登录路由器时显示的信息;
```

（5）设置密码：Console 密码、特权模式密码、VTY 线路密码，其配置命令如下。

```
RA(config)＃line console 0
RA(config－line)＃password 123
//进入 Console 口,配置 Console 口密码,123 为自己指定的密码符号;
RA(config－line)＃login           //使密码在 Console 线路生效;
RA(config－line)＃exit
RA(config)＃enable password 345 //设置 enable 明文密码,可通过 show run 查看密码;
RA(config)＃enable secret 567    //设置 enable 密文密码,show run 只能查看到字母、数字等的组
                                 //合,安全级别高于明文密码,不明文同时设置时,密文密码生效;
RA(config)＃line vty 0 4         //进入 VTY 0－4 线路;
RA(config－line)＃password 789   //设置 VTY 线路密码时输入的密码;
RA(config－line)＃login          //使密码在线路上生效;
RA(config－line)＃exit
```

（6）配置路由器 A 的接口 IP 地址，其配置命令如下。

```
RA(config)＃interface gigabitEthernet 0/0
RA(config－if)＃ip address 192.168.0.1 255.255.255.0
RA(config－if)＃no shutdown
RA(config)＃interface gigabitEthernet 0/1
RA(config－if)＃ip address 192.168.1.1 255.255.255.0
RA(config－if)＃no shutdown
```

（7）配置路由器 A 的 RIP 动态路由，实现网络互联互通，其配置命令如下。

```
RA(config－if)＃exit
RA(config)＃router rip
RA(config－router)＃network 192.168.1.0
RA(config－router)＃network 192.168.0.0
```

(8) 保存配置信息,其配置命令如下。

```
RA(config - if) # end
RA # Copy running - config startup - config        //保存当前配置到开机配置文件中;
```

(9) 在 PC1 主机上安装 CISCO TFTP 服务器软件,并启动该软件。

(10) 备份路由器 IOS 文件的操作,其配置命令如下。

```
RA # dir
Directory of flash0:/
    3 - rw -      33591768    < no date > c2900 - universalk9 - mz.SPA.151 - 4.M4.bin
    2 - rw -      28282       < no date > sigdef - category.xml
    1 - rw -      227537      < no date > sigdef - default.xml
    255744000 bytes total (221896413 bytes free)
```

RA # copy flash：tftp：

//备份路由器的 IOS 文件至 TFTP 服务器上的命令；

Source filename []? c2900-universalk9-mz.SPA.151-4.M4.bin

//根据提示,输入 IOS 文件 c2900-universalk9-mz.SPA.151-4.M4.bin；

Address or name of remote host []? 192.168.0.2

//根据提示,输入 TFTP 服务器 IP 地址；

Destination filename [c2900-universalk9-mz.SPA.151-4.M4.bin]? c2900.bin

//根据提示,是否更改 IOS 文件名称,此处示例,更改为 c2900.bin,便于识别；

```
Writing c2900 - universalk9 - mz.SPA.151 - 4.M4.bin....!!!!!!!!!!!!!!!!!!!!!!!!!!!!!!!!!!!
!!!!!!!!!!!!!!!!!!!!!!!!!!!!!!!!!!!!!!!!!!!!!!!!!!!!!!!!!!!!!!!!!!!!!!!!!!!!!!!!!!!!!!!!
!!!!!!!!!!!!!!!!!!!!!!!!!!!!!!!!!!!!!!!!!!!!!!!!!!!!!!!!!!!!!!!!!!!!!!!!!!!!!!!!!!!!!!!!
!!!!!!!!!!!!!!!!!!!!!!!!!!!!!!!!!!!!!!!!!!!!!!!!!!!!!!
[OK - 33591768 bytes]
33591768 bytes copied in 4.233 secs (833214 bytes/sec)
```

//若出现上述提示信息,表明备份 IOS 文件成功。

2. 路由器 B 的相关配置信息

(1) PC2 主机通过 Console 口登录路由器。

(2) 设置路由器主机名,设置系统时间,其配置命令如下。

```
Router > enable                          //Router>表示用户模式;
Router # configure terminal              //Router # 表示特权模式;
Router(config) #                         //Router(config) # 表示全局配置模式;
RB(config) # no ip domain - lookup       //关闭域名解析;
Router(config) # hostname RB             //设置路由器主机名为 RB;
RB(config) # clock timezone GMT 8        //修改当前系统的时区为 GMT + 8;
RB(config) # exit
RB # clock set 18:15:30 March 8 2020     //修改当前设置的时间;
```

(3) 路由器上配置 Console 永不超时和 Console 的日志同步,其配置命令如下。

```
RB(config)＃line console 0
RB(config-line)＃no exec-timeout              //配置 Console 永不超时;
RB(config-line)＃logging synchronous          //配置 Console 的日志同步;
RB(config-line)＃exit                         //退出控制台接口模式;
```

（4）创建登录设备时显示信息 MOTD，其配置命令如下。

```
RB(config)＃banner motd ＃Welcome to RB＃
//配置执行标志区,即为登录路由器时显示的信息;
```

（5）设置 Console 密码、特权模式密码和 VTY 线路密码，其配置命令如下。

```
RB(config)＃line console 0
RB(config-line)＃password 111
//进入 Console 口,配置 Console 口密码,111 为自己指定的密码符号;
RB(config-line)＃login                       //使密码在 Console 线路生效;
RB(config-line)＃exit
RB(config)＃enable password 222              //设置 enable 明文密码,可通过 show run 查看密码;
RB(config)＃enable secret 333
//设置 enable 密文密码,show run 只能查看到字母、数字等的组合,安全级别高于明文密码,
//不明文同时设置时,密文密码生效;
RB(config)＃line vty 0 4                      //进入 VTY 0-4 线路;
RB(config-line)＃password 444
//设置 VTY 线路密码;
RB(config-line)＃login                       //使密码在线路上生效;
RB(config-line)＃exit
RB(config-line)＃exit
```

（6）配置路由器 B 的接口 IP 地址，其配置命令如下。

```
RB(config)＃interface gigabitEthernet 0/0
RB(config-if)＃ip address 192.168.1.2 255.255.255.0
RB(config-if)＃no shutdown
RB(config)＃interface gigabitEthernet 0/1
RB(config-if)＃ip address 192.168.2.1 255.255.255.0
RB(config-if)＃no shutdown
```

（7）配置路由器 B 的 RIP 动态路由，实现网络互联互通，其配置命令如下。

```
RB(config-if)＃exit
RB(config)＃router rip
RB(config-router)＃network 192.168.1.0
RB(config-router)＃network 192.168.2.0
```

（8）保存配置信息，其配置命令如下。

```
RB(config-if)＃end
RB＃Copy running-config startup-config       //保存当前配置到开机配置文件中;
```

（9）在 PC2 主机上安装 CISCO TFTP 服务器软件，并启动该软件。

（10）备份路由器 IOS 文件的操作，其配置命令如下。

```
RA♯dir
Directory of flash0:/
    3 - rw -        33591768            < no date > c2900 - universalk9 - mz.SPA.151 - 4.M4.bin
    2 - rw -        28282               < no date > sigdef - category.xml
    1 - rw -        227537              < no date > sigdef - default.xml
255744000 bytes total (221896413 bytes free)
RA♯copy flash: tftp:                //备份路由器的 IOS 文件至 TFTP 服务器上的命令;
Source filename []?                 //根据提示,输入 IOS 源文件;
c2900 - universalk9 - mz.SPA.151 - 4.M4.bin;
Address or name of remote host []?
//根据提示,输入 TFTP 服务器 IP 地址 192.168.2.1;
Destination filename [c2900 - universalk9 - mz.SPA.151 - 4.M4.bin]? c2900.bin
//根据提示,是否更改 IOS 文件名称,此处示例,更改为 c2900.bin,便于识别;
Writing c2900 - universalk9 - mz.SPA.151 - 4.M4.bin....!!!!!!!!!!!!!!!!!!!!!!!!!!!!!!!!!!
!!!!!!!!!!!!!!!!!!!!!!!!!!!!!!!!!!!!!!!!!!!!!!!!!!!!!!!!!!!!!!!!!!!!!!!!!!!!!!!!!!!!!
!!!!!!!!!!!!!!!!!!!!!!!!!!!!!!!!!!!!!!!!!!!!!!!!!!!!!!!!!!!!!!!!!!!!!!!!!!!!!!!!!!!!!
!!!!!!!!!!!!!!!!!!!!!!!!!!!!!!!!!!!!!!!!!!!!!
[OK - 33591768 bytes]
33591768 bytes copied in 4.233 secs (833214 bytes/sec)
```

若出现上述提示信息，表明 IOS 文件备份成功。

2.2.6　测试与验收

本实训项目详细的测试步骤，请扫描下面二维码。

通过以上测试结果表明，路由器之间可以使用 Telnet 命令进行远程登录管理了。

2.3　实训项目：HUAWEI 路由器的远程管理维护技术

2.3.1　实训目的

掌握基于 HUAWEI 路由器的高级配置命令的用法；利用 Telnet 实用程序对路由器进行远程登录管理。

2.3.2　实训设备

（1）硬件要求：HUAWEI AR2240 路由器 2 台，Cloud 云 1 台，PC 2 台，直连线 3 条，Console 控制线 2 条。

（2）软件要求：HUAWEI eNSP V100R002C00B510.exe 仿真软件，VirtualBox-5.2.

22-126460-Win.exe 软件,Secure CRT 软件或者超级终端软件。

(3) 实训设备均为空配置。

2.3.3 项目需求分析

你是公司的网络管理员,现在公司购买了 2 台 HUAWEI AR2240 系列路由器。路由器在使用之前,需要先配置路由器的设备名称、系统时间、登录密码和备份文件等管理信息。

2.3.4 网络系统设计

根据项目需求分析,现简化网络系统设计,以便实现关键技术,如图 2-2 所示。

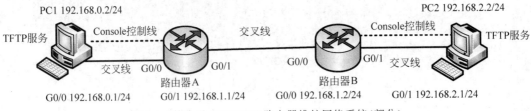

图 2-2 某公司 HUAWEI 路由器维护网络系统(部分)

2.3.5 工程组织与实施

第一步:按照图 2-2,使用 Console 控制线与交叉线连接物理设备。

第二步:根据图 2-2,规划设备相应的 IP 地址、子网掩码、默认网关等参数。

第三步:启动设备和超级终端程序,并设置相关参数。

第四步:配置路由器 RouterA 的 IP 地址、Console 口登录的密码、Telnet 远程登录的用户名和密码等相关信息。

(1) 查看系统信息,执行 display version 命令,查看路由器的软件版本和硬件信息,查看结果如下。

```
<Huawei> display version
Huawei Versatile Routing Platform Software
VRP (R) software, Version 5.130 (AR2200 V200R003C00)
Copyright (C) 2011 - 2012 HUAWEI TECH CO., LTD
Huawei AR2240 Router uptime is 0 week, 0 day, 0 hour, 6 minutes
BKP 0 version information:
1. PCB      Version   : AR01BAK2B VER. NC
2. If Supporting PoE : No
3. Board    Type : AR2240
4. MPU Slot Quantity : 1
5. LPU Slot Quantity : 8
MPU 11(Master) : uptime is 0 week, 0 day, 0 hour, 6 minutes
MPU version information :
1. PCB      Version : AR01SRU3A VER. A
2. MAB      Version : 0
3. Board    Type : SRU40
4. BootROM Version : 0
```

```
FAN version information :
1. PCB      Version : AR01DF05A VER.A
2. Board    Type : FAN
3. Software Version : 0
```

以上反馈信息中包含了 VRP 版本、设备型号和重启动时间等信息。

（2）修改系统时间，VRP 版本的系统会自动保存时间，利用 timezone 命令和 clock datetime 命令可以修改系统时间，其配置命令如下。

```
< Huawei > clock timezone kunming add 11:00:00
< Huawei > clock datetime 11:00:00 2020 - 03 - 03
```

执行 display clock 命令查看生效的新系统时间，查看结果显示如下。

```
< Huawei > display clock
2020 - 03 - 03 11:00:48
Tuesday
Time Zone(kunming) : UTC + 11:00
```

（3）帮助功能和命令自动补全功能，在系统中输入命令时，问号是通配符，Tab 键是自动联想并补全命令，帮助示例如下。

```
< Huawei > display ?
aaa                         AAA
access - user               User access
accounting - scheme         Accounting scheme
acl                         < Group > acl command group
actual                      Current actual
adp - ipv4                  Ipv4 information
adp - mpls                  Adp - mpls module
alarm                       Alarm
antenna                     Current antenna that outputting radio
anti - attack               Specify anti - attack configurations
ap                          < Group > ap command group
ap - auth - mode            Display AP authentication mode
ap - elabel                 Electronic label
ap - license                AP license config
ap - performance - statistic Display AP performance statistic information
ap - profile                Display AP profile information
ap - region                 Display AP region information
ap - run - info             Display AP run information
ap - type                   Display AP type information
ap - update                 AP update
ap - whitelist              AP white list
apv2r3                      PAF(Product Adaptive File)
arp                         < Group > arp command group
arp - limit                 Display the number of limitation
---- More ----
```

在输入信息后,输入"?",可查看以输入字母开头的命令。如输入"dis?",设备将输出所有以 dis 开头的命令。

(4) 进入系统视图,使用 system-view 命令可以进入系统视图,这样才可以配置接口、协议等内容,其配置命令如下。

```
<Huawei>system-view
Enter system view, return user view with Ctrl+Z.
[Huawei]
```

(5) 修改设备名称,配置设备时,为了便于区分,往往给设备定义不同的名称。修改 Router 的设备名称为 RouterA,其配置命令如下。

```
[Huawei]sysname RouterA
[RouterA]
```

(6) 配置设备登录信息,执行 header shell information 命令配置登录信息,其配置命令如下。

```
[RouterA]header shell information "Welcome to the Huawei RouterA-AR2240."
```

退出路由器命令行界面,再重新登录命令行界面,查看登录信息是否已经修改,其配置命令如下。

```
[RouterA]quit
<RouterA>quit
    Configuration console exit, please press any key to log on
Welcome to the Huawei RouterA-AR2240.
<RouterA>
```

(7) 配置 Console 口参数,通过 Console 口登录需要密码,其配置命令如下。

```
<RouterA>system-view
[RouterA]user-interface console 0
[RouterA-ui-console0]authentication-mode password
Please configure the login password (maximum length 16):dengping
[RouterA-ui-console0]set authentication password cipher dengping
[RouterA-ui-console0]idle-timeout 20 0
```

(8) 执行 display this 命令查看配置结果,查看结果显示如下。

```
[RouterA-ui-console0]display this
[V200R003C00]
#
user-interface con 0
   authentication-mode password
   set authentication password cipher %$%$b6W}/0.<DQ.NQk&$H~bP,$9LIS)JI),vRHR3gM"|
CBd*$90,%$%$
```

```
    idle - timeout 20 0
user - interface vty 0 4
user - interface vty 16 20
#
return
[RouterA - ui - console0]
```

（9）退出系统，并使用新配置的密码登录系统，其配置命令如下。

```
[RouterA - ui - console0]return
< RouterA > quit
  Configuration console exit, please press any key to log on
Login authentication
Password:              //此处输入此前设置的密码 dengping,然后按回车键确认;
Welcome to the Huawei RouterA - AR2240.
< RouterA >
```

（10）配置 RouterA 上的 GigabitEthernet 0/0/0 接口的 IP 地址，其配置命令如下。

```
< RouterA > system - view
Enter system view, return user view with Ctrl + Z.
[RouterA]interface GigabitEthernet 0/0/0
[RouterA - GigabitEthernet0/0/0]ip address 192.168.0.1 255.255.255.0
[RouterA - GigabitEthernet0/0/0]undo shutdown
Info: Interface GigabitEthernet0/0/0 is not shutdown.
[RouterA - GigabitEthernet0/0/0]description This interface connects to PC1.
```

（11）在当前接口视图下，执行 display this 命令查看配置结果，结果如下。

```
[RouterA - GigabitEthernet0/0/0]display this
[V200R003C00]
#
interface GigabitEthernet0/0/0
description This interface connects to PC1.
ip address 192.168.0.1 255.255.255.0
#
return
[RouterA - GigabitEthernet0/0/0]
```

（12）在当前接口视图下，执行 display interface 命令查看接口信息，查看结果显示如下。

```
[RouterA - GigabitEthernet0/0/0]display interface GigabitEthernet 0/0/0
GigabitEthernet0/0/0 current state : UP
Line protocol current state : UP
Last line protocol up time : 2020 - 03 - 03 11:37:41 UTC + 11:00
Description:This interface connects to PC1.
```

```
Route Port, The Maximum Transmit Unit is 1500
Internet Address is 192.168.0.1/24
IP Sending Frames' Format is PKTFMT_ETHNT_2, Hardware address is 00e0 - fc63 - 7148
Last physical up time : 2020 - 03 - 03 11:37:41 UTC + 11:00
Last physical down time : 2020 - 03 - 02 10:44:19 UTC - 08:00
Current system time: 2020 - 03 - 03 11:37:52 + 11:00
Port Mode: COMMON COPPER
Speed : 1000, Loopback: NONE
Duplex: FULL, Negotiation: ENABLE
Mdi    : AUTO
Last 300 seconds input rate 0 bits/sec, 0 packets/sec
Last 300 seconds output rate 0 bits/sec, 0 packets/sec
Input peak rate 0 bits/sec, Record time: -
Output peak rate 96 bits/sec, Record time: 2020 - 03 - 03 11:37:48
Input: 0 packets, 0 bytes
  Unicast:                  0, Multicast:                    0
  Broadcast:                0, Jumbo:                        0
  Discard:                  0, Total Error:                  0
  CRC:                      0, Giants:                       0
  Jabbers:                  0, Throttles:                    0
  Runts:                    0, Symbols:                      0
  Ignoreds:                 0, Frames:                       0
Output: 1 packets, 60 bytes
  Unicast:                  0, Multicast:                    0
  Broadcast:                1, Jumbo:                        0
  Discard:                  0, Total Error:                  0
  Collisions:               0, ExcessiveCollisions:          0
  Late Collisions:          0, Deferreds:                    0
    Input bandwidth utilization threshold : 100.00 %
    Output bandwidth utilization threshold: 100.00 %
    Input bandwidth utilization  :    0 %
    Output bandwidth utilization :    0 %
```

从命令回显信息中可以看到,接口的物理状态与协议状态均为 Up,表示对应的物理层与数据链路层均可用。

(13) 在 RouterA 上配置 GigabitEthernet 0/0/1 接口的 IP 地址,其配置命令如下。

```
[RouterA - GigabitEthernet0/0/0]quit
[RouterA]interface GigabitEthernet 0/0/1
[RouterA - GigabitEthernet0/0/1]ip address 192.168.1.1 24
[RouterA - GigabitEthernet0/0/1]undo shutdown
[RouterA - GigabitEthernet0/0/1]description This interface connects to RouterB - G0/0/1
```

(14) 查看 RouterA 设备上存储的文件列表,在用户视图下执行 dir 命令,查看当前目录下的文件列表,其配置命令如下。

```
[RouterA - GigabitEthernet0/0/1]return
< RouterA > dir
```

```
Directory of flash:/
  Idx    Attr    Size(Byte)      Date    Time(LMT)  FileName
    0    drw-            -     Mar 02 2020  02:44:22  dhcp
    1    -rw-      121,802     May 26 2014  09:20:58  portalpage.zip
    2    -rw-        2,263     Mar 02 2020  02:44:10  statemach.efs
    3    -rw-      828,482     May 26 2014  09:20:58  sslvpn.zip
1,090,732 KB total (784,464 KB free)
```

（15）配置 RouterA 的远程 Telnet 登录的 VTY 线路的用户名和密码,其配置命令如下。

```
<RouterA> system-view
[RouterA]telnet server enable                        //Telnet 默认是关闭的,需要打开;
[RouterA]user-interface vty 0 4                       //进入 VTY 用户界面视图;
[RouterA-ui-vty0-4]user privilege level 8            //配置 VTY 用户界面的用户级别为 8 级;
[RouterA-ui-vty0-4]authentication-mode aaa           //配置验证方式为 AAA 模式;
[RouterA-ui-vty0-4]quit
[RouterA]aaa                                          //进入 AAA 视图;
[RouterA-aaa]local-user dengping password cipher 123
//创建本地用户 dengping,密码为 123,cipher 表示配置的密码将以密文形式保存在配置文件中;
Info: Add a new user.
[RouterA-aaa]local-user dengping service-type telnet
//将创建的用户的接入类型设置为 Telnet;
```

（16）在路由器 RouterA 上保存设备配置信息,其配置命令如下。

```
<RouterA> save
  The current configuration will be written to the device.
  Are you sure to continue? (y/n)[n]:y
  It will take several minutes to save configuration file, please wait.......
  onfiguration file had been saved successfully
  Note: The configuration file will take effect after being activated
```

（17）在路由器 RouterA 上执行 display saved-configuration 命令,查看保存的配置清单,其配置命令如下。

```
<RouterA> display saved-configuration
[V200R003C00]
#
  sysname RouterA
  header shell information "Welcome to the Huawei RouterA-AR2240."
#
  snmp-agent local-engineid 800007DB03000000000000
  snmp-agent
#
  clock timezone kunming add 11:00:00
#
portal local-server load portalpage.zip
```

```
#
  drop illegal - mac alarm
#
  set cpu - usage threshold 80 restore 75
#
aaa
  authentication - scheme default
  authorization - scheme default
  accounting - scheme default
  domain default
  domain default_admin
  local - user admin password cipher % $ % $ K8m. Nt84DZ}e#<0`8bmE3Uw} % $ % $
  local - user admin service - type http
  ---- More ----
```

（18）在路由器 RouterA 上执行 display startup 命令，查看下次重启动时使用的配置文件，查看结果如下。

```
< RouterA > display startup
MainBoard:
  Startup system software:                     null
  Next startup system software:                null
  Backup system software for next startup:     null
  Startup saved - configuration file:          flash:/vrpcfg. zip
  Next startup saved - configuration file:     flash:/vrpcfg. zip
  Startup license file:                        null
  Next startup license file:                   null
  Startup patch package:                       null
  Next startup patch package:                  null
  Startup voice - files:                       null
  Next startup voice - files:                  null
```

（19）重启设备，执行 reboot 命令，重启路由器 RouterA，其配置命令如下。

```
< RouterA > reboot
Info: The system is comparing the configuration, please wait.
Warning: All the configuration will be saved to the next startup configuration.
Continue ? [y/n]:        //系统提示是否保存当前配置,可根据要求,决定是否保存当前配置;
System will reboot! Continue ? [y/n]:y
Info: system is rebooting ,please wait...
Press any key to get started
Login authentication
Password:                //此处输入此前配置的 Console 口登录的密码 dengping;
< RouterA >
```

第五步：在路由器 RouterB 上配置 IP 地址、Console 口登录的密码、Telnet 远程登录的用户名和密码等相关信息。

（1）查看系统信息，执行 display version 命令，查看路由器的软件版本和硬件信息，查看结果如下。

```
<Huawei> display version
Huawei Versatile Routing Platform Software
VRP (R) software, Version 5.130 (AR2200 V200R003C00)
Copyright (C) 2011 - 2012 HUAWEI TECH CO., LTD
Huawei AR2240 Router uptime is 0 week, 0 day, 0 hour, 6 minutes
BKP 0 version information:
1. PCB        Version    : AR01BAK2B VER.NC
2. If Supporting PoE : No
3. Board      Type       : AR2240
4. MPU Slot Quantity  : 1
5. LPU Slot Quantity  : 8
MPU 11(Master) : uptime is 0 week, 0 day, 0 hour, 6 minutes
MPU version information :
1. PCB        Version    : AR01SRU3A VER.A
2. MAB        Version    : 0
3. Board      Type       : SRU40
4. BootROM    Version    : 0
FAN version information :
1. PCB        Version    : AR01DF05A VER.A
2. Board      Type       : FAN
3. Software Version     : 0
```

以上反馈信息中包含了 VRP 版本、设备型号和重启动时间等信息。

（2）在路由器 RouterB 上修改系统时间，VRP 版本的系统会自动保存时间，使用 timezone 和 clock datetime 命令可以修改系统时间，其配置命令如下。

```
<Huawei> clock timezone kunming add 13:10:10
<Huawei> clock datetime 13:10:10 2020 - 03 - 03
```

（3）在路由器 RouterB 上执行 display clock 命令查看生效的新系统时间，查看结果如下。

```
<Huawei> display clock
2020 - 03 - 03 13:11:00
Tuesday
Time Zone(kunming) : UTC - 08:00
```

（4）帮助功能和命令自动补全功能，在系统中输入命令时，问号是通配符，Tab 键是自动联想并补全命令，其配置命令如下。

```
<Huawei> display ?
  aaa                    AAA
  access - user          User access
  accounting - scheme    Accounting scheme
  acl                    <Group> acl command group
  actual                 Current actual
```

```
adp - ipv4                      Ipv4 information
adp - mpls                      Adp - mpls module
alarm                           Alarm
antenna                         Current antenna that outputting radio
anti - attack                   Specify anti - attack configurations
ap                              < Group > ap command group
ap - auth - mode                Display AP authentication mode
ap - elabel                     Electronic label
ap - license                    AP license config
ap - performance - statistic    Display AP performance statistic information
ap - profile                    Display AP profile information
ap - region                     Display AP region information
ap - run - info                 Display AP run information
ap - type                       Display AP type information
ap - update                     AP update
ap - whitelist                  AP white list
apv2r3                          PAF(Product Adaptive File)
arp                             < Group > arp command group
arp - limit                     Display the number of limitation
---- More ----
```

注：在输入信息后，输入"？"，可查看以输入字母开头的命令。如输入" dis？"，设备将输出所有以 dis 开头的命令。

（5）进入系统视图，使用 system-view 命令可以进入系统视图，这样才可以配置接口、协议等内容，其配置命令如下。

```
< Huawei > system - view
Enter system view, return user view with Ctrl + Z.
[Huawei]
```

（6）修改设备名称、配置设备时，为了便于区分，往往给设备定义不同的名称。修改 Router 的设备名称为 RouterB，其配置命令如下。

```
[Huawei]sysname RouterB
[RouterB]
```

（7）配置设备登录信息，执行 header shell information 命令配置登录信息，其配置命令如下。

```
[RouterB]header shell information "Welcome to the Huawei RouterB - AR2240."
[RouterB]quit              //退出路由器命令行界面,查看登录信息是否已经修改;
< RouterB > quit
   Configuration console exit, please press any key to log on
Welcome to the Huawei RouterB - AR2240.
< RouterB >
```

（8）在路由器 RouterB 上配置 Console 口登录设备的密码，设置空闲超时时间为

20min，默认为 10min，其配置命令如下。

```
<RouterB> system - view
[RouterB]user - interface console 0
[RouterB - ui - console0]authentication - mode password
Please configure the login password (maximum length 16):dengping
[RouterB - ui - console0]set authentication password cipher dengping
[RouterB - ui - console0]idle - timeout 20 0
```

（9）在路由器 RouterB 上执行 display this 命令查看配置结果，其配置命令如下。

```
[RouterB - ui - console0]display this
[V200R003C00]
#
user - interface con 0
  authentication - mode password
  set authentication password cipher % $ % $ b6W}/0.<DQ.NQk& $ H~bP, $ 9LIS)JI),vRHR3gM"|
CBd * $ 90, % $ % $
  idle - timeout 20 0
user - interface vty 0 4
user - interface vty 16 20
#
return
[RouterB - ui - console0]
```

注：退出系统，并使用新配置的密码登录系统。需要注意的是，在路由器第一次初始化重启动时，也需要配置密码，其配置命令如下。

```
[RouterB - ui - console0]return
<RouterB> quit
  Configuration console exit, please press any key to log on
Login authentication
Password:              //此处输入此前设置的密码 dengping,然后按回车键确认;
Welcome to the Huawei RouterB - AR2240.
<RouterB>
```

（10）在路由器 RouterB 上配置 GigabitEthernet 0/0/1 接口的 IP 地址，其配置命令如下。

```
<RouterB> system - view
Enter system view, return user view with Ctrl + Z.
[RouterB]interface GigabitEthernet 0/0/1
[RouterB - GigabitEthernet0/0/1]ip address 192.168.1.2 24
Info: Interface GigabitEthernet0/0/0 is not shutdown.
[RouterB - GigabitEthernet0/0/1] description This interface connect to RouterA - G0/0/1.
```

（11）在路由器 RouterB 上执行 display this 命令，查看配置结果，显示结果如下。

```
[RouterB - GigabitEthernet0/0/1]display this
[V200R003C00]
#
interface GigabitEthernet0/0/0
description This interface connects to RouterA - G0/0/1.
ip address 192.168.1.2 255.255.255.0
#
return
[RouterB - GigabitEthernet0/0/1]
```

（12）在路由器 RouterB 上执行 display interface 命令，查看接口信息，查看结果如下。

```
[RouterB - GigabitEthernet0/0/1]display interface GigabitEthernet 0/0/1
GigabitEthernet0/0/1 current state : UP
Line protocol current state : UP
Last line protocol up time : 2020 - 03 - 02 12:51:31 UTC - 08:00
Description:This interface connect to RouterA - G0/0/1.
Route Port,The Maximum Transmit Unit is 1500
Internet Address is 192.168.1.2/24
IP Sending Frames' Format is PKTFMT_ETHNT_2, Hardware address is 00e0 - fcd9 - 57bf
Last physical up time : 2020 - 03 - 02 11:54:43 UTC - 08:00
Last physical down time : 2020 - 03 - 02 11:54:28 UTC - 08:00
Current system time: 2020 - 03 - 03 13:18:31 - 08:00
Port Mode: FORCE COPPER
Speed : 1000, Loopback: NONE
Duplex: FULL, Negotiation: ENABLE
Mdi : AUTO
Last 300 seconds input rate 0 bits/sec, 0 packets/sec
Last 300 seconds output rate 0 bits/sec, 0 packets/sec
Input peak rate 1600 bits/sec,Record time: 2020 - 03 - 02 12:52:22
Output peak rate 1632 bits/sec,Record time: 2020 - 03 - 02 12:52:22
Input: 65 packets, 4362 bytes
    Unicast:              63, Multicast:           0
    Broadcast:            2, Jumbo:                0
    Discard:              0, Total Error:          0
    ---- More ----
```

从命令回显信息中可以看到，接口的物理状态与协议状态均为 Up，表示对应的物理层与数据链路层均可用。

（13）在路由器 RouterB 上配置 GigabitEthernet 0/0/0 接口的 IP 地址，其配置命令如下。

```
[RouterB - GigabitEthernet0/0/1]quit
[RouterB]interface GigabitEthernet 0/0/0
[RouterB - GigabitEthernet0/0/0]ip address 192.168.2.1 24
[RouterB - GigabitEthernet0/0/0]undo shutdown
[RouterB - GigabitEthernet0/0/0]description This interface connects to PC2.
```

（14）查看 RouterB 设备上存储的文件列表，在用户视图下执行 dir 命令，查看当前目录下的文件列表，其配置命令如下。

```
[RouterB - GigabitEthernet0/0/0]return
<RouterB>dir
<RouterB>dir
Directory of flash:/
  Idx    Attr    Size(Byte)    Date            Time(LMT)    FileName
    0    drw -            -    Mar 02 2020    02:44:36     dhcp
    1    - rw -     121,802    May 26 2014    09:20:58     portalpage.zip
    2    - rw -       2,263    Mar 02 2020    02:44:25     statemach.efs
    3    - rw -     828,482    May 26 2014    09:20:58     sslvpn.zip
1,090,732 KB total (784,464 KB free)
```

（15）在路由器 RouterB 上配置远程 Telnet 登录的 VTY 线路的用户名和密码，其配置命令如下。

```
<RouterB>system - view
[RouterB]telnet server enable                          //Telnet 默认是关闭的,需要打开;
[RouterB]user - interface vty 0 4                      //进入 VTY 用户界面视图;
[RouterB - ui - vty0 - 4]user privilege level 2        //配置 VTY 用户界面的用户级别为 2 级;
[RouterB - ui - vty0 - 4]authentication - mode aaa     //配置验证方式为 AAA 模式;
[RouterB - ui - vty0 - 4]quit
[RouterB]aaa                                            //进入 AAA 视图;
[RouterB - aaa]local - user RouterB password cipher 123
//创建本地用户 RouterB,密码为 123,cipher 表示配置的密码将以密文形式保存在配置文件中;
Info: Add a new user.
[RouterB - aaa]local - user RouterB service - type telnet
//将创建的用户的接入类型设置为 Telnet;
```

（16）在路由器 RouterB 上保存配置信息，其配置命令如下。

```
[RouterB - aaa]return
<RouterB>save
  The current configuration will be written to the device.
  Are you sure to continue? (y/n)[n]:y
  It will take several minutes to save configuration file, please wait.......
  Configuration file had been saved successfully
  Note: The configuration file will take effect after being activated
```

（17）在路由器 RouterB 上执行 display saved-configuration 命令，查看已保存的配置信息，查看结果如下。

```
<RouterB>display saved - configuration
[V200R003C00]
#
 sysname RouterB
 header shell information "Welcome to the Huawei RouterB - AR2240."
```

```
#
  snmp - agent local - engineid 800007DB03000000000000
  snmp - agent
#
  clock timezone kunming minus 08:00:00
#
    portal local - server load portalpage. zip
#
  drop illegal - mac alarm
#
  set cpu - usage threshold 80 restore 75
#
aaa
  authentication - scheme default
  authorization - scheme default
  accounting - scheme default
  domain default
  domain default_admin
  local - user admin password cipher % $ % $ K8m. Nt84DZ}e#<0~8bmE3Uw} % $ % $
  local - user admin service - type http
  ---- More ----
```

（18）在路由器 RouterB 上执行 display startup 命令，查看下次重启动时使用的配置文件，查看结果如下。

```
< RouterB > display startup
MainBoard:
    Startup system software:                null
    Next startup system software:           null
    Backup system software for next startup:  null
    Startup saved - configuration file:     flash:/vrpcfg. zip
    Next startup saved - configuration file:  flash:/vrpcfg. zip
    Startup license file:                   null
    Next startup license file:              null
    Startup patch package:                  null
    Next startup patch package:             null
    Startup voice - files:                  null
    Next startup voice - files:             null
```

（19）在路由器 RouterB 上执行 reboot 命令，重启路由器，其配置命令如下。

```
< RouterB > reboot
Info: The system is comparing the configuration, please wait.
Warning: All the configuration will be saved to the next startup configuration.
Continue ? [y/n]:                          //此处系统提示是否保存当前配置;
System will reboot! Continue ? [y/n]:y //此处输入 Y,保存当前配置;
Info: system is rebooting ,please wait...
Press any key to get started
Login authentication
```

```
Password:                    //此处输入此前配置的 Console 口登录的密码 dengping;
< RouterB >
```

第六步：配置 PC1 和 PC2 的 IP 地址、子网掩码、默认网关等参数。

（1）配置 PC1 主机的 IP 地址、子网掩码、默认网关等参数，并在命令提示符下使用 ipconfig 命令查看 IP 地址配置情况，其配置命令如下。

```
PC > ipconfig
Link local IPv6 address...........: fe80::5689:98ff:fe7d:4aea
IPv6 address.....................: :: / 128
IPv6 gateway.....................: ::
IPv4 address.....................: 192.168.0.2
Subnet mask......................: 255.255.255.0
Gateway..........................: 192.168.0.1
Physical address.................: 54 - 89 - 98 - 7D - 4A - EA
DNS server.......................:
```

（2）配置 PC2 主机的 IP 地址、子网掩码、默认网关等参数，并在命令提示符下使用 ipconfig 命令查看 IP 地址配置情况，其配置命令如下。

```
PC > ipconfig
Link local IPv6 address...........: fe80::5689:98ff:fefc:5976
IPv6 address.....................: :: / 128
IPv6 gateway.....................: ::
IPv4 address.....................: 192.168.2.2
Subnet mask......................: 255.255.255.0
Gateway..........................: 192.168.2.1
Physical address.................: 54 - 89 - 98 - FC - 59 - 76
DNS server.......................:
```

第七步：配置路由器 RouterA 和 RouterB 的 RIP 动态路由，实现网络互联互通。

（1）在路由器 RouterA 上配置 RIP 动态路由，其配置命令如下。

```
< RouterA > system - view
[RouterA]rip 1
[RouterA - rip - 1]version 2
[RouterA - rip - 1]network 192.168.0.0
[RouterA - rip - 1]network 192.168.1.0
[RouterA - rip - 1]return
< RouterA > save
```

（2）在路由器 RouterB 上配置 RIP 动态路由，其配置命令如下。

```
< RouterB > system - view
[RouterB]rip 1
[RouterB - rip - 1]version 2
[RouterB - rip - 1]network 192.168.1.0
```

```
[RouterB - rip - 1]network 192.168.2.0
[RouterB - rip - 1]return
<RouterB> save
```

第八步：备份 RouterA 的配置文件。

（1）对 RouterA 当前配置文件进行保存，并保存为 config. cfg，其配置命令如下。

```
<RouterA> save config.cfg
Are you sure to save the configuration to config.cfg? (y/n)[n]:y
<RouterA> dir
Directory of flash:/
Idx Attr Size(Byte) Date Time(LMT) FileName
0 drw-  -  Jan 30 2019 03:08:09 dhcp
1 -rw- 121,802 May 26 2014 09:20:58 portalpage.zip
2 -rw- 1,171 Jan 30 2019 03:51:33 config.cfg
3 -rw- 2,263 Jan 30 2019 03:46:48 statemach.efs
4 -rw- 828,482 May 26 2014 09:20:58 ssl***.zip
5 -rw- 352 Jan 30 2019 03:11:53 private-data.txt
6 -rw- 591 Jan 30 2019 03:46:47 vrpcfg.zip
1,090,732 KB total (784,440 KB free)
```

（2）将 RouterA 配置为 ftp server，并从客户端将配置文件 config. cfg 下载下来，其配置命令如下。

```
<RouterA> system - view
[RouterA]ftp server enable
[RouterA]aaa
[RouterA - aaa]local - user ftp password cipher 123
[RouterA - aaa]local - user ftp privilege level 15
[RouterA - aaa]local - user ftp ftp - directory flash:
[RouterA - aaa]local - user ftp service - type ftp
[RouterA - aaa]return
<RouterA> save
```

（3）设置 eNSP 中添加"cloud"设备，设置桥接功能，在 Cloud1 窗口的"绑定信息"处，选择物理机（真机）网卡 IP 地址，然后单击"增加"按钮。其他设置，如图 2-3 所示。

接下来，将"cloud"设备 E0/0/1 接口与路由器 RouterA 的 G0/0/0 接口用线连接起来。

（4）在路由器 RouterA 接口 G0/0/0，配置与物理机（真机）IP 地址在同一网段，如 192.168.3.254，其配置命令如下。

```
[RouterA]interface g0/0/0
[RouterA - GigabitEthernet0/0/0]ip address 192.168.3.254 24
[RouterA - GigabitEthernet0/0/0]undo shutdown
```

（5）在物理机（真机）上访问 eNSP 中的路由器 RouterA，测试命令如下。

图 2-3　IO 配置

```
C:\Users\Administrator>ping 192.168.3.254
正在 Ping 192.168.3.254 具有 32 字节的数据：
来自 192.168.3.254 的回复：字节 = 32 时间 = 21ms TTL = 255
来自 192.168.3.254 的回复：字节 = 32 时间 = 18ms TTL = 255
来自 192.168.3.254 的回复：字节 = 32 时间 = 19ms TTL = 255
来自 192.168.3.254 的回复：字节 = 32 时间 = 13ms TTL = 255
192.168.3.254 的 Ping 统计信息：
    数据包：已发送 = 4,已接收 = 4,丢失 = 0（0% 丢失），
往返行程的估计时间(以毫秒为单位)：
    最短 = 13ms,最长 = 21ms,平均 = 17ms
```

（6）物理机（真机）登录路由器 RouterA,使用 ftp 192.168.3.254 命令,测试命令如下。

```
C:\Users\Administrator>ftp 192.168.3.254
连接到 192.168.3.254.
220 FTP service ready.
用户(192.168.3.254:(none)):ftp        (注：此处输入此前在 RouterA 上配置 FTP 服务器用户名 ftp)
331 Password required for ftp.
密码:                                  (注：此处输入此前在 RouterA 上配置 FTP 服务密码 123)
230 User logged in.
ftp>
```

以上信息表明,FTP 登录路由器 RouterA 成功。

（7）开始备份路由器 RouterA 的配置文件 config.cfg,其配置命令如下。

```
ftp > dir
ftp > lcd d:\
ftp > get config.cfg      (注:即可备份 config.cfg 文件至 D:\)
```

2.3.6　测试与验收

本实训项目详细的测试步骤,请扫描下面二维码。

通过以上一系列的测试,其结果表明,网络中的路由器都能相互通过 Telnet 远程登录对方,并能够管理了。

2.4　实训项目：CISCO 交换机的远程管理维护技术

2.4.1　实训目的

掌握基于 CISCO 交换机高级配置命令的用法;利用 Telnet 实用程序对交换机进行远程登录管理。

2.4.2　实训设备

(1)硬件要求：CISCO S3560 交换机 1 台,CISCO S2960 交换机 1 台,PC 2 台,直连线 3 条,Console 控制线 2 条。

(2)软件要求：CISCO Packet Tracer 7.2.1 仿真软件,Secure CRT 软件或者超级终端软件,CISCO TFTP Server 软件。

(3)实训设备均为空配置。

2.4.3　项目需求分析

你是某公司新进的网管,公司有多台交换机,为了进行区分和管理,公司要求你进行交换机和路由器设备名的配置,配置交换机登录时的描述信息,以及远程登录、口令等的基本安全设置。

2.4.4　网络系统设计

根据项目需求分析,现简化网络系统设计,以便实现关键技术,如图 2-4 所示。

2.4.5　工程组织与实施

第一步：按照图 2-4,使用 Console 控制线与交叉线连接物理设备。

第二步：根据图 2-4,规划 IP 地址,并配置相应的 IP 地址、子网掩码等参数。

第三步：启动超级终端程序,并设置相关参数。

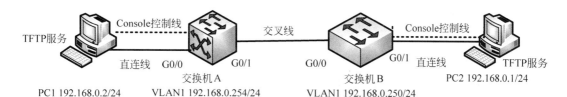

图 2-4　某公司网络系统图(部分)

第四步：在交换机 A 上配置远程登录的相关命令。

(1) PC1 主机通过 Console 口登录交换机。

(2) 在交换机 A 上设置交换机主机名，设置系统时间，其配置命令如下。

```
Switch > enable                      //表示用户模式;
Switch # configure terminal          //表示特权模式;
Switch(config) #                     //表示全局配置模式;
SA(config) # no ip domain - lookup   //关闭域名解析;
Switch (config) # hostname SA        //设置交换机主机名为 SA;
SA(config) # clock timezone GMT 8    //修改当前系统的时区为 GMT + 8;
SA(config) # exit
SA # clock set 18:15:30 March 8 2020 //修改当前设置的时间;
```

(3) 在交换机 A 上配置 Console 永不超时和 Console 的日志同步，其配置命令如下。

```
SA(config) # line console 0
SA(config - line) # no exec - timeout    //配置 Console 永不超时;
SA(config - line) # logging synchronous  //配置 Console 的日志同步;
SA(config - line) # exit                 //退出控制台接口模式;
```

(4) 在交换机 A 上创建登录设备时显示信息 MOTD，其配置命令如下。

```
SA(config) # banner motd # Welcome to SA #
//配置执行标志区,即为登录路由器时显示的信息;
```

(5) 在交换机 A 上设置 Console 密码、特权模式密码和 VTY 线路密码，其配置命令如下。

```
SA(config) # line console 0
SA(config - line) # password 111
//进入 console 口,配置 console 口密码,111 为自己指定的密码符号;
SA(config - line) # login               //使密码在 Console 线路生效;
SA(config - line) # exit
SA(config) # enable password 222        //设置 enable 明文密码;
SA(config) # enable secret 333
//设置 enable 密文密码,安全级别高于明文密码,与明文同时设置时,密文密码生效;
SA(config) # line vty 0 - 4             //进入 VTY 0 - 4 线路;
SA(config - line) # password 444
//设置 VTY 线路密码,即用户通过 Telnet 登录路由器时输入的密码;
SA(config - line) # login               //使密码在线路上生效;
SA(config - line) # exit
```

（6）在交换机 A 上设置用户模式 Console 口登录用户名和密码，其配置命令如下。

```
SA(config)♯line console 0
SA(config-line)♯login local
//设置本地身份认证登录方式,需要用户名和密码才能登录用户模式;
SA(config-line)♯exit
SA(config)♯username dengping password 123        //设置用户名和密码;
SA(config)♯exit
```

（7）设置交换机 A 的虚接口 VLAN1 的 IP 地址，其配置命令如下。

```
SA(config)♯interface vlan 1        //进入交换机虚接口 VLAN1;
SA(config-if)♯
SA(config-if)♯ip address 192.168.0.254 255.255.255.0
//配置交换机虚接口 VLAN1 的管理地址;
SA(config-if)♯no shutdown
```

（8）在 PC1 上配置 IP 地址为 192.168.0.2/24 后，然后使用 telnet 命令，测试能否远程登录交换机 A，其测试如下。

```
C:\> telnet 192.168.0.254
Trying 192.168.0.254 ...OpenWelcom to SA
User Access Verification
Username:        //此处输入此前配置的用户名 dengping;
Password:        //此处输入此前配置的密码 123;
SA > enable
Password:        //此处输入此前配置的密文密码 333;
SA♯
```

以上测试过程结果表明在 PC1 上使用 telnet 命令，能够远程登录交换机 A 了。

第五步：在交换机 B 上配置远程登录的相关命令。

（1）PC2 主机通过 Console 口登录交换机 B。

（2）在交换机 B 上设置交换机主机名，设置系统时间，其配置命令如下。

```
Switch > enable                //表示用户模式;
Switch♯configure terminal        //表示特权模式;
Switch(config)♯                //表示全局配置模式;
Switch(config)♯no ip domain-lookup  //关闭域名解析;
Switch (config)♯hostname SB      //设置交换机主机名为 SB;
SB(config)♯clock timezone GMT 8   //修改当前系统的时区为 GMT +8;
SB(config)♯exit
SB♯clock set 18:15:30 March 8 2020  //修改当前设置的时间;
```

（3）在交换机 B 上配置 Console 永不超时和 Console 的日志同步，其配置命令如下。

```
SB(config)♯line console 0
SB(config-line)♯ no exec-timeout        //配置 Console 永不超时;
```

```
SB(config - line)♯logging synchronous          //配置 Console 的日志同步;
SB(config - line)♯exit                          //退出控制台接口模式;
```

（4）创建登录设备时显示信息 MOTD,其配置命令如下。

```
SB (config)♯banner motd ♯ Welcome to SB! ♯
//配置执行标志区,即为登录路由器时显示的信息;
```

（5）在交换机 B 上设置 Console 密码、特权模式密码和 VTY 线路密码,其配置命令如下。

```
SB(config)♯line console 0
SB(config - line)♯password 111
//进入 Console 口,配置 Console 口密码,111 为自己指定的密码符号;
SB(config - line)♯login          //使密码在 Console 线路生效;
SB(config - line)♯exit
SB(config)♯enable secret 333
//设置 enable 密文密码,安全级别高于明文密码,与明文同时设置时,密文密码生效;
SB(config)♯line vty 0 4          //进入 VTY 0 - 4 线路;
SB (config - line)♯password 444
//设置 VTY 线路密码,即用户通过 Telnet 登录路由器时输入的密码;
SB(config - line)♯login          //使密码在线路上生效;
SB(config - line)♯exit
```

（6）设置交换机 B 的虚接口 VLAN1 的 IP 地址,其配置命令如下。

```
SB(config)♯interface vlan 1          //进入交换机虚接口 VLAN1;
SB(config - if)♯
SB(config - if)♯ip address 192.168.0.250 255.255.255.0
//配置交换机虚接口 VLAN1 的管理地址;
SB(config - if)♯no shutdown
```

（7）在 PC2 上配置 IP 地址为 192.168.0.1/24 后,然后使用 telnet 命令,测试能否远程登录交换机 B,其测试情况如下。

```
C:\> telnet 192.168.0.250
Trying 192.168.0.250 ...OpenWelcom to SB
User Access Verification
Password:                //此处输入此前配置的密码 444;
SB > enable
Password:                //此处输入此前配置的密文密码 333;
SB♯
```

以上测试过程结果表明,在 PC2 上使用 telnet 命令,能够远程登录交换机 B 了。

2.4.6 测试与验收

本实训项目详细的测试步骤,请扫描下面二维码。

通过以上一系列的测试结果,表明在网络环境中的任意一台计算机上使用 telnet 命令,都可以远程登录交换机了,实现了远程管理全网的交换机。

2.5　实训项目:HUAWEI 交换机的远程管理维护技术

2.5.1　实训目的

掌握基于 HUAWEI 交换机的高级配置命令的用法;利用 Telnet 实用程序对交换机进行远程管理。

2.5.2　实训设备

(1) 硬件要求:HUAWEI AR2240 路由器 3 台,HUAWEI S3700 交换机 1 台,PC 1 台,网线若干条,Console 控制线 1 条。

(2) 软件要求:HUAWEI eNSP V100R002C00B510.exe 仿真软件,VirtualBox-5.2. 22-126460-Win.exe 软件,Secure CRT 软件或者超级终端软件。

(3) 实训设备均为空配置。

2.5.3　项目需求分析

若你是某公司新进的网管,公司有多台交换机,为了进行区分和管理,公司要求你进行交换机和路由器设备名的配置,配置交换机登录时的描述信息,以及远程登录、口令及 IOS 文件备份等的基本安全设置。

2.5.4　网络系统设计

根据项目需求分析,现简化网络系统设计,以便实现关键技术,如图 2-5 所示。

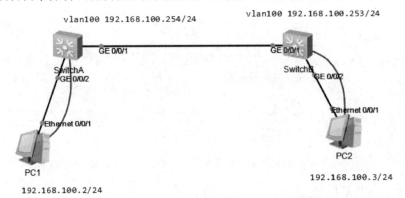

图 2-5　配置某公司 HUAWEI 交换机网络系统图(部分)

2.5.5　工程组织与实施

第一步：按照图 2-5，使用 Console 控制线与交叉线连接物理设备。

第二步：根据图 2-5，规划设备相应的 IP 地址、子网掩码、默认网关等参数。

第三步：启动设备和超级终端程序，并设置相关参数。

第四步：配置交换机 SwitchA 的设备名称、管理 VLAN 和 Telnet。

（1）在交换机 SwitchA 上配置设备名称、管理 VLAN 等，其配置命令如下。

```
< Huawei >                                    //用户视图提示符;
< Huawei > system - view                      //进入系统视图;
[Huawei]sysname SwitchA                       //修改设备名称为 SwitchA;
[SwitchA]vlan 100                             //创建 VLAN100;
[SwitchA - vlan100]management - vlan          //设备 VLAN100 为管理 VLAN;
[SwitchA - vlan100]quit
[SwitchA]interface vlanif 100                 //创建管理 VLAN 的 VLANIF 接口;
[SwitchA - Vlanif100]ip add 192.168.100.254 24 //配置 VLANIF 接口 IP 地址;
[SwitchA - Vlanif100]quit
```

（2）在交换机 SwitchA 上配置可以被远程 Telnet 登录，其配置命令如下。

```
[SwitchA]telnet server enable                 //Telnet 默认是关闭的,需要打开;
[SwitchA]user - interface vty 0 4             //开启 VTY 线路模式;
[SwitchA - ui - vty0 - 4]protocol inbound telnet //配置 Telnet 协议;
[SwitchA - ui - vty0 - 4]authentication - mode aaa //配置认证方式;
[SwitchA - ui - vty0 - 4]quit
[SwitchA]aaa
[SwitchA - aaa]local - user dengping password cipher 123
//配置用户名和密码,用户名不区分大小写,密码区分大小写;
[SwitchA - aaa]local - user dengping privilege level 15
//将账号 dengpingA 权限设置为 15(最高);
[SwitchA - aaa]local - user dengping service - type telnet //设置该用户的接入类型为 Telnet;
[SwitchA - aaa]quit
```

注：一般情况下，任意 VLAN 都可成为管理 VLAN（当然，这是指三层交换机上的 VLAN），但为了避免一些非授权进行远程交换机管理的 VLAN 用户对交换机进行非法管理，提高交换机的安全性，在 HUAWEI S 系列交换机中一旦某个 VLAN 被配置为管理 VLAN，则不允许 Access 类型和 dot1q-tunnel 类型端口加入该 VLAN。

（3）在交换机 SwitchA 上配置 G0/0/1 接口 trunk，允许所有 VLAN 数据通过，其配置命令如下。

```
[SwitchA]interface GigabitEthernet0/0/1
[SwitchA - GigabitEthernet0/0/1]port link - type trunk
[SwitchA - GigabitEthernet0/0/1]port trunk allow - pASs vlan all
```

第五步：配置交换机 SwitchB 的设备名称、管理 VLAN 和 Telnet。

（1）在交换机 SwitchB 上配置设备名称、管理 VLAN 等，其配置命令如下。

```
< Huawei >                                          //用户视图提示符;
< Huawei > system - view                            //进入系统视图;
[Huawei]sysname SwitchB                             //修改设备名称为 SwitchB;
[SwitchB]vlan 100                                   //创建 VLAN100;
[SwitchB - vlan100]management - vlan                //设备 VLAN100 为管理 VLAN;
[SwitchB - vlan100]quit
[SwitchB]interface vlanif 100                       //创建管理 VLAN 的 VLANIF 接口;
[SwitchB - Vlanif100]ip add 192.168.100.253 24      //配置 VLANIF 接口 IP 地址;
[SwitchB - Vlanif100]quit
```

（2）在交换机 SwitchB 上配置可以被远程 Telnet 登录,其配置命令如下。

```
[SwitchB]telnet server enable                       //Telnet 默认是关闭的,需要打开;
[SwitchB]user - interface vty 0 4                   //开启 VTY 线路模式;
[SwitchB - ui - vty0 - 4]protocol inbound telnet    //配置 Telnet 协议;
[SwitchB - ui - vty0 - 4]authentication - mode aaa  //配置认证方式;
[SwitchB - ui - vty0 - 4]quit
[SwitchB]aaa
[SwitchB - aaa]local - user dengping password cipher 123
//配置用户名和密码,用户名不区分大小写,密码区分大小写;
[SwitchB - aaa]local - user dengping privilege level 15
//将账号 dengpingA 权限设置为 15(最高);
[SwitchB - aaa]local - user dengping service - type telnet
//设置该用户的接入类型为 Telnet;
[SwitchB - aaa]quit
```

（3）在交换机 SwitchB 上配置 G0/0/1 接口 trunk,允许所有 VLAN 数据通过,其配置命令如下。

```
[SwitchB]interface GigabitEthernet0/0/1
[SwitchB - GigabitEthernet0/0/1]port link - type trunk
[SwitchB - GigabitEthernet0/0/1]port trunk allow - pASs vlan all
```

第六步：在交换机 Switch 上配置 Console 口登录账号和密码。默认情况下,通过 Console 口登录无密码,任何人都可以直接连接到设备。

（1）在交接机 SwitchA 上配置 Console 口登录设备的密码,其配置命令如下。

```
< SwitchA > system - view
[SwitchA]user - interface console 0
[SwitchA - ui - console0]authentication - mode aaa
[SwitchA - ui - console0]quit
[SwitchA]aaa
[SwitchA - aaa]local - user dengping2 privilege level 15
[SwitchA - aaa]local - user dengping2 password cipher 123
[SwitchA - aaa]local - user dengping2 service - type terminal
```

（2）在交接机 SwitchB 上配置 Console 口登录设备的密码,其配置命令如下。

```
< SwitchB > system - view
[SwitchB]user - interface console 0
[SwitchB - ui - console0]authentication - mode aaa
[SwitchB - ui - console0]quit
[SwitchB]aaa
[SwitchB - aaa]local - user dengping2 privilege level 15
[SwitchB - aaa]local - user dengping2 password cipher 123
[SwitchB - aaa]local - user dengping2 service - type terminal
```

2.5.6 测试与验收

本实训项目详细的测试步骤,请扫描下面二维码。

通过以上一系列的测试结果,表明在网络环境中任意一台计算机上使用 telnet 命令,都可以远程登录 HUAWEI 交换机了,实现了远程管理全网的交换机。

习题

(1) 命令 show running-config 是查看当前生效的配置信息,命令 show startup-config 是查看保存在 NVRAM 里的配置文件信息,是否正确?

(2) 路由器的配置信息全部加载在 RAM 里生效,路由器在启动过程中是将 NVRAM 里的配置文件加载到 RAM 里生效,是否正确?

(3) CISCO 交换机与路由器配置远程登录密码,为什么一定要配置用户模式进特权模式的密码?

(4) CISCO 和 HUAWEI 的交换机、路由器设备配置远程登录密码有何异同点?

(5) 二层交换机与三层交换机的有何区别?

(6) 为什么要在交换机配置 VLAN1 的 IP 地址,有何作用?

(7) 不同厂商的交换机和路由器设备的配置命令都是一样的吗?

(8) 三层以上交换机可以称为路由设备吗?

(9) 根据本章各实训项目的需求,分别设计网络拓扑,构建网络环境,安装调试设备,撰写实训报告,并写清楚实训操作过程中出现的问题以及解决办法。

第3章 虚拟局域网与负载均衡技术

3.1 实训预备知识

3.1.1 虚拟局域网

VLAN 是在交换机上划分广播域的一种技术。它允许一组不限物理地域的用户群共享一个独立的广播域,减少由于共享介质所形成的安全隐患。在一个网络中,即使是不同的交换机,只要属于相同 VLAN 的端口,它们会应用交换机地址学习等机制相互转发数据包,工作起来就好像是在一个独立的交换机上。但在同一台交换机上属于不同 VLAN 的端口,它们之间不能直接通信,必须借助路由器实现通信。

3.1.2 VLAN 的三种划分

1. 基于端口的 VLAN 划分

把一个或多个交换机上的几个端口划分一个逻辑组,这是最简单、最有效的划分方法。该方法只需网络管理员对网络设备的交换端口进行重新分配即可,不用考虑该端口所连接的设备。

2. 基于 MAC 地址的 VLAN 划分

MAC 地址其实就是指网卡的标识符,每一块网卡的 MAC 地址都是唯一且固化在网卡上的。MAC 地址由 12 位十六进制数表示,前 8 位为厂商标识,后 4 位为网卡标识。网络管理员可按 MAC 地址把一些站点划分为一个逻辑子网。

3. 基于路由的 VLAN 划分

路由协议工作在网络层,相应的工作设备有路由器和路由交换机(即三层交换机)。该方式允许一个 VLAN 跨越多个交换机,或一个端口位于多个 VLAN 中。

就目前来说,对于 VLAN 的划分主要采取上述第 1、3 种方式,第 2 种方式为辅助性的方案。使用 VLAN 具有以下优点:

(1) 控制广播风暴。

一个 VLAN 就是一个逻辑广播域,通过对 VLAN 的创建,隔离了广播,缩小了广播范围,可以控制广播风暴的产生。

(2) 提高网络整体安全性。

通过路由访问列表和 MAC 地址分配等 VLAN 划分原则,可以控制用户访问权限和逻辑网段大小,将不同用户群划分在不同 VLAN,从而提高交换式网络的整体性能和安全性。

(3)网络管理简单、直观。

对于交换式以太网,如果对某些用户重新进行网段分配,需要网络管理员对网络系统的物理结构重新进行调整,甚至需要追加网络设备,增大网络管理的工作量。而对于采用 VLAN 技术的网络来说,一个 VLAN 可以根据部门职能、对象组或者应用将不同地理位置的网络用户划分为一个逻辑网段。在不改动网络物理连接的情况下可以任意地将工作站在工作组或子网之间移动。利用虚拟网络技术,大大减轻了网络管理和维护工作的负担,降低了网络维护费用。在一个交换网络中,VLAN 提供了网段和机构的弹性组合机制。

3.1.3 静态 VLAN 的配置命令

静态 VLAN 是最常用的一种划分 VLAN 的方法,各厂商的 VLAN 交换机都支持 IEEE 802.1q 静态 VLAN 划分标准。交换机默认只有一个 VLAN,即 VLAN1,所有的端口都属于这个 VLAN,因此 VLAN1 无须再创建。常用的 VLAN 配置命令如表 3-1 所示。

表 3-1　常用的 VLAN 配置命令

命　　令	说　　明
vlan database	进入 VLAN 配置模式
vlan VLAN_# [name VLAN_name]	创建 VLAN(并命令)
vlan VLAN_#	创建 VLAN
name VLAN_name	给 VLAN 命名
set vlan VLAN_# name VLAN_name	给 VLAN 命名
switchport mode access	将端口设置为接入链路模式
switchport access vlan VLAN_#	将端口分配给 VLAN
set vlan VLAN_# slot_#/port_m-port_n	为 VLAN 批量分配端口
show interfaces interface-id switchport	显示某个端口的 VLAN 配置
show interfaces interface-id trunk	显示某个端口的 Trunk 配置

3.1.4 VLAN Trunk 配置命令

为了让 VLAN 能跨越多个交换机,必须用 Trunk(干道)链路将交换机连接起来。也就是说,要把用于两台交换机相互连接的端口设置成 VLAN Trunk 端口。CISCO 交换机之间的链路是否建立 Trunk 是可以自动协商的,这个协议称为 DTP(Dynamic Trunk Protoc 01),DTP 还可以协商 Trunk 链路的封装类型。在默认情况下,CISCO 交换机之间的链路是 Trunk 链路,封装类型是 ISL,允许所有 VLAN 通过。常用的 VLAN Trunk 配置命令如表 3-2 所示。

表 3-2　常用的 VLAN Trunk 配置命令

命　令	说　明
switchport trunk encapsulation 〈negotiate｜isl｜dot1q〉[1]	设置 Trunk 封装类型
switchport mode 〈trunk｜dynamic desirable｜dynamic auto〉	设置 Trunk 为中继连接模式
switchport nonegotiate	设置 Trunk 链路不发送协商包
no switchport nonegotiate	默认 Trunk 链路是发送协商包
switchport trunk allowed vlan all	允许所有 VLAN 通过 Trunk
switchport trunk allowed vlan add vlan-list	允许某些 VLAN 通过 Trunk
switchport trunk allowed vlan remove vlan-list	紧禁某些 VLAN 通过 Trunk
switchport trunk native vlan vlan-id	指定 802.1q 本地 VLAN 号

注:[1] 交换机使用 switchport trunk encapsulation 命令配置 Trunk 的封装类型,可以双方协商确定,也可以指定是 isl 或 dot1q,但要求 Trunk 链路两端端口的封装类型一致。其各参数意义如下。

- negotiate:自动协商封装类型,为默认配置。该参数要求协商为对端的封装类型,若对端的封装参数也为 negotiate,则两端的封装类型均为 isl 类型。
- isl:如果是 CISCO 的交换机,可以使用 CISCO 的私有协议 ISL 进行封装。
- dot1q:采用 IEEE 802.1q 协议进行封装方式。

3.1.5　VTP 的配置命令

使用中继线相连的交换机都需要进行相应的配置。如果更改 VLAN,所有的相关交换机也要做变更,这样工作量就太大了。采用 VTP（VLAN Trunking Protocol）虚拟局域网中继协议可以简化配置工作。VTP 有三种工作模式:服务器模式、客户端模式和透明模式,默认是服务器模式。

服务器模式的交换机可以设置 VLAN 配置参数,服务器会将配置参数发给其他交换机。客户端模式的交换机不能设置 VLAN 配置参数,只能接收服务器模式的交换机发送的 VLAN 配置参数。透明模式的交换机是相对独立的,它允许设置 VLAN 配置参数,但不向其他交换机发送自己的配置参数。当透明模式的交换机收到服务器模式的交换机发送的 VLAN 配置参数时,仅仅是简单地转发给其他交换机,并不用来设置自己的 VLAN 参数。当交换机处于 VTP 服务器模式时,如果删除一个 VLAN,则该 VLAN 将在所有相同 VTP 的交换机上被删除;若在透明模式下删除 VLAN 时,则只能在当前交换机上删除。常用的 VTP 配置命令如表 3-3 所示。

表 3-3　常用的 VTP 配置命令

命　令	说　明
vtp domain VTP_domain_name	设置 VTP 的域名
vtp password VTP_password	设置 VTP 密码
vtp 〈server｜client｜transparent〉	设置 VTP 工作模式
vtp pruning	启用/禁用修剪（默认启用）
snmp-server enable traps vtp	启用 SNMP 陷阱（默认启用）
show vtp status	显示 VTP 配置

注: vtp pruning:VTP 修剪是 VTP 的一个功能,它能减少中继端口上不必要的信息量,在 CISCO 交换机上,VTP 修剪功能默认是关闭的,默认情况下,发给某个 VLAN 的广播会送到每一个在中继链路上承载该 VLAN 的交换机,即使交换机上没有位于那个 VLAN 的端口也是如此。默认情况下,VLAN1 其主要的用途在于 VLAN 的管理。此时 VLAN1 需要组播包与单播包。为此往往不在 VLAN1 上启用 VTP 修剪。在有些交换机上,甚至明文禁止在 VLAN1 上启用 VTP 修剪,也是出于管理的需要。默认情况下,VLAN2 到 VLAN1001,是可以启用 VLAN 修剪的。VLAN1001 之后的 VLAN 就不再支持 VTP。不过也很少有企业的规模达到要使用 1000 个 VLAN 这个程度。

总之,VTP 修剪提供了一种方式来提高带宽的使用率,通过 VTP 修剪可以减少广播、组播、单播包的数量。VTP 修剪只将广播发送到真正需要这些信息的中继链路上。

3.1.6　端口聚合

在企业网交换机中配置 VLAN,对于中继线相连的交换机,则都需要进行相应的 VLAN 配置。如果更改 VLAN,所有的相关交换机也要做变更,这样工作量太大了。采用 VTP 可以简化配置工作。服务器模式的交换机可以设置 VLAN 配置参数,服务器会将配置参数发给其他交换机。

端口聚合(又称为链路聚合),将交换机上的多个端口在物理上连接起来,在逻辑上捆绑在一起,形成一个拥有较大宽带的端口,可以实现负载分担,并提供冗余链路。

端口聚合的特点:

(1) 端口聚合利用的是 EtherChannel 特性,在交换机到交换机之间提供冗余的高速的连接方式。将两个设备之间多根 fastEthernet 或 GigabitEthernet 物理链路捆在一起组成一条设备间逻辑链路,从而增强带宽,提供冗余。

(2) 两台交换机到计算机的速率都是 100Mb/s,SW1 和 SW2 之间虽由两条 100Mb/s 的物理通道相连,可由于生成树的原因,只有 100Mb/s 可用,交换机之间的链路很容易形成瓶颈。使用端口聚合技术,把两个 100Mb/s 链路聚合成一个 200Mb/s 的逻辑链路,当一条链路出现故障,另一条链路会继续工作。

(3) 在一个端口汇聚组中,端口号最小的作为主端口,其他的作为成员端口。同一个汇聚组中成员端口的链路类型与主端口的链路类型保持一致,即如果主端口为 Trunk 端口,则成员端口也为 Trunk 端口;如主端口的链路类型改为 Access 端口,则成员端口的链路类型也变为 Access 端口。

(4) 所有参加聚合的端口都必须工作在全双工模式下。

3.1.7　VLAN 间路由的配置

在交换机上划分 VLAN 后,属于不同 VLAN 的端口之间是相互隔离的。但连接在不同 VLAN 端口的设备需要通信时,需要通过第三层设备进行数据转发(例如路由器或第三层交换机)。

1. 单臂路由实现 VLAN 间路由

用于单臂路由的 VLAN 间路由配置命令如表 3-4 所示。

表 3-4　单臂路由 VLAN 间路由的常用配置命令

命　　令	说　　明
interface type slot/number1. number2	创建子端口,例如 interface f0/0.1
encapsulation dot1q vlan-id	指明子端口承载的 VLAN 流量及封装类型是 IEEE 802.1q 协议
ip routing	打开第三层交换机的路由功能
interface vlan vlan-id	创建 VLAN 虚端口,例如 interface vlan 2

处于不同 VLAN 的主机即使连接在同一台交换机上,它们之间的通信也必须通过第三层设备实现,路由器就是典型的第三层设备。结合交换机的 Trunk 技术,路由器可以使用单臂路由模式实现 VLAN 间路由。在该模式下,路由器只需用一个物理端口与交换机的 Trunk 端口相连接,然后在该物理端口上为每个 VLAN 创建子端口,就可以在一条物理线路转发多个 VLAN 的数据(单臂路由)。

2. 三层交换实现 VIAN 间路由

通过路由器的单臂路由模式实现 VLAN 间路由的转发速率比较慢。在实际组网时,通常采用第三层交换机来实现 VLAN 间的数据转发,其速率可以达到普通路由器的几十倍。第三层交换机可以被视为第二层交换机与虚拟路由器的有机结合。

3.2 实训项目:CISCO 的 VTP 动态生成 VLAN

3.2.1 实训目的

(1) 掌握 CISCO 交换机上创建、配置 VTP 域的方法,实现动态生成 VLAN。
(2) 熟练掌握网络工程中 CISCO 交换机的动态生成 VLAN 的综合运用。

3.2.2 实训设备

(1) 硬件要求:CISCO S2960 交换机 2 台,PC 4 台,直连线 4 条,交叉线 1 条。
(2) 软件要求:CISCO Packet Tracer 7.2.1 仿真软件,Secure CRT 软件或者超级终端软件。
(3) 实训设备均为空配置。

3.2.3 项目需求分析

某人民医院网络中有多台交换机,各科室通过网线连接在交换机的不同接口上,现要实现各科室各门诊以及财务的端口隔离,交换机上都需要划分 VLAN,如果在每个交换机上都一一划分不同 VLAN,不但费时,又费力;此时,网络管理员需要通过配置 VTP 实现动态注册 VLAN,从而减少 VLAN 的配置复杂度,提高工作效率。

3.2.4 网络系统设计

根据项目需求分析,现简化网络系统设计,以便实现关键技术,如图 3-1 所示。

3.2.5 工程组织与实施

第一步:按照图 3-1,使用直连线与交叉线连接物理设备。
第二步:根据图 3-1,规划 IP 地址,并配置相应的 IP 地址、子网掩码等参数。
第三步:启动超级终端程序,并设置相关参数。
第四步:配置交换机 SwitchA 和 SwitchB 信息。
(1) 将交换机 SwitchA 配置成 VTP Server 模式,其配置命令如下。

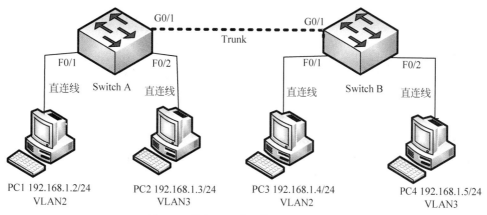

图 3-1　某人民医院网络系统图(部分)

```
Switch >
Switch > enable
Switch # config terminal
Switch(config) # hostname SwitchA
Switch(config) # no ip domain - lookup
Switch(config) # end
SwitchA # vlan database                       //进入 VLAN 配置模式;
SwitchA(vlan) # vtp domain dengping.com       //设置 VTP 的域名;
SwitchA(vlan) # vtp password 123              //设置 VTP 的密码;
SwitchA(vlan) # vtp mode server              //设置 VTP 的服务器模式;
SwitchA(vlan) # exit                         //退出 VLAN 配置模式;
```

(2) 在交换机 SwitchA 上创建 VLAN2 和 VLAN3,且设置 VLAN Trunk,其配置命令如下。

```
SwitchA # vlan database                              //进入 VLAN 配置模式;
SwitchA(vlan) # vlan 2 name VLAN_2                    //创建 VLAN2 并命名为"VLAN_2";
SwitchA(vlan) # vlan 3 name VLAN_3                    //创建 VLAN3 并命名为"VLAN_3";
SwitchA(vlan) # exit                                 //退出 VLAN 配置模式;
SwitchA # configure terminal                         //进入全局配置模式;
SwitchA(config) # interface g0/1                      //进入千兆以太网端口 g0/1;
SwitchA(config - if) # switchport mode trunk          //配置成 Trunk 模式;
SwitchA(config - if) # switchport trunk allowed vlan all  //允许所有 VLAN 通过;
SwitchA(config - if) # end                           //回到特权模式;
SwitchA # write                                      //保存配置信息;
```

(3) 在交换机 SwitchB 上配置 VLAN Trunk 和 VTP 客户端,让其学习 VTP Server 端的 VLAN 信息,其配置命令如下。

```
Switch >
Switch > enable
Switch # config terminal
Switch(config) # hostname SwitchB
```

```
Switch(config)♯end
SwitchB♯vlan database                                    //进入 VLAN 配置模式;
SwitchB(vlan)♯vtp domain dengping.com                   //设置 VTP 的域名,必须与 VTP Server 一样;
SwitchB(vlan)♯vtp password 123                          //设置 VTP 的密码,必须与 VTP Server 一样;
SwitchB(vlan)♯vtp mode client                          //设置成 VTP 客户端;
SwitchB(vlan)♯exit                                     //退出 VLAN 配置模式;
SwitchB♯configure terminal                             //进入全局配置模式;
SwitchB(config)♯interface g0/1                         //进入千兆以太网端口 g0/1;
SwitchB(config-if)♯switchport mode trunk              //配置成 Trunk 模式;
SwitchB(config-if)♯switchport trunk allowed vlan all  //允许所有 VLAN 通过;
SwitchB(config-if)♯end                                 //回到特权模式;
SwitchB♯write                                          //保存配置信息;
```

（4）在交换机 SwithA 上,把相应的端口加进 VLAN2 和 VLAN3,其配置命令如下。

```
SwithA♯configure terminal                              //进入全局配置模式;
SwithA(config)♯interface fastEthernet 0/1             //进入以太网端口 0/1 配置模式;
SwithA(config-if)♯switchport mode access             //设置为静态 VLAN 模式;
SwithA(config-if)♯switchport access vlan 2           //将端口分配给 VLAN 2;
SwithA(config)♯interface f0/2                         //进入以太网端口 0/2 配置模式;
SwithA(config-if)♯switchport mode access             //设置为静态 VLAN 模式;
SwithA(config-if)♯switchport access vlan 3           //将端口分配给 VLAN 3;
SwithA(config-if)♯end                                 //退出端口配置模式至特权模式;
```

（5）在交换机 SwithA 上查看 VLAN 信息,其配置命令如下。

```
SwitchA♯ show vlan brief                              //查看 VLAN 信息;
VLAN Name                        Status    Ports
---- -------------------------   --------- --------------------
1    default                     active    Fa0/3, Fa0/4, Fa0/5, Fa0/6
                                           Fa0/7, Fa0/8, Fa0/9, Fa0/10
                                           Fa0/11, Fa0/12, Fa0/13, Fa0/14
                                           Fa0/15, Fa0/16, Fa0/17, Fa0/18
                                           Fa0/19, Fa0/20, Fa0/21, Fa0/22
                                           Fa0/23, Fa0/24, Gig0/2
2    VLAN_2                      active    Fa0/1
3    VLAN_3                      active    Fa0/2
1002 fddi-default                active
1003 token-ring-default          active
1004 fddinet-default             active
1005 trnet-default               active
```

（6）在交换机 SwithB 上,把相应的端口加进 VLAN2 和 VLAN3,其配置命令如下。

```
SwitchB(config)♯interface f0/1                        //进入以太网端口 0/1 配置模式;
SwitchB(config-if)♯switchport mode access           //设置为静态 VLAN 模式;
SwitchB(config-if)♯switchport access vlan 2
//将端口分配给 VLAN2;
```

```
SwitchB(config)♯interface f0/2
//进入以太网端口 0/2 配置模式;
SwitchB(config-if)♯switchport mode access
//设置为静态 VLAN 模式;
SwitchB(config-if)♯switchport access vlan 3
//将端口分配给 VLAN3;
SwitchB(config-if)♯end
//退回到特权配置模式;
SwitchB♯write
SwitchB♯show vlan brief
//查看 VLAN 信息;
```

VLAN Name	Status	Ports
1 default	active	Fa0/3, Fa0/4, Fa0/5, Fa0/6
		Fa0/7, Fa0/8, Fa0/9, Fa0/10
		Fa0/11, Fa0/12, Fa0/13, Fa0/14
		Fa0/15, Fa0/16, Fa0/17, Fa0/18
		Fa0/19, Fa0/20, Fa0/21, Fa0/22
		Fa0/23, Fa0/24, Gig0/2
2 VLAN_2	active	Fa0/1
3 VLAN_3	active	Fa0/2
1002 fddi-default	active	
1003 token-ring-default	active	
1004 fddinet-default	active	
1005 trnet-default	active	

经过以上步骤以后,PC1 和 PC3、PC2 和 PC4 可以分别实现互访,但是两组内的 PC 不能互访,因为处于不同的 VLAN 中。

3.2.6　测试与验收

本实训项目详细的测试步骤,请扫描下面二维码。

通过一系列的测试显示,PC1 和 PC3 能 ping 通,因为处于相同的 VLAN 中,同时也证明之前的 VLAN 配置是成功的。PC1 和 PC3、PC2 和 PC4 可以分别实现互访,但是两组内的 PC 不能互访,因为处于不同的 VLAN 中。

3.3　实训项目:HUAWEI 的 GVRP 动态生成 VLAN

3.3.1　实训目的

(1)掌握基于 HUAWEI 交换机上的 GVRP 不同注册模式的配置方法,实现局域网中动态生成 VLAN。

（2）熟练掌握网络工程中 HUAWEI 交换机的动态生成 VLAN 的综合运用。

3.3.2　实训设备

（1）硬件要求：HUAWEI S5700 交换机 1 台，HUAWEI S3700 交换机 2 台，PC 2 台，网线若干条，Console 控制线 1 条。

（2）软件要求：HUAWEI eNSP V100R002C00B510.exe 仿真软件，VirtualBox-5.2.22-126460-Win.exe 软件，Secure CRT 软件或者超级终端软件。

（3）实训设备均为空配置。

3.3.3　项目需求分析

背景：企业网络中往往会使用大量的交换机且需要在网络中划分不同的 VLAN，若网络管理员采用手工配置 VLAN 的创建和删除，工作量极大而且容易出错。这种情况下，可以通过 GVRP 的 VLAN 动态注册功能来自动完成 LAN 的配置。

3.3.4　网络系统设计

根据项目需求分析，现简化网络系统设计，以便实现关键技术，如图 3-2 所示。

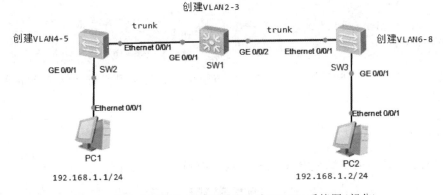

图 3-2　某企业网络的 GVRP 动态生成 VLAN 系统图（部分）

3.3.5　工程组织与实施

第一步：按照图 3-2，使用 Console 控制线与交叉线连接物理设备。

第二步：根据图 3-2，规划设备相应的 IP 地址、子网掩码、默认网关等参数。

第三步：启动设备和超级终端程序，并设置相关参数。

第四步：配置交换机 SW1 的 Trunk 口链路、VLAN、GVRP 等，允许所有 VLAN 数据通过。

（1）在交换机 SW1 上配置 Trunk 口，允许所有 VLAN 数据通过。

```
<Switch> system - view
[Switch]sysname SW1
[SW1]interface GigabitEthernet 0/0/1
[SW1 - Gigabitethernet0/0/1]port link - type trunk
```

```
[SW1 - Gigabitethernet0/0/1]port trunk allow - pASs vlan all
[SW1 - Gigabitethernet0/0/1]quit
[SW1]interface GigabitEthernet 0/0/2
[SW1 - Gigabitethernet0/0/2]port link - type trunk
[SW1 - Gigabitethernet0/0/2]port trunk allow - pASs vlan all
[SW1 - Gigabitethernet0/0/2]quit
```

（2）在交换机 SW1 上开启 GVRP 功能，首先在全局模式下开启 GVRP 功能，然后在相应接口下开启 GVRP 功能。

```
[SW1]gvrp
[SW1]interface GigabitEthernet 0/0/1
[SW1 - Gigabitethernet0/0/1]gvrp
[SW1 - Gigabitethernet0/0/1]quit
[SW1]interface GigabitEthernet 0/0/2
[SW1 - Gigabitethernet0/0/2]gvrp
[SW1 - Gigabitethernet0/0/2]quit
[SW1]
```

（3）在交换机 SW1 上创建 VLAN2 和 VLAN3。

```
[SW1]vlan batch 2 3
```

第五步：配置交换机 SW2 的 Trunk 口链路、VLAN、GVRP 等，允许所有 VLAN 数据通过。

（1）在交换机 SW2 上配置 Trunk 口，允许所有 VLAN 数据通过。

```
< Switch > system - view
[Switch]sysname SW2
[SW2]interface Ethernet 0/0/1
[SW2 - Ethernet0/0/1]port link - type trunk
[SW2 - Ethernet0/0/1]port trunk allow - pASs vlan all
[SW2 - Ethernet0/0/1]quit
[SW2]
```

（2）在交换机 SW2 上开启 GVRP 功能，首先在全局模式下开启 GVRP 功能，然后在相应接口下开启 GVRP 功能。

```
[SW2]gvrp
[SW2]interface Ethernet 0/0/1
[SW2 - Ethernet0/0/1]gvrp
[SW2 - Ethernet0/0/1]quit
[SW2]
```

（3）在交换机 SW2 上创建 VLAN4 和 VLAN5。

```
[SW2]vlan batch 4 5
```

（4）在交换机 SW2 上将连接计算机的 G0/0/1 接口划归 VLAN2。

```
[SW2]interface G0/0/1
[SW2 - GigabitEthernet0/0/1]port link - type access
[SW2 - GigabitEthernet0/0/1]port default vlan 2
```

第六步：配置交换机 SW3 的 Trunk 口链路、VLAN、GVRP 等，允许所有 VLAN 数据通过。

（1）在交换机 SW3 上配置 Trunk 口，允许所有 VLAN 数据通过。

```
[Switch]sysname SW3
[SW3]interface Ethernet 0/0/1
[SW3 - Ethernet0/0/1]port link - type trunk
[SW3 - Ethernet0/0/1]port trunk allow - pASs vlan all
[SW3 - Ethernet0/0/1]quit
[SW3]
```

（2）在交换机 SW3 上开启 GVRP 功能，首先在全局模式下开启 GVRP 功能，然后在相应接口下开启 GVRP 功能。

```
[SW3]gvrp
[SW3]interface Ethernet 0/0/1
[SW3 - Ethernet0/0/1]gvrp
[SW3 - Ethernet0/0/1]quit
[SW3]
```

（3）在交换机 SW3 上创建 VLAN6、VLAN7 和 VLAN8。

```
[SW2]vlan batch 6 to 8
```

（4）在交换机 SW3 上将连接计算机的 G0/0/1 接口划归 VLAN2。

```
[SW2]interface G0/0/3
[SW2 - GigabitEthernet0/0/3]port link - type access
[SW2 - GigabitEthernet0/0/3]port default vlan 2
```

第七步：在 PC1 和 PC2 配置同一网段 IP 地址，并测试同属 VLAN2 的主机是否能通信。

（1）PC1 的 IP 地址配置情况。

```
PC > ipconfig
Link local IPv6 address...........: fe80::5689:98ff:fe2b:ea5
IPv6 address.....................: :: / 128
IPv6 gateway.....................: ::
IPv4 address.....................: 192.168.1.2
```

```
Subnet mask.......................: 255.255.255.0
Gateway...........................: 0.0.0.0
Physical address..................: 54 - 89 - 98 - 2B - 0E - A5
DNS server........................:
```

（2）PC2 的 IP 地址配置情况。

```
PC > ipconfig
Link local IPv6 address...........: fe80::5689:98ff:feed:1a27
IPv6 address......................: :: / 128
IPv6 gateway......................: ::
IPv4 address......................: 192.168.1.3
Subnet mask.......................: 255.255.255.0
Gateway...........................: 0.0.0.0
Physical address..................: 54 - 89 - 98 - ED - 1A - 27
DNS server........................:
```

（3）在 PC1 上访问 PC2。

```
PC > ping 192.168.1.3
Ping 192.168.1.3: 32 data bytes, Press Ctrl_C to break
From 192.168.1.3: bytes = 32 seq = 1 ttl = 128 time = 109 ms
From 192.168.1.3: bytes = 32 seq = 2 ttl = 128 time = 110 ms
From 192.168.1.3: bytes = 32 seq = 3 ttl = 128 time = 78 ms
From 192.168.1.3: bytes = 32 seq = 4 ttl = 128 time = 110 ms
From 192.168.1.3: bytes = 32 seq = 5 ttl = 128 time = 109 ms
--- 192.168.1.3 ping statistics ---
  5 packet(s) transmitted
  5 packet(s) received
  0.00 % packet loss
  round - trip min/avg/max = 78/103/110 ms
```

由以上 ping 测试反馈的信息可知，交换机 SW1 和 SW2 动态学习到 VLAN2，PC1 和 PC2 主机能够通信。

3.3.6　测试与验收

本实训项目详细的测试步骤，请扫描下面二维码。

通过一系列的测试，从交换机 SW3 上反馈的信息可知，SW3 能够动态学习到 VLAN2 至 VLAN4。

3.4 实训项目：CISCO 的链路聚合实现 VLAN 间负载均衡

3.4.1 实训目的

(1) 掌握 CISCO 交换机端口聚合的基本原理和配置方法。

(2) 掌握网络环境中 CISCO 交换机多接口级联的链路聚合，以便实现带宽增加、负载均衡的作用。

3.4.2 实训设备

(1) 硬件要求：CISCO S2960 交换机 2 台，PC 4 台，直连线 4 条，交叉线 2 条。

(2) 软件要求：CISCO Packet Tracer 7.2.1 仿真软件，Secure CRT 软件或者超级终端软件。

(3) 实训设备均为空配置。

3.4.3 项目需求分析

假设某企业网的汇聚层采用 2 台交换机作设备冗余，由于有大量数据流量跨过交换机进行传送，因此需要提高交换机之间的传输带宽，并实现链路冗余备份，为此网络管理员需要在 2 台交换机之间采用 2 根网线互连，并将相应的 2 个端口聚合为一个逻辑端口，实现带宽增加、负载均衡等目标。端口聚合主要的应用场景如下。

- 交换机与交换机之间的连接：汇聚层交换机到核心层交换机或核心层交换机之间。
- 交换机与服务器之间的连接：集群服务器采用多网卡与交换机连接提供集中访问。
- 交换机与路由器之间的连接：交换机和路由器采用端口聚合解决广域网和局域网连接瓶颈。
- 服务器和路由器之间的连接：集群服务器采用多网卡与路由器连接提供集中访问。

3.4.4 网络系统设计

根据项目需求分析，现简化网络系统设计，以便实现关键技术，如图 3-3 所示。

3.4.5 工程组织与实施

第一步：按照图 3-3，使用直连线与交叉线连接物理设备。

第二步：根据图 3-3，规划 IP 地址，并配置相应的 IP 地址、子网掩码等参数。

第三步：启动超级终端程序，并设置相关参数。

第四步：配置交换机 SwitchA 和 SwitchB 链路聚合相关信息。

(1) 在 SwitchA 上分别创建 VLAN2 和 VLAN3，并把端口划归相应的 VLAN。

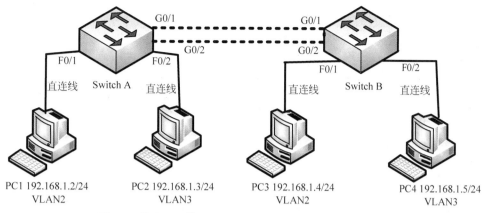

图 3-3 某企业网络 VLAN 间负载均衡系统设计图(部分)

```
Switch>enable
Switch#vlan database
Switch(vlan)#vlan 2 name VLAN_2
Switch(vlan)#vlan 3 name VLAN_3
Switch(vlan)#exit
Switch#configure terminal
Switch(config)#hostname SwitchA
SwitchA(config)#interface fastEthernet 0/1
SwitchA(config-if)#switchport mode access
SwitchA(config-if)#switchport access vlan 2
SwitchA(config-if)#exit
SwitchA(config)#interface fastEthernet 0/2
SwitchA(config-if)#switchport mode access
SwitchA(config-if)#switchport access vlan 3
SwitchA(config-if)#end
```

(2) 在 SwitchB 上分别创建 VLAN2 和 VLAN3,并把端口划归相应的 VLAN。

```
Switch>enable
Switch#vlan database
Switch(vlan)#vlan 2 name VLAN_2
Switch(vlan)#vlan 3 name VLAN_3
Switch(vlan)#exit
Switch#configure terminal
Switch(config)#hostname SwitchB
SwitchB#configure terminal
SwitchB(config)#interface f0/1
SwitchB(config-if)#switchport mode access
SwitchB(config-if)#switchport access vlan 2
SwitchB(config-if)#exit
SwitchB(config)#interface f0/2
SwitchB(config-if)#switchport mode access
SwitchB(config-if)#switchport access vlan 3
SwitchB(config-if)#end
```

（3）在 SwitchA 创建链路组 channel-group 1。

```
SwitchA#configure terminal
SwitchA(config)#interface range G0/1-2
SwitchA(config-if-range)#Switchport mode access
//三层交换机接口,需先转为 access 模式,然后设置 Trunk(若是二层交换机则不需要此条命令);
SwitchA(config-if-range)#Switchport mode trunk
//设置端口模式为 Trunk;
SwitchA(config-if-range)#channel-group 1 mode on
//加入链路组 1,并开启;
SwitchA(config-if-range)# switchport trunk encapsulation dot1q
//三层交换机,需要使用 IEEE 802.1q 协议封装 Trunk(若是二层交换机则不需要配此命令);
Switch(config-if-range)#switchport trunk allowed vlan all
//允许所有 VLAN 通过此 Trunk;
Switch(config-if-range)#exit
Switch(config)#port-channel load-balance dst-ip
//按照目标主机 IP 地址数据分发,来实现负载平衡;
SwitchA(config)#end
SwitchA#write
//保存配置信息;
```

（4）在 SwitchB 创建链路组 channel-group 1。

```
SwitchB#configure terminal
SwitchB(config)#interface range G0/1-2
SwitchB(config-if-range)#Switchport mode access
//三层交换机接口,需先转为 access 模式,然后设置 Trunk(若是二层交换机不需要此条命令);
SwitchA(config-if-range)#Switchport mode trunk
//设置端口模式为 trunk;
SwitchB(config-if-range)#channel-group 1 mode on
//加入链路组 1,并开启;
SwitchB(config-if-range)# switchport trunk encapsulation dot1q
//使用 IEEE 802.1q 协议封装 Trunk(若是二层交换机不需要配此条命令);
SwitchB(config-if-range)#switchport trunk allowed vlan all
//允许所有 VLAN 通过此 Trunk;
SwitchB(config-if-range)#exit
SwitchB(config)#port-channel load-balance dst-ip
//按照目标主机 IP 地址数据分发,来实现负载平衡;
SwitchB(config)#end
SwitchB#write
//保存配置信息;
```

3.4.6 测试与验收

本实训项目详细的测试步骤,请扫描下面二维码。

通过一系列的测试,从交换机上反馈的信息可知,链路聚合实现了 VLAN 间的负载均衡。

3.5　实训项目：HUAWEI 的链路聚合 LACP 实现 VLAN 间负载均衡

3.5.1　实训目的

(1) 掌握 HUAWEI 交换机链路聚合 LACP 的基本原理和配置方法。

(2) 掌握网络中 HUAWEI 交换机多接口级联的链路聚合,以便实现带宽增加、负载均衡的作用。

3.5.2　实训设备

(1) 硬件要求：HUAWEI S5700 交换机 2 台,PC 4 台,网线若干条,Console 控制线 1 条。

(2) 软件要求：HUAWEI eNSP V100R002C00B510. exe 仿真软件,VirtualBox-5. 2. 22-126460-Win. exe 软件,Secure CRT 软件或者超级终端软件。

(3) 实训设备均为空配置。

3.5.3　项目需求分析

你是公司的网络管理员。现在公司购买了两台 HUAWEI S5700 系列的交换机,为了提高交换机之间链路带宽以及可靠性,需要你在交换机上配置链路聚合功能。目前,公司网络内的所有主机都处在同一个广播域,网络中充斥着大量的广播流量。作为网络管理员,你需要将网络划分成多个 VLAN 来控制广播流量的泛滥,需要在交换机上进行 VLAN 配置。

3.5.4　网络系统设计

根据项目需求分析,现简化网络系统设计,以便实现关键技术,如图 3-4 所示。

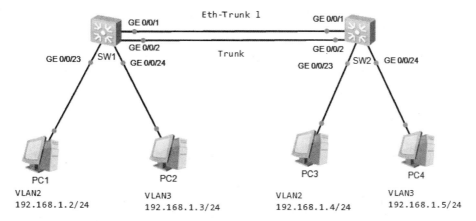

图 3-4　某企业网络基于 LACP 的 VLAN 间负载均衡系统设计图(部分)

3.5.5 工程组织与实施

第一步：按照图 3-4，使用直连线与交叉线连接物理设备。

第二步：根据图 3-4，规划 IP 地址，并配置相应的 IP 地址、子网掩码等参数。

第三步：启动超级终端程序，并设置相关参数。

第四步：配置交换机 SW1 和 SW2 链路聚合相关信息；创建 Eth-Trunk 1 并配置该 Eth-Trunk 为静态 LACP 模式。然后将 G0/0/1 和 G0/0/2 接口加入 Eth-Trunk 1。

（1）在交换机 SW1 上配置 LACP。

```
< Huawei > system - view
[Huawei]sysname SW1
[SW1]interface Eth - Trunk 1
[SW1 - Eth - Trunk1]mode lacp - static
[SW1 - Eth - Trunk1]quit
[SW1]interface GigabitEthernet 0/0/1
[SW1 - GigabitEthernet0/0/1]eth - trunk 1
[SW1 - GigabitEthernet0/0/1]quit
[SW1]interface GigabitEthernet 0/0/2
[SW1 - GigabitEthernet0/0/2]eth - trunk 1
```

（2）在交换机 SW2 上配置 LACP。

```
< Huawei > system - view
[Huawei]sysname SW2
[SW2]interface Eth - Trunk 1
[SW2 - Eth - Trunk1]mode lacp - static
[SW2 - Eth - Trunk1]quit
[SW2]interface GigabitEthernet 0/0/1
[SW2 - GigabitEthernet0/0/1]eth - trunk 1
[SW2 - GigabitEthernet0/0/1]quit
[SW2]interface GigabitEthernet 0/0/2
[SW2 - GigabitEthernet0/0/2]eth - trunk 1
```

第五步：将交换机 SW1 和 SW2 上的 Eth-Trunk 1 端口类型配置为 Trunk，并允许所有 VLAN 的报文通过该端口。交换机端口的类型默认为 Hybrid 端口。

（1）交换机 SW1 上的 Eth-Trunk 1 端口类型配置为 Trunk。

```
[SW1]interface Eth - Trunk 1
[SW1 - Eth - Trunk1]port link - type trunk
[SW1 - Eth - Trunk1]port trunk allow - pASs vlan all
```

（2）交换机 SW2 上的 Eth-Trunk 1 端口类型配置为 Trunk。

```
[SW2]interface Eth - Trunk 1
[SW2 - Eth - Trunk1]port link - type trunk
[SW2 - Eth - Trunk1]port trunk allow - pASs vlan all
```

第六步：创建 VLAN，在交换机 SW1 和 SW2 上分别创建 VLAN，并使用两种不同方式将端口加入到已创建 VLAN 中。将所有连接客户端的端口类型配置为 Access。

（1）在交换机 SW1 上，将端口 G0/0/23 和 G0/0/24 分别加入 VLAN2 和 VLAN3。

```
[SW1]interface g0/0/23
[SW1 - GigabitEthernet0/0/23]port link - type access
[SW1 - GigabitEthernet0/0/23]port default vlan 2
[SW1 - GigabitEthernet0/0/23]quit
[SW1 - GigabitEthernet0/0/24]port link - type access
[SW1 - GigabitEthernet0/0/24]port default vlan 3
```

（2）在交换机 SW2 上，将端口 G0/0/23 和 G0/0/24 分别加入 VLAN2 和 VLAN3。

```
[SW2]interface g0/0/23
[SW2 - GigabitEthernet0/0/23]port link - type access
[SW2 - GigabitEthernet0/0/23]port default vlan 2
[SW2 - GigabitEthernet0/0/23]quit
[SW2 - GigabitEthernet0/0/24]port link - type access
[SW2 - GigabitEthernet0/0/24]port default vlan 3
```

第七步：为客户端 PC1 至 PC4 配置 IP 地址。

（1）客户端 PC1 的 IP 地址。

```
PC > ipconfig
Link local IPv6 address............ : fe80::5689:98ff:fee5:58fe
IPv6 address..................... : :: / 128
IPv6 gateway..................... : ::
IPv4 address..................... : 192.168.1.2
Subnet mask...................... : 255.255.255.0
Gateway.......................... : 0.0.0.0
Physical address................. : 54 - 89 - 98 - E5 - 58 - FE
DNS server....................... :
```

（2）客户端 PC2 的 IP 地址。

```
PC > ipconfig
Link local IPv6 address............ : fe80::5689:98ff:fe57:14ac
IPv6 address..................... : :: / 128
IPv6 gateway..................... : ::
IPv4 address..................... : 192.168.1.3
Subnet mask...................... : 255.255.255.0
Gateway.......................... : 0.0.0.0
Physical address................. : 54 - 89 - 98 - 57 - 14 - AC
DNS server....................... :
```

（3）客户端 PC3 的 IP 地址。

```
PC > ipconfig
Link local IPv6 address............: fe80::5689:98ff:feca:111e
IPv6 address......................: :: / 128
IPv6 gateway......................: ::
IPv4 address......................: 192.168.1.4
Subnet mask.......................: 255.255.255.0
Gateway...........................: 0.0.0.0
Physical address..................: 54 - 89 - 98 - CA - 11 - 1E
DNS server........................:
```

（4）客户端 PC4 的 IP 地址。

```
PC > ipconfig
Link local IPv6 address............: fe80::5689:98ff:fecf:43f
IPv6 address......................: :: / 128
IPv6 gateway......................: ::
IPv4 address......................: 192.168.1.5
Subnet mask.......................: 255.255.255.0
Gateway...........................: 0.0.0.0
Physical address..................: 54 - 89 - 98 - CF - 04 - 3F
DNS server........................:
```

3.5.6　测试与验收

本实训项目详细的测试步骤，请扫描下面二维码。

通过一系列的测试，从交换机上反馈的信息可知，HUAWEI 交换机的链路聚合 LACP 协议实现了 VLAN 间的负载均衡。

3.6　实训项目：CISCO 单臂路由实现不同 VLAN 间的通信

3.6.1　实训目的

（1）掌握 CISCO 路由器的单臂路由功能，在网络环境中实现不同 VLAN 间的通信。
（2）在网络工程环境中，熟练掌握 CISCO 路由器的单臂路由功能的综合运用。

3.6.2　实训设备

（1）硬件要求：CISCO S2960 交换机 2 台，CISCO 2911 路由器 2 台，PC 4 台，直连线 6 条，交叉线 1 条。
（2）软件要求：CISCO Packet Tracer 7.2.1 仿真软件，Secure CRT 软件或者超级终端软件。

（3）实训设备均为空配置。

3.6.3　项目需求分析

某校园网通过划分不同的 VLAN 来隔离不同部门之间的二层通信，并保证各部门间的信息安全。但是由于业务需要，部分部门之间需要实现跨 VLAN 通信，网络管理员决定借助路由器，通过配置单臂路由实现跨 VLAN 通信需求。

3.6.4　网络系统设计

根据项目需求分析，现简化网络系统设计，以便实现关键技术，如图 3-5 所示。

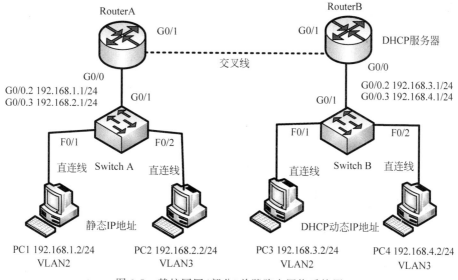

图 3-5　某校园网（部分）单臂路由网络系统图

3.6.5　工程组织与实施

第一步：按照图 3-5，使用直连线与交叉线连接物理设备。

第二步：根据图 3-5，规划 IP 地址，并配置相应的 IP 地址、子网掩码等参数。

第三步：启动超级终端程序，并设置相关参数。

第四步：配置路由器 RouterA 和交换机 SwitchA 的相关信息。

（1）在路由器 RouterA 上配置端口，并设置 IP 地址等信息。

```
Router > enable
Router # config terminal
Router(config) # hostname RouterA
RouterA(config) # interface g0/0
RouterA(config - if) # no shutdown
RouterA(config) # interface g0/0.2
//创建子端口 f0/0.2;
RouterA(config - subif) # encapsulation dot1q 2
//指明 VLAN 2 流量及封装类型为 dot1q;
```

```
RouterA(config-subif)#ip address 192.168.1.1 255.255.255.0
//设置子端口 g0/0.2 的 IP 地址和子网掩码;
RouterA(config-subif)#no shutdown
RouterA(config-subif)#exit
RouterA(config)#interface g0/0
RouterA(config-if)#interface g0/0.3
//创建子端口 g0/0.3;
RouterA(config-subif)#encapsulation dot1q 3
//指明 VLAN 3 流量及封装类型为 dot1q;
RouterA(config-subif)#ip address 192.168.2.1 255.255.255.0
//设置子端口 f0/0.3 的 IP 地址和子网掩码;
RouterA(config-subif)#no shutdown
RouterA(config-subif)# interface g0/1
RouterA(config-subif)# ip address 192.168.0.1 255.255.255.0
//设置端口 g0/1 的 IP 地址和子网掩码;
RouterA(config-subif)#no shutdown
RouterA(config-subif)#end
RouterA#write
//保存配置信息;
```

RouterA#show ip route

```
Codes: L - local, C - connected, S - static, R - RIP, M - mobile, B - BGP
       D - EIGRP, EX - EIGRP external, O - OSPF, IA - OSPF inter area
       N1 - OSPF NSSA external type 1, N2 - OSPF NSSA external type 2
       E1 - OSPF external type 1, E2 - OSPF external type 2, E - EGP
       i - IS-IS, L1 - IS-IS level-1, L2 - IS-IS level-2, ia - IS-IS inter area
       * - candidate default, U - per-user static route, o - ODR
       P - periodic downloaded static route
Gateway of Last resort is not set
     192.168.1.0/24 is variably subnetted, 2 subnets, 2 masks
C       192.168.1.0/24 is directly connected, GigabitEthernet0/0.2
L       192.168.1.1/32 is directly connected, GigabitEthernet0/0.2
     192.168.2.0/24 is variably subnetted, 2 subnets, 2 masks
C       192.168.2.0/24 is directly connected, GigabitEthernet0/0.3
L       192.168.2.1/32 is directly connected, GigabitEthernet0/0.3
```

（2）在 SwitchA 上分别创建 VLAN2 和 VLAN3，并把端口划归相应的 VLAN，且设置 VLAN Trunk。

```
Switch>enable
Switch#vlan database
Switch(vlan)#vlan 2
Switch(vlan)#vlan 3
Switch(vlan)#exit
Switch#configure terminal
Switch(config)#hostname SwitchA
SwitchA(config)#interface fastEthernet 0/1
SwitchA(config-if)#switchport mode access
SwitchA(config-if)#switchport access vlan 2
SwitchA(config-if)#exit
```

```
SwitchA(config)#interface fastEthernet 0/2
SwitchA(config - if)#switchport mode access
SwitchA(config - if)#switchport access vlan 3
SwitchA(config - if)#exit
SwitchA (config)#interface gigabitEthernet 0/1
SwitchA (config - if)#switchport mode trunk
//将 g0/1 端口设置为 trunk 口;
SwitchA (config - if)#switchport trunk allowed vlan all
//允许所有 VLAN 通过;
SwitchA#show interfaces trunk
//查交换机端口 G0/1 的 trunk 模式允许通过的 VLAN;
```

```
Port        Mode            Encapsulation  Status        Native vlan
Gig0/1      on              802.1q         trunking      1
Port        Vlans allowed on trunk
Gig0/1      1 - 1005
Port        Vlans allowed and active in management domain
Gig0/1      1,2,3
Port        Vlans in spanning tree forwarding state and not pruned
Gig0/1      1,2,3
```

（3）配置 PC1 和 PC2 的静态 IP 地址和默认网关地址。

PC1 的静态 IP 地址等信息，配置如下。

```
IP Address......................:192.168.1.2
Subnet Mask.....................: 255.255.255.0
Default Gateway.................: 192.168.1.1
```

PC2 的静态 IP 地址等信息，配置如下。

```
IP Address......................: 192.168.2.2
Subnet Mask.....................: 255.255.255.0
Default Gateway.................: 192.168.2.1
```

（4）PC1 主机 ping 测试 PC2 主机。

```
C:\> ping 192.168.2.2
Pinging 192.168.2.2 with 32 bytes of data:
Reply from 192.168.2.2: bytes = 32 time = 11ms TTL = 127
Reply from 192.168.2.2: bytes = 32 time < 1ms TTL = 127
Reply from 192.168.2.2: bytes = 32 time < 1ms TTL = 127
Reply from 192.168.2.2: bytes = 32 time = 11ms TTL = 127
Ping statistics for 192.168.2.2:
    Packets: Sent = 4, Received = 4, Lost = 0 (0 % loss),
Approximate round trip times in milli - seconds:
    Minimum = 0ms, Maximum = 11ms, Average = 5ms
```

由上述测试信息可知,处于 VLAN2 的 PC1 主机能 ping 通 VLAN3 的 PC2 主机,表明路由器的单臂路由功能实现了不同 VLAN 间的通信。

第五步:配置路由器 RouterB 和交换机 SwitchB 的相关信息。

(1) 在路由器 RouterB 上配置端口和 IP 地址,并为子端口配置 DHCP 等信息。

创建子端口 g0/0.2 的 IP 地址等信息。

```
Router > enable
Router # config terminal
Router(config) # hostname RouterB
RouterB(config) # interface g0/0
RouterB(config - if) # no shutdown
RouterBconfig) # interface g0/0.2
//创建子端口 g0/0.2;
RouterB(config - subif) # encapsulation dot1q 2
//指明 VLAN 2 流量及封装类型为 dot1q;
RouterB(config - subif) # ip address 192.168.3.1 255.255.255.0
//设置子端口 g0/0.2 的 IP 地址和子网掩码;
RouterB(config - subif) # no shutdown
```

配置子接口 g0/0.2 的 DHCP。

```
RouterB(config - subif) # exit
RouterB(config) # ip dhcp pool VLAN_2
//声明 DHCP 的地址池的名称为 VLAN_2;
RouterB(dhcp - config) # network 192.168.3.0 255.255.255.0
//设置 DHCP 的地址段 192.168.3.0,是由子接口 g0/0.2 的 IP 地址决定的;
RouterB(dhcp - config) # default - router 192.168.3.1
//默认网关地址,是子接口 g0/0.2 的 IP 地址;
RouterB(dhcp - config) # exit
RouterB(config) # ip dhcp excluded - address 192.168.3.1
//排除默认网关地址 192.168.3.1 不被分配;
```

创建子端口 g0/0.3 的 IP 地址等信息。

```
RouterB(config) # interface g0/0
RouterB(config - if) # interface g0/0.3
//创建子端口 g0/0.3;
RouterB(config - subif) # encapsulation dot1q 3
//指明 VLAN 3 流量及封装类型为 dot1q;
RouterB(config - subif) # ip address 192.168.4.1 255.255.255.0
//设置子端口 f0/0.3 的 IP 地址和子网掩码;
RouterB(config - subif) # no shutdown
```

配置子接口 g0/0.3 的 DHCP。

```
RouterB(config) # ip dhcp pool VLAN_3
//声明 DHCP 的地址池的名称为 VLAN_3;
RouterB(dhcp - config) # network 192.168.4.0 255.255.255.0
//设置 DHCP 的地址段 192.168.4.0,是由子接口 g0/0.3 的 IP 址决定的;
RouterB(dhcp - config) # default - router 192.168.4.1
```

```
//默认网关地址,是子接口 g0/0.3 的 IP 地址;
RouterB(dhcp - config)♯exit
RouterB(config)♯ip dhcp excluded - address 192.168.4.1
//排除默认网关地址 192.168.4.1 不被分配;
```

```
RouterB(config - subif)♯ interface g0/1
RouterB(config - subif)♯ ip address 192.168.0.2 255.255.255.0
//设置端口 g0/1 的 IP 地址和子网掩码;
RouterB(config - subif)♯no shutdown
RouterB(config - subif)♯end
RouterB♯write
//保存配置信息;
```

RouterA♯show ip route

```
Codes: L - local, C - connected, S - static, R - RIP, M - mobile, B - BGP
D - EIGRP, EX - EIGRP external, O - OSPF, IA - OSPF inter area
N1 - OSPF NSSA external type 1, N2 - OSPF NSSA external type 2
E1 - OSPF external type 1, E2 - OSPF external type 2, E - EGP
i - IS - IS, L1 - IS - IS level - 1, L2 - IS - IS level - 2, ia - IS - IS inter area
* - candidate default, U - per - user static route, o - ODR
P - periodic downloaded static route
Gateway of Last resort is not set
192.168.0.0/24 is variably subnetted, 2 subnets, 2 masks
C 192.168.0.0/24 is directly connected, GigabitEthernet0/1
L 192.168.0.1/32 is directly connected, GigabitEthernet0/1
192.168.1.0/24 is variably subnetted, 2 subnets, 2 masks
C 192.168.1.0/24 is directly connected, GigabitEthernet0/0.2
L 192.168.1.1/32 is directly connected, GigabitEthernet0/0.2
192.168.2.0/24 is variably subnetted, 2 subnets, 2 masks
C 192.168.2.0/24 is directly connected, GigabitEthernet0/0.3
L 192.168.2.1/32 is directly connected, GigabitEthernet0/0.3
```

(2) 在 SwitchB 上分别创建 VLAN2 和 VLAN3,并把端口划归相应的 VLAN,且设置 VLAN Trunk。

```
Switch > enable
Switch♯vlan database
Switch(vlan)♯vlan 2
Switch(vlan)♯vlan 3
Switch(vlan)♯exit
Switch♯configure terminal
Switch(config)♯hostname SwitchB
SwitchB(config)♯interface fastEthernet 0/1
SwitchB(config - if)♯switchport mode access
SwitchB(config - if)♯switchport access vlan 2
SwitchB(config - if)♯exit
SwitchB(config)♯interface fastEthernet 0/2
SwitchB(config - if)♯switchport mode access
SwitchB(config - if)♯switchport access vlan 3
SwitchB(config - if)♯exit
```

```
SwitchB(config)♯interface gigabitEthernet 0/1
SwitchB(config-if)♯switchport mode trunk
//将 g0/1 端口设置为 trunk 口;
SwitchB(config-if)♯switchport trunk allowed vlan all
//允许所有 VLAN 通过;
```

（3）PC3 和 PC4 自动获取 IP 地址和默认网关地址等信息。

PC3 自动获取 IP 地址、子网掩码、默认网关地址等信息:

C:\> ipconfig /renew

```
IP Address.....................: 192.168.3.2
Subnet Mask....................: 255.255.255.0
Default Gateway................: 192.168.3.1
DNS Server.....................: 0.0.0.0
```

PC4 自动获取 IP 地址、子网掩码、默认网关地址等信息:

C:\> ipconfig /renew

```
IP Address.....................: 192.168.4.2
Subnet Mask....................: 255.255.255.0
Default Gateway................: 192.168.4.1
DNS Server.....................: 0.0.0.0
```

（4）PC3 主机 ping 测试 PC4 主机。

C:\> ping 192.168.4.2

```
Pinging 192.168.4.2 with 32 bytes of data:
Reply from 192.168.4.2: bytes=32 time=13ms TTL=127
Reply from 192.168.4.2: bytes=32 time=11ms TTL=127
Reply from 192.168.4.2: bytes=32 time<1ms TTL=127
Reply from 192.168.4.2: bytes=32 time=11ms TTL=127
Ping statistics for 192.168.4.2:
    Packets: Sent = 4, Received = 4, Lost = 0 (0% loss),
Approximate round trip times in milli-seconds:
    Minimum = 0ms, Maximum = 13ms, Average = 8ms
```

由上述测试信息可知,处于 VLAN2 的 PC3 主机能 ping 通 VLAN3 的 PC4 主机,表明路由器的单臂路由功能实现了不同 VLAN 间的数据通信,同时,也表明路由器上的 DHCP 配置是成功的。

第六步:在路由器 RouterA 和 RouterB 上配置 RIP 动态路由,实现所有 PC 主机互联互通。

（1）路由器 RouterA 上配置的 RIP 动态路由信息。

```
RouterA(config)♯router rip
RouterA(config-router)♯network 192.168.0.0
RouterA(config-router)♯network 192.168.1.0
RouterA(config-router)♯network 192.168.2.0
RouterA(config)♯write
```

（2）路由器 RouterB 上配置的 RIP 动态路由信息。

```
RouterB(config) # router rip
RouterB(config - router) # network 192.168.0.0
RouterB(config - router) # network 192.168.3.0
RouterB(config - router) # network 192.168.4.0
RouterB(config) # write
```

（3）PC4 主机 ping 测试 PC3 主机。

C:\> ping 192.168.3.2

```
Pinging 192.168.3.2 with 32 bytes of data:
Reply from 192.168.3.2: bytes = 32 time = 1ms TTL = 127
Reply from 192.168.3.2: bytes = 32 time = 3ms TTL = 127
Reply from 192.168.3.2: bytes = 32 time = 11ms TTL = 127
Reply from 192.168.3.2: bytes = 32 time < 1ms TTL = 127
Ping statistics for 192.168.3.2:
    Packets: Sent = 4, Received = 4, Lost = 0 (0 % loss),
Approximate round trip times in milli - seconds:
    Minimum = 0ms, Maximum = 11ms, Average = 3ms
```

（4）PC4 主机 ping 测试 PC2 主机。

C:\> ping 192.168.2.2

```
Pinging 192.168.2.2 with 32 bytes of data:
Reply from 192.168.2.2: bytes = 32 time = 22ms TTL = 126
Reply from 192.168.2.2: bytes = 32 time = 15ms TTL = 126
Reply from 192.168.2.2: bytes = 32 time = 25ms TTL = 126
Reply from 192.168.2.2: bytes = 32 time = 15ms TTL = 126
Ping statistics for 192.168.2.2:
    Packets: Sent = 4, Received = 4, Lost = 0 (0 % loss),
Approximate round trip times in milli - seconds:
    Minimum = 15ms, Maximum = 25ms, Average = 19ms
```

（5）PC4 主机 ping 测试 PC1 主机。

C:\> ping 192.168.1.2

```
Pinging 192.168.1.2 with 32 bytes of data:
Reply from 192.168.1.2: bytes = 32 time = 1ms TTL = 126
Reply from 192.168.1.2: bytes = 32 time = 13ms TTL = 126
Reply from 192.168.1.2: bytes = 32 time = 13ms TTL = 126
Reply from 192.168.1.2: bytes = 32 time = 25ms TTL = 126
Ping statistics for 192.168.1.2:
    Packets: Sent = 4, Received = 4, Lost = 0 (0 % loss),
Approximate round trip times in milli - seconds:
    Minimum = 1ms, Maximum = 25ms, Average = 13ms
```

以上 ping 测试信息,表明已经实现了所有 PC 主机互联互通。

3.6.6 测试与验收

本实训项目详细的测试步骤,请扫描下面二维码。

通过一系列的测试可知,跨网段的 VLAN2 的 PC1 主机能 ping 通 PC2、PC3、PC4 主机,表明 CISCO 路由器的单臂路由功能实现了不同 VLAN 间的通信。

3.7 实训项目:HUAWEI 单臂路由实现不同 VLAN 间的通信

3.7.1 实训目的

(1)掌握网络环境中 HUAWEI 路由器的单臂路由功能的配置,以实现不同 VLAN 间的通信。

(2)在网络工程环境中,熟练掌握 HUAWEI 路由器的单臂路由功能的综合运用。

3.7.2 实训设备

(1)硬件要求:HUAWEI AR2240 路由器 2 台,HUAWEI S3700 交换机 2 台,PC 4 台,网线若干条,Console 控制线 1 条。

(2)软件要求:HUAWEI eNSP V100R002C00B510.exe 仿真软件,VirtualBox-5.2.22-126460-Win.exe 软件,Secure CRT 软件或者超级终端软件。

(3)实训设备均为空配置。

3.7.3 项目需求分析

企业内部网络通常会通过划分不同的 VLAN 来隔离不同部门之间的二层通信,并保证各部门间的信息安全。但是由于业务需要,部分部门之间需要实现跨 VLAN 通信,网络管理员决定借助路由器,通过配置单臂路由实现 R1 与 R3 之间跨 VLAN 通信需求。

3.7.4 网络系统设计

根据项目需求分析,现简化网络系统设计,以便实现关键技术,如图 3-6 所示。

3.7.5 工程组织与实施

第一步:按照图 3-6,使用直连线与交叉线连接物理设备。

第二步:根据图 3-6,规划 IP 地址,并配置相应的 IP 地址、子网掩码等参数。

第三步:启动超级终端程序,并设置相关参数。

第四步:配置路由器 RouterA 和交换机 SwitchA 的相关信息,实现 VLAN2 和

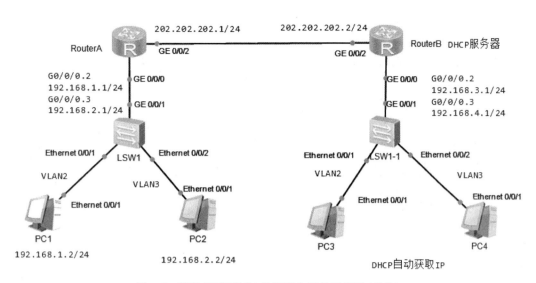

图 3-6 某校园网(部分)单臂路由网络系统图(部分)

VLAN3 的不同网段的主机能相互通。

（1）在路由器 RouterA 上配置接口 IP 地址和子接口等信息。

```
< Router > system - view
[Router]sysname RouterA
[RouterA]
[RouterA]interface GigabitEthernet0/0/2
[RouterA - GigabitEthernet0/0/2]ip address 202.202.202.1 255.255.255.0
[RouterA - GigabitEthernet0/0/2]quit
[RouterA]interface GigabitEthernet0/0/0.2
[RouterA - GigabitEthernet0/0/0.2]dot1q termination vid 2
[RouterA - GigabitEthernet0/0/0.2]ip address 192.168.1.1 255.255.255.0
[RouterA - GigabitEthernet0/0/0.2]arp broadcast enable
[RouterA - GigabitEthernet0/0/0.2]interface GigabitEthernet0/0/0.3
[RouterA - GigabitEthernet0/0/0.3]dot1q termination vid 3
[RouterA - GigabitEthernet0/0/0.3]ip address 192.168.2.1 255.255.255.0
[RouterA - GigabitEthernet0/0/0.3]arp broadcast enable
[RouterA - GigabitEthernet0/0/0.3]return
< RouterA > save
```

查看路由器 RouterA 的路由表信息：
< RouterA > display ip routing-table

```
< RouterA > display ip routing - table
Route Flags: R - relay, D - download to fib
------------------------------------------------------------------------
Routing Tables: Public
        Destinations : 10        Routes : 10
```

Destination/Mask	Proto	Pre	Cost	Flags	NextHop	Interface
127.0.0.0/8	Direct	0	0	D	127.0.0.1	InLoopBack0
127.0.0.1/32	Direct	0	0	D	127.0.0.1	InLoopBack0
127.255.255.255/32	Direct	0	0	D	127.0.0.1	InLoopBack0
192.168.1.0/24	Direct	0	0	D	192.168.1.1	GigabitEthernet 0/0/0.2
192.168.1.1/32	Direct	0	0	D	127.0.0.1	GigabitEthernet 0/0/0.2
192.168.1.255/32	Direct	0	0	D	127.0.0.1	GigabitEthernet 0/0/0.2
192.168.2.0/24	Direct	0	0	D	192.168.2.1	GigabitEthernet 0/0/0.3
192.168.2.1/32	Direct	0	0	D	127.0.0.1	GigabitEthernet 0/0/0.3
192.168.2.255/32	Direct	0	0	D	127.0.0.1	GigabitEthernet 0/0/0.3
255.255.255.255/32	Direct	0	0	D	127.0.0.1	InLoopBack0

（2）在 SwitchA 上分别创建 VLAN2 和 VLAN3，并把端口划归相应的 VLAN，且设置 VLAN Trunk。

```
<Huawei>
<Huawei>system-view
[Huawei]sysname SwitchA
[SwitchA]vlan batch 2 3
[SwitchA]interface GigabitEthernet 0/0/1
[SwitchA-GigabitEthernet0/0/1]port link-type trunk
[SwitchA-GigabitEthernet0/0/1]port trunk allow-pASs vlan all
[SwitchA]interface E0/0/1
[SwitchA-Ethernet0/0/1]port link-type access
[SwitchA-Ethernet0/0/1]port default vlan 2
[SwitchA-Ethernet0/0/1]quit
[SwitchA]interface E0/0/2
[SwitchA-Ethernet0/0/2]port link-type access
[SwitchA-Ethernet0/0/2]port default vlan 2
```

（3）配置 PC1 和 PC2 的静态 IP 地址和默认网关地址。

PC1 的静态 IP 地址等信息，配置如下：

PC>ipconfig

```
Link local IPv6 address............: fe80::5689:98ff:fef8:36da
IPv6 address......................: :: / 128
IPv6 gateway......................: ::
IPv4 address......................: 192.168.1.2
Subnet mask.......................: 255.255.255.0
Gateway...........................: 192.168.1.1
Physical address..................: 54-89-98-F8-36-DA
DNS server........................:
```

PC2 的静态 IP 地址等信息,配置如下:

PC > ipconfig

```
PC > ipconfig
Link local IPv6 address...........: fe80::5689:98ff:fe03:7346
IPv6 address...................: :: / 128
IPv6 gateway...................: ::
IPv4 address...................: 192.168.2.2
Subnet mask....................: 255.255.255.0
Gateway.......................: 192.168.2.1
Physical address...............: 54 - 89 - 98 - 03 - 73 - 46
DNS server....................:
```

(4) PC1 主机 ping 测试 PC2 主机。

C:\> ping 192.168.2.2

```
Ping 192.168.1.2: 32 data bytes, Press Ctrl_C to break
From 192.168.1.2: bytes = 32 seq = 1 ttl = 128 time < 1 ms
From 192.168.1.2: bytes = 32 seq = 2 ttl = 128 time < 1 ms
From 192.168.1.2: bytes = 32 seq = 3 ttl = 128 time < 1 ms
From 192.168.1.2: bytes = 32 seq = 4 ttl = 128 time < 1 ms
From 192.168.1.2: bytes = 32 seq = 5 ttl = 128 time < 1 ms
--- 192.168.1.2 ping statistics ---
  5 packet(s) transmitted
  5 packet(s) received
  0.00 % packet loss
  round - trip min/avg/max = 0/0/0 ms
```

由上述测试信息可知,处于 VLAN2 的 PC1 主机能 ping 通 VLAN3 的 PC2 主机,表明路由器的单臂路由功能实现了不同 VLAN 间的通信。

第五步:配置路由器 RouterB 和交换机 SwitchB 的相关信息,实现 PC3 和 PC4 自动获取 IP 地址且两主机处于不同网段、不同 VLAN,能相互通信。

(1) 在路由器 RouterB 上配置子端口,并设置 IP 地址等信息。

```
< Router > system - view
[Router]sysname RouterB
[RouterB]interface GigabitEthernet0/0/2
[RouterB - GigabitEthernet0/0/2]ip address 202.202.202.2 255.255.255.0
[RouterB - GigabitEthernet0/0/2]quit
[RouterB]interface GigabitEthernet0/0/0.2
[RouterB - GigabitEthernet0/0/0.2]dot1q termination vid 2
[RouterB - GigabitEthernet0/0/0.2]ip address 192.168.1.1 255.255.255.0
[RouterB - GigabitEthernet0/0/0.2]arp broadcast enable
[RouterB - GigabitEthernet0/0/0.2]interface GigabitEthernet0/0/0.3
[RouterB - GigabitEthernet0/0/0.3]dot1q termination vid 3
[RouterB - GigabitEthernet0/0/0.3]ip address 192.168.2.1 255.255.255.0
[RouterB - GigabitEthernet0/0/0.3]arp broadcast enable
```

```
[RouterB - GigabitEthernet0/0/0.3]return
<RouterB> save
```

（2）在路由器 RouterB 配置 DHCP。

```
通过子接口 G0/0/0.2 自动分配给 VLAN2 区域 PC IP 地址的 DHCP 配置：
[RouterB]dhcp enable
[RouterB]ip pool vlan_2
[RouterB - ip - pool - vlan_2]network 192.168.3.0 mask 255.255.255.0
[RouterB - ip - pool - vlan_2]gateway - list 192.168.3.1
[RouterB - ip - pool - vlan_2]dns - list 8.8.8.8
[RouterB - ip - pool - vlan_2]leASe day 8
[RouterB]interface g0/0/0.2
[RouterB - GigabitEthernet0/0/0.2]dhcp select global
通过子接口 G0/0/0.3 自动分配给 VLAN3 区域 PC IP 地址的 DHCP 配置：
[RouterB]ip pool vlan_3
[RouterB - ip - pool - vlan_3]network 192.168.4.0 mask 255.255.255.0
[RouterB - ip - pool - vlan_3]gateway - list 192.168.4.1
[RouterB - ip - pool - vlan_3]dns - list 8.8.8.8
[RouterB - ip - pool - vlan_3]leASe day 8
[RouterB]interface g0/0/0.3
[RouterB - GigabitEthernet0/0/0.3]dhcp select global
```

（3）在 SwitchB 上分别创建 VLAN2 和 VLAN3，并把端口划归相应的 VLAN，且设置 VLAN Trunk。

```
<Huawei>
<Huawei> system - view
[Huawei]sysname SwitchB
[SwitchB]vlan batch 2 3
[SwitchB]interface GigabitEthernet 0/0/1
[SwitchB - GigabitEthernet0/0/1]port link - type trunk
[SwitchB - GigabitEthernet0/0/1]port trunk allow - pASs vlan all
[SwitchB]interface E0/0/1
[SwitchB - Ethernet0/0/1]port link - type access
[SwitchB - Ethernet0/0/1]port default vlan 2
[SwitchB - Ethernet0/0/1]quit
[SwitchB]interface E0/0/2
[SwitchB - Ethernet0/0/2]port link - type access
[SwitchB - Ethernet0/0/2]port default vlan 3
```

（4）在 PC3 和 PC4 上验证自动获取 IP 地址和默认网关等。

PC3 主机上自动获取 IP 地址，首先设置 PC3 的 IP4 为自动获取 IP 地址状态，然后在命令提示符下输入：

PC > ipconfig /renew

```
IP Configuration
```

```
Link local IPv6 address...........: fe80::5689:98ff:fe97:1514
IPv6 address......................: :: / 128
IPv6 gateway......................: ::
IPv4 address......................: 192.168.3.254
Subnet mask.......................: 255.255.255.0
Gateway...........................: 192.168.3.1
Physical address..................: 54 - 89 - 98 - 97 - 15 - 14
DNS server........................: 8.8.8.8
```

PC4 主机上自动获取 IP 地址，首先设置 PC4 的 IP4 为自动获取 IP 地址状态，然后在命令提示符下输入：

PC > ipconfig /renew

```
IP Configuration
Link local IPv6 address...........: fe80::5689:98ff:feff:1557
IPv6 address......................: :: / 128
IPv6 gateway......................: ::
IPv4 address......................: 192.168.4.254
Subnet mask.......................: 255.255.255.0
Gateway...........................: 192.168.4.1
Physical address..................: 54 - 89 - 98 - FF - 15 - 57
DNS server........................: 8.8.8.8
```

第六步：在路由器 RouterA 和 RouterB 上配置 RIP 动态路由，实现所有 PC 主机互联互通。

（1）路由器 RouterA 上配置的 RIP 动态路由信息。

```
[RouterA]rip 1
[RouterA - rip - 1]version 2
[RouterA - rip - 1]network 202.202.202.0
[RouterA - rip - 1]network 192.168.1.0
[RouterA - rip - 1]network 192.168.2.0
```

（2）路由器 RouterB 上配置的 RIP 动态路由信息。

```
[RouterB]rip 1
[RouterB - rip - 1]version 2
[RouterB - rip - 1]network 202.202.202.0
[RouterB - rip - 1]network 192.168.3.0
[RouterB - rip - 1]network 192.168.4.0
```

（3）查看路由器 RouterA 的路由表。

< RouterA > display ip routing-table

```
Route Flags: R - relay, D - download to fib
-------------------------------------------------------------------
Routing Tables: Public
         Destinations : 15    Routes : 15
```

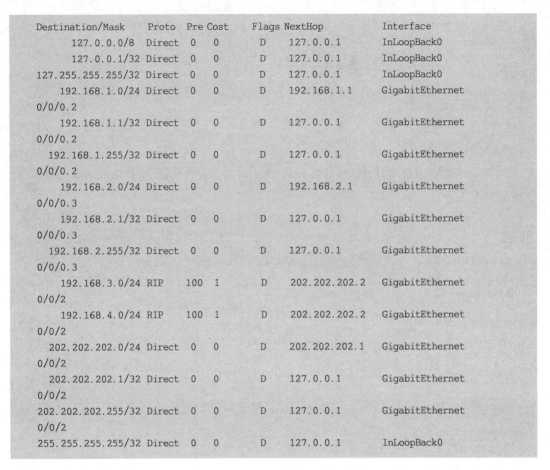

```
Destination/Mask        Proto   Pre Cost    Flags NextHop          Interface
      127.0.0.0/8       Direct  0   0       D     127.0.0.1        InLoopBack0
      127.0.0.1/32      Direct  0   0       D     127.0.0.1        InLoopBack0
127.255.255.255/32      Direct  0   0       D     127.0.0.1        InLoopBack0
     192.168.1.0/24     Direct  0   0       D     192.168.1.1      GigabitEthernet
0/0/0.2
     192.168.1.1/32     Direct  0   0       D     127.0.0.1        GigabitEthernet
0/0/0.2
   192.168.1.255/32     Direct  0   0       D     127.0.0.1        GigabitEthernet
0/0/0.2
     192.168.2.0/24     Direct  0   0       D     192.168.2.1      GigabitEthernet
0/0/0.3
     192.168.2.1/32     Direct  0   0       D     127.0.0.1        GigabitEthernet
0/0/0.3
   192.168.2.255/32     Direct  0   0       D     127.0.0.1        GigabitEthernet
0/0/0.3
     192.168.3.0/24     RIP     100 1       D     202.202.202.2    GigabitEthernet
0/0/2
     192.168.4.0/24     RIP     100 1       D     202.202.202.2    GigabitEthernet
0/0/2
   202.202.202.0/24     Direct  0   0       D     202.202.202.1    GigabitEthernet
0/0/2
   202.202.202.1/32     Direct  0   0       D     127.0.0.1        GigabitEthernet
0/0/2
 202.202.202.255/32     Direct  0   0       D     127.0.0.1        GigabitEthernet
0/0/2
 255.255.255.255/32     Direct  0   0       D     127.0.0.1        InLoopBack0
```

由以上反馈信息可知,路由器 RouterA 学习到了 RIP 的网段。

(4) 查看路由器 RouterB 的路由表。

< RouterB > display ip routing-table

```
Route Flags: R - relay, D - download to fib
----------------------------------------------------------------------
Routing Tables: Public
         Destinations : 15     Routes : 15
Destination/Mask        Proto   Pre Cost    Flags NextHop          Interface
      127.0.0.0/8       Direct  0   0       D     127.0.0.1        InLoopBack0
      127.0.0.1/32      Direct  0   0       D     127.0.0.1        InLoopBack0
127.255.255.255/32      Direct  0   0       D     127.0.0.1        InLoopBack0
     192.168.1.0/24     RIP     100 1       D     202.202.202.1    GigabitEthernet
0/0/2
     192.168.2.0/24     RIP     100 1       D     202.202.202.1    GigabitEthernet
0/0/2
     192.168.3.0/24     Direct  0   0       D     192.168.3.1      GigabitEthernet
0/0/0.2
     192.168.3.1/32     Direct  0   0       D     127.0.0.1        GigabitEthernet
0/0/0.2
```

```
    192.168.3.255/32 Direct  0    0        D    127.0.0.1        GigabitEthernet
0/0/0.2
      192.168.4.0/24 Direct  0    0        D    192.168.4.1      GigabitEthernet
0/0/0.3
      192.168.4.1/32 Direct  0    0        D    127.0.0.1        GigabitEthernet
0/0/0.3
    192.168.4.255/32 Direct  0    0        D    127.0.0.1        GigabitEthernet
0/0/0.3
    202.202.202.0/24 Direct  0    0        D    202.202.202.2    GigabitEthernet
0/0/2
    202.202.202.2/32 Direct  0    0        D    127.0.0.1        GigabitEthernet
0/0/2
  202.202.202.255/32 Direct  0    0        D    127.0.0.1        GigabitEthernet
0/0/2
  255.255.255.255/32 Direct  0    0        D    127.0.0.1        InLoopBack0
```

由以上反馈信息可知,路由器 RouterB 学习到了 RIP 的网段。

3.7.6　测试与验收

本实训项目详细的测试步骤,请扫描下面二维码。

通过一系列的测试可知,通过 HUAWEI 路由器的 DHCP 和单臂路由功能,实现了 PC 静态 IP 地址的不同网段不同 VLAN 之间的通信和 PC 机自态 IP 地址的不同网段不同 VLAN 间的相互通信。

3.8　实训项目:CISCO 三层交换机实现不同 VLAN 间的通信

3.8.1　实训目的

(1)掌握配置基于 CISCO 三层交换机实现不同 VLAN 间通信的配置方法。

(2)熟练掌握 CISCO 三层交换机的路由功能配置,并能在实际网络工程中灵活运用。

3.8.2　实训设备

(1)硬件要求:CISCO S3560 交换机 1 台,CISCO S2960 交换机 2 台,PC 2 台,网络若干条。

(2)软件要求:CISCO Packet Tracer 7.2.1 仿真软件,Secure CRT 软件或者超级终端软件。

(3)实训设备均为空配置。

3.8.3 项目需求分析

某园区网络,随着业务流量的逐步增大,使用路由器的单臂路由功能来实现不同 VLAN 间互访,已不能满足园区网用户的需求。此时,需要使用转发速度较快的三层交换机来实现不同 VLAN 间的信息交换功能。通过在三层交换机配置相应的 VLAN 地址(即默认网关地址),让不同 VLAN 的用户通过三层交换机的中继链路实现快速互访问。

3.8.4 网络系统设计

根据项目需求分析,现简化网络系统设计,以便实现关键技术,如图 3-7 所示。

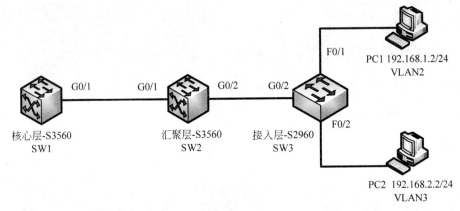

图 3-7　某园区网(部分)三层换机实现不同 VLAN 互访网络系统图

3.8.5 工程组织与实施

第一步:按照图 3-7,使用直连线与交叉线连接物理设备。
第二步:根据图 3-7,规划 IP 地址,并配置相应的 IP 地址、子网掩码等参数。
第三步:启动超级终端程序,并设置相关参数。
第四步:配置交换机的相关信息。
(1) 配置二层交换机 SW3 的 VLAN2 和 VLAN3;并配置 Trunk 口,允许所有 VLAN 信息通过。

```
Switch>enable
Switch#config terminal
Switch(config)#hostname SW3
Switch(config)#vlan 2
Switch(config)#vlan 3
SW3(config)#interface f0/1
SW3(config-if)#switchport mode access
SW3(config-if)#switchport access vlan 2
SW3(config-if)#no shutdown
SW3(config-if)#exit
SW3(config)#interface f0/2
SW3(config-if)#switchport mode access
```

```
SW3(config-if)#switchport access vlan 3
SW3(config-if)#exit
SW3(config)#interface g0/2
SW3(config-if)#switchport mode trunk
//配置 SW3 的接口 g0/2 为 Trunk 模式;
SW3(config-if)#switchport trunk allowed vlan all
//允许所有 VLAN 信息通过;
SW3(config-if)#no shutdown
SW3(config-if)#end
SW3#write
```

(2) 配置核心层交换机 SW1 的 SVI 虚接口 VLAN2 和 VLAN3 的 IP 地址,开启 Trunk 和路由功能。

```
Switch>enable
Switch#config terminal
Switch(config)#hostname SW1
SW1(config)#vlan 2
SW1(config)#vlan 3
SW1(config)#interface vlan 2
SW1(config-if)#ip address 192.168.1.1 255.255.255.0
SW1(config-if)#no shutdown
SW1(config-if)#exit
SW1(config)#interface vlan 3
SW1(config-if)#ip address 192.168.2.1 255.255.255.0
SW1(config-if)#no shutdown
SW1(config-if)#exit
SW1(config)#interface g0/1
SW1(config-if)#switchport trunk encapsulation dot1q
SW1(config-if)#switchport mode trunk
SW1(config-if)#switchport trunk allowed vlan all
SW1(config-if)#no shutdown
SW1(config-if)#exit
SW1(config)#ip routing
//启动核心层交换机 SW1 的路由功能;
SW1(config-if)#end
SW1#write
```

(3) 在汇聚层交换机 SW2 上创建 VLAN2 和 VLAN3,并开启 Trunk 和路由功能。

```
Switch>enable
Switch#config terminal
Switch(config)#hostname SW2
SW2(config)#vlan 2
SW2(config)#vlan 3
SW2(config)#interface GigabitEthernet0/1
SW2(config-if)#switchport trunk encapsulation dot1q
SW2(config-if)#switchport mode trunk
```

```
SW2(config)♯interface GigabitEthernet0/2
SW2(config-if)♯switchport trunk encapsulation dot1q
SW2(config-if)♯switchport mode trunk
SW2(config-if)♯exit
SW2(config)♯ip routing
SW2(config)♯end
SW2(config)♯write
```

第五步：在 PC 主机上配置静态 IP 地址、子网掩码、默认网关等信息。

PC1 的配置如下：

```
IP Address.....................: 192.168.1.2
Subnet Mask....................: 255.255.255.0
Default Gateway................: 192.168.1.1
```

上述默认网关地址，是核心层交换机配置的 VLAN2 的 SVI 虚接口 IP 地址 192.168.1.1。

PC1 的配置如下：

```
IP Address.....................: 192.168.2.2
Subnet Mask....................: 255.255.255.0
Default Gateway................: 192.168.2.1
```

上述默认网关地址，是核心层交换机配置的 VLAN3 的 SVI 虚接口 IP 地址 192.168.2.1。

3.8.6 测试与验收

本实训项目详细的测试步骤，请扫描下面二维码。

通过一系列的测试信息可知，跨网段的 VLAN2 和 VLAN3 的主机能互相访问，表明三层交换机的路由功能实现了不同 VLAN 间的通信。

3.9 实训项目：HUAWEI 三层交换机实现不同 VLAN 间的通信

3.9.1 实训目的

(1) 掌握基于 HUAWEI 三层交换机实现不同 VLAN 间通信的配置方法。

(2) 熟练掌握 HUAWEI 三层交换机的路由功能在实际企业级网络工程中的应用。

3.9.2 实训设备

（1）硬件要求：HUAWEI S5700 交换机 2 台，HUAWEI S3700 交换机 1 台，PC 1 台，网线若干条，Console 控制线 1 条。

（2）软件要求：HUAWEI eNSP V100R002C00B510. exe 仿真软件，VirtualBox-5.2.22-126460-Win. exe 软件，Secure CRT 软件或者超级终端软件。

（3）实训设备均为空配置。

3.9.3 项目需求分析

在企业网络中，通过使用三层交换机可以简便地实现 VLAN 间通信。作为企业的网络管理员，你需要在三层交换机配置 VLANIF 接口的三层功能，使得如图 3-8 所示拓扑图中的网络能够实现 VLAN 间通信。此外，为了使 S1 和 S2 所连接的不同网络能够进行三层通信，还需要配置路由协议。

3.9.4 网络系统设计

根据项目需求分析，现简化网络系统设计，以便实现关键技术，如图 3-8 所示。

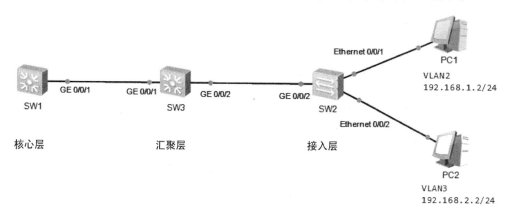

图 3-8 某企业网（部分）基于华为三层交换机的不同 VLAN 互访网络系统图

3.9.5 工程组织与实施

第一步：按照图 3-8，使用网线连接物理设备。

第二步：根据图 3-8，规划 IP 地址、子网掩码等参数。

第三步：启动超级终端程序，并设置相关参数。

第四步：配置接入层交换机 SW3 的 VLAN2 和 VLAN3，并设置交换机间连接端口的 Trunk 模式，允许所有 VLAN 通过。

```
< Huawei > system - view
[Huawei]sysname SW3
[SW3]vlan batch 2 3
[SW3]interface Ethernet0/0/1
```

```
[SW3 - Ethernet0/0/1]port link - type access
[SW3 - Ethernet0/0/1]port default vlan 2
[SW3 - Ethernet0/0/1]quit
[SW3]interface Ethernet0/0/2
[SW3 - Ethernet0/0/2]port link - type access
[SW3 - Ethernet0/0/2]port default vlan 3
[SW3 - Ethernet0/0/2]quit
[SW3]interface GigabitEthernet 0/0/2
[SW3 - GigabitEthernet0/0/2]port link - type trunk    //配置 SW3 的接口 g0/0/2 为 Trunk 模式;
[SW3 - GigabitEthernet0/0/2]port trunk allow - pASs vlan all    //允许所有 VLAN 信息通过;
[SW3 - GigabitEthernet0/0/2]quit
[SW3]quit
< SW3 > save
```

第五步：在汇聚层交换机 SW2 上创建 VLAN2 和 VLAN3,并设置交换机间连接端口的 Trunk 模式,允许所有 VLAN 通过。

```
< Huawei > system - view
[SW2]vlan batch 2 3
[SW2]interface g0/0/1
[SW2 - GigabitEthernet0/0/1]port link - type trunk
[SW2 - GigabitEthernet0/0/1]port trunk allow - pASs vlan all
[SW2 - GigabitEthernet0/0/1]quit
[SW2]interface g0/0/2
[SW2 - GigabitEthernet0/0/2]port link - type trunk
[SW2 - GigabitEthernet0/0/2]port trunk allow - pASs vlan all
[SW2 - GigabitEthernet0/0/2]quit
[SW2]quit
< SW2 > save
```

第六步：配置核心层交换机 SW1 的 SVI 虚接口 VLAN2 和 VLAN3 的 IP 地址,并设置交换机间的连接端口的 Trunk 模式,允许所有 VLAN 通过。

```
< Huawei > system - view
[Huawei]sysname SW1
[SW1]vlan batch 2 3
[SW1]interface Vlanif 2
[SW1 - Vlanif2]ip address 192.168.1.1 24
[SW1 - Vlanif2]undo shutdown
[SW1 - Vlanif2]quit
[SW1]interface Vlanif 3
[SW1 - Vlanif3]ip address 192.168.2.1 24
[SW1 - Vlanif3]undo shutdown
[SW1 - Vlanif3]quit
[SW1]interface GigabitEthernet 0/0/1
[SW1 - GigabitEthernet0/0/1]port link - type trunk
```

```
[SW1 - GigabitEthernet0/0/1]port trunk allow - pASs vlan all
[SW1 - GigabitEthernet0/0/1]quit
[SW1]quit
< SW1 > save
```

注：默认情况下，华为三层交换机的路由功能是开启的。

第七步：在 PC 主机上配置静态 IP 地址、子网掩码、默认网关等信息。

PC1 的配置，查看如下：

PC > ipconfig

```
Link local IPv6 address...........: fe80::5689:98ff:fe77:20fc
IPv6 address......................: :: / 128
IPv6 gateway......................: ::
IPv4 address......................: 192.168.1.2
Subnet mask.......................: 255.255.255.0
Gateway...........................: 192.168.1.1
Physical address..................: 54 - 89 - 98 - 77 - 20 - FC
DNS server........................:
```

上述默认网关地址，是核心层交换机配置的 VLAN2 的 SVI 虚接口 IP 地址 192.168.1.1。

PC1 的配置，查看如下：

PC > ipconfig

```
Link local IPv6 address...........: fe80::5689:98ff:fe85:730
IPv6 address......................: :: / 128
IPv6 gateway......................: ::
IPv4 address......................: 192.168.2.2
Subnet mask.......................: 255.255.255.0
Gateway...........................: 192.168.2.1
Physical address..................: 54 - 89 - 98 - 85 - 07 - 30
DNS server........................:
```

上述默认网关地址，是核心层交换机配置的 VLAN3 的 SVI 虚接口 IP 地址 192.168.2.1。

3.9.6 测试与验收

本实训项目详细的测试步骤，请扫描下面二维码。

通过一系列的测试信息可知，跨网段的 VLAN2 和 VLAN3 的主机能互相访问，表明华为三层交换机的路由功能实现了不同 VLAN 间的通信。

习题

1. 两台二层交换机的连接口,为什么要设置成 Trunk 口模式?

2. 链路聚合协议原理和链路聚合的作用是什么?

3. CISCO 与 HUAWEI 设备的链路聚合协议是否一样,为什么?

4. 单臂路由中的 DHCP 的默认网关地址,是由谁决定的?

5. CISCO 和 HUAWEI 路由器的单臂路由配置有何异同?

6. 若要实现不同 VLAN 间的通信,有哪些方法,分别应用在哪些场景?

7. 简述 CISCO 和 HUAWEI 三层交换机实现不同 VLAN 间通信的异同点。

8. 根据本章各实训项目的需求,分别设计网络拓扑,构建网络环境,安装调试设备,撰写实训报告,并写清楚实训操作过程中出现的问题以及解决办法。

第4章

动态分配 IP 地址的

DHCP 技术

4.1 实训预备知识

4.1.1 DHCP 动态主机配置协议

动态主机配置协议(Dynamic Host Configuration Protocol,DHCP)是一个局域网的网络协议,指的是由服务器控制一段 IP 地址范围,客户机登录服务器时就可以自动获得服务器分配的 IP 地址和子网掩码。

DHCP 通常被应用在大型的局域网络环境中,主要作用是集中地管理、分配 IP 地址,使网络环境中的主机动态地获得 IP 地址、Gateway 地址、DNS 服务器地址等信息,并能够提升地址的使用率。DHCP 采用客户端/服务器模型,主机地址的动态分配任务由网络主机驱动。当 DHCP 服务器接收到来自网络主机申请地址的信息时,才会向网络主机发送相关的地址配置等信息,以实现网络主机地址信息的动态配置。DHCP 具有以下功能:保证任何 IP 地址在同一时刻只能由一台 DHCP 客户机所使用。

DHCP 给用户分配永久固定的 IP 地址。DHCP 也可以同用其他方法获得 IP 地址的主机共存(如手工配置 IP 地址的主机)。DHCP 服务器应当向现有的 BOOTP 客户端提供服务。

在网络环境中配置 DHCP 的作用:

(1) 减少网络管理员的工作量;

(2) 避免输入错误的可能;

(3) 避免网络客户端机器的 IP 冲突;

(4) 提高 IP 地址的利用率;

(5) 方便客户端的配置。

4.1.2 DHCP 的三种 IP 地址分配方式

DHCP 有三种机制分配 IP 地址:

(1) 自动分配方式(Automatic Allocation),DHCP 服务器为主机指定一个永久性的 IP 地址,一旦 DHCP 客户端第一次成功从 DHCP 服务器端租用到 IP 地址后,就可以永久性地使用该地址。

（2）动态分配方式（Dynamic Allocation），DHCP 服务器给主机指定一个具有时间限制的 IP 地址，时间到期或主机明确表示放弃该地址时，该地址可以被其他主机使用。

（3）手工分配方式（Manual Allocation），客户端的 IP 地址是由网络管理员指定的，DHCP 服务器只是将指定的 IP 地址告诉客户端主机。

三种地址分配方式中，只有动态分配可以重复使用客户端不再需要的地址。DHCP 消息的格式是基于 BOOTP（Bootstrap Protocol）消息格式的，这就要求设备具有 BOOTP 中继代理的功能，并能够与 BOOTP 客户端和 DHCP 服务器实现交互。BOOTP 中继代理的功能，使得没有必要在每个物理网络都部署一个 DHCP 服务器。RFC 951 和 RFC 1542 对 BOOTP 进行了详细描述。

4.1.3 交换机三层端口的配置

交换机上的三层端口，指的是 VLAN 的虚拟端口（SVI）或使用了 no switchport 命令的普通物理端口。三层端口配置的常用命令如表 4-1 所示。

表 4-1　三层端口配置命令

命　　令	说　　明
interface ｛type slot/number｜vlan vlan-id｝	进入端口配置状态
no switchport	把物理端口变成三层端口
ip address ip_address subnet_mask	配置 IP 地址和掩码
ip default-gateway gw	配置默认网关
ip domain-name dname	配置域名
ip name-server nameserver	配置 DNS 服务器
no shutdown	激活端口
show interfaces [interface-id][1]	验证配置
show ip interfaces [interface-id][1]	验证配置
show running-config interfaces [interface-id][1]	验证配置

注：interface-id 可以指 type slot/number，也可以指 vlan vlan-id。

4.1.4 DHCP 的配置命令

DHCP 是一种简化主机 IP 配置管理的 TCP/IP 标准。DHCP 以客户端/服务器模式工作，允许一个 DHCP 客户端从 DHCP 服务器那里获得 IP 地址及相关的配置信息。

管理员设置 DHCP 服务器时，需要预先定义地址池，并提供掩码、网关、DNS 和 WINS 等相关配置信息，并且设定使用租期。管理员还可以在 DHCP 服务器中明确定义客户的 MAC 地址，从而当客户发出 DHCP 申请时为其提供固定的 IP 地址。

如果路由器提供了 DHCP 服务功能，则可以将其配置为 DHCP 服务器。常用的 DHCP 配置命令如表 4-2 所示。

表 4-2　常用的 DHCP 配置命令

命　　令	说　　明
ip dhcp pool name	创建一个 DHCP 地址池,进入其配置模式
network network_id [mask ｜ /prefix-length]	设定 DHCP 地址池的网络和掩码
domain-name domain	为 DHCP 客户设定域名
dns-server address[address2…address8]	为 DHCP 客户设定 DNS 服务器 IP 地址,最多可以设定 8 个
netbios-name-server address[address2…address8]	为 DHCP 客户设定 Netbios WINS 服务器 IP 地址,最多可以设 8 个
default-router address[address2…address8]	为 DHCP 客户设定网关地址,最多可设 8 个
leASe{days [hours] [minute] ｜ infinite}	为 DHCP 客户设定使用租期
ip dhcp excluded-address start_addr[End_addr]	设定不使用 DHCP 的地址范围
host ip_addr [mask/prefix-length][1]	设定主机的 IP 地址和掩码
client-identifier MAC_address[2]	设定主机的 MAC 地址

注：[1]和[2]两条命令只能在 DHCP 配置模式下运行,并且要联合起来使用。

举例：若为 MAC 地址 00096BE3CCEA 指定绑定的 IP 地址 192.168.1.100,则相关的 DHCP 配置命令为：

```
Router(dhcp-config)#host 192.168.1.100 255.255.255.0(指定主机 IP 地址)
Router(dhcp-config)#client-identifier 0009.6BE3.CCEA(设定 MAC 地址)
```

4.1.5　DHCP 的验证配置命令

配置完 DHCP 后,可以使用表 4-3 和表 4-4 中的命令来验证它的状态。

表 4-3　常用的 DHCP 检查命令

命　　令	说　　明
show ip dhcp binding[address]	显示在 DHCP 服务器上创建的所有绑定列表
show ip dhcp conflict[address]	显示在 DHCP 服务器上记录的所有地址冲突列表
show ip dhcp database[rul]	显示 DHCP 数据库中最近的活动
show ip dhcp server statistics	显示服务器统计和发送与接收消息的计数信息

表 4-4　常用的 DHCP 调试命令

命　　令	说　　明
debug ip dhcp server events	报告服务器事件,例如地址分配和数据库更新
debug ip dhcp server packets	显示 DHCP 接收和发送的信息
debug ip dhcp server linkage	显示数据库连接信息
no server dhcp	停止 DHCP 服务(默认为启用)

4.2 实训项目：CISCO 三层交换机的 DHCP 自动分配 IP 地址

4.2.1 实训目的

（1）掌握大中型企业网络中 CISCO 三层交换机 DHCP 服务特性。

（2）在网络工程中，熟练掌握 CISCO 三层交换机 DHCP 功能的配置方法，实现交换网的终端设备自动获取 IP 地址。

4.2.2 实训设备

（1）硬件要求：CISCO S3560 交换机 2 台，CISCO S2960 交换机 2 台，PC 4 台，直连线 4 条，交叉线 4 条。

（2）软件要求：CISCO Packet Tracer 7.2.1 仿真软件，Secure CRT 软件或者超级终端软件。

（3）实训设备均为空配置。

4.2.3 项目需求分析

某公司企业网，采用的是三层网络架构（核心层、汇聚层、接入层），为减轻网络管理员和用户的 IP 地址配置负担，需要使内网终端设备开机后自动获取 IP 地址。我们可以将支持 DHCP 的交换机配置成 DHCP 服务器。

4.2.4 网络系统设计

根据项目需求分析，现简化网络系统设计，以便实现关键技术，如图 4-1 所示。

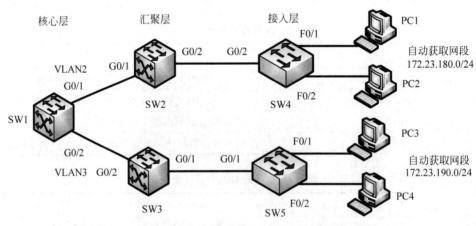

图 4-1 某公司网络三层架构的 DHCP 网络系统图（部分）

4.2.5 工程组织与实施

第一步：按照图 4-1，使用直连线与交叉线连接物理设备。

第二步：根据图 4-1，规划 IP 地址及相关信息。

（1）处于不同 VLAN 的 PC，规划 DHCP 服务器的 VLAN 相关信息。

VLAN	IP 网段（DHCP 地址池）	SVI 虚接口 IP（默认网关）	DNS 服务器 IP 地址
2	172.23.180.0/24	172.23.180.1/24	172.23.100.100
3	172.23.190.0/24	172.23.190.1/24	172.23.100.100

（2）核心层交换机 SW1 的 G0/2 接口划归 VLAN3、G0/1 接口划归 VLAN2。

（3）PC1 与 PC2 属于 VLAN2，将自动获取 DHCP 网段 172.23.180.0/24 的 IP 地址；PC3 与 PC4 属于 VLAN3，将自动获取 DHCP 网段 172.23.180.0/24 内的 IP 地址。

第三步：启动超级终端程序，并设置相关参数。

第四步：在核心层交换机 SW1 上，规划相应的 DHCP、VLAN 等信息。

（1）在核心层交换机 SW1 的 SVI 虚接口配置 VLAN2 和 VLAN3 的 IP 地址。

```
Switch>enable
Switch#config terminal
Switch(config)#hostname SW1
SW1(config)#vlan 2
SW1(config)#vlan 3
SW1(config)# interface vlan 2
SW1(config-if)#ip address 172.23.180.1 255.255.255.0
SW1(config-if)#no shutdown
SW1(config-if)#exit
SW1(config)# interface vlan 3
SW1(config-if)#ip address 172.23.190.1 255.255.255.0
SW1(config-if)#no shutdown
SW1(config-if)#exit
```

（2）在核心层交换机 SW1 上，开启路由功能。

```
SW1(config)#ip routing
//启动核心层交换机 SW1 的路由功能；
```

（3）在核心层交换机 SW1 上配置 VLAN2 的 DHCP。

```
SW1(config)#service dhcp
//启用 DHCP；
SW1(Config)#ip dhcp pool VLAN2
//定义地址池；
SW1(dhcp-config)#network 172.23.180.0 255.255.255.0
SW1(dhcp-config)#default-router 172.23.180.1
SW1(dhcp-config)#dns-server 192.168.4.2
SW1(dhcp-config)#domain-name www.ynufe.edu.cn
switch(dhcp-config)#exit
switch(Config)#ip dhcp excluded-address 172.23.180.1
```

（4）在核心层交换机 SW1 上配置 VLAN3 的 DHCP。

```
SW1(Config)#ip dhcp pool VLAN3
//定义地址池;
SW1(dhcp-config)#network 172.23.190.0 255.255.255.0
SW1(dhcp-config)#default-router 172.23.190.1
SW1(dhcp-config)#dns-server 192.168.4.2
SW1(dhcp-config)#domain-name www.ynufe.edu.cn
switch(dhcp-config)#exit
switch(Config)#ip dhcp excluded-address 172.23.190.1
```

（5）在核心层交换机 SW1 上，将 G0/1 接口划归 VLAN2、G0/2 接口划归 VLAN3。

```
SW1(Config)#interface G0/1
SW1(config-if)#switchport access vlan 2
SW1(Config)#interface G0/2
SW1(config-if)#switchport access vlan 3
```

至此，终端 PC 就可以自动获取 IP 地址了。因为此网络环境中汇聚层使用的是 CISCO
三层交换机连接核心层与接入层 CISCO 交换机，因此交换机间连接口的 trunk 模式和允许
所有 VLAN 通过的配置步骤可以省略。

4.2.6　测试与验收

本实训项目详细的测试步骤，请扫描下面二维码。

通过一系列的测试信息可知，处于 VLAN2 的 PC1 主机能 ping 通 VLAN3 的 PC4 主
机，表明核心层交换机的路由功能实现了不同 VLAN 间的数据通信，同时，也表明核心层交
换机上的 DHCP 配置是成功的。

4.3　实训项目：HUAWEI 三层交换机的 DHCP 自动分配 IP 地址

4.3.1　实训目的

（1）掌握在 HUAWEI 交换机端口上启用 DHCP 发现功能，以及配置分配 IP 地址自动
功能的方法。

（2）掌握大中型网络中的 HUAWEI 三层交换机 DHCP 功能，实现网络终端设备自动
获取 IP 地址。

4.3.2　实训设备

（1）硬件要求：HUAWEI S5700 交换机 3 台，HUAWEI S3700 交换机 2 台，PC 4 台，
网线若干条。

（2）软件要求：HUAWEI eNSP V100R002C00B510.exe 仿真软件，VirtualBox-5.2.22-126460-Win.exe 软件，Secure CRT 软件或者超级终端软件。

（3）实训设备均为空配置。

4.3.3　项目需求分析

某公司企业网，采用的是三层网络架构（核心层、汇聚层、接入层），为减轻网络管理员和用户的 IP 地址配置负担，需要使内网终端设备开机后自动获取 IP 地址。可以将支持 DHCP 的交换机配置成 DHCP 服务器。

4.3.4　网络系统设计

根据项目需求分析，现简化网络系统设计，以便实现关键技术，如图 4-2 所示。

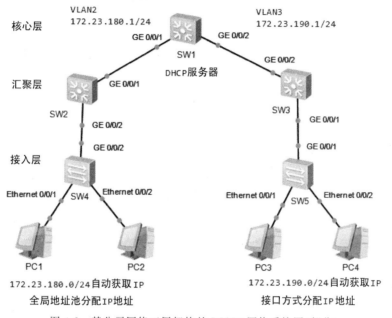

图 4-2　某公司网络三层架构的 DHCP 网络系统图（部分）

4.3.5　工程组织与实施

第一步：按照图 4-2，使用直连线与交叉线连接物理设备。

第二步：根据图 4-2，规划 IP 地址及相关信息。

（1）处于不同 VLAN 的 PC，规划 DHCP 服务器的 VLAN 相关信息。

VLAN	IP 网段（DHCP 地址池）	SVI 虚接口 IP 地址（默认网关）	DNS
2	172.23.180.0/24	172.23.180.1/24	8.8.8.8
3	172.23.190.0/24	172.23.190.1/24	8.8.8.8

（2）核心层交换机 SW1 的 G0/0/2 接口划归 VLAN3、G0/0/1 接口划归 VLAN2。

（3）PC1 与 PC2 属于 VLAN2，将自动获取 DHCP 网段 172.23.180.0/24 的 IP 地址。

PC3 与 PC4 属于 VLAN3,将自动获取 DHCP 网段 172.23.180.0/24 内的 IP 地址。

第三步:启动超级终端程序,并设置相关参数。

第四步:在核心层交换机 SW1 上,规划相应的 DHCP、VLAN 等信息。

(1) 在核心层交换机 SW1 上,开启 DHCP 功能。

```
< HUAWEI > system - view
[HUWAWEI]sysname SW1
[SW1]dhcp enable
//启动核心层交换机 SW1 的 DHCP 功能;
```

(2) 在核心层交换机 SW1 的 SVI 虚接口配置 VLAN2 和 VLAN3 的 IP 地址。

```
[SW1]vlan batch 2 3
[SW1]interface vlan 2
[SW1 - Vlanif2]undo shutdown
[SW1 - Vlanif2]ip address 172.23.180.1 24
[SW1 - Vlanif2]dhcp select global
//全局地址池方式分配 IP 地址;
[SW1 - Vlanif2]quit
[SW1]interface Vlanif 3
[SW1 - Vlanif3]undo shutdown
[SW1 - Vlanif3]ip address 172.23.190.1 24
[SW1 - Vlanif3]quit
[SW1]
```

(3) 在核心层交换机 SW1 上配置 VLAN2 的 DHCP。

```
[SW1]ip pool VLAN_2
[SW1 - ip - pool - vlan_2]network 172.23.180.0 mask 24
//配置 VLAN2 地址池给用户分配的地址范围;
[SW1 - ip - pool - vlan_2]gateway - list 172.23.180.1
//配置分配给用户的网关地址;
[SW1 - ip - pool - vlan_2]dns - list 8.8.8.8
//配置分配给用户的 DNS 地址;
[SW1 - ip - pool - vlan_2]domain - name www.ynufe.edu.cn
[SW1 - ip - pool - vlan_2]lease day 8
[SW1 - ip - pool - vlan_2]excluded - ip - address 172.23.180.253 172.23.180.254
[SW1 - ip - pool - vlan_2]quit
```

(4) 在核心层交换机 SW1 上配置 VLAN3 的 DHCP。

```
[SW1]interface Vlanif 3
[SW1 - Vlanif3]ip address 172.23.190.1 255.255.255.0
[SW1 - Vlanif3]dhcp select interface
//接口方式分配 IP 地址;
[SW1 - Vlanif3]dhcp server excluded - ip - address 172.23.190.254
[SW1 - Vlanif3]dhcp server lease day 8 hour 0 minute 0
[SW1 - Vlanif3]dhcp server dns - list 8.8.8.8
```

（5）在核心层交换机 SW1 上，将 G0/0/1 接口划归 VLAN2、G0/0/2 接口划归 VLAN3。

```
[SW1]interface g0/0/1
[SW1－GigabitEthernet0/0/1]port link－type access
[SW1－GigabitEthernet0/0/1]port default vlan 2
[SW1－GigabitEthernet0/0/1]quit
SW1(Config)＃interface G0/0/2
[SW1－GigabitEthernet0/0/2]port link－type access
[SW1－GigabitEthernet0/0/3]port default vlan 3
```

至此，终端 PC 就可以自动获取 IP 地址了。因为此网络环境中汇聚层使用的是 HUAWEI 三层交换机连接核心层与接入层 HUAWEI 交换机，默认情况下，交换机间连接口的 trunk 模式是允许所有 VLAN 通过的，因此配置 trunk 可以省略。

4.3.6　测试与验收

本实训项目详细的测试步骤，请扫描下面二维码。

通过一系列的测试信息可知，处于 VLAN2 的 PC1 主机能 ping 通 VLAN3 的 PC4 主机，表明核心层 HUAWEI 交换机的路由功能实现了不同 VLAN 间的数据通信，同时，也表明核心层交换机上的 DHCP 配置是成功的。

4.4　实训项目：CISCO 路由器的 DHCP 跨网段中继分配 IP 地址

4.4.1　实训目的

（1）掌握 CISCO 路由器 DHCP 的 IP 地址分配功能以及配置方法。

（2）掌握 CISCO 路由器 DHCP 配置方法，能在实际网络环境中，利用 DHCP 功能实现交换网的终端设备自动获取 IP 地址。

4.4.2　实训设备

（1）硬件要求：CISCO 2911 路由器 2 台，CISCO S2960 交换机 2 台，PC 4 台，直连线 6 条，交叉线 1 条。

（2）软件要求：CISCO Packet Tracer 7.2.1 仿真软件，Secure CRT 软件或者超级终端软件。

（3）实训设备均为空配置。

4.4.3 项目需求分析

某公司网络需要配置 DHCP 业务,将把路由器 RouterB 配置为 DHCP 服务器,并配置全局地址池和接口地址池,为接入层设备分配 IP 地址。

4.4.4 网络系统设计

根据项目需求分析,现简化网络系统设计,以便实现关键技术,如图 4-3 所示。

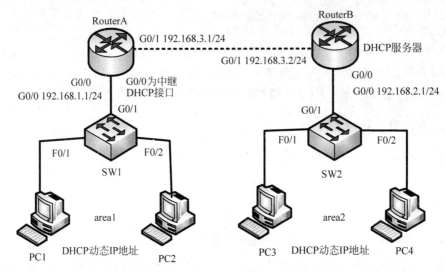

图 4-3 某公司网络利用路由器配置 DHCP 的网络系统图(部分)

4.4.5 工程组织与实施

第一步:按照图 4-3,使用直连线与交叉线连接物理设备。

第二步:根据图 4-3,规划 DHCP 相关信息。

在路由器 RouterB 上规划 DHCP 服务器相关信息。

(1) area1 区 DHCP:设定地址范围为 192.168.1.0/24,DNS 为 211.211.211.2,网关设为 192.168.1.1,域名设为 ynufe.edu.cn,默认租期为 8 天。

(2) area2 区 DHCP:设定地址范围为 192.168.2.0/24,DNS 为 211.211.211.2,网关设为 192.168.2.1,域名设为 ynufe.edu.cn,默认租期为 8 天。

第三步:启动超级终端程序,并设置相关参数。

第四步:在路由器 RouterB 上配置 DHCP 等信息。

(1) 在路由器 RouterB 上为 area1 区配置 DHCP。

```
Router > enable
Router # config terminal
Router(config) # hostname RouterB
RouterB(config) # ip dhcp pool area1
//设置 DHCP 的地址池的名称为 area1;
RouterB(dhcp-config) # network 192.168.1.0 255.255.255.0
```

```
//设置 DHCP 的地址段 192.168.1.0;
RouterB(dhcp - config) # default - router 192.168.1.1
//默认网关地址;
RouterB(dhcp - config) # dns - server 211.211.211.2
RouterB(dhcp - config) # domain - name ynufe.edu.cn
RouterB(dhcp - config) # exit
RouterB(config) # ip dhcp excluded - address 192.168.1.1
//排除默认网关地址 192.168.1.1 不被分配;
```

（2）在路由器 RouterB 上为 area2 区配置 DHCP。

```
RouterB(config) # ip dhcp pool area2
//设置 DHCP 的地址池的名称为 area1;
RouterB(dhcp - config) # network 192.168.2.0 255.255.255.0
//设置 DHCP 的地址段 192.168.2.0;
RouterB(dhcp - config) # default - router 192.168.2.1
//默认网关地址;
RouterB(dhcp - config) #  # dns - server 211.211.211.2
RouterB(dhcp - config) # domain - name ynufe.edu.cn
RouterB(dhcp - config) # exit
RouterB(config) # ip dhcp excluded - address 192.168.2.1
//排除默认网关地址 192.168.2.1 不被分配;
```

（3）在路由器 RouterB 上配置 G0/1 和 G0/0 的 IP 地址，并且配置 RIP 动态路由，实现互联互通。

```
RouterB(config) # interface g0/1
RouterB(config - if) # ip address 192.168.3.2 255.255.255.0
RouterB(config - if) # no shutdown
RouterB(config - if) # interface g0/0
RouterB(config - if) # ip address 192.168.2.1 255.255.255.0
RouterB(config - if) # no shutdown
RouterB(config - if) # exit
RouterB(config) # router rip
RouterB(config) # network 192.168.3.0
RouterB(config) # network 192.168.2.0
```

（4）在路由器 RouterB 上配置 G0/1 和 G0/0 的 IP 地址，并且配置 RIP 动态路由，实现互联互通。

```
Router > enable
Router # config terminal
Router(config) # hostname RouterA
RouterA(config) # interface g0/1
RouterA(config - if) # ip address 192.168.3.1 255.255.255.0
RouterA(config - if) # no shutdown
RouterA(config - if) # interface g0/0
RouterA(config - if) # ip address 192.168.1.1 255.255.255.0
```

```
RouterA(config-if)#no shutdown
RouterA(config-if)#exit
RouterA(config)#router rip
RouterA(config)#network 192.168.1.0
RouterA(config)#network 192.168.3.0
```

（5）在路由器 RouterA 上配置 DHCP 的中继。

```
RouterA(config-if)# ip helper-address 192.168.3.2
//从路由器 RouterB 的接口 G0/1 中继 DHCP;
RouterA(config)#end
RouterA#write
```

4.4.6　测试与验收

本实训项目详细的测试步骤，请扫描下面二维码。

通过一系列的测试信息可知，CISCO 路由器 RouterB 是 DHCP 服务器，可以通过 CISCO 路由器 RouterA 接口跨网段中继 DHCP 信息，自动分配 IP 地址，实现全网互联互通。

4.5　实训项目：HUAWEI 路由器的 DHCP 跨网段中继分配 IP 地址

4.5.1　实训目的

（1）掌握 HUAWEI 路由器 DHCP 的 IP 地址分配功能以及配置方法。

（2）掌握 HUAWEI 路由器 DHCP 配置方法，能在实际网络环境中，利用 DHCP 功能实现交换网的终端设备自动获取 IP 地址。

4.5.2　实训设备

（1）硬件要求：HUAWEI S2240 交换机 2 台，HUAWEI S3700 交换机 2 台，PC 5 台，网线若干条，Console 控制线 1 条。

（2）软件要求：HUAWEI eNSP V100R002C00B510.exe 仿真软件，VirtualBox-5.2.22-126460-Win.exe 软件，Secure CRT 软件或者超级终端软件。

（3）实训设备均为空配置。

4.5.3　项目需求分析

你是公司的网络管理员，公司网络需要配置 DHCP 业务，将把网关路由器 R1 和 R3 配置为 DHCP 服务器,并配置全局地址池和接口地址池,为接入层设备分配 IP 地址。

4.5.4 网络系统设计

根据项目需求分析,现简化网络系统设计,以便实现关键技术,如图 4-4 所示。

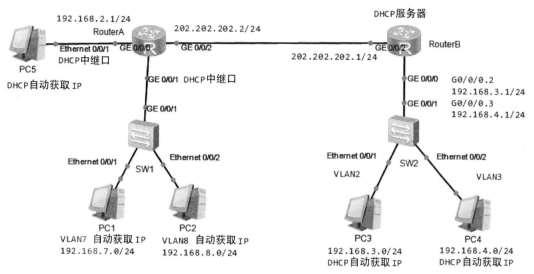

图 4-4 某公司网基于华为路由器 DHCP 中继网络系统图(部分)

4.5.5 工程组织与实施

第一步:按照图 4-4,使用直连线与交叉线连接物理设备。

第二步:根据图 4-4,规划 IP 地址,并配置相应的 IP 地址、子网掩码等参数。

第三步:启动超级终端程序,并设置相关参数。

第四步:在路由器 RouterB 配置 DHCP 和子接口,实现 PC3 和 PC4 自动获取 IP 地址且两主机处于不同网段、不同 VLAN,能相互通信。

(1) 在路由器 RouterB 上配置子端口,并设置 IP 地址等信息。

```
<Router>system-view
[Router]sysname RouterB
[RouterB]interface GigabitEthernet0/0/2
[RouterB-GigabitEthernet0/0/2]ip address 202.202.202.2 255.255.255.0
[RouterB-GigabitEthernet0/0/2]quit
[RouterB]interface GigabitEthernet0/0/0.2
[RouterB-GigabitEthernet0/0/0.2]dot1q termination vid 2
[RouterB-GigabitEthernet0/0/0.2]ip address 192.168.1.1 255.255.255.0
[RouterB-GigabitEthernet0/0/0.2]arp broadcast enable
[RouterB-GigabitEthernet0/0/0.2]quit
[RouterB]interface GigabitEthernet0/0/0.3
[RouterB-GigabitEthernet0/0/0.3]dot1q termination vid 3
[RouterB-GigabitEthernet0/0/0.3]ip address 192.168.2.1 255.255.255.0
[RouterB-GigabitEthernet0/0/0.3]arp broadcast enable
```

```
[RouterB - GigabitEthernet0/0/0.3]return
<RouterB>save
```

（2）在路由器 RouterB 配置子接口 VLANIF 的 DHCP。

通过子接口 G0/0/0.2 自动分配给 VLAN2 区域 PC IP 地址的 DHCP 配置如下：

```
[RouterB]dhcp enable
[RouterB]ip pool vlan_2
[RouterB - ip - pool - vlan_2]network 192.168.3.0 mask 255.255.255.0
[RouterB - ip - pool - vlan_2]gateway - list 192.168.3.1
[RouterB - ip - pool - vlan_2]dns - list 8.8.8.8
[RouterB - ip - pool - vlan_2]lease day 8
[RouterB]interface g0/0/0.2
[RouterB - GigabitEthernet0/0/0.2]dhcp select global
```

通过子接口 G0/0/0.3 自动分配给 VLAN3 区域 PC IP 地址的 DHCP 配置如下：

```
[RouterB]ip pool vlan_3
[RouterB - ip - pool - vlan_3]network 192.168.4.0 mask 255.255.255.0
[RouterB - ip - pool - vlan_3]gateway - list 192.168.4.1
[RouterB - ip - pool - vlan_3]dns - list 8.8.8.8
[RouterB - ip - pool - vlan_3]lease day 8
[RouterB]interface g0/0/0.3
[RouterB - GigabitEthernet0/0/0.3]dhcp select global
```

（3）在 SwitchB 上分别创建 VLAN2 和 VLAN3，并把端口划归相应的 VLAN，且设置 VLAN Trunk。

```
<Huawei>
<Huawei>system - view
[Huawei]sysname SwitchB
[SwitchB]vlan batch 2 3
[SwitchB]interface GigabitEthernet 0/0/1
[SwitchB - GigabitEthernet0/0/1]port link - type trunk
[SwitchB - GigabitEthernet0/0/1]port trunk allow - pass vlan all
//配置接口 G0/0/1 为 trunk 模式,允许所有 VLAN 通过;
[SwitchB]interface E0/0/1
[SwitchB - Ethernet0/0/1]port link - type access
[SwitchB - Ethernet0/0/1]port default vlan 2
[SwitchB - Ethernet0/0/1]quit
[SwitchB]interface E0/0/2
[SwitchB - Ethernet0/0/2]port link - type access
[SwitchB - Ethernet0/0/2]port default vlan 2
```

第五步：在路由器 RouterB 上配置 DHCP 服务器和路由器 RouterA 的 DHCP 中继，使 PC5 主机能自动获取 IP 地址。

（1）在路由器 RouterB 上配置地址池 pool1 信息。

```
[RouterB]ip pool  pool1
[RouterB－ip－pool－pool1]network 192.168.2.0 mask 24
[RouterB－ip－pool－pool1]gateway－list 192.168.2.1
[RouterB－ip－pool－pool1]dns－list 8.8.8.8
[RouterB－ip－pool－pool1]quit
[RouterB]interface GigabitEthernet0/0/2
[RouterB－GigabitEthernet0/0/2]ip address 202.202.202.2 255.255.255.0
[RouterB－GigabitEthernet0/0/2]dhcp select global
```

（2）在路由器 RouterA（DHCP 中继设备）上，进入要实现 DHCP 中继功能的接口，为其配置 IP 地址、子网掩码和 DHCP 中继地址，并且配置配置 RIP 动态路由。

```
<Router>system－view
[Router]sysname RouterA
[RouterA]dhcp enable
在路由器 RouterA 上配置接口 IP 地址：
[RouterA]interface GigabitEthernet0/0/2
[RouterA－GigabitEthernet0/0/2]ip address 202.202.202.1 255.255.255.0
[RouterA－GigabitEthernet0/0/2]quit
[RouterA]interface GigabitEthernet0/0/0
[RouterA－GigabitEthernet0/0/0]ip address 192.168.2.1 255.255.255.0
[RouterA－GigabitEthernet0/0/0]dhcp select relay //开启 DHCP 中继服务；
[RouterA－GigabitEthernet0/0/0]dhcp relay server－ip 202.202.202.1
//指向路由器 RouterB 的 DHCP 服务器地址；
[RouterA－GigabitEthernet0/0/0]quit
在路由器 RouterA 上配置 RIP 动态路由：
[RouterA]rip 1
[RouterA－rip－1]version 2
[RouterA－rip－1]network 202.202.202.0
[RouterA－rip－1]network 192.168.2.0
```

（3）在路由器 RouterB 上配置 RIP 动态路由，实现互通。

```
[RouterB]rip 1
[RouterB－rip－1]version 2
[RouterB－rip－1]network 202.202.202.0
[RouterB－rip－1]network 192.168.3.0
[RouterB－rip－1]network 192.168.4.0
```

（4）在 PC5 主机测试 DHCP 是否中继成功，是否能获得路由器 RouteB 的 DHCP 服务器的 IP 地址。

```
PC>ipconfig /renew
IP Configuration
Link local IPv6 address...........: fe80::5689:98ff:fe3d:354d
IPv6 address.....................: :: / 128
IPv6 gateway.....................: ::
IPv4 address.....................: 192.168.2.254
```

```
Subnet mask......................: 255.255.255.0
Gateway..........................: 192.168.2.1
Physical address.................: 54 - 89 - 98 - 3D - 35 - 4D
DNS server.......................:
```

以上 PC5 主机获取了的 IP 地址,表明路由器 RouterA 的 DHCP 中继是成功的。

第六步:在路由器 RouterB 配置 DHCP,创建 VLAN7 和 VLAN8 的地址池,实现 PC1 和 PC2 通过路由器 RouterA 中继 DHCP,获取 IP 地址。

(1) 在路由器 RouterA 上配置子端口,并设置 IP 地址等信息。

```
[RouterB]interface GigabitEthernet0/0/1.7
[RouterB - GigabitEthernet0/0/1.7]dot1q termination vid 7
[RouterB - GigabitEthernet0/0/1.7]ip address 192.168.7.1 255.255.255.0
[RouterB - GigabitEthernet0/0/1.7]arp broadcast enable
[RouterB - GigabitEthernet0/0/1.7]dhcp select relay
[RouterB - GigabitEthernet0/0/1.7]dhcp relay server - ip 202.202.202.1
[RouterB - GigabitEthernet0/0/1.7]quit
[RouterB]interface GigabitEthernet0/0/1.8
[RouterB - GigabitEthernet0/0/1.8]dot1q termination vid 8
[RouterB - GigabitEthernet0/0/1.8]ip address 192.168.8.1 255.255.255.0
[RouterB - GigabitEthernet0/0/1.8]arp broadcast enable
[RouterB - GigabitEthernet0/0/1.8]dhcp select relay
[RouterB - GigabitEthernet0/0/1.8]dhcp relay server - ip 202.202.202.1
[RouterB - GigabitEthernet0/0/1.8]return
< RouterB > save
```

(2) 在交换机 SW1 上配置 VLAN 和 trunk。

```
< Huawei > system - view
[Huawei]sysname SW1
[SW1]vlan bat 7 8
[SW1]interface e0/0/1
[SW1 - Ethernet0/0/1]port link - type access
[SW1 - Ethernet0/0/1]port default vlan 7
[SW1 - Ethernet0/0/1]undo shutdown
[SW1 - Ethernet0/0/1]interface e0/0/2
[SW1 - Ethernet0/0/2]port link - type access
[SW1 - Ethernet0/0/2]port default vlan 8
[SW1 - Ethernet0/0/2]undo shutdown
[SW1 - Ethernet0/0/2]quit
[SW1]interface G0/0/1
[SW1 - GigabitEthernet0/0/1] port link - type trunk
[SW1 - GigabitEthernet0/0/1] port trunk allow - pass vlan all
```

(3) 在路由器 RouterA 上配置 RIP 动态路由。

```
[RouterA]rip 1
[RouterA - rip - 1]version 2
```

```
[RouterA - rip - 1]network 192.168.7.0
[RouterA - rip - 1]network 192.168.8.0
```

（4）在路由器 RouterB 上配置 DHCP，创建 VLAN7 和 VLAN8 的地址池。

```
[RouterB]ip pool VLAN_7
[RouterB - ip - pool - VLAN_7]gateway - list 192.168.7.1
[RouterB - ip - pool - VLAN_7]dns - list 8.8.8.8
[RouterB - ip - pool - VLAN_7]network 192.168.7.0 mask 255.255.255.0
[RouterB - ip - pool - VLAN_7]quit
[RouterB]ip pool VLAN_8
[RouterB - ip - pool - VLAN_8]gateway - list 192.168.8.1
[RouterB - ip - pool - VLAN_8]dns - list 8.8.8.8
[RouterB - ip - pool - VLAN_8]network 192.168.8.0 mask 255.255.255.0
[RouterB - ip - pool - VLAN_8]return
< RouterB > save
```

4.5.6　测试与验收

本实训项目详细的测试步骤，请扫描下面二维码。

通过一系列的测试信息可知，HUAWEI 路由器 RouterB 是 DHCP 服务器，可以通过 HUAWEI 路由器 RouterA 接口跨网段中继 DHCP 信息，自动分配 IP 地址，实现全网互联互通。

习题

1. 三层交换机的 DHCP 属于 TCP/IP 标准协议吗？
2. 三层交换机与 Windows 服务器的 DHCP 有什么异同？
3. CISCO 与 HUAWEI 三层交换机的 DHCP 配置方法有何异同？
4. 二层交换机能配置 DHCP 吗，为什么？
5. 路由器上配置 DHCP 与 Windows 服务器的 DHCP 有什么异同？
6. 网络环境中有哪些 DHCP 的应用？分别举例。
7. CISCO 和 HUAWEI 设备的 DHCP 跨网段中继分配 IP 地址配置方法有何异同？
8. 请分析 Linux、Windows 和不同厂商的三层交换机、路由器、防火墙、VPN 等设备的 DHCP 在网络环境中的应用差异。
9. 根据本章各实训项目的需求，分别设计网络拓扑，构建网络环境，安装调试设备，撰写实训报告，并写清楚实训操作过程中出现的问题以及解决办法。

第5章

静态路由与默认路由技术

5.1 实训预备知识

5.1.1 静态路由技术

静态路由(StaticRouting)是一种路由的方式,路由项(Routing Entry)由手动配置,而非动态决定。与动态路由不同,静态路由是固定的,不会改变,即使网络状况已经改变或者重新被组态。一般来说,静态路由是由网络管理员逐项加入路由表。

使用静态路由的另一个好处是网络安全保密性高。动态路由因为需要路由器之间频繁地交换各自的路由表,而对路由表的分析可以揭示网络的拓扑结构和网络地址等信息,因此,网络出于安全方面的考虑也可以采用静态路由,不占用网络带宽,因为静态路由不会产生更新流量。

在大型和复杂的网络环境通常不宜采用静态路由。一方面,网络管理员难以全面地了解整个网络的拓扑结构;另一方面,当网络的拓扑结构和链路状态发生变化时,路由器中的静态路由信息需要大范围地调整,这一工作的难度和复杂程度非常高。当网络发生变化或发生故障时,不能重选路由,很可能使路由失败。

1. 路由器在网络中的应用

路由器是因特网的主要节点设备,其主要作用是进行路由计算,将报文从一个网络转发到另一个网络。路由器常常用于将用户的局域网连入广域网,因此很多路由器既有普通的以太网络端口,又有串行端口(用于连接广域网设备)。端口配置和路由配置是路由器最主要的配置内容。端口配置包括普通以太网络端口的配置和串行端口的配置。路由配置包括静态路由配置、默认路由配置和动态路由配置。

一般来说,路由器配置按照下面步骤进行:

(1) 局域网端口配置;

(2) 广域网端口配置＋静态路由配置;

(3) 默认路由配置;

(4) 动态路由配置。

2. 路由器以太网端口的配置命令

以 CISCO 路由器为例,以太网端口常用的配置命令如表 5-1 所示。

表 5-1 常用的路由器配置命令

命　　令	说　　明
interface type slot/number	端口设置
ip address address subnet-mask	设置 IP 地址
no shutdown	激活端口
show interfaces {type[slot_id/] port_id}	显示端口配置情况
show ip interface {type[slot_id/] port_id}	显示端口 IP 配置情况

3. 路由器串行端口的配置命令

以 CISCO 路由器为例,路由器串行端口常用的配置命令如表 5-2 所示。

表 5-2 路由器串行端口常用的配置命令

命　　令	说　　明
interface type slot/number	端口设置
ip address address subnet-mask	设置 IP 地址
clock rate rate_in_hz	设置时钟频率(DCE 才需要)
bandwidth rate_in_kbps	设置带宽
no shutdown	激活端口
show interfaces{type[slot_id/] port_id}	显示端口配置情况
show ip interfaces{type[slot_id/] port_id}	显示端口 IP 配置情况

同步串行端口的同步时钟信号是由 DCE(数据通信设备)提供的。默认情况下,路由器串行端口充当 DTE。如果查看到该端口是 DTE(数据终端设备)类型,不必配置同步时钟参数;如果查看到该端口是 DCE 类型,就必须用 clock rate 命令指定时钟频率来配置成 DCE 端。在串行端口连接中,作为 DCE 的一端必须要为连接的另一端 DTE 设备提供时钟信号。

4. 静态路由命令格式

以 CISCO 设备为例,其路由器静态路由的常用配置命令如表 5-3 所示。

表 5-3 路由器静态路由的常用配置命令

命　　令	说　　明
ip routing	启动路由功能
ip route destination_network_id[subnet_mask]{address/interface} [distance]	设置静态路由
noip route destination_network_id[subnet_mask]{address/interface}	撤销静态路由
show ip route	查看路由表信息

5.1.2　默认路由技术

除了使用静态路由外,也可以使用默认路由来实现数据报转发。以 CISCO 设备为例,路由器默认路由的配置命令如表 5-4 所示。

表 5-4　路由器默认路由的配置命令

命　　令	说　明
ip rout 0.0.0.0.0.0.0.0 {address/interface}	设置默认路由
ip clASsless	启用默认路由

5.1.3　路由的度量值

直连接口、静态路由、RIP、BGP、EIGRP、IGRP、OSPF 的默认管理距离分别为：0、1、120、20、90、100、110。

度量值(metric)，即跳数，是某一个路由协议判别到达目的网络的最佳路径的方法。当路由器有多个路径到达某一目的网络，路由协议判断哪一条是最佳的就放到路由表中，路由协议会给每一条路径计算出一个数值，这个数值就是度量值(即跳数)。度量值越小，路径越佳。不同的路由协议定义的度量值方法不同，选出的最佳路径可能也不一样。

5.2　实训项目：CISCO 静态路由与默认路由的应用

5.2.1　实训目的

掌握园区级网络环境下，利用 CISCO 路由器的静态路由与默认路由(一种特殊的静态路由)的功能，作相关设备的配置实现全网的互联互通。

5.2.2　实训设备

(1) 硬件要求：CISCO 2911 路由器 3 台，CISCO S2960 交换机 3 台，PC 4 台，直连线 7 条，交叉线 2 条，DNS 服务器 1 台。

(2) 软件要求：CISCO Packet Tracer 7.2.1 仿真软件，Secure CRT 软件或者超级终端软件。

(3) 实训设备均为空配置。

5.2.3　项目需求分析

某园区企业网络，有一个总厂区与两个分厂区机构。其中 RouterA 为总部路由器，RouterB、RouterC 为分厂区机构的路由器，总部与分厂区机构间通过以太网实现互联，且当前公司网络中没有配置任何路由协议。由于网络的规模比较小，可以通过配置静态路由和默认路由来实现网络互联互通。

5.2.4　网络系统设计

根据项目需求分析，现简化网络系统设计，以便实现关键技术，如图 5-1 所示。

5.2.5　工程组织与实施

第一步：按照图 5-1，使用直连线与交叉线连接物理设备。

第二步：根据图 5-1，规划 IP 地址相关信息。

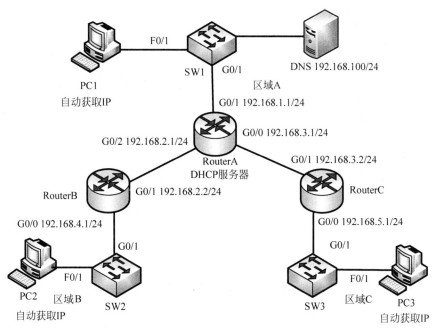

图 5-1　某企业网配置静态路由与默认路由的系统图（部分）

在路由器 RouterA 上规划 DHCP 服务器相关信息。

（1）区域 A 的 DHCP：设定地址范围为 192.168.1.0/24，DNS 为 192.168.1.100，网关设为 192.168.1.1，域名设为 ynufe.edu.cn，默认租期为 8 天。

（2）区域 B 的 DHCP：设定地址范围为 192.168.4.0/24，DNS 为 192.168.1.100，网关设为 192.168.4.1，域名设为 ynufe.edu.cn，默认租期为 8 天。

（3）区域 C 的 DHCP：设定地址范围为 192.168.5.0/24，DNS 为 192.168.1.100，网关设为 192.168.5.1，域名设为 ynufe.edu.cn，默认租期为 8 天。

第三步：启动超级终端程序，并设置相关参数。

第四步：在路由器 RouterA 上配置 IP 地址、DHCP 等信息。

（1）在路由器 RouterA 上配置 G0/1、G0/2 和 G0/0 的 IP 地址。

```
Router > enable
Router # config terminal
Router(config) # hostname RouterA
RouterA(config) # interface g0/1
RouterA(config - if) # ip address 192.168.1.1 255.255.255.0
RouterA(config - if) # no shutdown
RouterA(config - if) # interface g0/0
RouterA(config - if) # ip address 192.168.3.1 255.255.255.0
RouterA(config - if) # no shutdown
RouterA(config - if) # interface g0/2
RouterA(config - if) # ip address 192.168.2.1 255.255.255.0
RouterA(config - if) # no shutdown
RouterA(config - if) # exit
```

（2）在路由器 RouterA 上为区域 A 配置 DHCP。

```
RouterA(config)♯ip dhcp pool area_A
//设置 DHCP 的地址池的名称为 area_A;
RouterA(dhcp-config)♯network 192.168.1.0 255.255.255.0
//设置 DHCP 的地址段 192.168.1.0;
RouterA(dhcp-config)♯default-router 192.168.1.1
//默认网关地址;
RouterA(dhcp-config)♯dns-server 192.168.1.100
RouterA(dhcp-config)♯domain-name ynufe.edu.cn
RouterA(dhcp-config)♯exit
RouterA(config)♯ip dhcp excluded-address 192.168.1.1
//排除默认网关地址 192.168.1.1 不被分配;
```

（3）在路由器 RouterA 上为区域 B 配置 DHCP。

```
RouterA(config)♯ip dhcp pool area_B
//设置 DHCP 的地址池的名称为 area_B;
RouterA(dhcp-config)♯network 192.168.4.0 255.255.255.0
//设置 DHCP 的地址段 192.168.4.0;
RouterA(dhcp-config)♯default-router 192.168.4.1
//默认网关地址;
RouterA(dhcp-config)♯dns-server 192.168.1.100
RouterA(dhcp-config)♯domain-name ynufe.edu.cn
RouterA(dhcp-config)♯exit
RouterA(config)♯ip dhcp excluded-address 192.168.4.1
//排除默认网关地址 192.168.4.1 不被分配;
```

（4）在路由器 RouterA 上为区域 C 配置 DHCP。

```
RouterA(config)♯ip dhcp pool area_C
//设置 DHCP 的地址池的名称为 area_C;
RouterA(dhcp-config)♯network 192.168.5.0 255.255.255.0
//设置 DHCP 的地址段为 192.168.5.0;
RouterA(dhcp-config)♯default-router 192.168.1.100
//默认网关地址;
RouterA(dhcp-config)♯dns-server 192.168.1.100
RouterA(dhcp-config)♯domain-name ynufe.edu.cn
RouterA(dhcp-config)♯exit
RouterA(config)♯ip dhcp excluded-address 192.168.5.1
//排除默认网关地址 192.168.5.1 不被分配;
```

第五步：在路由器 RouterB、RouterC 上配置 IP 地址、DHCP 中继等信息。

（1）在路由器 RouterB 上配置 IP 地址和 DHCP 的中继。

```
Router>enable
Router♯config terminal
Router(config)♯hostname RouterB
RouterB(config)♯interface G0/1
```

```
RouterB(config-if)# ip address 192.168.2.2 255.255.255.0
RouterB(config-if)# no shutdown
RouterB(config-if)# interface G0/0
RouterB(config-if)# ip address 192.168.4.1 255.255.255.0
RouterB(config-if)# ip helper-address 192.168.2.1
//从路由器 RouterA 的接口 G0/2 中继 DHCP;
RouterB(config-if)# no shutdown
RouterB(config-if)# end
RouterB# write
```

(2) 在路由器 RouterC 上配置 IP 地址和 DHCP 的中继。

```
Router>enable
Router# config terminal
Router(config)# hostname RouterC
RouterC(config)# interface G0/1
RouterC(config-if)# ip address 192.168.3.2 255.255.255.0
RouterC(config-if)# no shutdown
RouterC(config)# interface G0/0
RouterC(config-if)# ip address 192.168.5.1 255.255.255.0
RouterC(config-if)# ip helper-address 192.168.3.1
//从路由器 RouterA 的接口 G0/0 中继 DHCP;
RouterC(config-if)# end
RouterC# write
```

第六步:在路由器 RouterA、RouterB、RouterC 上配置混合的静态路由和默认路由等信息,实现终端 PC 机获取 IP 地址和全网互联互通。

(1) 在路由器 RouterA 与 RouterB 上配置静态路由。

在路由器 RouterA 上配置静态路由,命令如下:

```
RouterA# config terminal
RouterA(config)# ip route 192.168.4.0 255.255.255.0 192.168.2.2
```

在路由器 RouterB 上配置静态路由,命令如下:

```
RouterB# config terminal
RouterB(config)# ip route 192.168.5.0 255.255.255.0 192.168.2.1
RouterB(config)# ip route 192.168.1.0 255.255.255.0 192.168.2.1
RouterB(config)# ip route 192.168.3.0 255.255.255.0 192.168.2.1
RouterB(config)# end
RouterB# write
```

(2) 在路由器 RouterA 与 RouterC 上配置默认路由。

在路由器 RouterA 上配置默认路由,命令如下:

```
RouterA(config)# ip route 0.0.0.0 0.0.0.0 192.168.3.2
RouterA(config)# end
RouterA# write
```

在路由器 RouterC 上配置默认路由,命令如下:

```
RouterC(config)# ip route 0.0.0.0 0.0.0.0 192.168.3.1
RouterC(config)# end
RouterC# write
```

5.2.6   测试与验收

本实训项目详细的测试步骤,请扫描下面二维码。

通过一系列的测试信息反馈可知,通过 CISCO 路由器 RouterA、RouterB 和 RouterC 的静态路由和默认路由配置以及在路由器 RouterA 上配置 DHCP 服务器,使 PC 可以跨网段自动获取 IP 地址,从而实现全网互联互通。

5.3   实训项目:HUAWEI 静态路由与默认路由的应用

5.3.1   实训目的

掌握园区级网络环境下,利用 HUAWEI 路由器的静态路由与默认路由(一种特殊的静态路由)的功能,作相关设备的配置实现全网的互联互通。

5.3.2   实训设备

(1)硬件要求:HUAWEI S2240 交换机 3 台,HUAWEI S3700 交换机 3 台,PC 3 台,服务器 1 台,网线若干条,Console 控制线 1 条。

(2)软件要求:HUAWEI eNSP V100R002C00B510. exe 仿真软件,VirtualBox-5.2. 22-126460-Win. exe 软件,Secure CRT 软件或者超级终端软件。

(3)实训设备均为空配置。

5.3.3   项目需求分析

某园区企业网络,有一个总厂区与两个分厂区机构。其中 RouterA 为总部路由器,RouterB、RouterC 为分厂区机构的路由器,总部与分厂区机构间通过以太网实现互联,且当前公司网络中没有配置任何路由协议。由于网络的规模比较小,可以通过配置静态路由和缺省路由来实现网络互联互通。

5.3.4   网络系统设计

根据项目需求分析,现简化网络系统设计,以便实现关键技术,如图 5-2 所示。

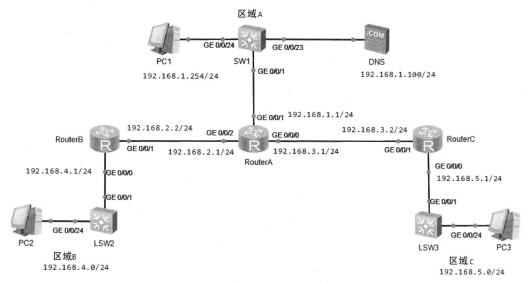

图 5-2 某企业网配置静态路由与默认路由的系统图(部分)

5.3.5 工程组织与实施

第一步：按照图 5-2,使用直连线与交叉线连接物理设备。

第二步：根据图 5-2,规划 IP 地址相关信息。

第三步：启动超级终端程序,并设置相关参数。

第四步：在路由器、PC 机、服务器上配置 IP 地址。

(1) 在路由器 RouterA 上配置 G0/0/0、G0/0/1 和 G0/0/2 的 IP 地址等。

```
<Huawei>system-view
[Huawei]sysname RouterA
[RouterA]interface g0/0/0
[RouterA-GigabitEthernet0/0/0]ip address 192.168.3.1 24
[RouterA-GigabitEthernet0/0/0]undo shutdown
[RouterA-GigabitEthernet0/0/0]quit
[RouterA]interface g0/0/1
[RouterA-GigabitEthernet0/0/1]ip address 192.168.1.1 24
[RouterA-GigabitEthernet0/0/1]undo shutdown
[RouterA-GigabitEthernet0/0/1]quit
[RouterA]interface g0/0/2
[RouterA-GigabitEthernet0/0/2]ip add 192.168.2.1 24
[RouterA-GigabitEthernet0/0/2]undo shutdown
[RouterA-GigabitEthernet0/0/2]quit
[RouterA]
```

(2) 在路由器 RouterB 上配置 IP 地址。

```
<Huawei>system-view
[Routerb]sysname RouterB
[RouterB]interface g0/0/1
```

```
[RouterB - GigabitEthernet0/0/1]ip add 192.168.2.2 24
[RouterB - GigabitEthernet0/0/1]undo shutdown
[RouterB - GigabitEthernet0/0/1]quit
[RouterB]interface g0/0/0
[RouterB - GigabitEthernet0/0/0]ip add 192.168.4.1 24
[RouterB - GigabitEthernet0/0/0]quit
[RouterB]
```

（3）在路由器 RouterC 上配置 IP 地址。

```
< Huawei > system - view
[Huawei]sysname RouterC
[RouterC]interface g0/0/1
[RouterC - GigabitEthernet0/0/1]ip add 192.168.3.2 24
[RouterC - GigabitEthernet0/0/1]undo shutdown
[RouterC - GigabitEthernet0/0/1]quit
[RouterC]interface g0/0/0
[RouterC - GigabitEthernet0/0/0]ip address 192.168.5.1 24
[RouterC - GigabitEthernet0/0/0]undo shutdown
[RouterC - GigabitEthernet0/0/0]quit
[RouterC]
```

（4）配置 PC1、PC2、PC3 和服务器 IP 地址。

PC1 的 IP 地址情况：

```
PC > ipconfig
Link local IPv6 address...........: fe80::5689:98ff:fee1:42c6
IPv6 address.....................: :: / 128
IPv6 gateway.....................: ::
IPv4 address.....................: 192.168.1.2
Subnet mask......................: 255.255.255.0
Gateway..........................: 192.168.1.1
Physical address.................: 54 - 89 - 98 - E1 - 42 - C6
DNS server.......................: 192.168.1.100
```

PC2 的 IP 地址情况：

```
PC > ipconfig
Link local IPv6 address...........: fe80::5689:98ff:fe04:6295
IPv6 address.....................: :: / 128
IPv6 gateway.....................: ::
IPv4 address.....................: 192.168.4.2
Subnet mask......................: 255.255.255.0
Gateway..........................: 192.168.4.1
Physical address.................: 54 - 89 - 98 - 04 - 62 - 95
DNS server.......................: 192.168.1.100
```

PC3 的 IP 地址情况：

```
PC > ipconfig
Link local IPv6 address...........: fe80::5689:98ff:fed4:131
IPv6 address......................: :: / 128
IPv6 gateway......................: ::
IPv4 address......................: 192.168.5.2
Subnet mask.......................: 255.255.255.0
Gateway...........................: 192.168.5.1
Physical address..................: 54 - 89 - 98 - D4 - 01 - 31
DNS server........................:192.168.1.100
```

服务器 IP 地址情况在本书中省略。

第五步：在路由器 RouterA、RouterB、RouterC 上配置混合的静态路由和默认路由等信息，实现终端 PC 机全网互联互通。

（1）在路由器 RouterA 与 RouterB 上配置静态路由。

在路由器 RouterA 上配置静态路由，命令如下：

```
[RouterA]ip route - static 192.168.4.0 255.255.255.0 192.168.2.2
[RouterA]ip route - static 192.168.5.0 255.255.255.0 192.168.3.2
[RouterA]quit
< RouterA > save
```

在路由器 RouterB 上配置静态路由，命令如下：

```
[RouterB]ip route - static 192.168.3.0 255.255.255.0 192.168.2.1
[RouterB]ip route - static 192.168.5.0 255.255.255.0 192.168.2.1
[RouterB]ip route - static 192.168.1.0 255.255.255.0 192.168.2.1
[RouterB]quit
< RouterB > save
```

（2）在路由器 RouterC 上配置默认路由。

```
[RouterC]ip route - static 0.0.0.0 0.0.0.0 192.168.3.1
[RouterC]quit
< RouterC > save
```

5.3.6　测试与验收

本实训项目详细的测试步骤，请扫描下面二维码。

通过上面的测试反馈信息可知，通过 HUAWEI 路由器 RouterA、RouterB 和 RouterC 的静态路由和默认路由相关配置，全网 PC 可以跨网段实现了互联互通。同时，也表明此网络环境中的路由器静态路由与默认路由配置是成功的。

习题

（1）请简述静态路由原理。

（2）请简述动态路由原理。

（3）请简述静态路由与默认路由的区别。

（4）请简述路由器的 DHCP 是如何跨网段自动分配 IP 地址的。

（5）根据本章各实训项目的需求，分别设计网络拓扑，构建网络环境，安装调试设备，撰写实训报告，并写清楚实训操作过程中出现的问题以及解决办法。

第6章

中小型网络动态路由技术

6.1 实训预备知识

6.1.1 路由管理距离

在小规模的网络互联情况下，可以使用静态建立路由表的方法来指定每一个可达目的网络的路由。但把这种方法用到较大规模的网络互联显然是不可行的。路由器一般都能够配置动态路由协议，通过与相邻的路由器交换网络信息而动态建立路由表。

路由协议定义了路由器间相互交换网络信息的规范。路由器之间通过路由协议相互交换网络的可达性信息，然后每个路山器据此计算出到达各个目的网络的路由。路由协议能够用以下度量标准的几种或全部来决定到目的网络的最优路径：路径长度、可靠程度、延迟（Delay）、带宽、负载和代价（Cost）。

管理距离（Administrative Distance）是衡量路由信息可信任程度的参数，管理距离越低，表明该协议提供的路由信息越可靠。静态路由的管理距离是 1，动态路由协议也有自己的管理距离。CISCO 定义的管理距离如表 6-1 所示。

表 6-1　CISCO 定义的管理距离

路　由　源	默认管理距离值	路　由　源	默认管理距离值
直接端口	0	IS-IS	115
静态路由	1	RIP	120
EIGRP 汇总路由	5	EGP	170
BGP	20	外部 EIGRP	170
内部 EIGRP	90	内部 BGP	200
IGRP	100	未知	255
OSPF	110		

根据交换的路由信息的不同，路由协议可分为距离向量（Distance Vector）、链路状态（Link State）和混合路由（Hybrid Routing）三种类型。

常用的内部网关路由协议有 RIP、IGRP、EIGRP 和 OSPF。

6.1.2 RIP

1. RIP 的配置命令

RIP 是基于 D-V 算法的路由协议,使用跳数(Hop Count)来表示度量值(Metric)。跳数是一个数据报到达目标所必须经过的路由器的数目。

RIP 认为跳数少的路径为最优路径。路由器收集所有可达目标网络的路径,从中选择去往同一个网络所用跳数最少的路径信息,生成路由表;然后把所能收集到的路由(路径)信息中的跳数加 1 后生成路由更新通告,发送给相邻路由器;最后依次逐渐扩散到全网。RIP 每 30s 发送一次路由信息更新。

RIP 最多支持的跳数为 15,即在源和目的网络可以经过的路由器的数目最多为 15,跳数为 16 表示目的网络不可达,所以 RIP 只适用于小型网络。以 CISCO 路由器为例,常用的RIP 配置命令如表 6-2 所示。

表 6-2 常用的 RIP 配置命令

命　　令	说　　明
router rip	指定使用 RIP
version {1|2}	指定 RIP 版本(默认为 1)
network network_id	指定与该路由器直接相连的网络
(config-if)♯ip rip sent version {1|2}	配置一个端口只发送某个版本的 RIP 分组
(config-if)♯ip rip reveive version {1|2}	配置一个端口只接收某个版本的 RIP 分组
no auto-summary[1]	关闭自动汇总功能
ip rip authentication key-chain < strings >	打开认证功能(要在三层端口上设置)

注:[1]RIPv2 在处理有类别(A、B、C 类)网络地址时会自动地汇总路由。这意味着即使规定路由器连接的是 10.0.3.0/24 这个网络,但 RIPv2 仍然会发布其连接整个 A 类网络 10.0.0.0。在 RIPv2 中,路由自动汇总功能默认是有效的。在处理 VLSM,尤其是存在不连续子网的网络中,通常需要用 no auto-summary 命令来关闭该功能。

2. RIP 测试命令

以 CISCO 路由器为例,配置 RIP 后可以使用表 6-3 中的命令来测试数据报是否被正确路由。

表 6-3 常用的 RIP 测试命令

命　　令	说　　明
ping IP_address	测试到目的 IP 地址的连通性
show ip route	查看路由表信息
tracerout ip IP_Address	跟踪到目的 IP 地址的路由

6.1.3 IGRP

1. IGRP 的配置

IGRP 也是一种基于 D-V 算法的路由协议。IGRP 使用综合参数(带宽、时延、负载、可靠性和最大传输单元)来表示度量值,能够处理不确定的、复杂的拓扑结构,不支持 VLSM和 CIDR。

默认情况下,IGRP 每 90s 发送一次路由信息更新消息。在 3 个更新周期(270s)若收不到更新,即没有刷新路由表中的对应路由条目,就认为该路由不可达。如果在 7 个更新周期后,还收不到更新信息,就会从路由表中将对应路由条目删除。

以 CISCO 路由器为例,常用的 IGRP 配置命令如表 6-4 所示。

表 6-4 常用的 IGRP 配置命令

命 令	说 明
router igrp autonomous-system[1]	指定使用 IGRP
network network	指定与该路由器直接相连的网络
show ip route	查看路由表信息

注:[1] autonomous-system 是自治系统号,具有相同自治系统号的路由器才会相互交换 IGRP 路由信息。

自治系统号取值范围为 1~65535,而且只有 64512~65535 可用于私网,其他自治系统号都用于公网。

因为带宽是 IGRP 的度量值之一,在配置串行端口时,需要用 bandwidth 命令指明相应端口上的带宽为多少来模拟实际网络带宽。当配置好路由器的端口地址后,就可以进行 IGRP 的配置。

2. EIGRP 的配置命令

EIGRP 是最典型的平衡混合路由选择协议,它融合了距离向量和链路状态两种路由选择协议的优点,实现了很高的路由性能。EIGRP 支持可变长子网掩码和 CIDR,支持对自动路由汇总功能的设定。EIGRP 支持多种网络层协议,除 IP 协议外,还支持 IPX、AppleTalk 等协议。

以 CISCO 路由器为例,常用的 EIGRP 配置命令如表 6-5 所示。

表 6-5 常用的 EIGRP 配置命令

命 令	说 明
router eigrp autonomous-system	指定使用 EIGRP
network address [wildcard-mask][1]	指定与该路由器直接相连的网络
no auto-summary[2]	关闭自动汇总功能
ip summary-address eigrp network_id mask	手工汇总
show ip route	查看路由表信息

注:[1] EIGRP 与 IGRP 在 network 命令的区别在于多了 wildcard-mask 参数,这是通配符掩码。如果网络定义使用的是默认掩码,则 wildcard-mask 参数可以省略;如果网络定义使用的不是默认掩码,则 wildcard-mask 参数必须标明。

[2] EIGRP 在处理有类别(A、B、C 类)网络地址时,会自动地汇总路由。在 EIGRP 中,路由自动汇总功能默认是有效的。存在不连续子网的网络中,通常需要用 no auto-summary 命令来关闭该功能。

3. 验证 EIGRP 配置的命令

以 CISCO 路由器为例,表 6-6 是常用的验证 EIGRP 命令。

表 6-6 常用的验证 EIGRP 命令

命 令	说 明
show ip protocol	显示路由器的定时器、过滤器、度量值、网络和其他信息等参数
show ip route	显示路由器通过学习获得的路由,以及这些路由是如何学习得来的
show ip eigrp interfaces	显示各端口的 EIGRP 信息
show ip eigrp neighbors	显示 EIGRP 邻居表
show ip eigrp topology	显示 EIGRP 拓扑表
show eigrp fsm	显示 EIGRP 可能的后继的活动,判断路由进程是否正在创建或删除路由更新记录
show eigrp packet	显示 EIGRP 分组的发送和接收

6.1.4　OSPF

开放式最短路径优先(Open Shortest Path First,OSPF)是一种基于 L-S 算法的路由协议。OSPF 协议是公有的标准协议,属于内部网关协议中的链路状态路由协议;OSPF 的报文是直接封装在 IP 头部后面的,属于 OSI 模型第三层;OSPF 报文的协议号是 89,报文的发送方式是组播地址:224.0.0.5(所有的 OSPF 路由器)。

OSPF 利用本路由器周边的网络拓扑结构生成链路状态通告,传播到整个自治系统中,同时收集其他路由器传播过来的 LSA,根据所有的 LSA 建立链路状态数据库(LSDB);然后以自己为根节点,生成最短路径树。每个 OSPF 路由器都使用这种最短路径树构造路由表。OSPF 是一种内部网关协议,也就是说,它只在同一自治系统内的路由器之间发布路由选择信息。

1. OSPF 的工作过程

(1) 建立邻接表,路由器启动 OSPF 后,会在链路上发送 Hello 报文,然后比较参数,如果一致则建立邻居;邻居建立之后,每个路由器都会周期性地发送 Hello,周期时间是 10s;如果路由器在一定的时间(默认是"Hello 周期"的 4 倍,即 40s)内没有收到邻居设备发送过来的 Hello,则认为邻居故障,断开邻居。

(2) 同步数据库。

(3) 计算路由表。

2. OSPF 的报文

(1) hello,用于 OSPF 邻居的建立、维护与拆除;

(2) DD(Database Description),数据库描述报文;

(3) LSR(Link State Request),链路状态请求报文;

(4) LSU(Link State Update),链路状态更新报文;

(5) LSAck(Link State Ack),链路状态确认报文。

OSPF 的特点是没有自环路由;具有更快的收敛速度;更有效的路由更新机制;支持多路的负载均衡;支持认证;以组播方式传播 LSA 路由更新。

3. OSPF 网络 4 种类型

(1) 点对点网络:例如一对路由器用 64Kb 的串行线路连接,就属于点对点网络。在这种网络中,两个路由器可以直接交换路由信息。

(2) 广播多址网络:以太网(Ethernet)或者其他具有共享介质的局域网都属于这种网络。在这种网络中,一条路由信息可以广播给所有的路由器。

(3) 非广播多址网络:X.25 分组交换网或帧中继网络就属于这种网络。在这种网络中,可以通过组播方式发布路由信息。

(4) 点到多点网络:可以把非广播网络当作多条点对点网络来使用,从而把一条路由信息发送到不同的目标,RARP 就是以这种方式工作的。

4. OSPF 常用的配置命令

以 CISCO 路由器为例,常用的 OSPF 配置命令如表 6-7 所示。

表 6-7　常用的 OSPF 配置命令

命　　令	说　　明
router ospf process_id	指定使用 OSPF
network address wildcard-mask area area_id[1]	指定与该路由器直接相连的网络
show ip route	查看路由表信息
show ip ospf interface int_id	查看某端口的 OSPF 路由信息

注：[1] wildcard-mask 是通配符掩码，用于告诉路由器如何处理相应的 IP 地址位。通配符掩码中，0 表示"检查相应的位"，1 表示"忽略相应的位"，也可将通配符掩码理解为标准掩码的反向。

5. 多种区域类型

CISCO 路由器支持多种区域类型：主干区域、标准区域、存根区域、完全存根区域（思科独有）以及 NSSA 区域，区域类型之间的不同表现在区域允许的 LSA 类型的不同。

1）区域类型

- 主干区域：即为 0 区域，是连接各个区域的传输网络，如果只有一个 OSPF 域，就必须是 0 区域。
- 标准区域：允许所有类型的 LSA。优点是所有的路由器都有所有的路由信息，因此具有到达目的地的最佳路径。缺点是任何区域外的链路失效将引起局部的 SPF 计算，没有特殊定义的区域就是标准区域。
- 存根区域（Stub Area）：也称末梢区域，不允许外部的 LSA。因此，ABR（Area Border Router）不产生任何更新。外部 LSA 用于描述 OSPF 区域外的目的地。例如，从其他路由协议接收到的路由，比如 RIP，以及重分布到 OSPF 中的路由将被认为是外部的，并将在一个外部 LSA 中被通告。

虽然存根区域可以防止外部区域对区域的影响，但它们并不阻止区域内对区域的影响。但由于允许汇总 LSA，所以，其他区域将仍然影响到存根区域。

- 完全存根区域（Totally Stub Area）：也称完全末梢区域，阻止外部 LSA，不允许汇总 LSA。这样其他区域将不影响完全存根区域。
- 非完全存根区域（Not So Stub Area，NSSA）：也称非完全末梢区域，同存根区域类似，但是，它可以将外部路由导入到区域中。区域间的路由为类型 7 的 LSA，并被 ABR 转换为类型 5 的 LSA。

2）路由器类型

- 内部路由器：所有接口都属于一个区域的路由器。
- 区域边界路由器（Area Border Router，ABR）：连接一个或多个区域到骨干区域的路由器，路由器上的接口有多个区域。
- 骨干路由器：至少有一个接口与骨干区域相连的路由器。
- 自治系统边界路由器（ASBR）：OSPF 域外部的通信量进入 OSPF 域的网管路由器。用来把其他路由选择协议学习到的路由通过路由选择重分配的方式注入到 OSPF 域的路由器。

6. OSPF 调试和检查命令

以 CISCO 路由器为例，常用的验证 OSPF 调试和检查命令如表 6-8 所示。

表 6-8　OSPF 调试和检查命令

命　　令	说　　明
show ip protocol	显示路由器的定时器、过滤器、度量值、网络和其他信息等参数
show ip route	显示路由器通过学习获得的路由,以及这些路由是如何学习得来的
show ip ospf interface	显示已经配置在区域中的端口
show ip ospf	显示最短路径优先算法执行的次数
show ip ospf neighbor detail	显示邻居路由器的详细信息,包括它们的优先级和状态
show ip ospf database	显示路由器维护的拓扑数据库的内容
show ip route	清除整个 IP 路由表
show ip route network_id	清除 IP 路由表中关于 network_id 网络的路由信息
show ip ospf	调试 OSPF

6.2　实训项目:CISCO 动态路由协议 RIP 的应用

6.2.1　实训目的

掌握园区级网络环境下,利用 CISCO 路由器的动态路由协议 RIP 的功能,作相关路由器的配置实现全网的互联互通。

6.2.2　实训设备

(1) 硬件要求:CISCO 2911 路由器 3 台,CISCO S2960 交换机 3 台,PC 4 台,直连线 7条,交叉线 2 条,DNS 服务器 1 台。

(2) 软件要求:CISCO Packet Tracer 7.2.1 仿真软件,Secure CRT 软件或者超级终端软件。

(3) 实训设备均为空配置。

6.2.3　项目需求分析

某园区企业有多个厂区,厂区与分支厂区的机构间,拟通过以太网实现互联,且当前公司网络中没有配置任何路由协议。由于网络的规模相对较大,使用了多台路由器互联。为了实现厂区与厂区之间的网络互联互通,而且全网终端设备(PC)自动获取 IP 地址,可以通过路由器的动态路由 RIP 和 DHCP 功能配置完成任务。

6.2.4　网络系统设计

根据项目需求分析,现简化网络系统设计,以便实现关键技术,如图 6-1 所示。

6.2.5　工程组织与实施

第一步:按照图 6-1,使用直连线与交叉线连接物理设备。

第二步:根据图 6-1,规划 IP 地址相关信息。

在路由器 RouterA 上规划 DHCP 服务器相关信息。

(1) 区域 A 的 DHCP:设定地址范围为 192.168.1.0/24,DNS 为 192.168.1.100,网关

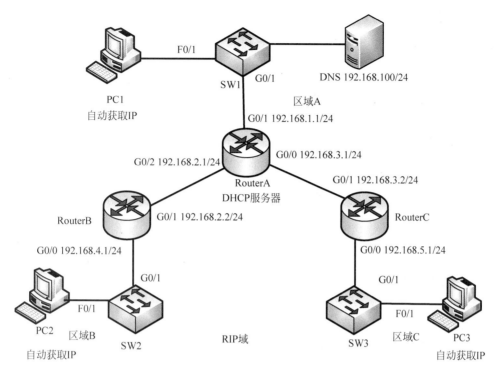

图 6-1　某企业网配置动态路由 RIP 的系统图(部分)

设为 192.168.1.1,域名设为 ynufe. edu. cn,默认租期为 8 天。

（2）区域 B 的 DHCP:设定地址范围为 192.168.4.0/24,DNS 为 192.168.1.100,网关设为 192.168.4.1,域名设为 ynufe. edu. cn,默认租期为 8 天。

（3）区域 C 的 DHCP:设定地址范围为 192.168.5.0/24,DNS 为 192.168.1.100,网关设为 192.168.5.1,域名设为 ynufe. edu. cn,默认租期为 8 天。

第三步：启动超级终端程序,并设置相关参数。

第四步：在路由器 RouterA 上配置 IP 地址、DHCP 等信息。

（1）在路由器 RouterA 上配置 G0/1、G0/2 和 G0/0 的 IP 地址。

```
Router > enable
Router # config terminal
Router(config) # hostname RouterA
RouterA(config) # interface g0/1
RouterA(config - if) # ip address 192.168.1.1 255.255.255.0
RouterA(config - if) # no shutdown
RouterA(config - if) # interface g0/0
RouterA(config - if) # ip address 192.168.3.1 255.255.255.0
RouterA(config - if) # no shutdown
RouterA(config - if) # interface g0/2
RouterA(config - if) # ip address 192.168.2.1 255.255.255.0
RouterA(config - if) # no shutdown
RouterA(config - if) # exit
```

（2）在路由器 RouterA 上为区域 A 配置 DHCP。

```
RouterA(config)#ip dhcp pool area_A
//设置 DHCP 的地址池的名称为 area_A;
RouterA(dhcp-config)#network 192.168.1.0 255.255.255.0
//设置 DHCP 的地址段为 192.168.1.0;
RouterA(dhcp-config)#default-router 192.168.1.1
//默认网关地址;
RouterA(dhcp-config)#dns-server 192.168.1.100
RouterA(dhcp-config)#domain-name ynufe.edu.cn
RouterA(dhcp-config)#exit
RouterA(config)#ip dhcp excluded-address 192.168.1.1
//排除默认网关地址 192.168.1.1 不被分配;
```

（3）在路由器 RouterA 上为区域 B 配置 DHCP。

```
RouterA(config)#ip dhcp pool area_B
//设置 DHCP 的地址池的名称为 area_B;
RouterA(dhcp-config)#network 192.168.4.0 255.255.255.0
//设置 DHCP 的地址段为 192.168.4.0;
RouterA(dhcp-config)#default-router 192.168.4.1
//默认网关地址;
RouterA(dhcp-config)#dns-server 192.168.1.100
RouterA(dhcp-config)#domain-name ynufe.edu.cn
RouterA(dhcp-config)#exit
RouterA(config)#ip dhcp excluded-address 192.168.4.1
//排除默认网关地址 192.168.4.1 不被分配;
```

（4）在路由器 RouterA 上为区域 C 配置 DHCP。

```
RouterA(config)#ip dhcp pool area_C
//设置 DHCP 的地址池的名称为 area_C;
RouterA(dhcp-config)#network 192.168.5.0 255.255.255.0
//设置 DHCP 的地址段为 192.168.5.0;
RouterA(dhcp-config)#default-router 192.168.1.100
//默认网关地址;
RouterA(dhcp-config)#dns-server 192.168.1.100
RouterA(dhcp-config)#domain-name ynufe.edu.cn
RouterA(dhcp-config)#exit
RouterA(config)#ip dhcp excluded-address 192.168.5.1
//排除默认网关地址 192.168.5.1 不被分配;
```

第五步：在路由器 RouterB、RouterC 上配置 IP 地址、DHCP 中继等信息。

（1）在路由器 RouterB 上配置 IP 地址和 DHCP 的中继。

```
Router>enable
Router#config terminal
Router(config)#hostname RouterB
RouterB(config)#interface G0/1
```

```
RouterB(config- if) # ip address 192.168.2.2 255.255.255.0
RouterB(config- if) # no shutdown
RouterB(config- if) # interface G0/0
RouterB(config- if) # ip address 192.168.4.1 255.255.255.0
RouterB(config- if) #  ip helper- address 192.168.2.1
//从路由器 RouterA 的接口 G0/2 中继 DHCP;
RouterB(config- if) # no shutdown
RouterB(config- if) # end
RouterB # write
```

（2）在路由器 RouterC 上配置 IP 地址和 DHCP 的中继。

```
Router > enable
Router # config terminal
Router(config) # hostname RouterC
RouterC(config) # interface G0/1
RouterC(config- if) # ip address 192.168.3.2 255.255.255.0
RouterC(config- if) # no shutdown
RouterC(config) # interface G0/0
RouterC(config- if) # ip address 192.168.5.1 255.255.255.0
RouterC(config- if) #  ip helper- address 192.168.3.1
//从路由器 RouterA 的接口 G0/0 中继 DHCP;
RouterC(config- if) # end
RouterC # write
```

第六步：在路由器 RouterA、RouterB、RouterC 上配置 RIP 动态路由等信息，实现终端 PC 获取 IP 地址和全网互联互通。

（1）在路由器 RouterA 上配置 RIP 动态路由。

```
RouterA # config terminal
RouterA(config) # router rip
RouterA(config- router) # version 2
RouterA(config- router) # no auto- summary
RouterA(config- router) # network 192.168.1.0
RouterA(config- router) # network 192.168.2.0
RouterA(config- router) # network 192.168.3.0
```

查看 RouterA 的路由表信息：
RouterA # show ip route

```
Codes: L - local, C - connected, S - static, R - RIP, M - mobile, B - BGP
       D - EIGRP, EX - EIGRP external, O - OSPF, IA - OSPF inter area
       N1 - OSPF NSSA external type 1, N2 - OSPF NSSA external type 2
       E1 - OSPF external type 1, E2 - OSPF external type 2, E - EGP
       i - IS- IS, L1 - IS- IS level- 1, L2 - IS- IS level- 2, ia - IS- IS inter area
       * - candidate default, U - per- user static route, o - ODR
       P - periodic downloaded static route
Gateway of Last resort is not set
```

```
            192.168.1.0/24 is variably subnetted, 2 subnets, 2 masks
C          192.168.1.0/24 is directly connected, GigabitEthernet0/1
L          192.168.1.1/32 is directly connected, GigabitEthernet0/1
            192.168.2.0/24 is variably subnetted, 2 subnets, 2 masks
C          192.168.2.0/24 is directly connected, GigabitEthernet0/2
L          192.168.2.1/32 is directly connected, GigabitEthernet0/2
            192.168.3.0/24 is variably subnetted, 2 subnets, 2 masks
C          192.168.3.0/24 is directly connected, GigabitEthernet0/0
L          192.168.3.1/32 is directly connected, GigabitEthernet0/0
```

此时,路由器 RouterA 的路由表没有 RIP,为什么呢?

(2) 在路由器 RouterB 上配置 RIP 动态路由。

```
RouterB♯config terminal
RouterB(config)♯router rip
RouterB(config-router)♯version 2
RouterB(config-router)♯no auto-summary
RouterB(config-router)♯network 192.168.2.0
RouterB(config-router)♯network 192.168.4.0
```

查看 RouterB 的路由表信息:

RouterB♯show ip route

```
Codes: L - local, C - connected, S - static, R - RIP, M - mobile, B - BGP
       D - EIGRP, EX - EIGRP external, O - OSPF, IA - OSPF inter area
       N1 - OSPF NSSA external type 1, N2 - OSPF NSSA external type 2
       E1 - OSPF external type 1, E2 - OSPF external type 2, E - EGP
       i - IS-IS, L1 - IS-IS level-1, L2 - IS-IS level-2, ia - IS-IS inter area
       * - candidate default, U - per-user static route, o - ODR
       P - periodic downloaded static route
Gateway of Last resort is not set
R     192.168.1.0/24 [120/1] via 192.168.2.1, 00:00:06, GigabitEthernet0/1
       192.168.2.0/24 is variably subnetted, 2 subnets, 2 masks
C          192.168.2.0/24 is directly connected, GigabitEthernet0/1
L          192.168.2.2/32 is directly connected, GigabitEthernet0/1
R     192.168.3.0/24 [120/1] via 192.168.2.1, 00:00:06, GigabitEthernet0/1
       192.168.4.0/24 is variably subnetted, 2 subnets, 2 masks
C          192.168.4.0/24 is directly connected, GigabitEthernet0/0
L          192.168.4.1/32 is directly connected, GigabitEthernet0/0
```

此时,路由器 RouterB 的路由表中 RIP 发现了 192.168.1.0/24 和 192.168.3.0/24 网段,为什么没有发现 192.168.5.0/24 网段呢?

(3) 在路由器 RouterC 上配置 RIP 动态路由。

```
RouterC(config)♯router rip
RouterC(config-router)♯version 2
RouterC(config-router)♯no auto-summary
```

```
RouterC(config - router) # network 192.168.3.0
RouterC(config - router) # network 192.168.5.0
```

查看 RouterC 的路由表信息：

RouterC # show ip route

```
Codes: L - local, C - connected, S - static, R - RIP, M - mobile, B - BGP
       D - EIGRP, EX - EIGRP external, O - OSPF, IA - OSPF inter area
       N1 - OSPF NSSA external type 1, N2 - OSPF NSSA external type 2
       E1 - OSPF external type 1, E2 - OSPF external type 2, E - EGP
       i - IS - IS, L1 - IS - IS level - 1, L2 - IS - IS level - 2, ia - IS - IS inter area
       * - candidate default, U - per - user static route, o - ODR
       P - periodic downloaded static route
Gateway of Last resort is not set
R    192.168.1.0/24 [120/1] via 192.168.3.1, 00:00:13, GigabitEthernet0/1
R    192.168.2.0/24 [120/1] via 192.168.3.1, 00:00:13, GigabitEthernet0/1
     192.168.3.0/24 is variably subnetted, 2 subnets, 2 masks
C       192.168.3.0/24 is directly connected, GigabitEthernet0/1
L       192.168.3.2/32 is directly connected, GigabitEthernet0/1
R    192.168.4.0/24 [120/2] via 192.168.3.1, 00:00:13, GigabitEthernet0/1
     192.168.5.0/24 is variably subnetted, 2 subnets, 2 masks
C       192.168.5.0/24 is directly connected, GigabitEthernet0/0
L       192.168.5.1/32 is directly connected, GigabitEthernet0/0
```

此时，路由器 RouterC 的 RIP 发现了邻居路由器的网段 192.168.1.0/24、192.168.2.0/24 和 192.168.4.0/24，可知，至此三个路由器的 RIP 都已生效了。

提示：RIP 默认为 version 1，RIPv1 为距离向量路由协议，边界自动汇总。由于 RIPv1 为有类路由协议，无法关闭自动汇总。

6.2.6 测试与验收

本实训项目详细的测试步骤，请扫描下面二维码。

通过一系列的测试反馈信息可知，通过 CISCO 路由器 RouterA、RouterB 和 RouterC 的动态路由 RIP 的配置，以及在 CISCO 路由器 RouterA 上配置 DHCP 服务器，使得终端 PC 可以跨网段自动获取 IP 地址，从而实现全网互联互通。

6.3 实训项目：HUAWEI 动态路由协议 RIP 的应用

6.3.1 实训目的

掌握园区级网络环境下，利用 HUAWEI 路由器的动态路由协议 RIP 功能，作动态路由 RIPv2 配置，实现全网的互联互通。

6.3.2　实训设备

（1）硬件要求：HUAWEI 2240 路由器 3 台，HUAWEI S3700 交换机 3 台，PC 3 台，服务器 1 台，网线若干条，Console 控制线 1 条。

（2）软件要求：HUAWEI eNSP V100R002C00B510. exe 仿真软件，VirtualBox-5. 2. 22-126460-Win. exe 软件，Secure CRT 软件或者超级终端软件。

（3）实训设备均为空配置。

6.3.3　项目需求分析

你是企业的网络管理员。为了更好地管理网络和优化路由表，需要在 RIPv2 网络中配置路由汇总来进行路由信息的控制和传递。另外，为了防止恶意破坏者伪装成合法路由器，接收并修改路由信息，你还需要配置 RIP 认证功能来提高网络安全性。

6.3.4　网络系统设计

根据项目需求分析，现简化网络系统设计，以便实现关键技术，如图 6-2 所示。

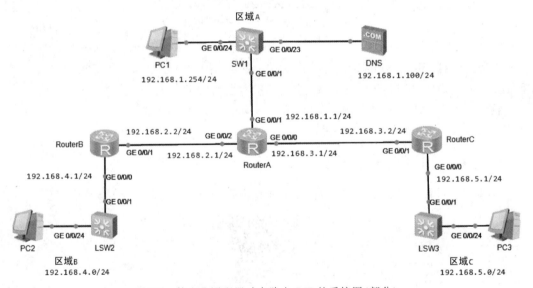

图 6-2　某企业网配置动态路由 RIP 的系统图（部分）

6.3.5　工程组织与实施

第一步：按照图 6-2，使用直连线与交叉线连接物理设备。

第二步：根据图 6-2，规划 IP 地址相关信息。

第三步：启动超级终端程序，并设置相关参数。

第四步：在路由器、PC、服务器上配置 IP 地址。

（1）在路由器 RouterA 上配置 G0/0/0、G0/0/1 和 G0/0/2 的 IP 地址等。

```
< Huawei > system - view
[Huawei]sysname RouterA
[RouterA]interface g0/0/0
[RouterA - GigabitEthernet0/0/0]ip address 192.168.3.1 24
[RouterA - GigabitEthernet0/0/0]undo shutdown
[RouterA - GigabitEthernet0/0/0]quit
[RouterA]interface g0/0/1
[RouterA - GigabitEthernet0/0/1]ip address 192.168.1.1 24
[RouterA - GigabitEthernet0/0/1]undo shutdown
[RouterA - GigabitEthernet0/0/1]quit
[RouterA]interface g0/0/2
[RouterA - GigabitEthernet0/0/2]ip add 192.168.2.1 24
[RouterA - GigabitEthernet0/0/2]undo shutdown
[RouterA - GigabitEthernet0/0/2]quit
[RouterA]
```

（2）在路由器 RouterB 上配置 IP 地址。

```
< Huawei > system - view
[Routerb]sysname RouterB
[RouterB]interface g0/0/1
[RouterB - GigabitEthernet0/0/1]ip add 192.168.2.2 24
[RouterB - GigabitEthernet0/0/1]undo shutdown
[RouterB - GigabitEthernet0/0/1]quit
[RouterB]interface g0/0/0
[RouterB - GigabitEthernet0/0/0]ip add 192.168.4.1 24
[RouterB - GigabitEthernet0/0/0]quit
[RouterB]
```

（3）在路由器 RouterC 上配置 IP 地址。

```
< Huawei > system - view
[Huawei]sysname RouterC
[RouterC]interface g0/0/1
[RouterC - GigabitEthernet0/0/1]ip add 192.168.3.2 24
[RouterC - GigabitEthernet0/0/1]undo shutdown
[RouterC - GigabitEthernet0/0/1]quit
[RouterC]interface g0/0/0
[RouterC - GigabitEthernet0/0/0]ip address 192.168.5.1 24
[RouterC - GigabitEthernet0/0/0]undo shutdown
[RouterC - GigabitEthernet0/0/0]quit
[RouterC]
```

（4）配置 PC1、PC2、PC3 和服务器 IP 地址。
PC1 的 IP 地址情况：

```
PC > ipconfig
Link local IPv6 address...........: fe80::5689:98ff:fee1:42c6
IPv6 address.....................: :: / 128
```

```
IPv6 gateway.......................: ::
IPv4 address.......................: 192.168.1.2
Subnet mask........................: 255.255.255.0
Gateway............................: 192.168.1.1
Physical address...................: 54 - 89 - 98 - E1 - 42 - C6
DNS server.........................: 192.168.1.100
```

PC2 的 IP 地址情况：

```
PC > ipconfig
Link local IPv6 address...........: fe80::5689:98ff:fe04:6295
IPv6 address......................: :: / 128
IPv6 gateway......................: ::
IPv4 address......................: 192.168.4.2
Subnet mask.......................: 255.255.255.0
Gateway...........................: 192.168.4.1
Physical address..................: 54 - 89 - 98 - 04 - 62 - 95
DNS server........................: 192.168.1.100
```

PC3 的 IP 地址情况：

```
PC > ipconfig
Link local IPv6 address...........: fe80::5689:98ff:fed4:131
IPv6 address......................: :: / 128
IPv6 gateway......................: ::
IPv4 address......................: 192.168.5.2
Subnet mask.......................: 255.255.255.0
Gateway...........................: 192.168.5.1
Physical address..................: 54 - 89 - 98 - D4 - 01 - 31
DNS server........................:192.168.1.100
```

服务器 IP 地址情况：

略。

第五步：在路由器 RouterA、RouterB、RouterC 上配置 RIP 动态路由，实现终端 PC 机全网互联互通。

（1）在路由器 RouterA 上的动态路由 RIP 配置。

```
[RouterA]rip 1
[RouterA - rip - 1]version 2
[RouterA - rip - 1]network 192.168.1.0
[RouterA - rip - 1]network 192.168.2.0
[RouterA - rip - 1]network 192.168.3.0
[RouterA - rip - 1]quit
[RouterA]
```

（2）在路由器 RouterB 上的动态路由 RIP 配置。

```
[RouterB]rip 1
[RouterB - rip - 1]version 2
[RouterB - rip - 1]network 192.168.2.0
[RouterB - rip - 1]network 192.168.4.0
[RouterB - rip - 1]quit
[RouterB]
```

（3）在路由器 RouterC 上的动态路由 RIP 配置。

```
[RouterC]rip 1
[RouterC - rip - 1]version 2
[RouterC - rip - 1]network 192.168.5.0
[RouterC - rip - 1]network 192.168.3.0
[RouterC - rip - 1]quit
[RouterC]
```

（4）查看路由器 RouterA 的路由表信息。

```
< RouterA > display ip routing - table
Route Flags: R - relay, D - download to fib
------------------------------------------------------------------
Routing Tables: Public
            Destinations : 15     Routes : 15
Destination/Mask     Proto  Pre Cost    Flags NextHop        Interface
      127.0.0.0/8    Direct  0   0        D    127.0.0.1      InLoopBack0
      127.0.0.1/32   Direct  0   0        D    127.0.0.1      InLoopBack0
 127.255.255.255/32  Direct  0   0        D    127.0.0.1      InLoopBack0
    192.168.1.0/24   Direct  0   0        D    192.168.1.1    GigabitEthernet
0/0/1
    192.168.1.1/32   Direct  0   0        D    127.0.0.1      GigabitEthernet
0/0/1
   192.168.1.255/32  Direct  0   0        D    127.0.0.1      GigabitEthernet
0/0/1
    192.168.2.0/24   Direct  0   0        D    192.168.2.1    GigabitEthernet
0/0/2
    192.168.2.1/32   Direct  0   0        D    127.0.0.1      GigabitEthernet
0/0/2
   192.168.2.255/32  Direct  0   0        D    127.0.0.1      GigabitEthernet
0/0/2
    192.168.3.0/24   Direct  0   0        D    192.168.3.1    GigabitEthernet
0/0/0
    192.168.3.1/32   Direct  0   0        D    127.0.0.1      GigabitEthernet
0/0/0
   192.168.3.255/32  Direct  0   0        D    127.0.0.1      GigabitEthernet
0/0/0
    192.168.4.0/24   RIP     100 1        D    192.168.2.2    GigabitEthernet
0/0/2
    192.168.5.0/24   RIP     100 1        D    192.168.3.2    GigabitEthernet
0/0/0
 255.255.255.255/32  Direct  0   0        D    127.0.0.1      InLoopBack0
```

（5）查看路由器 RouterB 的路由表信息。

```
RouterB > display ip routing - table
Route Flags: R - relay, D - download to fib
-------------------------------------------------------------------------
Routing Tables: Public
         Destinations : 13    Routes : 13
Destination/Mask    Proto  Pre Cost    Flags NextHop          Interface
    127.0.0.0/8     Direct  0   0        D    127.0.0.1        InLoopBack0
    127.0.0.1/32    Direct  0   0        D    127.0.0.1        InLoopBack0
127.255.255.255/32  Direct  0   0        D    127.0.0.1        InLoopBack0
    192.168.1.0/24  RIP    100  1        D    192.168.2.1      GigabitEthernet
0/0/1
    192.168.2.0/24  Direct  0   0        D    192.168.2.2      GigabitEthernet
0/0/1
    192.168.2.2/32  Direct  0   0        D    127.0.0.1        GigabitEthernet
0/0/1
   192.168.2.255/32 Direct  0   0        D    127.0.0.1        GigabitEthernet
0/0/1
    192.168.3.0/24  RIP    100  1        D    192.168.2.1      GigabitEthernet
0/0/1
    192.168.4.0/24  Direct  0   0        D    192.168.4.1      GigabitEthernet
0/0/0
    192.168.4.1/32  Direct  0   0        D    127.0.0.1        GigabitEthernet
0/0/0
   192.168.4.255/32 Direct  0   0        D    127.0.0.1        GigabitEthernet
0/0/0
    192.168.5.0/24  RIP    100  2        D    192.168.2.1      GigabitEthernet
0/0/1
255.255.255.255/32  Direct  0   0        D    127.0.0.1        InLoopBack0
```

（6）查看路由器 RouterC 的路由表信息。

```
< RouterC > display ip routing - table
Route Flags: R - relay, D - download to fib
-------------------------------------------------------------------------
Routing Tables: Public
         Destinations : 13    Routes : 13
Destination/Mask    Proto  Pre Cost    Flags NextHop          Interface
    127.0.0.0/8     Direct  0   0        D    127.0.0.1        InLoopBack0
    127.0.0.1/32    Direct  0   0        D    127.0.0.1        InLoopBack0
127.255.255.255/32  Direct  0   0        D    127.0.0.1        InLoopBack0
    192.168.1.0/24  RIP    100  2        D    192.168.3.1      GigabitEthernet
0/0/1
    192.168.2.0/24  RIP    100  1        D    192.168.3.1      GigabitEthernet
0/0/1
    192.168.3.0/24  Direct  0   0        D    192.168.3.2      GigabitEthernet
0/0/1
```

192.168.3.2/32	Direct	0	0	D	127.0.0.1	GigabitEthernet 0/0/1
192.168.3.255/32	Direct	0	0	D	127.0.0.1	GigabitEthernet 0/0/1
192.168.4.0/24	RIP	100	2	D	192.168.3.1	GigabitEthernet 0/0/1
192.168.5.0/24	Direct	0	0	D	192.168.5.1	GigabitEthernet 0/0/0
192.168.5.1/32	Direct	0	0	D	127.0.0.1	GigabitEthernet 0/0/0
192.168.5.255/32	Direct	0	0	D	127.0.0.1	GigabitEthernet 0/0/0
255.255.255.255/32	Direct	0	0	D	127.0.0.1	InLoopBack0

第六步：配置 RIP 认证，防止恶意破坏者伪装成合法路由器，接收并修改路由信息。

（1）在 RouterA 和 RouterB 间配置明文认证，认证密码为"dengping123"。

```
[RouterA]interface GigabitEthernet0/0/2
[RouterA - GigabitEthernet0/0/2]rip authentication - mode simple dengping123
[RouterA - GigabitEthernet0/0/2]quit
[RouterB]interface GigabitEthernet0/0/1
[RouterB - GigabitEthernet0/0/1]rip authentication - mode simple dengping123
[RouterB - GigabitEthernet0/0/1]return
< RouterB > save
```

（2）在 RouterA 和 RouterC 间配置 MD5 认证，认证密码为"dengping123"。

```
[RouterA]interface GigabitEthernet0/0/0
[RouterA - GigabitEthernet0/0/0]rip authentication - mode md5 usual dengping123
[RouterA - GigabitEthernet0/0/0]return
< RouterA > save
[RouterC]interface GigabitEthernet0/0/1
[RouterC - GigabitEthernet0/0/1]rip authentication - mode md5 usual dengping123
[RouterC - GigabitEthernet0/0/1]return
< RouterC > save
```

（3）配置完成后，验证路由是否受到了影响。

```
< RouterA > display ip routing - table
Route Flags: R - relay, D - download to fib
------------------------------------------------------------------
Routing Tables: Public
         Destinations : 15    Routes : 15
Destination/Mask     Proto  Pre Cost    Flags NextHop         Interface
      127.0.0.0/8    Direct 0   0       D     127.0.0.1       InLoopBack0
      127.0.0.1/32   Direct 0   0       D     127.0.0.1       InLoopBack0
127.255.255.255/32   Direct 0   0       D     127.0.0.1       InLoopBack0
     192.168.1.0/24  Direct 0   0       D     192.168.1.1     GigabitEthernet
0/0/1
```

192.168.1.1/32	Direct	0	0	D	127.0.0.1	GigabitEthernet 0/0/1
192.168.1.255/32	Direct	0	0	D	127.0.0.1	GigabitEthernet 0/0/1
192.168.2.0/24	Direct	0	0	D	192.168.2.1	GigabitEthernet 0/0/2
192.168.2.1/32	Direct	0	0	D	127.0.0.1	GigabitEthernet 0/0/2
192.168.2.255/32	Direct	0	0	D	127.0.0.1	GigabitEthernet 0/0/2
192.168.3.0/24	Direct	0	0	D	192.168.3.1	GigabitEthernet 0/0/0
192.168.3.1/32	Direct	0	0	D	127.0.0.1	GigabitEthernet 0/0/0
192.168.3.255/32	Direct	0	0	D	127.0.0.1	GigabitEthernet 0/0/0
192.168.4.0/24	RIP	100	1	D	192.168.2.2	GigabitEthernet 0/0/2
192.168.5.0/24	RIP	100	1	D	192.168.3.2	GigabitEthernet 0/0/0
255.255.255.255/32	Direct	0	0	D	127.0.0.1	InLoopBack0

由以上反馈信息可知，RIP 的验证路由没有受到影响。

6.3.6 测试与验收

本实训项目详细的测试步骤，请扫描下面二维码。

通过一系列的测试反馈信息可知，通过 HUAWEI 路由器 RouterA、RouterB 和 RouterC 的 RIP 动态路由和验证路由配置，可以防止恶意破坏者伪装成合法路由器，接收并修改路由信息，同时，全网 PC 也可以跨网段实现全网互通，表明网络环境中的 RIP 动态路由和验证路由配置是成功的。

6.4 实训项目：CISCO 单区域 OSPF 动态路由协议应用

6.4.1 实训目的

掌握园区级网络环境下，利用 CISCO 路由器的动态路由协议（OSPF）的功能，作相关路由器的配置，实现全网的互联互通。

6.4.2 实训设备

(1) 硬件要求：CISCO 2911 路由器 3 台，CISCO S2960 交换机 3 台，PC 4 台，直连线 7

条,交叉线 2 条,DNS 服务器 1 台。

（2）软件要求：CISCO Packet Tracer 7.2.1 仿真软件,Secure CRT 软件或者超级终端软件。

6.4.3　项目需求分析

某公司总部和分部网络实现互联,考虑分部数量进行路由域的控制,总部网络存在多个网段,为了实现分部网络 PC 能够访问到总部的所有资源,而且全网终端设备（PC）自动获取 IP 地址,可以通过路由器的动态路由 OSPF 和 DHCP 功能配置完成任务。

6.4.4　网络系统设计

根据项目需求分析,现简化网络系统设计,以便实现关键技术,如图 6-3 所示。

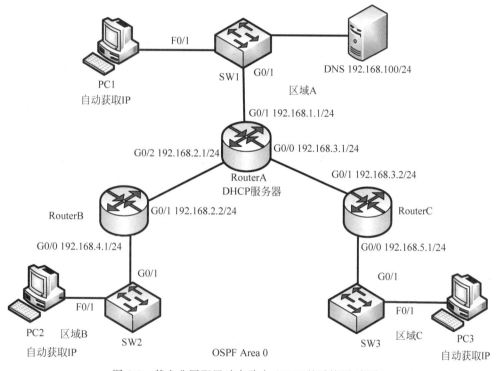

图 6-3　某企业网配置动态路由 OSPF 的系统图（部分）

6.4.5　工程组织与实施

第一步：按照图 6-3,使用直连线与交叉线连接物理设备。

第二步：根据图 6-3,规划 IP 地址相关信息。

在路由器 RouterA 上规划 DHCP 服务器相关信息。

（1）区域 A 的 DHCP：设定地址范围为 192.168.1.0/24,DNS 为 192.168.1.100,网关设为 192.168.1.1,域名设为 ynufe.edu.cn,默认租期为 8 天。

（2）区域 B 的 DHCP：设定地址范围为 192.168.4.0/24,DNS 为 192.168.1.100,网关设为 192.168.4.1,域名设为 ynufe.edu.cn,默认租期为 8 天。

（3）区域 C 的 DHCP：设定地址范围为 192.168.5.0/24，DNS 为 192.168.1.100，网关设为 192.168.5.1，域名设为 ynufe.edu.cn，默认租期为 8 天。

第三步：启动超级终端程序，并设置相关参数。

第四步：在路由器 RouterA 上配置 IP 地址、DHCP 等信息。

（1）在路由器 RouterA 上配置 G0/1、G0/2 和 G0/0 的 IP 地址。

```
Router＞enable
Router＃config terminal
Router(config)＃hostname RouterA
RouterA(config)＃interface g0/1
RouterA(config－if)＃ip address 192.168.1.1 255.255.255.0
RouterA(config－if)＃no shutdown
RouterA(config－if)＃interface g0/0
RouterA(config－if)＃ip address 192.168.3.1 255.255.255.0
RouterA(config－if)＃no shutdown
RouterA(config－if)＃interface g0/2
RouterA(config－if)＃ip address 192.168.2.1 255.255.255.0
RouterA(config－if)＃no shutdown
RouterA(config－if)＃exit
```

（2）在路由器 RouterA 上为区域 A 配置 DHCP。

```
RouterA(config)＃ip dhcp pool area_A
//设置 DHCP 的地址池的名称为 area_A;
RouterA(dhcp－config)＃network 192.168.1.0 255.255.255.0
//设置 DHCP 的地址段为 192.168.1.0;
RouterA(dhcp－config)＃default－router 192.168.1.1
//默认网关地址;
RouterA(dhcp－config)＃dns－server 192.168.1.100
RouterA(dhcp－config)＃domain－name ynufe.edu.cn
RouterA(dhcp－config)＃exit
RouterA(config)＃ip dhcp excluded－address 192.168.1.1
//排除默认网关地址 192.168.1.1 不被分配;
```

（3）在路由器 RouterA 上为区域 B 配置 DHCP。

```
RouterA(config)＃ip dhcp pool area_B
//设置 DHCP 的地址池的名称为 area_B;
RouterA(dhcp－config)＃network 192.168.4.0 255.255.255.0
//设置 DHCP 的地址段为 192.168.4.0;
RouterA(dhcp－config)＃default－router 192.168.4.1
//默认网关地址;
RouterA(dhcp－config)＃dns－server 192.168.1.100
RouterA(dhcp－config)＃domain－name ynufe.edu.cn
RouterA(dhcp－config)＃exit
RouterA(config)＃ip dhcp excluded－address 192.168.4.1
//排除默认网关地址 192.168.4.1 不被分配;
```

（4）在路由器 RouterA 上为区域 C 配置 DHCP。

```
RouterA(config)♯ip dhcp pool area_C
//设置 DHCP 的地址池的名称为 area_C;
RouterA(dhcp-config)♯network 192.168.5.0 255.255.255.0
//设置 DHCP 的地址段为 192.168.5.0;
RouterA(dhcp-config)♯default-router 192.168.1.100
//默认网关地址;
RouterA(dhcp-config)♯dns-server 192.168.1.100
RouterA(dhcp-config)♯domain-name ynufe.edu.cn
RouterA(dhcp-config)♯exit
RouterA(config)♯ip dhcp excluded-address 192.168.5.1
//排除默认网关地址 192.168.5.1 不被分配;
```

第五步：在路由器 RouterB、RouterC 上配置 IP 地址、DHCP 等信息。

（1）在路由器 RouterB 上配置 IP 地址和 DHCP。

```
Router>enable
Router♯config terminal
Router(config)♯hostname RouterB
RouterB(config)♯interface G0/1
RouterB(config-if)♯ip address 192.168.2.2 255.255.255.0
RouterB(config-if)♯no shutdown
RouterB(config-if)♯interface G0/0
RouterB(config-if)♯ip address 192.168.4.1 255.255.255.0
RouterB(config-if)♯ip helper-address 192.168.2.1
//从路由器 RouterA 的接口 G0/2 中继 DHCP;
RouterB(config-if)♯no shutdown
RouterB(config-if)♯end
RouterB♯write
```

（2）在路由器 RouterC 上配置 IP 地址和 DHCP。

```
Router>enable
Router♯config terminal
Router(config)♯hostname RouterC
RouterC(config)♯interface G0/1
RouterC(config-if)♯ip address 192.168.3.2 255.255.255.0
RouterC(config-if)♯no shutdown
RouterC(config)♯interface G0/0
RouterC(config-if)♯ip address 192.168.5.1 255.255.255.0
RouterC(config-if)♯ip helper-address 192.168.3.1
//从路由器 RouterA 的接口 G0/0 中继 DHCP;
RouterC(config-if)♯end
RouterC♯write
```

第六步：在路由器 RouterA、RouterB、RouterC 上配置 OSPF 动态路由等信息，实现终端 PC 自动获取 IP 地址，达到全网互联互通。

（1）在路由器 RouterA 上配置 OSPF 动态路由。

```
RouterA#config terminal
RouterA(config)#router ospf 1
RouterA(config-router)#network 192.168.1.0 0.0.0.255 area 0
RouterA(config-router)#network 192.168.2.0 0.0.0.255 area 0
RouterA(config-router)#network 192.168.3.0 0.0.0.255 area 0
RouterA(config-router)#end
RouterA#write
```

查看 RouterA 的路由表信息:

RouterA#show ip route

```
Codes: L - local, C - connected, S - static, R - RIP, M - mobile, B - BGP
       D - EIGRP, EX - EIGRP external, O - OSPF, IA - OSPF inter area
       N1 - OSPF NSSA external type 1, N2 - OSPF NSSA external type 2
       E1 - OSPF external type 1, E2 - OSPF external type 2, E - EGP
       i - IS-IS, L1 - IS-IS level-1, L2 - IS-IS level-2, ia - IS-IS inter area
       * - candidate default, U - per-user static route, o - ODR
       P - periodic downloaded static route
Gateway of Last resort is not set
     192.168.1.0/24 is variably subnetted, 2 subnets, 2 masks
C       192.168.1.0/24 is directly connected, GigabitEthernet0/1
L       192.168.1.1/32 is directly connected, GigabitEthernet0/1
     192.168.2.0/24 is variably subnetted, 2 subnets, 2 masks
C       192.168.2.0/24 is directly connected, GigabitEthernet0/2
L       192.168.2.1/32 is directly connected, GigabitEthernet0/2
     192.168.3.0/24 is variably subnetted, 2 subnets, 2 masks
C       192.168.3.0/24 is directly connected, GigabitEthernet0/0
L       192.168.3.1/32 is directly connected, GigabitEthernet0/0
```

此时,路由器 RouterA 的 OSPF 没有发现相邻网段,为什么呢?

(2) 在路由器 RouterB 上配置 OSPF 动态路由。

```
RouterB#config terminal
RouterB(config)#router ospf 1
RouterB(config-router)#network 192.168.2.0 0.0.0.255 area 0
RouterB(config-router)#network 192.168.4.0 0.0.0.255 area 0
RouterA(config-router)#end
RouterA#write
```

查看 RouterB 的路由表信息:

RouterB#show ip route

```
Codes: L - local, C - connected, S - static, R - RIP, M - mobile, B - BGP
       D - EIGRP, EX - EIGRP external, O - OSPF, IA - OSPF inter area
       N1 - OSPF NSSA external type 1, N2 - OSPF NSSA external type 2
       E1 - OSPF external type 1, E2 - OSPF external type 2, E - EGP
       i - IS-IS, L1 - IS-IS level-1, L2 - IS-IS level-2, ia - IS-IS inter area
       * - candidate default, U - per-user static route, o - ODR
```

```
        P - periodic downloaded static route
Gateway of Last resort is not set
O    192.168.1.0/24 [110/2] via 192.168.2.1, 00:01:29, GigabitEthernet0/1
     192.168.2.0/24 is variably subnetted, 2 subnets, 2 masks
C        192.168.2.0/24 is directly connected, GigabitEthernet0/1
L        192.168.2.2/32 is directly connected, GigabitEthernet0/1
O    192.168.3.0/24 [110/2] via 192.168.2.1, 00:01:29, GigabitEthernet0/1
     192.168.4.0/24 is variably subnetted, 2 subnets, 2 masks
C        192.168.4.0/24 is directly connected, GigabitEthernet0/0
L        192.168.4.1/32 is directly connected, GigabitEthernet0/0
```

此时，路由器 RouterB 的路由表中 OSPF 发现了 192.168.1.0/24 和 192.168.3.0/24 网段，为什么没有发现 192.168.5.0/24 网段呢？

（3）在路由器 RouterC 上配置 OSPF 动态路由。

```
RouterC#config terminal
RouterC(config)#router ospf 1
RouterC(config-router)#network 192.168.3.0 0.0.0.255 area 0
RouterC(config-router)#network 192.168.5.0 0.0.0.255 area 0
RouterC(config-router)#end
RouterC#write
```

查看 RouterC 的路由表信息：

RouterC#show ip route

```
Codes: L - local, C - connected, S - static, R - RIP, M - mobile, B - BGP
       D - EIGRP, EX - EIGRP external, O - OSPF, IA - OSPF inter area
       N1 - OSPF NSSA external type 1, N2 - OSPF NSSA external type 2
       E1 - OSPF external type 1, E2 - OSPF external type 2, E - EGP
       i - IS-IS, L1 - IS-IS level-1, L2 - IS-IS level-2, ia - IS-IS inter area
       * - candidate default, U - per-user static route, o - ODR
       P - periodic downloaded static route
Gateway of Last resort is not set
O    192.168.1.0/24 [110/2] via 192.168.3.1, 00:00:16, GigabitEthernet0/1
O    192.168.2.0/24 [110/2] via 192.168.3.1, 00:00:16, GigabitEthernet0/1
     192.168.3.0/24 is variably subnetted, 2 subnets, 2 masks
C        192.168.3.0/24 is directly connected, GigabitEthernet0/1
L        192.168.3.2/32 is directly connected, GigabitEthernet0/1
O    192.168.4.0/24 [110/3] via 192.168.3.1, 00:00:16, GigabitEthernet0/1
     192.168.5.0/24 is variably subnetted, 2 subnets, 2 masks
C        192.168.5.0/24 is directly connected, GigabitEthernet0/0
L        192.168.5.1/32 is directly connected, GigabitEthernet0/0
```

此时，路由器 RouterC 的 OSPF 发现了邻居路由器的网段 192.168.1.0/24、192.168.2.0/24 和 192.168.4.0/24，可知，三个路由器的 OSPF 都已生效了。

6.4.6 测试与验收

本实训项目详细的测试步骤,请扫描下面二维码。

通过一系列的测试可知,通过 CISCO 路由器 RouterA、RouterB 和 RouterC 的动态路由 OSPF 的配置,以及在路由器 RouterA 上配置 DHCP 服务器,使得终端 PC 可以跨路由器网段自动获取 IP 地址,从而实现全网互联互通。

6.5 实训项目:HUAWEI 单区域 OSPF 动态路由协议应用

6.5.1 实训目的

掌握园区级网络环境下,利用 HUAWEI 路由器的动态路由协议 OSPF 功能,做动态路由 OSPF 配置,实现全网的互联互通。

6.5.2 实训设备

(1)硬件要求:HUAWEI S2240 交换机 3 台,HUAWEI S3700 交换机 3 台,PC 3 台,服务器 1 台,网线若干条,Console 控制线 1 条。

(2)软件要求:HUAWEI eNSP V100R002C00B510.exe 仿真软件,VirtualBox-5.2.22-126460-Win.exe 软件,Secure CRT 软件或者超级终端软件。

(3)实训设备均为空配置。

6.5.3 项目需求分析

你是企业的网络管理员。为了更好地管理网络和优化路由表,需要在 OSPF 网络中配置路由汇总来进行路由信息的控制和传递。另外,为了防止恶意破坏者伪装成合法路由器,接收并修改路由信息,你还需要配置 OSPF 认证功能来提高网络安全性。

6.5.4 网络系统设计

根据项目需求分析,现简化网络系统设计,以便实现关键技术,如图 6-4 所示。

6.5.5 工程组织与实施

第一步:按照图 6-4,使用直连线与交叉线连接物理设备。

第二步:根据图 6-4,规划 IP 地址相关信息。

第三步:启动超级终端程序,并设置相关参数。

第四步:在路由器、PC、服务器上配置 IP 地址。

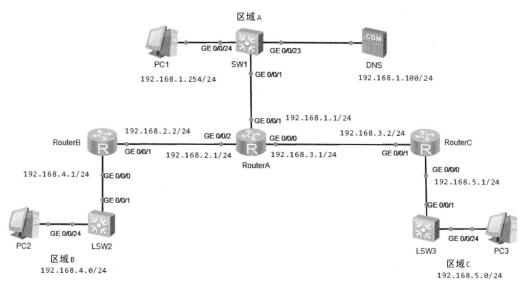

图 6-4　某企业单区域 OSPF 的系统图(部分)

（1）在路由器 RouterA 上配置 G0/0/0、G0/0/1 和 G0/0/2 的 IP 地址等。

```
< Huawei > system – view
[Huawei]sysname RouterA
[RouterA]interface g0/0/0
[RouterA – GigabitEthernet0/0/0]ip address 192.168.3.1 24
[RouterA – GigabitEthernet0/0/0]undo shutdown
[RouterA – GigabitEthernet0/0/0]quit
[RouterA]interface g0/0/1
[RouterA – GigabitEthernet0/0/1]ip address 192.168.1.1 24
[RouterA – GigabitEthernet0/0/1]undo shutdown
[RouterA – GigabitEthernet0/0/1]quit
[RouterA]interface g0/0/2
[RouterA – GigabitEthernet0/0/2]ip add 192.168.2.1 24
[RouterA – GigabitEthernet0/0/2]undo shutdown
[RouterA – GigabitEthernet0/0/2]quit
[RouterA]
```

（2）在路由器 RouterB 上配置 IP 地址。

```
< Huawei > system – view
[Routerb]sysname RouterB
[RouterB]interface g0/0/1
[RouterB – GigabitEthernet0/0/1]ip add 192.168.2.2 24
[RouterB – GigabitEthernet0/0/1]undo shutdown
[RouterB – GigabitEthernet0/0/1]quit
[RouterB]interface g0/0/0
[RouterB – GigabitEthernet0/0/0]ip add 192.168.4.1 24
[RouterB – GigabitEthernet0/0/0]quit
[RouterB]
```

（3）在路由器 RouterC 上配置 IP 地址。

```
< Huawei > system - view
[Huawei]sysname RouterC
[RouterC]interface g0/0/1
[RouterC - GigabitEthernet0/0/1]ip add 192.168.3.2 24
[RouterC - GigabitEthernet0/0/1]undo shutdown
[RouterC - GigabitEthernet0/0/1]quit
[RouterC]interface g0/0/0
[RouterC - GigabitEthernet0/0/0]ip address 192.168.5.1 24
[RouterC - GigabitEthernet0/0/0]undo shutdown
[RouterC - GigabitEthernet0/0/0]quit
[RouterC]
```

（4）配置 PC1、PC2、PC3 和服务器 IP 地址。

PC1 的 IP 地址情况：

```
PC > ipconfig
Link local IPv6 address...........: fe80::5689:98ff:fee1:42c6
IPv6 address.....................: :: / 128
IPv6 gateway.....................: ::
IPv4 address.....................: 192.168.1.2
Subnet mask......................: 255.255.255.0
Gateway..........................: 192.168.1.1
Physical address.................: 54 - 89 - 98 - E1 - 42 - C6
DNS server.......................: 192.168.1.100
```

PC2 的 IP 地址情况：

```
PC > ipconfig
Link local IPv6 address...........: fe80::5689:98ff:fe04:6295
IPv6 address.....................: :: / 128
IPv6 gateway.....................: ::
IPv4 address.....................: 192.168.4.2
Subnet mask......................: 255.255.255.0
Gateway..........................: 192.168.4.1
Physical address.................: 54 - 89 - 98 - 04 - 62 - 95
DNS server.......................: 192.168.1.100
```

PC3 的 IP 地址情况：

```
PC > ipconfig
Link local IPv6 address...........: fe80::5689:98ff:fed4:131
IPv6 address.....................: :: / 128
IPv6 gateway.....................: ::
IPv4 address.....................: 192.168.5.2
Subnet mask......................: 255.255.255.0
Gateway..........................: 192.168.5.1
Physical address.................: 54 - 89 - 98 - D4 - 01 - 31
DNS server.......................:192.168.1.100
```

服务器 IP 地址情况：

略。

第五步：在路由器 RouterA、RouterB、RouterC 上配置 OSPF 动态路由，实现终端 PC 全网互联互通。

（1）在路由器 RouterA 上的动态路由 OSPF 配置。

```
[RouterA]ospf 1
[RouterA - ospf - 1]area 0
[RouterA - ospf - 1 - area - 0.0.0.0]network 192.168.1.0 0.0.0.255
[RouterA - ospf - 1 - area - 0.0.0.0]network 192.168.2.0 0.0.0.255
[RouterA - ospf - 1 - area - 0.0.0.0]network 192.168.3.0 0.0.0.255
[RouterA - ospf - 1 - area - 0.0.0.0]quit
[RouterA - ospf - 1]quit
[RouterA]
```

（2）在路由器 RouterB 上的动态路由 OSPF 配置。

```
[RouterB]ospf 1
[RouterB - ospf - 1]area 0
[RouterB - ospf - 1 - area - 0.0.0.0]network 192.168.4.0 0.0.0.255
[RouterB - ospf - 1 - area - 0.0.0.0]network 192.168.2.0 0.0.0.255
[RouterB - ospf - 1 - area - 0.0.0.0]quit
[RouterB - ospf - 1]quit
[RouterB]
```

（3）在路由器 RouterC 上的动态路由 OSPF 配置。

```
[RouterC]ospf 1
[RouterC - ospf - 1]area 0
[RouterC - ospf - 1 - area - 0.0.0.0]network 192.168.3.0 0.0.0.255
[RouterC - ospf - 1 - area - 0.0.0.0]network 192.168.5.0 0.0.0.255
[RouterC - ospf - 1 - area - 0.0.0.0]quit
[RouterC - ospf - 1]quit
[RouterC]
```

（4）查看路由器 RouterA 的路由表信息。

```
< RouterA > display ip routing - table
Route Flags: R - relay, D - download to fib
---------------------------------------------------------------
Routing Tables: Public
         Destinations : 15     Routes : 15
Destination/Mask     Proto  Pre Cost      Flags NextHop        Interface
      127.0.0.0/8    Direct  0   0         D    127.0.0.1      InLoopBack0
      127.0.0.1/32   Direct  0   0         D    127.0.0.1      InLoopBack0
127.255.255.255/32   Direct  0   0         D    127.0.0.1      InLoopBack0
```

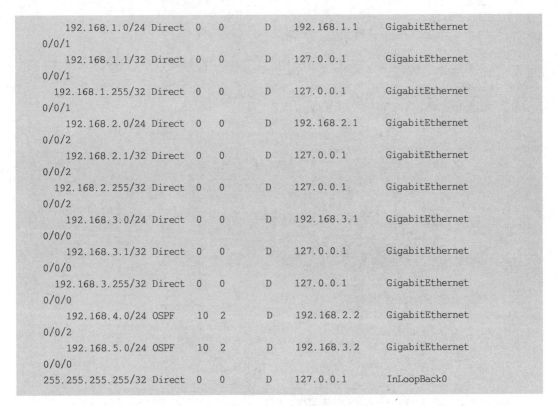

```
    192.168.1.0/24 Direct 0   0       D   192.168.1.1   GigabitEthernet
0/0/1
    192.168.1.1/32 Direct 0   0       D   127.0.0.1     GigabitEthernet
0/0/1
  192.168.1.255/32 Direct 0   0       D   127.0.0.1     GigabitEthernet
0/0/1
    192.168.2.0/24 Direct 0   0       D   192.168.2.1   GigabitEthernet
0/0/2
    192.168.2.1/32 Direct 0   0       D   127.0.0.1     GigabitEthernet
0/0/2
  192.168.2.255/32 Direct 0   0       D   127.0.0.1     GigabitEthernet
0/0/2
    192.168.3.0/24 Direct 0   0       D   192.168.3.1   GigabitEthernet
0/0/0
    192.168.3.1/32 Direct 0   0       D   127.0.0.1     GigabitEthernet
0/0/0
  192.168.3.255/32 Direct 0   0       D   127.0.0.1     GigabitEthernet
0/0/0
    192.168.4.0/24 OSPF   10  2       D   192.168.2.2   GigabitEthernet
0/0/2
    192.168.5.0/24 OSPF   10  2       D   192.168.3.2   GigabitEthernet
0/0/0
 255.255.255.255/32 Direct 0  0       D   127.0.0.1     InLoopBack0
```

（5）查看路由器 RouterB 的路由表信息。

```
<RouterB> display ip routing - table
Route Flags: R - relay, D - download to fib
-------------------------------------------------------------------------
Routing Tables: Public
          Destinations : 13    Routes : 13
Destination/Mask      Proto  Pre Cost    Flags NextHop        Interface
       127.0.0.0/8    Direct 0   0       D     127.0.0.1      InLoopBack0
       127.0.0.1/32   Direct 0   0       D     127.0.0.1      InLoopBack0
127.255.255.255/32    Direct 0   0       D     127.0.0.1      InLoopBack0
     192.168.1.0/24   OSPF   10  2       D     192.168.2.1    GigabitEthernet
0/0/1
     192.168.2.0/24   Direct 0   0       D     192.168.2.2    GigabitEthernet
0/0/1
     192.168.2.2/32   Direct 0   0       D     127.0.0.1      GigabitEthernet
0/0/1
   192.168.2.255/32   Direct 0   0       D     127.0.0.1      GigabitEthernet
0/0/1
     192.168.3.0/24   OSPF   10  2       D     192.168.2.1    GigabitEthernet
0/0/1
     192.168.4.0/24   Direct 0   0       D     192.168.4.1    GigabitEthernet
0/0/0
     192.168.4.1/32   Direct 0   0       D     127.0.0.1      GigabitEthernet
0/0/0
```

```
      192.168.4.255/32 Direct  0   0      D   127.0.0.1      GigabitEthernet
0/0/0
        192.168.5.0/24 OSPF   10  3      D   192.168.2.1    GigabitEthernet
0/0/1
   255.255.255.255/32 Direct  0   0      D   127.0.0.1      InLoopBack0
```

（6）查看路由器 RouterC 的路由表信息。

```
<RouterC>display ip routing-table
Route Flags: R - relay, D - download to fib
---------------------------------------------------------------------
Routing Tables: Public
             Destinations : 13      Routes : 13
Destination/Mask    Proto   Pre Cost     Flags NextHop        Interface
      127.0.0.0/8   Direct  0   0        D    127.0.0.1      InLoopBack0
      127.0.0.1/32  Direct  0   0        D    127.0.0.1      InLoopBack0
127.255.255.255/32  Direct  0   0        D    127.0.0.1      InLoopBack0
    192.168.1.0/24  OSPF    10  2        D    192.168.3.1    GigabitEthernet
0/0/1
    192.168.2.0/24  OSPF    10  2        D    192.168.3.1    GigabitEthernet
0/0/1
    192.168.3.0/24  Direct  0   0        D    192.168.3.2    GigabitEthernet
0/0/1
    192.168.3.2/32  Direct  0   0        D    127.0.0.1      GigabitEthernet
0/0/1
  192.168.3.255/32  Direct  0   0        D    127.0.0.1      GigabitEthernet
0/0/1
    192.168.4.0/24  OSPF    10  3        D    192.168.3.1    GigabitEthernet
0/0/1
    192.168.5.0/24  Direct  0   0        D    192.168.5.1    GigabitEthernet
0/0/0
    192.168.5.1/32  Direct  0   0        D    127.0.0.1      GigabitEthernet
0/0/0
  192.168.5.255/32  Direct  0   0        D    127.0.0.1      GigabitEthernet
0/0/0
255.255.255.255/32  Direct  0   0        D    127.0.0.1      InLoopBack0
```

第六步：配置 OSPF 认证，防止恶意破坏者伪装成合法路由器，接收并修改路由信息。

（1）在 RouterA 和 RouterB 间配置明文认证，认证密码为"dengping"。

```
[RouterA]interface GigabitEthernet0/0/2
[RouterA-GigabitEthernet0/0/2]ospf authentication-mode simple dengping
[RouterA-GigabitEthernet0/0/2]quit
[RouterB]interface GigabitEthernet0/0/1
[RouterB-GigabitEthernet0/0/1]ospf authentication-mode simple dengping
[RouterB-GigabitEthernet0/0/1]return
<RouterB>save
```

（2）在 RouterA 和 RouterC 间配置 MD5 认证，认证密码为"dengping"。

```
[RouterA]interface GigabitEthernet0/0/0
[RouterA - GigabitEthernet0/0/0]ospf authentication - mode md5 1 cipher dengping
[RouterA - GigabitEthernet0/0/0]return
< RouterA > save
[RouterC]interface GigabitEthernet0/0/1
[RouterC - GigabitEthernet0/0/1]ospf authentication - mode md5 1 cipher dengping
[RouterC - GigabitEthernet0/0/1]return
< RouterC > save
```

（3）配置完成后，在路由器 RouterA 上查看验证路由是否受到了影响。

```
< RouterA > display ip routing - table
Route Flags: R - relay, D - download to fib
------------------------------------------------------------------------
Routing Tables: Public
         Destinations : 15    Routes : 15
Destination/Mask    Proto  Pre Cost    Flags NextHop        Interface
      127.0.0.0/8   Direct 0   0       D     127.0.0.1      InLoopBack0
      127.0.0.1/32  Direct 0   0       D     127.0.0.1      InLoopBack0
127.255.255.255/32  Direct 0   0       D     127.0.0.1      InLoopBack0
    192.168.1.0/24  Direct 0   0       D     192.168.1.1    GigabitEthernet
0/0/1
    192.168.1.1/32  Direct 0   0       D     127.0.0.1      GigabitEthernet
0/0/1
  192.168.1.255/32  Direct 0   0       D     127.0.0.1      GigabitEthernet
0/0/1
    192.168.2.0/24  Direct 0   0       D     192.168.2.1    GigabitEthernet
0/0/2
    192.168.2.1/32  Direct 0   0       D     127.0.0.1      GigabitEthernet
0/0/2
  192.168.2.255/32  Direct 0   0       D     127.0.0.1      GigabitEthernet
0/0/2
    192.168.3.0/24  Direct 0   0       D     192.168.3.1    GigabitEthernet
0/0/0
    192.168.3.1/32  Direct 0   0       D     127.0.0.1      GigabitEthernet
0/0/0
  192.168.3.255/32  Direct 0   0       D     127.0.0.1      GigabitEthernet
0/0/0
    192.168.4.0/24  OSPF   10  2       D     192.168.2.2    GigabitEthernet
0/0/2
    192.168.5.0/24  OSPF   10  2       D     192.168.3.2    GigabitEthernet
0/0/0
255.255.255.255/32  Direct 0   0       D     127.0.0.1      InLoopBack0
```

由以上反馈信息可知，OSPF 的验证路由没有受到影响。

6.5.6 测试与验收

本实训项目详细的测试步骤，请扫描下面二维码。

通过一系列的测试反馈信息可知,通过 HUAWEI 路由器 RouterA、RouterB 和 RouterC 的 OSPF 动态路由和验证路由配置,可以防止恶意破坏者伪装成合法路由器,接收并修改路由信息,同时,全网 PC 也可以跨网段实现全网互通,表明网络环境中的 OSPF 动态路由和验证路由的配置是成功的。

习题

1. 请简述如何解决动态路由协议 RIP 不连续子网问题。
2. 动态路由协议 RIP 的默认管理距离是多少?
3. 请简述动态路由协议 EIGRP 和 RIP 的自动汇总的异同点。
4. 动态路由协议 EIGRP 的默认管理距离是多少?
5. 请简述动态路由协议 OSPF 和 RIP 的自动汇总的异同点。
6. 动态路由协议 OSPF 的默认管理距离是多少?
7. 根据本章各实训项目的需求,分别设计网络拓扑,构建网络环境,安装调试设备,撰写实训报告,并写清楚实训操作过程中出现的问题以及解决办法。

第 7 章

大型网络动态路由技术

7.1 实训预备知识

7.1.1 边界网关协议

边界网关协议(Border Gateway Protocol,BGP)是一种实现自治系统(Autonomous System,AS)之间的路由可达,并选择最佳路由的距离矢量路由协议。AS 是指在一个实体管辖下拥有相同选路策略的 IP 地址。BGP 网络中的每个 AS 都被分配一个唯一的 AS 号,用于区分不同的 AS。

EBGP: 运行于不同 AS 之间的 BGP 称为 EBGP。为了防止 AS 间产生环路,当 BGP 设备接收 EBGP 对等体发送的路由时,会将带有本地 AS 号的路由丢弃。

IBGP: 运行于同一 AS 内部的 BGP 称为 IBGP。为了防止 AS 内产生环路,BGP 默认启用同步规则,即 BGP 设备不将从 IBGP 对等体学到的路由通告给其他 IBGP 对等体,缺省需要与所有 IBGP 对等体建立全连接才能实现 AS 内部各 IBGP 设备间的路由互通。为了解决 IBGP 对等体的连接数量过多的问题,BGP 设计了路由反射器和 BGP 联盟。

1. BGP 同步规则

如果你的 AS 需要将一个 AS 内路由转发给其他 AS,必须确定本 AS 内的 IGP 路由已经学得你将要通告至其他 AS 的路由。也就是说,在转发一条路由条目给其他 EBGP 邻居前,必须确定本 AS 内 IGP 路由表中已有这条路由。

BGP 的路由器号(Router ID): BGP 的 Router ID 是一个用于标识 BGP 设备的 32 位值,通常是 IPv4 地址的形式,在 BGP 会话建立时发送的 Open 报文中携带。对等体之间建立 BGP 会话时,每个 BGP 设备都必须有唯一的 Router ID,否则对等体之间不能建立 BGP 连接。

BGP 的 Router ID 在 BGP 网络中必须是唯一的,可以采用手工配置,也可以让设备自动选取。默认情况下,BGP 选择设备上的 Loopback 接口的 IPv4 地址作为 BGP 的 Router ID。如果设备上没有配置 Loopback 接口,系统会选择接口中最大的 IPv4 地址作为 BGP 的 Router ID。一旦选出 Router ID,除非发生接口地址删除等事件,否则即使配置了更大的地址,也保持原来的 Router ID。

IS-IS(中间系统到中间系统)协议与 OSPF(开放最短路径优先)协议有许多类似之处,如: 都是链路状态的 IGP,采用的都 SP 路由算法,都划分了区域。为了支持大规模的路由网络,IS-IS 在自治系统内采用骨干区域与非骨干区域的两级分层结构。一般来说,将 Level-1 路由器部署在非骨干区域,Level-2 路由器和 Level-1-2 路由器部署在骨干区域。每一个非骨干区域都通过 Level-1-2 路由器与骨干区域相连。

2. IS-IS 路由器的分类

1) Level-1 路由器

Level-1 路由器负责区域内的路由,它只与属于同一区域的 Level-1 和 Level-1-2 路由器形成邻居关系,属于不同区域的 Level-1 路由器不能形成邻居关系。Level-1 路由器只负责维护 Level-1 的链路状态数据库 LSDB(Link State DatabASe),该 LSDB 包含本区域的路由信息,到本区域外的报文转发给最近的 Level-1-2 路由器。

2) Level-2 路由器

Level-2 路由器负责区域间的路由,它可以与同一或者不同区域的 Level-2 路由器或者其他区域的 Level-1-2 路由器形成邻居关系。Level-2 路由器维护一个 Level-2 的 LSDB,该 LSDB 包含区域间的路由信息。

所有 Level-2 级别(即形成 Level-2 邻居关系)的路由器组成路由域的骨干网,负责在不同区域间通信。路由域中 Level-2 级别的路由器必须是物理连续的,以保证骨干网的连续性。只有 Level-2 级别的路由器才能直接与区域外的路由器交换数据报文或路由信息。

3) Level-1-2 路由器

同时属于 Level-1 和 Level-2 的路由器称为 Level-1-2 路由器,它可以与同一区域的 Level-1 和 Level-1-2 路由器形成 Level-1 邻居关系,也可以与其他区域的 Level-2 和 Level-1-2 路由器形成 Level-2 的邻居关系。Level-1 路由器必须通过 Level-1-2 路由器才能连接至其他区域。Level-1-2 路由器维护两个 LSDB,Level-1 的 LSDB 用于区域内路由,Level-2 的 LSDB 用于区域间路由。

7.1.2 单域、多域 OSPF

OSPF(Open Shortest Path First,开放式最短路径优先)是一个内部网关协议(Interior Gateway Protocol,IGP),用于在单一自治系统(AS)内决策路由。是对链路状态路由协议的一种实现,隶属内部网关协议,故运作于自治系统内部。著名的 Dijkstra 算法被用来计算最短路径树。OSPF 支持负载均衡和基于服务类型的选路,也支持多种路由形式,如特定主机路由和子网路由等。

OSPF 路由协议是一种典型的链路状态(Link-state)的路由协议,一般用于同一个路由域内。在这里,路由域是指一个自治系统,即 AS,它是指一组通过统一的路由政策或路由协议互相交换路由信息的网络。在这个 AS 中,所有的 OSPF 路由器都维护一个相同的描述这个 AS 结构的数据库,该数据库中存放的是路由域中相应链路的状态信息,OSPF 路由器正是通过这个数据库计算出其 OSPF 路由表的。

作为一种链路状态的路由协议,OSPF 将链路状态组播数据(Link State Advertisement,LSA)传送给在某一区域内的所有路由器,这一点与距离矢量路由协议不同。运行距离矢量路由协议的路由器是将部分或全部的路由表传递给与其相邻的路由器。

在信息交换的安全性上,OSPF 规定了路由器之间的任何信息交换在必要时都可以经过认证或鉴别(Authentication),以保证只有可信的路由器之间才能传播选路信息。OSPF

支持多种鉴别机制,并且允许各个区域间采用不同的鉴别机制。OSPF 对链路状态算法在广播式网络(如以太网)中的应用进行了优化,以尽可能地利用硬件广播能力来传递链路状态报文。通常链路状态算法的拓扑图中一个节点代表一个路由器。若 K 个路由器都连接到以太网上,在广播链路状态时,关于这 K 个路由器的报文将达到 K 的平方个。为此,OSPF 在拓扑结构图允许一个节点代表一个广播网络。每个广播网络上所有路由器发送链路状态报文,报告该网络中的路由器的链路状态。

1. OSPF 的特点

(1) 可适应大规模网络;

(2) 路由变化收敛速度快;

(3) 无路由环;

(4) 支持可变长子网掩码;

(5) 支持区域划分;

(6) 支持以组播地址发送协议报。

2. OSPF 适应网络

OSPF 适合大型网络区域,比如中国移动、中国联通、中国电信和国家电网等。一般情况下,Area0 作为骨干区域,Area1 作为子区域,Area2 作为子区域等,依此类推。

3. 单域 OSPF

每个自治系统中,OSPF 包含一个主干区域和若干个一般区域,单一区域只能是主干区域,主干区域用区域 0 表示。区域号是一个十进制数,也可用 IP 地址的点分十进制格式书写。

配置过程中,每台路由器都使用 router ospf process-id 命令启动一个 OSPF 路由选择协议进程。process-id 是本路由器上的 OSPF 进程 ID 号,它只有本地意义,即其他路由器不会关心这个数字。进程 ID 号码的取值范围是 $1\sim65535$,用于标识一台路由器上多个 OSPF 进程。

使用 network address wildcard-mask area area-id 命令可将网段加入到 OSPF 路由进程中,例如,network 172.16.1.0 0.0.0.3 area 0 命令就是将 172.16.1.0/30 网段加入 OSPF 路由进程中,其中 0.0.0.3 是通配符掩码。在这里,它相当于子网掩码 255.255.255.252 的反掩码。对于单域 OSPF,其自治系统只包含一个区域,即主干区域,用 area 0 来表示。

4. 多域 OSPF

如果将整个自治系统指定为一个区域,当区域内的路由器较多时,每台路由器都保留着整个区域中所有路由器生成的链路状态通告,这些 LSA 汇集成链路状态数据库(LSDB)。路由器越多,LSDB 就越大。太大的 LSDB 会增加运行运算量,加重 CPU 的负荷,达到 LSDB 同步所需的时间也越长。网络规模增大之后,其拓扑结构发生变化的概率也增大。为了同步这种变化,网络中会有大量的 LSA 在传递,降低网络的带宽利用率,而且每次变化还会导致网络中所有的路由器重新进行路由计算。

OSPF 可以将自治系统细分为若干个区域,以减少 LSA 的数量,屏蔽网络变化影响的范围。这种划分方法是在逻辑上把这些路由器分成组,区域的边界在路由器上。边界上路由器的各端口可能会属于不同的区域,这种路由器被称作区域边界路由器(Area Border Router,ABR)。

7.1.3 IS-IS 路由协议

IS-IS 是由 ISO 为其无连接网络协议设计的一种动态路由协议。IS-IS 可以同时应用在 TCP/IP 参考模型和 OSI 参考模型中,称为集成化的 IS-IS,IS-IS 属于 IGP,是一种链路状态型路由协议。IS-IS 属于 OSI 参考模型的网络层,RIP 基于 UDP。

IS-IS 路由域下可以划分成多个区域,区域划分的分割点在链路上,OSPF 区域的分割点在设备上。不同路由域的路由为 Level-3 路由,相同路由域,不同区域之间的路由是 Level-2 路由,区域内的路由是 Level-1 路由。

IS-IS 中路由器的角色:区域内路由器:Level-1 路由器、负责与其他区域连通的路由器称为 Level-1-2 路由器,Level-2 路由器类似于骨干路由器,但是还会与其他的路由域连通。

IS-IS 与 OSPF 的比较:

(1) 区域的设计:IS-IS 的区域分割点在链路上,骨干网是由所有的 Level-1-2 路由器和 Level-2 路由器组成的范围,OSPF 的区域分割点在设备上,骨干区域是区域 0。

(2) 相同点:链路状态型路由协议,收敛速度快,支持网络/路由分级,集成化 IS-IS 可同时支持 IP 和 OSI,协议采用 TLV 架构,更易扩展,OSPF 应用更广泛。

7.2 实训项目:CISCO 多区域 OSPF 动态路由协议应用

7.2.1 实训目的

掌握大规模网络(ISP 网络或大型企业)环境下,划分多个 OSPF 区域,利用 CISCO 路由器的动态路由协议(OSPF)的功能,作相关路由器的配置,实现全网的互联互通。

7.2.2 实训设备

(1) 硬件要求:CISCO 2811 路由器 2 台,CISCO S3560 交换机 2 台,PC 2 台,直连线 2 条,交叉线 4 条,光纤 1 条。

(2) 软件要求:CISCO Packet Tracer 7.2.1 仿真软件,Secure CRT 软件或者超级终端软件。

(3) 实训设备均为空配置。

7.2.3 项目需求分析

某市第一人民医院有东、西两院区,分别建立了两个院区的网络,两院区的网络边界路由器分别为 RouterA 和 RouterB,现通过光纤接口将两个院区的网络连接起来,形成一个完整的互联互通的计算机网络。

7.2.4 网络系统设计

根据项目需求分析,现简化网络系统设计,以便实现关键技术,如图 7-1 所示。

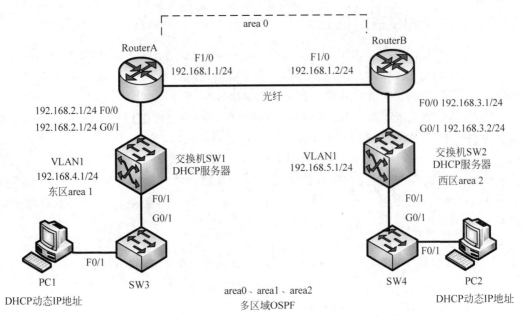

图 7-1　某人民医院配置多区域 OSPF 的系统图（部分）

7.2.5　工程组织与实施

第一步：按照图 7-1，使用直连线与交叉线连接物理设备。

第二步：根据图 7-1，规划 IP 相关信息。

第三步：启动超级终端程序，并设置相关参数。

第四步：在路由器 RouterA 上配置 IP 地址、OSPF 等信息。

（1）在路由器 RouterA 上配置 IP 地址。

```
Router > enable
Router # config terminal
Router(config) # hostname RouterA
RouterA(config) # interface F1/0
RouterA(config-if) # ip address 192.168.1.1 255.255.255.0
RouterA(config-if) # no shutdown
RouterA(config-if) # interface F0/0
RouterA(config-if) # ip address 192.168.2.1 255.255.255.0
RouterA(config-if) # no shutdown
RouterA(config-if) # exit
```

（2）在路由器 RouterA 上配置 OSPF。

```
RouterA(config) # router ospf 100
//启用 OSPF 协议,100 为自定义进程号;
RouterA(config-router ) # network 192.168.1.0 0.0.0.255 area 0
//对主干区域 area 0 进行配置,192.168.1.0 是 RouterA 路由器的光纤接口连接的子网,0.0.0.255
是 255.255.255.0 的子网掩码反码;
```

```
RouterA (config - router )# network 192.168.2.0 0.0.0.255 area 1
//对主干区域 area 1 进行配置,192.168.2.0 是 RouterA 路由器的连接内网的网段,0.0.0.255 是
255.255.255.0 的子网掩码反码;
```

注意：如果配置出错或者想修改配置,可以用以下命令进行修改：

```
RouterA(config - router)# no network 192.168.2.0 0.0.0.255 area 1
```

第五步：在路由器 RouterB 上配置 IP 地址、OSPF 等信息。

（1）在路由器 RouterB 上配置 IP 地址。

```
Router > enable
Router # config terminal
Router(config) # hostname RouterB
RouterB(config) # interface F1/0
RouterB(config - if) # ip address 192.168.1.2 255.255.255.0
RouterB(config - if) # no shutdown
RouterB(config - if) # interface F0/0
RouterB(config - if) # ip address 192.168.3.1 255.255.255.0
RouterB(config - if) # no shutdown
RouterB(config - if) # exit
```

（2）在路由器 RouterB 上配置 OSPF。

```
RouterB(config) # router ospf 200
//启用 OSPF,200 为自定义进程号;
RouterB(config - router )# network 192.168.1.0 0.0.0.255 area 0
//对主干区域 area 0 进行配置,192.168.1.0 是 RouterA 路由器的光纤接口连接的子网,0.0.0.255
是 255.255.255.0 的子网掩码反码;
RouterB(config - router )# network 192.168.3.0 0.0.0.255 area 2
//对主干区域 area 2 进行配置,192.168.3.0 是 RouterA 路由器的连接内网的网段,0.0.0.255 是
255.255.255.0 的子网掩码反码;
```

注意：如果配置出错或者想修改配置,可以用以下命令进行修改：

```
RouterB(config - router)# no network 192.168.3.0 0.0.0.255 area 1
```

第六步：在交换机 SW1 上配置 IP 地址、OSPF、DHCP 等信息。
（1）在交换机 SW1 上配置 IP 地址。

```
Switch > enable
Switch # config terminal
Switch (config) # hostname SW1
SW1(config) # interface G0/1
SW1(config - if)# no switchport //开启三层功能;
SW1(config - if) # ip address 192.168.2.2 255.255.255.0
SW1(config - if) # # no shutdown
SW1(config - if) # exit
```

```
SW1(config) # interface vlan 1
SW1(config - if) # ip address 192.168.4.1 255.255.255.0
SW1(config - if) # no shutdown
SW1(config - if) # exit
```

（2）在交换机 SW1 上配置 OSPF。

```
SW1(config) # ip routing //开启三层路由功能；
SW1(config) # router ospf 300
//启用 OSPF,300 为自定义进程号；
SW1(config - router ) # network 192.168.2.0 0.0.0.255 area 1
SW1(config - router ) # network 192.168.4.0 0.0.0.255 area 1
SW1(config - router ) # end
SW1 # write
```

（3）在交换机 SW1 上配置 DHCP。

```
SW1(config) # ip dhcp pool VLAN_1
SW1(dhcp - config) # network 192.168.4.0 255.255.255.0
SW1(dhcp - config) # default - router 192.168.4.1
SW1(dhcp - config) # dns - server 192.168.4.2
SW1(dhcp - config) # exit
SW1(config) # ip dhcp excluded - address 192.168.4.1
SW1(config) # ip dhcp excluded - address 192.168.4.2
SW1(config) # end
SW1 # write
```

第七步：在交换机 SW2 上配置 IP 地址、OSPF、DHCP 等信息。
（1）在交换机 SW2 上配置 IP 地址。

```
Switch > enable
Switch # config terminal
Switch(config) # hostname SW2
SW2(config) # interface G0/1
SW2(config - if) # no switchport //开启三层功能；
SW2(config - if) # ip address 192.168.3.2 255.255.255.0
SW2(config - if) # # no shutdown
SW2(config - if) # exit
SW2(config) # interface vlan 1
SW2(config - if) # ip address 192.168.5.1 255.255.255.0
SW2(config - if) # no shutdown
SW2(config - if) # exit
```

（2）在交换机 SW2 上配置 OSPF。

```
SW2(config) # ip routing
SW2(config) # router ospf 400
```

```
//启用 OSPF,400 为自定义进程号
SW2(config - router )# network 192.168.3.0 0.0.0.255 area 2
SW2(config - router )# network 192.168.5.0 0.0.0.255 area 2
```

（3）在交换机 SW2 上配置 DHCP。

```
SW2(config)# ip dhcp pool VLAN_1
SW2(dhcp - config)# network 192.168.5.0 255.255.255.0
SW2(dhcp - config)# default - router 192.168.5.1
SW2(dhcp - config)# dns - server 192.168.4.2
SW2(dhcp - config)# exit
SW2(config)# ip dhcp excluded - address 192.168.5.1
SW2(config)# end
SW2# write
```

第八步：在 PC 上自动获取 IP 地址、默认网关等参数。

（1）PC1 主机自动获取 IP 地址。

C:\> ipconfig /renew

C:\> ipconfig /all

```
fastEthernet0 Connection:(default port)
  Connection - specific DNS Suffix..:
  Physical Address................: 0009.7CB8.E60B
  Link - local IPv6 Address.........: FE80::209:7CFF:FEB8:E60B
  IP Address......................: 192.168.4.3
  Subnet Mask.....................: 255.255.255.0
  Default Gateway.................: 192.168.4.1
  DNS Servers.....................: 192.168.4.2
  DHCP Servers....................: 192.168.4.1
  DHCPv6 Client DUID..............: 00 - 01 - 00 - 01 - 9A - EE - 77 - 3D - 00 - 09 - 7C - B8 - E6 - 0B
```

（2）PC2 主机自动获取 IP 地址。

C:\> ipconfig /renew

C:\> ipconfig /all

```
fastEthernet0 Connection:(default port)
  Connection - specific DNS Suffix..:
  Physical Address................: 0090.2B82.A049
  Link - local IPv6 Address.........: FE80::290:2BFF:FE82:A049
  IP Address......................: 192.168.5.2
  Subnet Mask.....................: 255.255.255.0
  Default Gateway.................: 192.168.5.1
  DNS Servers.....................: 192.168.4.2
  DHCP Servers....................: 192.168.5.1
  DHCPv6 Client DUID..............: 00 - 01 - 00 - 01 - D0 - 87 - 87 - 32 - 00 - 90 - 2B - 82 - A0 - 49
```

7.2.6 测试与验收

本实训项目详细的测试步骤,请扫描下面二维码。

通过一系列测试,从反馈信息可知,通过在 CISCO 路由器的 area0、area1、area2 的多区域 OSPF 的配置和东、西区核心交换机 DHCP 的配置,实现了终端 PC 自动获取 IP 地址,达到全网互联互通。

7.3 实训项目:HUAWEI 多区域 OSPF 动态路由协议应用

7.3.1 实训目的

掌握园区级网络环境下,利用 HUAWEI 路由器的动态路由协议 OSPF 功能,做多区域 OSPF 动态路由的配置,实现全网的互联互通。

7.3.2 实训设备

(1) 硬件要求:HUAWEI 2240 路由器 3 台,HUAWEI S3700 交换机 3 台,PC 3 台,服务器 1 台,网线若干条,Console 控制线 1 条。

(2) 软件要求:HUAWEI eNSP V100R002C00B510.exe 仿真软件,VirtualBox-5.2.22-126460-Win.exe 软件,Secure CRT 软件或者超级终端软件。

(3) 实训设备均为空配置。

7.3.3 项目需求分析

某工业园区网络,需要使用 OSPF 来进行路由信息的传递,规划并配置网络中所有路由器属于 OSPF 的区域 0、OSPF 的区域 1、OSPF 的区域 2、OSPF 的区域 3 等,实现全网互联互通。

7.3.4 网络系统设计

根据项目需求分析,现简化网络系统设计,以便实现关键技术,如图 7-2 所示。

7.3.5 工程组织与实施

第一步:按照图 7-2,使用网线连接物理设备。

第二步:根据图 7-2,规划 IP 地址相关信息。

第三步:启动超级终端程序,并设置相关参数。

第四步:在路由器和 PC 上配置 IP 地址。

(1) 在路由器 RouterA 上配置 G0/0/0、G0/0/1 和 G0/0/2 的 IP 地址等。

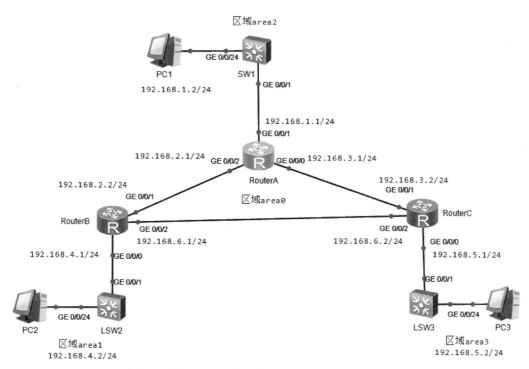

图 7-2　某工业园区多区域 OSPF 的配置系统图(部分)

```
< Huawei > system – view
[Huawei]sysname RouterA
[RouterA]interface g0/0/0
[RouterA – GigabitEthernet0/0/0]ip address 192.168.3.1 24
[RouterA – GigabitEthernet0/0/0]undo shutdown
[RouterA – GigabitEthernet0/0/0]quit
[RouterA]interface g0/0/1
[RouterA – GigabitEthernet0/0/1]ip address 192.168.1.1 24
[RouterA – GigabitEthernet0/0/1]undo shutdown
[RouterA – GigabitEthernet0/0/1]quit
[RouterA]interface g0/0/2
[RouterA – GigabitEthernet0/0/2]ip add 192.168.2.1 24
[RouterA – GigabitEthernet0/0/2]undo shutdown
[RouterA – GigabitEthernet0/0/2]quit
[RouterA]
```

(2) 在路由器 RouterB 上配置 IP 地址。

```
< Huawei > system – view
[Routerb]sysname RouterB
[RouterB]interface g0/0/1
[RouterB – GigabitEthernet0/0/1]ip add 192.168.2.2 24
[RouterB – GigabitEthernet0/0/1]undo shutdown
[RouterB – GigabitEthernet0/0/1]quit
[RouterB]interface g0/0/0
```

```
[RouterB-GigabitEthernet0/0/0]ip add 192.168.4.1 24
[RouterB-GigabitEthernet0/0/0]quit
[RouterB]interface g0/0/2
[RouterB-GigabitEthernet0/0/0]ip add 192.168.6.1 24
[RouterB-GigabitEthernet0/0/0]quit
[RouterB]
```

（3）在路由器 RouterC 上配置 IP 地址。

```
<Huawei>system-view
[Huawei]sysname RouterC
[RouterC]interface g0/0/1
[RouterC-GigabitEthernet0/0/1]ip add 192.168.3.2 24
[RouterC-GigabitEthernet0/0/1]undo shutdown
[RouterC-GigabitEthernet0/0/1]quit
[RouterC]interface g0/0/0
[RouterC-GigabitEthernet0/0/0]ip address 192.168.5.1 24
[RouterC-GigabitEthernet0/0/0]undo shutdown
[RouterC-GigabitEthernet0/0/0]quit
[RouterC-GigabitEthernet0/0/2]ip address 192.168.6.2 24
[RouterC-GigabitEthernet0/0/2]undo shutdown
[RouterC-GigabitEthernet0/0/2]quit
[RouterC]
```

（4）配置 PC1、PC2 和 PC3 的 IP 地址。

PC1 的 IP 地址情况：

```
PC>ipconfig
Link local IPv6 address...........: fe80::5689:98ff:fee1:42c6
IPv6 address.....................::: / 128
IPv6 gateway.....................:::
IPv4 address.....................: 192.168.1.2
Subnet mask......................: 255.255.255.0
Gateway..........................: 192.168.1.1
Physical address.................: 54-89-98-E1-42-C6
DNS server.......................: 192.168.1.100
```

PC2 的 IP 地址情况：

```
PC>ipconfig
Link local IPv6 address...........: fe80::5689:98ff:fe04:6295
IPv6 address.....................::: / 128
IPv6 gateway.....................:::
IPv4 address.....................: 192.168.4.2
Subnet mask......................: 255.255.255.0
Gateway..........................: 192.168.4.1
Physical address.................: 54-89-98-04-62-95
DNS server.......................: 192.168.1.100
```

PC3 的 IP 地址情况：

```
PC>ipconfig
Link local IPv6 address...........: fe80::5689:98ff:fed4:131
IPv6 address.....................: :: / 128
IPv6 gateway.....................: ::
IPv4 address.....................: 192.168.5.2
Subnet mask......................: 255.255.255.0
Gateway..........................: 192.168.5.1
Physical address.................: 54-89-98-D4-01-31
DNS server.......................:192.168.1.100
```

第五步：在路由器 RouterA、RouterB、RouterC 上配置 OSPF 动态路由，进程号为 1，设置 router-id，并使用 network 命令将需要的接口加入对应区域，实现终端 PC 全网互联互通。

（1）在路由器 RouterA 上的动态路由 OSPF 配置。

```
[RouterA]ospf 1 router-id 1.1.1.1
[RouterA-ospf-1-area-0.0.0.0]network 192.168.2.1 0.0.0.255
[RouterA-ospf-1-area-0.0.0.0]network 192.168.3.0 0.0.0.255
[RouterA-ospf-1-area-0.0.0.0]quit
[RouterA-ospf-1]area 2
[RouterA-ospf-1-area-0.0.0.2]network 192.168.1.0 0.0.0.255
[RouterA-ospf-1-area-0.0.0.0]quit
[RouterA-ospf-1]quit
[RouterA]
```

（2）在路由器 RouterB 上的动态路由 OSPF 配置。

```
[RouterB]ospf 1 router-id 2.2.2.2
[RouterB-ospf-1]area 0
[RouterB-ospf-1-area-0.0.0.0]network 192.168.2.0 0.0.0.255
[RouterB-ospf-1-area-0.0.0.0]network 192.168.6.0 0.0.0.255
[RouterB-ospf-1-area-0.0.0.0]quit
[RouterB-ospf-1]area 1
[RouterB-ospf-1-area-0.0.0.1]network 192.168.4.0 0.0.0.255
[RouterB-ospf-1-area-0.0.0.1]quit
[RouterB-ospf-1]quit
[RouterB]
```

（3）在路由器 RouterC 上的动态路由 OSPF 配置。

```
[RouterC]ospf 1 router-id 3.3.3.3
[RouterC-ospf-1]ar
[RouterC-ospf-1]area 0
[RouterC-ospf-1-area-0.0.0.0]network 192.168.3.0 0.0.0.255
[RouterC-ospf-1-area-0.0.0.0]network 192.168.6.0 0.0.0.255
```

```
[RouterC - ospf - 1 - area - 0.0.0.0]quit
[RouterC - ospf - 1]area 3
[RouterC - ospf - 1 - area - 0.0.0.3]network 192.168.5.0 0.0.0.255
[RouterC - ospf - 1 - area - 0.0.0.3]quit
[RouterC - ospf - 1]quit
[RouterC]
```

（4）查看路由器 RouterA 的路由表信息。

```
< RouterA > display ip routing - table
Route Flags: R - relay, D - download to fib
-------------------------------------------------------------------------
Routing Tables: Public
          Destinations : 15     Routes : 15
Destination/Mask     Proto  Pre Cost    Flags NextHop         Interface
    127.0.0.0/8      Direct 0   0         D   127.0.0.1       InLoopBack0
    127.0.0.1/32     Direct 0   0         D   127.0.0.1       InLoopBack0
127.255.255.255/32   Direct 0   0         D   127.0.0.1       InLoopBack0
  192.168.1.0/24     Direct 0   0         D   192.168.1.1     GigabitEthernet
0/0/1
  192.168.1.1/32     Direct 0   0         D   127.0.0.1       GigabitEthernet
0/0/1
  192.168.1.255/32   Direct 0   0         D   127.0.0.1       GigabitEthernet
0/0/1
  192.168.2.0/24     Direct 0   0         D   192.168.2.1     GigabitEthernet
0/0/2
  192.168.2.1/32     Direct 0   0         D   127.0.0.1       GigabitEthernet
0/0/2
  192.168.2.255/32   Direct 0   0         D   127.0.0.1       GigabitEthernet
0/0/2
  192.168.3.0/24     Direct 0   0         D   192.168.3.1     GigabitEthernet
0/0/0
  192.168.3.1/32     Direct 0   0         D   127.0.0.1       GigabitEthernet
0/0/0
  192.168.3.255/32   Direct 0   0         D   127.0.0.1       GigabitEthernet
0/0/0
  192.168.4.0/24     OSPF   10  2         D   192.168.2.2     GigabitEthernet
0/0/2
  192.168.5.0/24     OSPF   10  2         D   192.168.3.2     GigabitEthernet
0/0/0
255.255.255.255/32   Direct 0   0         D   127.0.0.1       InLoopBack0
```

（5）查看路由器 RouterB 的路由表信息。

```
< RouterB > display ip routing - table
Route Flags: R - relay, D - download to fib
-------------------------------------------------------------------------
Routing Tables: Public
          Destinations : 13     Routes : 13
```

```
Destination/Mask     Proto  Pre Cost    Flags NextHop        Interface
        127.0.0.0/8  Direct  0   0       D    127.0.0.1      InLoopBack0
        127.0.0.1/32 Direct  0   0       D    127.0.0.1      InLoopBack0
127.255.255.255/32   Direct  0   0       D    127.0.0.1      InLoopBack0
      192.168.1.0/24 OSPF   10   2       D    192.168.2.1    GigabitEthernet
0/0/1
      192.168.2.0/24 Direct  0   0       D    192.168.2.2    GigabitEthernet
0/0/1
      192.168.2.2/32 Direct  0   0       D    127.0.0.1      GigabitEthernet
0/0/1
    192.168.2.255/32 Direct  0   0       D    127.0.0.1      GigabitEthernet
0/0/1
      192.168.3.0/24 OSPF   10   2       D    192.168.2.1    GigabitEthernet
0/0/1
      192.168.4.0/24 Direct  0   0       D    192.168.4.1    GigabitEthernet
0/0/0
      192.168.4.1/32 Direct  0   0       D    127.0.0.1      GigabitEthernet
0/0/0
    192.168.4.255/32 Direct  0   0       D    127.0.0.1      GigabitEthernet
0/0/0
      192.168.5.0/24 OSPF   10   3       D    192.168.2.1    GigabitEthernet
0/0/1
  255.255.255.255/32 Direct  0   0       D    127.0.0.1      InLoopBack0
```

（6）查看路由器 RouterC 的路由表信息。

```
<RouterC> display ip routing - table
Route Flags: R - relay, D - download to fib
----------------------------------------   --------------------------------
Routing Tables: Public
         Destinations : 13    Routes : 13
Destination/Mask     Proto  Pre Cost    Flags NextHop        Interface
        127.0.0.0/8  Direct  0   0       D    127.0.0.1      InLoopBack0
        127.0.0.1/32 Direct  0   0       D    127.0.0.1      InLoopBack0
127.255.255.255/32   Direct  0   0       D    127.0.0.1      InLoopBack0
      192.168.1.0/24 OSPF   10   2       D    192.168.3.1    GigabitEthernet
0/0/1
      192.168.2.0/24 OSPF   10   2       D    192.168.3.1    GigabitEthernet
0/0/1
      192.168.3.0/24 Direct  0   0       D    192.168.3.2    GigabitEthernet
0/0/1
      192.168.3.2/32 Direct  0   0       D    127.0.0.1      GigabitEthernet
0/0/1
    192.168.3.255/32 Direct  0   0       D    127.0.0.1      GigabitEthernet
0/0/1
      192.168.4.0/24 OSPF   10   3       D    192.168.3.1    GigabitEthernet
0/0/1
      192.168.5.0/24 Direct  0   0       D    192.168.5.1    GigabitEthernet
0/0/0
```

192.168.5.1/32	Direct	0	0	D	127.0.0.1	GigabitEthernet0/0/0
192.168.5.255/32	Direct	0	0	D	127.0.0.1	GigabitEthernet0/0/0
255.255.255.255/32	Direct	0	0	D	127.0.0.1	InLoopBack0

第六步：配置 OSPF 认证，防止恶意破坏者伪装成合法路由器，接收并修改路由信息。

（1）在 RouterA 和 RouterB 间配置明文认证，认证密码为"dengping"。

```
[RouterA]interface GigabitEthernet0/0/2
[RouterA-GigabitEthernet0/0/2]ospf authentication-mode simple dengping
[RouterA-GigabitEthernet0/0/2]quit
[RouterB]interface GigabitEthernet0/0/1
[RouterB-GigabitEthernet0/0/1]ospf authentication-mode simple dengping
[RouterB-GigabitEthernet0/0/1]quit
[RouterB]
```

（2）在 RouterA 和 RouterC 间配置 MD5 认证，认证密码为"dengping"。

```
[RouterA]interface GigabitEthernet0/0/0
[RouterA-GigabitEthernet0/0/0]ospf authentication-mode md5 1 cipher dengping
[RouterA-GigabitEthernet0/0/0]return
<RouterA>save
[RouterC]interface GigabitEthernet0/0/1
[RouterC-GigabitEthernet0/0/1]ospf authentication-mode md5 1 cipher dengping
[RouterC-GigabitEthernet0/0/1]quit
[RouterC]
```

（3）在 RouterB 和 RouterC 间配置 MD5 认证，认证密码为"dengping"。

```
[RouterB]interface GigabitEthernet0/0/2
[RouterB-GigabitEthernet0/0/2]ospf authentication-mode md5 1 cipher dengping
[RouterB-GigabitEthernet0/0/2]return
<RouterB>save
[RouterC]interface GigabitEthernet0/0/2
[RouterC-GigabitEthernet0/0/2]ospf authentication-mode md5 1 cipher dengping
[RouterC-GigabitEthernet0/0/2]return
<RouterC>save
```

（4）配置完成后，在路由器 RouterA 上查看验证路由是否受到了影响。

```
<RouterA>display ip routing-table
Route Flags: R - relay, D - download to fib
------------------------------------------------------------------------------
Routing Tables: Public
         Destinations : 15      Routes : 15

Destination/Mask    Proto   Pre Cost     Flags NextHop          Interface
```

127.0.0.0/8	Direct	0	0	D	127.0.0.1	InLoopBack0
127.0.0.1/32	Direct	0	0	D	127.0.0.1	InLoopBack0
127.255.255.255/32	Direct	0	0	D	127.0.0.1	InLoopBack0
192.168.1.0/24	Direct	0	0	D	192.168.1.1	GigabitEthernet 0/0/1
192.168.1.1/32	Direct	0	0	D	127.0.0.1	GigabitEthernet 0/0/1
192.168.1.255/32	Direct	0	0	D	127.0.0.1	GigabitEthernet 0/0/1
192.168.2.0/24	Direct	0	0	D	192.168.2.1	GigabitEthernet 0/0/2
192.168.2.1/32	Direct	0	0	D	127.0.0.1	GigabitEthernet 0/0/2
192.168.2.255/32	Direct	0	0	D	127.0.0.1	GigabitEthernet 0/0/2
192.168.3.0/24	Direct	0	0	D	192.168.3.1	GigabitEthernet 0/0/0
192.168.3.1/32	Direct	0	0	D	127.0.0.1	GigabitEthernet 0/0/0
192.168.3.255/32	Direct	0	0	D	127.0.0.1	GigabitEthernet 0/0/0
192.168.4.0/24	OSPF	10	2	D	192.168.2.2	GigabitEthernet 0/0/2
192.168.5.0/24	OSPF	10	2	D	192.168.3.2	GigabitEthernet 0/0/0
255.255.255.255/32	Direct	0	0	D	127.0.0.1	InLoopBack0

由以上反馈信息可知,OSPF 的验证路由没有受到影响。

7.3.6 测试与验收

本实训项目详细的测试步骤,请扫描下面二维码。

通过一系列的测试,从反馈信息可知,通过 HUAWEI 路由器 RouterA、RouterB 和 RouterC 的多区域 OSPF 动态路由和验证路由配置,可以防止恶意破坏者伪装成合法路由器,接收并修改路由信息,同时,全网 PC 也可以跨网段实现全网互通,表明网络环境中的多区域 OSPF 动态路由和验证路由的配置是成功的。

7.4 实训项目:CISCO 大规模互联网运营商网络之间的 BGP 应用

7.4.1 实训目的

掌握互联网各大运营商(ISP)自治系统(AS)的边界网关协议(BGP)互联功能,并熟练掌握基于 CISCO 设备的 BGP 和 OSPF 动态路由的配置,实现运营商(ISP)网络间的高速互联互通。

7.4.2　实训设备

(1) 硬件要求：CISCO 2911 路由器 3 台,CISCO S2960 交换机 3 台,PC 4 台,直连线 7 条,交叉线 2 条,DNS 服务器 1 台。

(2) 软件要求：GNS3 模拟器,Secure CRT 软件或者超级终端软件。

(3) 实训设备均为空配置。

7.4.3　项目需求分析

背景：目前,互联网各大运营商自治系统的互联,通常采用边界网关协议实现。BGP 线路主要特点就是：单 IP 地址多线路接入,消除跨网访问,保证访问质量。例如,某 IP 地址为 BGP 的 IP 地址,则中国电信、中国联通、中国移动访问该 IP 地址都不需要跨网访问,访问速度快,所以现在的云厂商不管是腾讯云还是阿里云,都非常注重 BGP 线路的对接,因为对接的运营商越多,购买该云厂商的机器上部署业务后,就不会出现某些拉了小运营商带宽的用户访问业务延迟高的问题。

仿真网络的需求：所有的 CISCO 设备均运行 BGP,且 AS2 中的 3 台路由器运行的 IGP 是 OSPF,R4、R5 存在两条链路。要求：R1～R5 的环回可以互相访问。

7.4.4　网络系统设计

根据项目需求分析,现简化网络系统设计,以便实现关键技术,如图 7-3 所示。

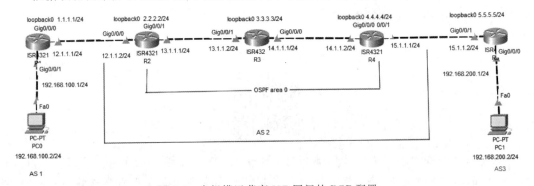

图 7-3　大规模运营商 ISP 网间的 BGP 配置

7.4.5　工程组织与实施

第一步：按照图 7-3,使用网线连接物理设备。

第二步：根据图 7-3,规划路由器的 IP 地址、子网掩码等相关信息。

第三步：启动超级终端程序,并设置相关参数。

第四步：在路由器和 PC 上配置 IP 地址。

(1) 配置路由器 R1 的 IP 地址。

```
< Router > enable
Router # configure terminal
Router(config) # hostname R1
R1(config) # interface g0/0/0
R1(config - if) # no shutdown
R1(config - if) # ip address 12.1.1.1 255.255.255.0
R1(config - if) # interface g0/0/1
R1(config - if) # ip address 192.168.100.1 255.255.255.0
R1(config - if) # no shutdown
R1(config - if) # interface loopback 0
R1(config - if) # ip address 1.1.1.1 255.255.255.0
R1(config - if) # no shutdown
R1(config - if) # end
R1 #
```

（2）配置路由器 R2 的 IP 地址。

```
< Router > enable
Router # configure terminal
Router(config) # hostname R2
R2(config) # interface g0/0/0
R2(config - if) # no shutdown
R2(config - if) # ip address 12.1.1.2 255.255.255.0
R2(config - if) # interface g0/0/1
R2(config - if) # ip address 13.1.1.1 255.255.255.0
R2(config - if) # no shutdown
R2(config - if) # interface loopback 0
R2(config - if) # ip address 2.2.2.2 255.255.255.0
R2(config - if) # no shutdown
R2(config - if) # end
R2 #
```

（3）配置路由器 R3 的 IP 地址。

```
< Router > enable
Router # configure terminal
Router(config) # hostname R3
R3(config) # interface g0/0/1
R3(config - if) # no shutdown
R3(config - if) # ip address 13.1.1.2 255.255.255.0
R3(config - if) # interface g0/0/0
R3(config - if) # ip address 14.1.1.1 255.255.255.0
R3(config - if) # no shutdown
R3(config - if) # interface loopback 0
R3(config - if) # ip address 3.3.3.3 255.255.255.0
R3(config - if) # no shutdown
R3(config - if) # end
R3 #
```

（4）配置路由器 R4 的 IP 地址。

```
Router > enable
Router # configure terminal
Router(config) # hostname R4
R4(config) # interface g0/0/0
R4(config - if) # no shutdown
R4(config - if) # ip address 14.1.1.2 255.255.255.0
R4(config - if) # interface g0/0/1
R4(config - if) # ip address 15.1.1.1 255.255.255.0
R4(config - if) # no shutdown
R4(config - if) # interface loopback 0
R4(config - if) # ip address 4.4.4.4 255.255.255.0
R4(config - if) # no shutdown
R4(config - if) # end
R4 #
```

（5）配置路由器 R5 的 IP 地址。

```
Router > enable
Router # configure terminal
Router(config) # hostname R5
R5(config) # interface g0/0/0
R5(config - if) # no shutdown
R5(config - if) # ip address 192.168.200.1 255.255.255.0
R5(config - if) # interface g0/0/1
R5(config - if) # ip address 15.1.1.2 255.255.255.0
R5(config - if) # no shutdown
R5(config - if) # interface loopback 0
R5(config - if) # ip address 5.5.5.5 255.255.255.0
R5(config - if) # no shutdown
R5(config - if) # end
R5 #
```

第五步：在自治系统 AS2 中配置 OSPF。需要注意的是与 BGP 相连的接口不宣告在 OSPF 区域内。

（1）自治系统 AS2 中的路由器 R2 的 OSPF 配置。

```
R2 # config terminal
R2(config) # router ospf 1
R2(config - router) # router
R2(config - router) # router - id 2.2.2.2
R2(config - router) # network 2.2.2.0 0.0.0.255 area 0
R2(config - router) # network 13.1.1.0 0.0.0.255 area 0
```

（2）自治系统 AS2 中的路由器 R3 的 OSPF 配置。

```
R3 # config terminal
R3(config) # router ospf 1
R3(config - router) # router - id 3.3.3.3
R3(config - router) # network 13.1.1.0 0.0.0.255 area 0
R3(config - router) # network 14.1.1.0 0.0.0.255 area 0
R3(config - router) # network 3.3.3.0 0.0.0.255 area 0
```

（3）自治系统 AS2 中的路由器 R4 的 OSPF 配置。

```
R4 # config terminal
R4(config) # router ospf 1
R4(config - router) # router - id 4.4.4.4
R4(config - router) # network 4.4.4.0 0.0.0.255 area 0
R4(config - router) # network 14.1.1.0 0.0.0.255 area 0
```

第六步：在路由器上配置 BGP。

（1）在路由器 R1、R2 之间建立直连的 BGP 邻居和静态路由。

```
R1(config) # router bgp 1
R1(config - router) # bgp router - id 1.1.1.1
R1(config - router) # neighbor 12.1.1.2 remote - AS 2
R1(config - router) # exit
R1(config) # ip route 0.0.0.0 0.0.0.0 12.1.1.2
R2(config) # router bgp 2
R2(config - router) # bgp router - id 2.2.2.2
R2(config - router) # neighbor 12.1.1.1 remote - AS 1
R2(config - router) # exit
R2(config) # ip route 0.0.0.0 0.0.0.0 12.1.1.1
```

（2）在路由器 R4、R5 之间建立直连的 BGP 邻居和静态路由。

```
R4(config) # router bgp 2
R4(config - router) # neighbor 5.5.5.5 remote - AS 3
R4(config - router) # exit
R4(config) ip route 0.0.0.0 0.0.0.0 15.1.1.2
R5(config) # router bgp 3
R5(config - router) # bgp router - id 5.5.5.5
R5(config - router) # neighbor 4.4.4.4 remote - AS 2
R5(config - router) # exit
R5(config) # ip route 0.0.0.0 0.0.0.0 15.1.1.1
```

（3）在路由器 R2、R3、R4 上 BGP 宣告。

```
R2(config) # router bgp 2
R2(config - router) # neighbor 3.3.3.3 next - hop - self
R2(config - router) # neighbor 4.4.4.4 next - hop - self
R3(config - router) # neighbor 2.2.2.2 next - hop - self
```

```
R3(config-router)#neighbor 4.4.4.4 next-hop-self
R4(config-router)#neighbor 2.2.2.2 next-hop-self
R4(config-router)#neighbor 3.3.3.3 next-hop-self
宣告 R1、R5 的环回:
R1(config)#router bgp 1
R1(config-router)#network 1.1.1.0 mask 255.255.255.0
R1(config-router)#network 192.168.100.0 mask 255.255.255.0
R5(config)#router bgp 3
R5(config-router)#network 5.5.5.0 mask 255.255.255.0
R5(config-router)#network 192.168.200.0 mask 255.255.255.0
```

(4) 在路由器 R2、R3 和 R4 上建立 IBGP 邻居关系。由于环回可以起到链路备份的作用,保证邻居关系的不断开,因此 IBGP 中的邻居最好使用环回来建立邻居。(注:目前 Packet Tracer 模拟器不支持 IBGP 的邻居关系建立配置。建议使用 GNS3 CISCO 模拟器。)

```
R2(config)router bgp 2
R2(config-router)#neighbor 3.3.3.3 remote-AS 2
R2(config-router)#neighbor 3.3.3.3 update-source loopback 0
R2(config-router)#neighbor 4.4.4.4 remote-AS 2
R2(config-router)#neighbor 4.4.4.4 update-source loopback 0
R3(config)#router bgp 2
R3(config-router)#bgp router-id 3.3.3.3
R3(config-router)#neighbor 2.2.2.2 remote-AS 2
R3(config-router)#neighbor 2.2.2.2 update-source loopback 0
R3(config-router)#neighbor 4.4.4.4 remote-AS 2
R3(config-router)#neighbor 4.4.4.4 update-source loopback 0
R4(config)#router bgp 2
R4(config-router)#bgp router-id 4.4.4.4
R4(config-router)#neighbor 3.3.3.3 remote-AS 2
R4(config-router)#neighbor 3.3.3.3 update-source loopback 0
R4(config-router)#neighbor 2.2.2.2 remote-AS 2
R4(config-router)#neighbor 2.2.2.2 update-source loopback 0
```

7.4.6 测试与验收

本实训项目详细的测试步骤,请扫描下面二维码。

通过一系列的测试,从反馈信息可知,通过 HUAWEI 路由器 Router1、Router2、Router3、Router4 和 Router5 的多区域 OSPF 动态路由和 BGP 配置,实现了运营级的广域网路由器的全网互联互通。

7.5 实训项目：HUAWEI 大规模互联网运营商网络之间的 BGP 应用

7.5.1 实训目的

掌握互联网各大运营商自治系统的边界网关协议互联功能，并熟练掌握基于华为设备的 BGP 和 OSPF 动态路由的配置，实现运营商网络间的高速互联互通。

7.5.2 实训设备

（1）硬件要求：HUAWEI 3260 路由器 5 台，PC 2 台，网线若干条，Console 控制线 1 条。

（2）软件要求：HUAWEI eNSP V100R002C00B510.exe 仿真软件，VirtualBox-5.2.22-126460-Win.exe 软件，Secure CRT 软件或者超级终端软件。

（3）实训设备均为空配置。

7.5.3 项目需求分析

背景：目前，互联网各大运营商自治系统的互联，通常采用边界网关协议实现。BGP 线路主要特点是：单 IP 多线路接入，消除跨网访问，保证访问质量。例如，某 IP 为 BGP 的 IP，则中国电信、中国联通、中国移动访问该 IP 都不需要跨网访问，访问速度快，所以现在的云厂商不管是腾讯云还是阿里云，都非常注重 BGP 线路的对接，因为对接的运营商越多，购买该云厂商的机器上部署业务后，就不会出现某些装了小运营商带宽的用户访问业务延迟高的问题。

仿真网络的需求：所有华为设备均运行 BGP，实现网络设备相互访问。

7.5.4 网络系统设计

根据项目需求分析，现简化网络系统设计，以便实现关键技术，如图 7-4 所示。

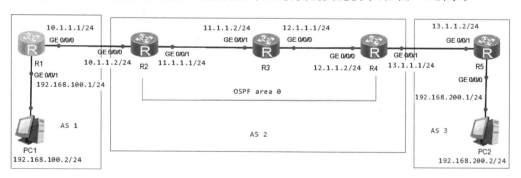

图 7-4 基于华为路由器 BGP 配置

7.5.5 工程组织与实施

第一步：按照图 7-4，使用网线连接物理设备。

第二步：根据图 7-4，规划路由器的 IP 地址、子网掩码等相关信息（回环地址子网掩码为 32 位,接口地址子网掩码为 24 位)。

第三步: 启动超级终端程序,并设置相关参数。

第四步: 在路由器和 PC 上配置 IP 地址。

(1) 路由器 R1 的 IP 地址配置。

```
[Huawei]system - view
[Huawei]sysname R1
[R1]interface g0/0/0
[R1 - GigabitEthernet0/0/0]ip address 10.1.1.1 24
[R1 - GigabitEthernet0/0/0]undo shutdown
[R1 - GigabitEthernet0/0/0]quit
[R1]interface g0/0/1
[R1 - GigabitEthernet0/0/1]ip address 192.168.100.1 24
[R1 - GigabitEthernet0/0/1]undo shutdown
[R1 - GigabitEthernet0/0/1]quit
[R1]interface loopback 0
[R1 - LoopBack0]ip address 1.1.1.1 32
[R1 - LoopBack0]undo shutdown
[R1 - LoopBack0]quit
[R1]
```

(2) 路由器 R2 的 IP 地址配置。

```
< Huawei > system - view
[Huawei]sysname R2
[R2]interface g0/0/0
[R2 - GigabitEthernet0/0/0]ip address 10.1.1.2 24
[R2 - GigabitEthernet0/0/0]undo shutdown
[R2 - GigabitEthernet0/0/0]quit
[R2]interface g0/0/1
[R2 - GigabitEthernet0/0/1]ip address 11.1.1.1 24
[R2 - GigabitEthernet0/0/1]undo shutdown
[R2 - GigabitEthernet0/0/1]quit
```

(3) 路由器 R3 的 IP 地址配置。

```
< Huawei > system - view
[Huawei]sysname R3
[R3]interface g0/0/1
[R3 - GigabitEthernet0/0/1]ip address 11.1.1.2 24
[R3 - GigabitEthernet0/0/1]undo shutdown
[R3 - GigabitEthernet0/0/1]quit
[R3]interface g0/0/0
[R3 - GigabitEthernet0/0/0]ip address 12.1.1.1 24
[R3 - GigabitEthernet0/0/0]undo shutdown
[R3 - GigabitEthernet0/0/0]quit
[R3]
```

(4) 路由器 R4 的 IP 地址配置。

```
< Huawei > system - view
[Huawei]sysname R4
[R4]interface g0/0/0
[R4 - GigabitEthernet0/0/0]ip address 12.1.1.2 24
[R4 - GigabitEthernet0/0/0]undo shutdown
[R4 - GigabitEthernet0/0/0]quit
[R4]interface g0/0/1
[R4 - GigabitEthernet0/0/1]ip address 13.1.1.1 24
[R4 - GigabitEthernet0/0/1]undo shutdown
[R4 - GigabitEthernet0/0/1]quit
[R4]
```

（5）路由器 R5 的 IP 地址配置。

```
< Huawei > system - view
[Huawei]sysname R5
[R5]interface g0/0/1
[R5 - GigabitEthernet0/0/1]ip address 13.1.1.2 24
[R5 - GigabitEthernet0/0/1]undo shutdown
[R5 - GigabitEthernet0/0/1]quit
[R5]interface g0/0/0
[R5 - GigabitEthernet0/0/0]ip address 192.168.200.1 24
[R5 - GigabitEthernet0/0/0]undo shutdown
[R5 - GigabitEthernet0/0/0]quit
[R5]
```

（6）PC1 和 PC2 主机上的 IP 地址配置。

PC1 的 IP 地址配置情况：

```
PC > ipconfig
Link local IPv6 address...........: fe80::5689:98ff:feed:103e
IPv6 address.....................: :: / 128
IPv6 gateway.....................: ::
IPv4 address.....................: 192.168.100.2
Subnet mask......................: 255.255.255.0
Gateway..........................: 192.168.100.1
Physical address.................: 54 - 89 - 98 - ED - 10 - 3E
DNS server.......................:
```

PC2 的 IP 地址配置情况：

```
PC > ipconfig
Link local IPv6 address...........: fe80::5689:98ff:fe80:5048
IPv6 address.....................: :: / 128
IPv6 gateway.....................: ::
IPv4 address.....................: 192.168.200.2
Subnet mask......................: 255.255.255.0
Gateway..........................: 192.168.200.1
Physical address.................: 54 - 89 - 98 - 80 - 50 - 48
DNS server.......................:
```

第五步：在路由器上配置 BGP 和路由。

（1）路由器 R1 上的 BGP 和静态路由配置。

```
[R1]bgp 1
[R1 - bgp]router - id 1.1.1.1
[R1 - bgp]peer 2.2.2.2 AS - number 2
[R1 - bgp]peer 2.2.2.2 ebgp - max - hop 2
[R1 - bgp]peer 2.2.2.2 connect - interface loopback0
[R1 - bgp]ipv4 - family unicast
[R1 - bgp - af - ipv4]undo synchronization
[R1 - bgp - af - ipv4]network 192.168.100.0 255.255.255.0
[R1 - bgp - af - ipv4]peer 2.2.2.2 enable
[R1 - bgp - af - ipv4]quit
[R1 - bgp]quit
[R1]ip route - static 2.2.2.2 255.255.255.255 10.1.1.2 //配置静态路由；
```

（2）路由器 R2 上的 BGP 和静态路由配置。

```
[R2]bgp 2
[R2 - bgp]router - id 2.2.2.2
[R2 - bgp]peer 1.1.1.1 AS - number 1
[R2 - bgp]peer 1.1.1.1 ebgp - max - hop 2
[R2 - bgp]peer 1.1.1.1 connect - interface LoopBack0
[R2 - bgp]peer 3.3.3.3 AS - number 2
[R2 - bgp]peer 3.3.3.3 connect - interface LoopBack0
[R2 - bgp]peer 4.4.4.4 AS - number 2
[R2 - bgp]peer 4.4.4.4 connect - interface LoopBack0
[R2 - bgp]ipv4 - family unicast
[R2 - bgp - af - ipv4]undo synchronization
[R2 - bgp - af - ipv4]import - route ospf 1
[R2 - bgp - af - ipv4]peer 1.1.1.1 enable
[R2 - bgp - af - ipv4]peer 3.3.3.3 enable
[R2 - bgp - af - ipv4]peer 3.3.3.3 next - hop - local
[R2 - bgp - af - ipv4]peer 4.4.4.4 enable
[R2 - bgp - af - ipv4]peer 4.4.4.4 next - hop - local
[R2 - bgp - af - ipv4]quit
[R2 - bgp]quit
OSPF 配置
[R2]ospf 1 router - id 2.2.2.2
[R2 - ospf - 1]area 0.0.0.0
[R2 - ospf - 1 - area - 0.0.0.0]network 2.2.2.2 0.0.0.0
[R2 - ospf - 1 - area - 0.0.0.0]network 11.1.1.1 0.0.0.0
[R2 - ospf - 1 - area - 0.0.0.0]quit
[R2 - ospf - 1]quit
静态路由
[R2]ip route - static 1.1.1.1 255.255.255.255 10.1.1.1
```

（3）路由器 R3 上的 BGP 和静态路由配置。

```
[R3]bgp 2
[R3 - bgp]router - id 3.3.3.3
[R3 - bgp]peer 2.2.2.2 AS - number 2
[R3 - bgp]peer 2.2.2.2 connect - interface LoopBack0
[R3 - bgp]peer 4.4.4.4 AS - number 2
[R3 - bgp]peer 4.4.4.4 connect - interface LoopBack0
[R3 - bgp]ipv4 - family unicast
[R3 - bgp - af - ipv4]undo synchronization
[R3 - bgp - af - ipv4]peer 2.2.2.2 enable
[R3 - bgp - af - ipv4]peer 4.4.4.4 enable
[R3 - bgp - af - ipv4]quit
[R3 - bgp]quit
OSPF 配置
[R3]ospf 1 router - id 3.3.3.3
[R3 - ospf - 1]area 0.0.0.0
[R3 - ospf - 1 - area - 0.0.0.0]network 3.3.3.3 0.0.0.0
[R3 - ospf - 1 - area - 0.0.0.0]network 11.1.1.2 0.0.0.0
[R3 - ospf - 1 - area - 0.0.0.0]network 12.1.1.1 0.0.0.0
```

（4）路由器 R4 上的 BGP 和静态路由配置。

```
[R4]bgp 2
[R4 - bgp]router - id 4.4.4.4
[R4 - bgp]peer 2.2.2.2 AS - number 2
[R4 - bgp]peer 2.2.2.2 connect - interface LoopBack0
[R4 - bgp]peer 3.3.3.3 AS - number 2
[R4 - bgp]peer 3.3.3.3 connect - interface LoopBack0
[R4 - bgp]peer 5.5.5.5 AS - number 3
[R4 - bgp]peer 5.5.5.5 ebgp - max - hop 2
[R4 - bgp]peer 5.5.5.5 connect - interface LoopBack0
[R4 - bgp]ipv4 - family unicast
[R4 - bgp - af - ipv4]undo synchronization
[R4 - bgp - af - ipv4]import - route ospf 1
[R4 - bgp - af - ipv4]peer 2.2.2.2 enable
[R4 - bgp - af - ipv4]peer 2.2.2.2 next - hop - local
[R4 - bgp - af - ipv4]peer 3.3.3.3 enable
[R4 - bgp - af - ipv4]peer 3.3.3.3 next - hop - local
[R4 - bgp - af - ipv4]peer 5.5.5.5 enable
[R4 - bgp - af - ipv4]quit
[R4 - bgp]quit
OSPF 配置
[R4]ospf 1 router - id 4.4.4.4
[R4 - ospf - 1]area 0.0.0.0
[R4 - ospf - 1 - area - 0.0.0.0]network 4.4.4.4 0.0.0.0
[R4 - ospf - 1 - area - 0.0.0.0]network 12.1.1.2 0.0.0.0
[R4 - ospf - 1 - area - 0.0.0.0]quit
[R4 - ospf - 1]quit
静态路由
[R4]ip route - static 5.5.5.5 255.255.255.255 13.1.1.2
```

（5）路由器 R5 上的 BGP 和静态路由配置：

```
[R5]bgp 3
[R5 - bgp]router - id 5.5.5.5
[R5 - bgp]peer 4.4.4.4 AS - number 2
[R5 - bgp]peer 4.4.4.4 ebgp - max - hop 2
[R5 - bgp]peer 4.4.4.4 connect - interface LoopBack0
[R5 - bgp]ipv4 - family unicast
[R5 - bgp - af - ipv4]undo synchronization
[R5 - bgp - af - ipv4]network 192.168.200.0 255.255.255.0
[R5 - bgp - af - ipv4]peer 4.4.4.4 enable
[R5 - bgp - af - ipv4]quit
[R5 - bgp]quit
静态路由
[R5]ip route - static 4.4.4.4 255.255.255.255 13.1.1.1
```

7.5.6 测试与验收

本实训项目详细的测试步骤，请扫描下面二维码。

通过一系列的测试，从反馈信息可知，通过 HUAWEI 路由器 R1、R2、R3、R4 和 R5 的 BGP 与 OSPF 路由配置，实现了全网互通，表明网络环境中 HUAWEI 路由器 BGP 与 OSPF 的配置是成功的。

7.6 实训项目：HUAWEI 超大型网络 IS-IS 协议的应用

7.6.1 实训目的

掌握园区级网络环境下，利用 HUAWEI 路由器的动态路由协议 IS-IS 功能，做 IS-IS 路由的配置，实现全网的互联互通。

7.6.2 实训设备

（1）硬件要求：HUAWEI 3260 路由器 6 台，PC 2 台，网线若干条，Console 控制线 1 条。

（2）软件要求：HUAWEI eNSP V100R002C00B510. exe 仿真软件，VirtualBox-5. 2. 22-126460-Win. exe 软件，Secure CRT 软件或者超级终端软件。

（3）实训设备均为空配置。

7.6.3 项目需求分析

背景：运行 IS-IS 协议的网络包含了终端系统（End System）、中间系统（Intermediate

System)、区域(Area)和路由域(Routing Domain)。一个路由器是 Intermediate System (IS),一个主机就是 End System(ES)。主机和路由器之间运行的协议称为 ES-IS,路由器与路由器之间运行的协议称为 IS-IS。区域是路由域的细分单元,IS-IS 允许将整个路由域分为多个区域,IS-IS 就是用来提供路由域内或一个区域内的路由。

　　IS-IS 网络仿真:一个 AS1 自治系统,划分为三个区域 area10、area20、area30,AR2、AR3 是 Level1-2 路由器,AR4、AR5 是 Level-1 路由器,AR1、AR6 是 Level-2 路由器,其中骨干网链路(L2 与 L1-2 链接),AR4 上 loopback0 口加入 area20,AR5 上 loopback0 重分布进 IS-IS 的 area30,AR6 上 loopback0 加入 area10,现在要配置 IS-IS 使得全网互通。

7.6.4 网络系统设计

　　根据项目需求分析,现简化网络系统设计,以便实现关键技术,如图 7-5 所示。

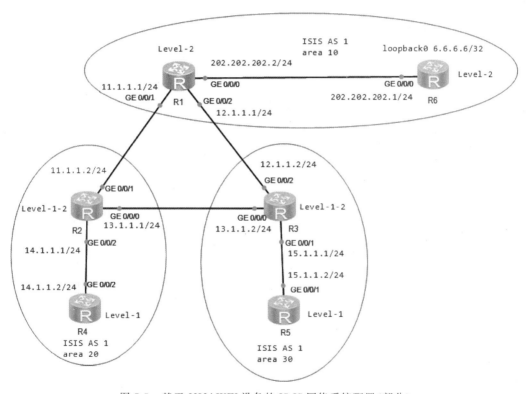

图 7-5　基于 HUAWEI 设备的 IS-IS 网络系统配置(部分)

7.6.5 工程组织与实施

　　第一步:按照图 7-5,使用网线连接物理设备。

　　第二步:根据图 7-5,规划路由器的 IP 地址、子网掩码等相关信息。

　　第三步:启动超级终端程序,并设置相关参数。

　　第四步:在路由器上配置 IS-IS。

　　(1)路由器 R6 的 IS-IS 配置。

```
< Huawei > system - view
[Huawei]sysname R6
[R6]isis 1 //创建 IS-IS 的 AS 号 1;
[R6 - isis - 1]is - level level - 2 //配置 AR6 为 Level - 2 路由器;
[R6 - isis - 1]network - entity 10.0000.0000.0006.00 //配置 area10,sys - id 为 0000.0000.0006,
nest 位固定为 00;
[R6 - isis - 1]quit
[R6]interface GigabitEthernet 0/0/0
[R6 - GigabitEthernet0/0/0]ip address 202.202.202.1 255.255.255.0
[R6 - GigabitEthernet0/0/0]isis enable 1 //接口启用 IS-IS 划分入 area10
[R6 - GigabitEthernet0/0/0]quit
[R6]interface LoopBack 0
[R6 - LoopBack0]ip add 6.6.6.6 255.255.255.255
[R6 - LoopBack0]isis enable 1?//将接口划入 IS - IS 的 area10
```

（2）路由器 R1 的 IS-IS 配置。

```
< Huawei > system - view
[Huawei]sysname R1
[R1]isis 1
[R1 - isis - 1]is - level level - 2 //配置 R1 为 Level - 2 路由器;
[R1 - isis - 1]network - entity 10.0000.0000.0001.00 //配置 area10,sys - id 是 0000.0000.0001,
nest 为 00;
[R1 - isis - 1]import - route direct //重分布直连路由到 IS - IS 中;
[R1 - isis - 1]quit
[R1]interface g0/0/0
[R1 - GigabitEthernet0/0/0]ip address 202.202.202.2 24
[R1 - GigabitEthernet0/0/0]isis enable 1
[R1 - GigabitEthernet0/0/0]quit
[R1]interface g0/0/1
[R1 - GigabitEthernet0/0/1]ip address 11.1.1.1 24
[R1 - GigabitEthernet0/0/1]isis enable 1
[R1 - GigabitEthernet0/0/1]quit
[R1]interface g0/0/2
[R1 - GigabitEthernet0/0/2]ip address 12.1.1.1 24
[R1 - GigabitEthernet0/0/2]isis enable 1
[R1 - GigabitEthernet0/0/2]quit
[R1]interface LoopBack 0
[R1 - LoopBack0]ip address 1.1.1.1 255.255.255.255
[R1 - LoopBack0]
```

（3）路由器 R2 的 IS-IS 配置。

```
< Huawei > system - view
[Huawei]sysname R2
[R2]isis 1
//Level1 - 2 类型是默认的路由类型不用配置;
[R2 - isis - 1]network - entity 20.0000.0000.0002.00
//配置 area20,sys - id 0000.0000.0002,nest00
```

```
[R2 - isis - 1]quit
[R2]interface g0/0/1
[R2 - GigabitEthernet0/0/1]ip address 11.1.1.2 24
[R2 - GigabitEthernet0/0/1]isis enable 1
[R2 - GigabitEthernet0/0/1]quit
[R2]interface g0/0/0
[R2 - GigabitEthernet0/0/0]ip address 13.1.1.1 24
[R2 - GigabitEthernet0/0/0]isis enable 1
[R2 - GigabitEthernet0/0/0]quit
[R2]interface g0/0/2
[R2 - GigabitEthernet0/0/2]ip addres 14.1.1.1 24
[R2 - GigabitEthernet0/0/2]isis enable 1
[R2 - GigabitEthernet0/0/2]quit
[R2]
```

（4）路由器 R3 的 IS-IS 配置。

```
< Huawei > sys
[Huawei]sys R3
[R3]isis 1
[R3 - isis - 1]network - entity 30.0000.0000.0003.00
[R3 - isis - 1]quit
[R3]interface g0/0/2
[R3 - GigabitEthernet0/0/2]ip add 12.1.1.2 24
[R3 - GigabitEthernet0/0/2]isis enable 1
[R3 - GigabitEthernet0/0/2]quit
[R3]interface g0/0/0
[R3 - GigabitEthernet0/0/0]ip add 13.1.1.2 24
[R3 - GigabitEthernet0/0/0]isis enable 1
[R3 - GigabitEthernet0/0/0]quit
[R3]inter g0/0/1
[R3 - GigabitEthernet0/0/1]ip add 15.1.1.1 24
[R3 - GigabitEthernet0/0/1]isis enable 1
[R3 - GigabitEthernet0/0/1]quit
[R3]
```

（5）路由器 R4 的 IS-IS 配置。

```
< Huawei > system - view
[Huawei]sysname R4
[R4]isis 1
[R2 - isis - 1]is - level level - 1
[R2 - isis - 1]network - entity 20.0000.0000.0004.00
[R4 - isis - 1]quit
[R4]interface g0/0/2
[R4 - GigabitEthernet0/0/2]ip address 14.1.1.2 24
[R4 - GigabitEthernet0/0/2]isis enable 1
[R4 - GigabitEthernet0/0/2]quit
[R4 - LoopBack0]ip add 4.4.4.4 255.255.255.255
```

```
[R4 - LoopBack0]isis enable 1
[R4 - LoopBack0]
```

（6）路由器 R5 的 IS-IS 配置。

```
< Huawei > system - view
[Huawei]sysname R5
[R5 - isis - 1]is - level l
[R5 - isis - 1]is - level level - 2
[R5 - isis - 1]network - entity 30.0000.0000.0005.00
[R5 - isis - 1]import - route direct
[R5 - isis - 1]quit
[R5 - GigabitEthernet0/0/1]ip add 15.1.1.2 24
[R5 - GigabitEthernet0/0/1]isis enable 1
[R5 - GigabitEthernet0/0/1]quit
[R5]interface LoopBack 0
[R5 - LoopBack0]ip add 5.5.5.5 255.255.255.255
```

第五步：在所有的 L1 路由器上查看路由及 lsdb 数据库，并且用 L1 路由相互 ping。

（1）在路由器 R4 上查看路由表信息。

```
< R4 > display isis route
                        Route information for ISIS(1)
                  ---------------------------

                  ISIS(1) Level - 1 Forwarding Table
                  ---------------------------
IPV4 Destination    IntCost  ExtCost ExitInterface  NextHop       Flags
-------------------------------------------------------------------------
0.0.0.0/0           10       NULL    GE0/0/2        14.1.1.1      A/ - / - / -
11.1.1.0/24         20       NULL    GE0/0/2        14.1.1.1      A/ - / - / -
13.1.1.0/24         20       NULL    GE0/0/2        14.1.1.1      A/ - / - / -
14.1.1.0/24         10       NULL    GE0/0/2        Direct        D/ - /L/ -
4.4.4.4/32          0        NULL    Loop0          Direct        D/ - /L/ -
    Flags: D - Direct, A - Added to URT, L - Advertised in LSPs, S - IGP Shortcut, U - Up/Down
Bit Set
```

由上可知，L1 路由器会自动生成默认路由指向 L1-2 路由器。

（2）在路由器 R4 上查看 lsdb 数据库信息。

```
< R4 > display isis lsdb
                       DatabASe information for ISIS(1)
                  ---------------------------

                  Level - 1 Link State DatabASe
LSPID                 Seq Num      Checksum      Holdtime      Length ATT/P/OL
-----------------------------------------------------------------------------
0000.0000.0002.00 - 00  0x00000008   0x673d        1185          100    1/0/0
0000.0000.0002.03 - 00  0x00000003   0xe69c        1185          55     0/0/0
0000.0000.0004.00 - 00 *  0x00000005   0xf27c        971           84     0/0/0
Total LSP(s): 3
```

```
        * (In TLV) - Leaking Route,  * (By LSPID) - Self LSP,  +- Self LSP(Extended),
              ATT - Attached,  P - Partition,  OL - Overload
```

L1 路由器只有 L1 的 lsdb 没有 L2 的 lsdb，只能发给 L1-2。

（3）在路由器 R4 上查看 isis peer 信息。

```
<R4>display isis peer
                          Peer information for ISIS(1)

System Id       Interface      Circuit Id            State HoldTime Type     PRI
-------------------------------------------------------------------------------
0000.0000.0002 GE0/0/2        0000.0000.0002.03     Up    8s       L1       64
Total Peer(s): 1
```

（4）在路由器 R2 上（L1-2 路由器）上查看路由和 lsdb。

`<R2>`display isis route

```
<R2>display isis route
                       Route information for ISIS(1)
                   -------------------------------

                  ISIS(1) Level - 1 Forwarding Table
         (L1 - 2 维护的 L1 的 lsdb 表项,L1 - 2 维护 L1 和 L2 的 lsdb)
                   -------------------------------

IPv4 Destination     IntCost    ExtCost ExitInterface  NextHop      Flags
-------------------------------------------------------------------------------
11.1.1.0/24          10         NULL    GE0/0/1        Direct       D/ - /L/ -
13.1.1.0/24          10         NULL    GE0/0/0        Direct       D/ - /L/ -
14.1.1.0/24          10         NULL    GE0/0/2        Direct       D/ - /L/ -
4.4.4.4/32           10         NULL    GE0/0/2        14.1.1.2     A/ - /L/ -
    Flags: D - Direct, A - Added to URT, L - Advertised in LSPs, S - IGP Shortcut, U - Up/Down
Bit Set
            ISIS(1) Level - 2 Forwarding Table(L1 - 2 维护的 L2 的 lsdb 表项)
                   -------------------------------

IPv4 Destination     IntCost    ExtCost ExitInterface  NextHop      Flags
-------------------------------------------------------------------------------
202.202.202.0/24     20         NULL    GE0/0/1        11.1.1.1     A/ - / - / -
6.6.6.6/32           20         NULL    GE0/0/1        11.1.1.1     A/ - / - / -
5.5.5.5/32           20         0       GE0/0/0        13.1.1.2     A/ - / - / -
1.1.1.1/32           10         0       GE0/0/1        11.1.1.1     A/ - / - / -
11.1.1.0/24          10         NULL    GE0/0/1        Direct       D/ - /L/ -
12.1.1.0/24          20         NULL    GE0/0/1        11.1.1.1     A/ - / - / -
                                        GE0/0/0        13.1.1.2
13.1.1.0/24          10         NULL    GE0/0/0        Direct       D/ - /L/ -
14.1.1.0/24          10         NULL    GE0/0/2        Direct       D/ - /L/ -
15.1.1.0/24          20         NULL    GE0/0/0        13.1.1.2     A/ - / - / -
    Flags: D - Direct, A - Added to URT, L - Advertised in LSPs, U - Up/Down
Bit Set
```

<R2>display isis lsdb

```
<R2>display isis lsdb
                    DatabASe information for ISIS(1)
                    --------------------------------

                    Level - 1 Link State DatabASe
LSPID                      Seq Num     Checksum    Holdtime    Length ATT/P/OL
------------------------------------------------------------------------------
0000.0000.0002.00 - 00 *   0x00000008  0x673d      734         100    1/0/0
0000.0000.0002.03 - 00 *   0x00000003  0xe69c      734         55     0/0/0
0000.0000.0004.00 - 00     0x00000005  0xf27c      519         84     0/0/0
Total LSP(s): 3
      * (In TLV) - Leaking Route, * (By LSPID) - Self LSP, +- Self LSP(Extended),
          ATT - Attached, P - Partition, OL - Overload
                    Level - 2 Link State DatabASe
LSPID                      Seq Num     Checksum    Holdtime    Length ATT/P/OL
------------------------------------------------------------------------------
0000.0000.0001.00 - 00     0x0000000a  0x30bb      816         122    0/0/0
0000.0000.0001.00 - 01     0x00000007  0x405f      816         41     0/0/0
0000.0000.0001.01 - 00     0x00000004  0x2262      816         55     0/0/0
0000.0000.0001.02 - 00     0x00000003  0xacdb      816         55     0/0/0
0000.0000.0002.00 - 00 *   0x0000000b  0xf96e      734         123    0/0/0
0000.0000.0003.00 - 00     0x0000000a  0xc51       791         122    0/0/0
0000.0000.0003.01 - 00     0x00000002  0xabdb      791         55     0/0/0
0000.0000.0003.02 - 00     0x00000002  0xc0c4      792         55     0/0/0
0000.0000.0005.00 - 00     0x00000004  0xa467      1149        68     0/0/0
0000.0000.0005.00 - 01     0x00000003  0xc0ce      1149        41     0/0/0
0000.0000.0005.01 - 00     0x00000002  0xf58b      1149        55     0/0/0
0000.0000.0006.00 - 00     0x00000008  0xe9e1      615         84     0/0/0
Total LSP(s): 12
      * (In TLV) - Leaking Route, * (By LSPID) - Self LSP, +- Self LSP(Extended),
          ATT - Attached, P - Partition, OL - Overload
```

(5) 在路由器 R1 上(L1-2 路由器)上查看路由和 lsdb。

<R1>display isis route

```
<R1>display isis route
                    Route information for ISIS(1)
                    ----------------------------

                    ISIS(1) Level - 2 Forwarding Table
                    ----------------------------------

IPv4 Destination    IntCost  ExtCost ExitInterface  NextHop        Flags
------------------------------------------------------------------------------
202.202.202.0/24    10       NULL    GE0/0/0        Direct         D/ - /L/ -
6.6.6.6/32          10       NULL    GE0/0/0        202.202.202.1  A/ - / - / -
5.5.5.5/32          20       0       GE0/0/2        12.1.1.2       A/ - / - / -
11.1.1.0/24         10       NULL    GE0/0/1        Direct         D/ - /L/ -
12.1.1.0/24         10       NULL    GE0/0/2        Direct         D/ - /L/ -
13.1.1.0/24         20       NULL    GE0/0/1        11.1.1.2       A/ - / - / -
                                     GE0/0/2        12.1.1.2
14.1.1.0/24         20       NULL    GE0/0/1        11.1.1.2       A/ - / - / -.
15.1.1.0/24         20       NULL    GE0/0/2        12.1.1.2       A/ - / - / -
4.4.4.4/32          20       NULL    GE0/0/1        11.1.1.2       A/ - / - / -
```

```
     Flags: D - Direct, A - Added to URT, L - Advertised in LSPs, S - IGP Shortcut, U - Up/Down
Bit Set
                         ISIS(1) Level - 2 Redistribute Table
                  ----------------------------------------

   Type IPv4 Destination      IntCost      ExtCost Tag
   -------------------------------------------------------------------

  D    1.1.1.1/32               0              0
        Type: D - Direct, I - ISIS, S - Static, O - OSPF, B - BGP, R - RIP, U - UNR
```

< R1 > display isis lsdb

```
< R1 > display isis lsdb

                     DatabASe information for ISIS(1)
                 --------------------------------------

                     Level - 2 Link State DatabASeL2
            (路由器只有 L2 的 lsdb,没有 L1 的 lsdb,只能发给 L1 - 2)
LSPID                    Seq Num        Checksum       Holdtime       Length ATT/P/OL

0000.0000.0001.00 - 00 *  0x0000000a      0x30bb         602            122      0/0/0
0000.0000.0001.00 - 01 *  0x00000007      0x405f         602            41       0/0/0
0000.0000.0001.01 - 00 *  0x00000004      0x2262         602            55       0/0/0
0000.0000.0001.02 - 00 *  0x00000003      0xacdb         602            55       0/0/0
0000.0000.0002.00 - 00    0x0000000b      0xf96e         519            123      0/0/0
0000.0000.0003.00 - 00    0x0000000a      0xc51          577            122      0/0/0
0000.0000.0003.01 - 00    0x00000002      0xabdb         577            55       0/0/0
0000.0000.0003.02 - 00    0x00000002      0xc0c4         577            55       0/0/0
0000.0000.0005.00 - 00    0x00000004      0xa467         935            68       0/0/0
0000.0000.0005.00 - 01    0x00000003      0xc0ce         935            41       0/0/0
0000.0000.0005.01 - 00    0x00000002      0xf58b         935            55       0/0/0
0000.0000.0006.00 - 00    0x00000008      0xe9e1         401            84       0/0/0
Total LSP(s): 12
     * (In TLV) - Leaking Route, * (By LSPID) - Self LSP, + - Self LSP(Extended),
         ATT - Attached, P - Partition, OL - Overload
```

第六步：IS-IS 负载均衡路由控制。

在路由器 R2 上配置。

```
[R2]isis 1
[R2 - isis - 1]maximum load - balancing 2    //允许最大产生 2 条负载路由;
[R2 - isis - 1]nexthop 23.1.1.3 weight 100   //下一跳为 23.1.1.3 的路由优先级为 100,值越小
                                             //越优,默认为 255;
[R2 - isis - 1]quit
```

第七步：IS-IS 的认证。

在路由器 R5 和 R3 的接口上配置认证(注：其他接口认证方法雷同)。

```
[R5]interface g0/0/1
[R5 - GigabitEthernet0/0/1]isis authentication - mode md5 cipher 123
                           //配置接口认证,加密 MD5 密文,两端接口需配置一致;
```

```
[R5 - GigabitEthernet0/0/1]quit
[R3]interface g0/0/1
[R3 - GigabitEthernet0/0/1]isis authentication - mode md5 cipher 123
                                    //配置接口认证,加密 MD5 密文,两端接口需配置一致;

[R3 - GigabitEthernet0/0/1]quit
```

7.6.6　测试与验收

本实训项目详细的测试步骤,请扫描下面二维码。

通过一系列的测试,从反馈信息可知,通过 HUAWEI 路由器 IS-IS 协议的相关配置,实现了全网互通,表明网络环境中 HUAWEI 路由器 IS-IS 的配置是成功的。

习题

1. 请简述单区域 OSPF 与多区域 OSPF 的异同点。
2. 请简述动态路由协议 OSPF 与 EIGRP 的区别。
3. 请简述 IS-IS 协议的原理。
4. 请简述 BGP 的工作原理。
5. 请简述 OSPF、EIGRP、BGP 和 IS-IS 等协议的区别。
6. 根据本章各实训项目的需求,分别设计网络拓扑,构建网络环境,安装调试设备,撰写实训报告,并写清楚实训操作过程中出现的问题以及解决办法。

第8章

广域网技术

8.1 实训预备知识

8.1.1 网络远程连接的方式

当两个不在相近地理位置的网络需要连接时,可以自行布设通信线路(如光纤),也可以租用电信部门的网络设备。电信部门提供的常见远程接入方式有 PSTN(Public Switched Telephone Network)、ISDN(Integrated Services Digital Network)、帧中继和 ADSL (Asymmetric Digital Subscriber Line,非对称数字用户环路)。

8.1.2 帧中继协议

帧中继(Frame-Relay)技术提供面向连接的数据链路层通信,在每对设备之间都存在一条定义好的通信链路,且该链路有一个链路标识码。这种服务通过帧中继虚电路实现,每个帧中继虚电路都以数据链路识别码标识自己。DLCI 的值一般由帧中继服务提供商指定,帧中继既支持 PVC 也支持 SVC。路由器与帧中继配置相关的常用命令,以 CISCO 路由器为例,如表 8-1 所示。

表 8-1 帧中继常用配置命令

命 令	说 明
frame-relay switching	打开帧中继交换机功能
encapsulation frame-relay	端口封装方式设置为帧中继
clock rate kilobits	为链路配置带宽
encapsulation frame-relay{CISCO ｜ ieft}[1]	设置帧中继封装类型
frame-relay imi-type {ansi ｜ CISCO ｜ q933a}[2]	为帧中继指定 LMI 类型
frame-relay imi-type dce	设置为帧中继线路中的 DCE
frame-relay route src-dlci interface serial number dst-dlci	设置从该串行端口的 DLCI 为 src-dlci 到另一个串行端口的 DLCI 为 dst-dlci 的虚电路
frame-relay interface-dlci DLCI	指定帧中继的一地 DLCI 号
frame-relay IP-Address DLCI	映射对端 IP 地址与本端 DLCI 号

注：[1] encapsulation frame-relay{CISCO|ieft}选择封装端到端的数据流的封装类型,如果是 CISCO 路由器之间的连接,可以使用默认封装类型 CISCO,否则只能使用 ief 封装类型。

[2] frame-relay imi-type{ansi|CISCO|q933a}用于指定 LMI(帧中继本地管理端口)类型。如果 CISCO IOS 的版本是 11.2 以前的,需要为帧中继交换机指定 LMI 类型,默认值是 CISCO。如果是 11.2 以后的版本,LMI 类型可以自适应,不需要该项配置。

以 CISCO 路由器为例,如果要检测帧中继的配置结果,可以使用表 8-2 中的命令。

表 8-2　帧中继配置查询命令

命　令	说　明
show interface serial	显示多播 DLCI 的信息,该 DLCI 用在运行帧中继配置的串行端口上
show frame pvc	显示每个已配置连接的状态信息和流量统计
show frame map	显示与本端路由器相连的远端设备的网络层地址信息和相应的 DLCI 值
show frame traffic	显示帧中继流量统计
show frame lmi	显示 LMI 流量统计信息,例如,显示本地路由器与帧中继交换机之间交换的消息的数量

8.1.3　点对点协议

1. PPP 层次

点对点协议(PPP)是目前应用范围最广的广域网协议之一,它提供了同步和异步线路上通信连接、支持地址通知(Address Notification)、身份验证(Authentication)和链路监控(Link Monitoring)。

PPP 是一个多层协议,如表 8-3 所示。PPP 首先由 LCP 发起对通信链路的建立和配置,再通过 NCP 来传送特定协议族(如 IP、IPX、AppleTalk 和 OSI 等)的通信。

表 8-3　PPP 的协议层次

上层协议(IP,IPX,OSI,…)	网络层
网络控制协议(不同网络层协议对应各自不同的 NCP)	数据链路层
链路控制协议	
高级数据链路控制	
EIA/TIA-232、V.24、V.35,…	物理层

2. PPP 封装的配置命令

PSTN 和 ISDN 都是常见的广域网接入方式,它们都使用 PPP 封装的方式建立数据链路。以 CISCO 路由器为例,路由器 PPP 封装常用的 LCP 配置命令如表 8-4 所示。

表 8-4　常用的 PPP 封装配置命令

命　令	说　明
encapsulation ppp	启用 PPP 封装
ppp compress {predictor ｜ stac}[1]	采用 predictor 或 stac 压缩算法
ppp quality{1-100}[2]	监控链路上错误,防止出现链路环路
ppp multilink[3]	启用多链路负载均衡

注: [1] ppp compress 命令是 CISCO 路由器配置的 LCP 选项,可以用于减少传输中的数据量,提高 PPP 链路的吞吐率。CISCO 支持 predictor 和 stac 两种压缩算法。

[2] ppp quality 命令用于启动 PPP 的错误检测机制,用来确保实现一条可靠的、无环路的数据链路。

[3] ppp multilink 命令为使用 PPP 的路由器端口提供了负载均衡功能。当两个路由器之间存在多条物理线路时,可以将它们组合成一条逻辑链路,从而提高吞吐率。

3．PPP 身份验证的配置命令

PPP 建立通信链路时，可以选用身份验证。验证工作由 LCP 层实现。只有在验证通过后，才能开始 NCP 层的配置协商。

PPP 身份验证可以选择 PAP 或 CHAP 两种协议，其中 CHAP 是首选验证协议。

PAP 采用二次握手机制实现，身份验证时密码以明文传输，不能防止回放攻击和重试攻击，因此安全性不高。

CHAP 采用三次握手机制，可实现双向验证。密码不直接在网络上传输，通过使用唯一的、不可预知的、可变的挑战消息来防止回放攻击。CHAP 不但在建立链路之时可进行验证，而且在链路建立后的任何时候都可以进行重复验证。

以 CISCO 路由器为例，路由器 PAP 和 CHAP 身份验证常用的配置命令如表 8-5 所示。

表 8-5　常用的 PPP 封装配置命令

命　　　令	说　　　明
hostname name[1]	设定主机名称
username name password password	设定 PPP 身份验证的用户名和密码
PPP authentication ⟨pap ｜ chap⟩[callin][2]	选择 PAP 或 CHAP 验证协议
ppp pap sent-username name password password	PAP 认证发送的用户名和密码
ppp chap hostname name[3]	CHAP 设定身份验证用户名
ppp chap password password	CHAP 认证发送的密码

注：[1] hostname name 命令中定义的主机名称必须与链路另一端路由器中 username 所指定的主机名相同，并且大小写敏感。

[2] callin 表示单向认证。在验证过程中，被呼叫方对呼叫方进行身份认证。如果不使用 callin 参数，则为双向认证，呼叫双方将彼此认证。

[3] 如果没有使用 ppp chap hostname name 命令，则 CHAP 认证时将使用 hostname name 命令中设置的主机名称。

4．检验 PPP 的配置命令

以 CISCO 路由器为例，配置完 PPP 后，可以使用表 8-6 中的命令来检查其状态。

表 8-6　常用的 PPP 检查命令

命　　　令	说　　　明
show interface port_id	显示端口配置和状态
show controllers serialport_id	显示串行端口配置和状态
debug ppp packet	显示发送和接收的 PPP 分组
debug ppp negotiation	显示 PPP 启动过程中进行协商 PPP 选项时所传输的 PPP 分组
debug ppp errors	显示 PPP 连接和操作过程中相关的错误
debug ppp chap	显示身份证情况

8.2　实训项目：CISCO 帧中继网络的构建

8.2.1　实训目的

掌握广域网（WAN）中基于 CISCO 设备的帧中继协议在企业网中的应用。

8.2.2 实训设备

（1）硬件要求：CISCO 2811 路由器 3 台，CISCO S3560 交换机 3 台，PC 3 台，串口线 3 条，直连线 6 条，Console 控制电缆 1 条。

（2）软件要求：CISCO Packet Tracer 7.2.1 仿真软件，Secure CRT 软件或者超级终端软件。

8.2.3 项目需求分析

背景：某公司总部和分部网络通过 WAN 线路互联，考虑分别使用帧中继，实现公司全网的互联互通。

8.2.4 网络系统设计

根据项目需求分析，现简化网络系统设计，以便实现关键技术，如图 8-1 所示。

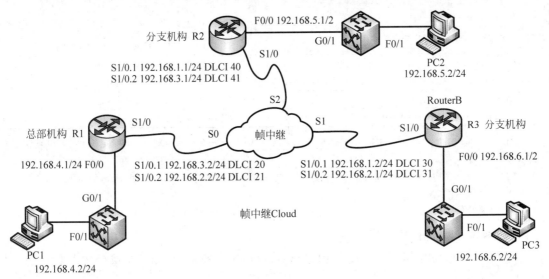

图 8-1　某公司帧中继网络系统图（部分）

8.2.5 工程组织与实施

第一步：按照图 8-1，使用直连线与交叉线连接物理设备。

第二步：根据图 8-1，规划 IP 相关信息。

第三步：启动超级终端程序，并设置相关参数。

第四步：规划帧中继虚电路，如表 8-7 所示。

表 8-7　帧中继虚电路

输入		输出		输入		输出	
端口	DLCI	端口	DLCI	端口	DLCI	端口	DLCI
S0	20	S2	41	S2	41	S0	20
S0	21	S1	31	S1	31	S2	41
S2	40	S1	30	S1	30	S2	40

第五步：配置路由器 R1 的帧中继与 RIP。

```
Router > enable
Router # config terminal
Router(config) # hostname R1
R1(config) # interface f0/0
R1(config - if) # ip address 192.168.4.1 255.255.255.0
R1(config - if) # no shutdown
R1(config - if) # exit
R1(config) # interface serial 1/0
R1(config - if) # encapsulation frame - relay
R1(config - if) # clock rate 2000000
R1(config - if) # bandwidth 10000000
R1(config - if) # no shutdown
R1(config - if) # exit
配置子接口的 DLCI 和 IP:
R1(config) # interface serial 1/0.1 point - to - point
R1(config - subif) # ip address 192.168.3.2 255.255.255.0
R1(config - subif) # frame - relay interface - dlci 20
R1(config - subif) # no shutdown
R1(config - if) # exit
配置子接口的 DLCI 和 IP:
R1(config) # interface serial 1/0.2 point - to - point
R1(config - subif) # ip address 192.168.2.2 255.255.255.0
R1(config - subif) # frame - relay interface - dlci 21
R1(config - subif) # no shutdown
R1(config - subif) # exit
配置 RIP 路由:
R1(config) # router rip
R1(config) # version 2
R1(config) # no auto - summary
R1(config - router) # network 192.168.4.0
R1(config - router) # network 192.168.3.0
R1(config - router) # network 192.168.2.0
R1(config - router) # end
R1 # write
```

第六步：配置路由器 R2 的帧中继与 RIP。

```
Router > enable
Router # config terminal
Router(config) # hostname R2
R2(config) # no ip domain - lookup
R2(config) # interface f0/0
R2(config - if) # ip address 192.168.5.1 255.255.255.0
R2(config - if) # no shutdown
R2(config - if) # exit
配置子接口的 DLCI 和 IP:
R2(config) # interface serial 1/0
```

```
R2(config-if)#encapsulation frame-relay
R2(config-if)#clock rate 2000000
R2(config-if)#bandwidth 10000000
R2(config-if)#no shutdown
R2(config-if)#exit
```
配置子接口的 DLCI 和 IP：
```
R2(config)#interface serial 1/0.1 point-to-point
R2(config-subif)#ip address 192.168.1.1 255.255.255.0
R2(config-subif)#frame-relay interface-dlci 40
R2(config-subif)#no shutdown
R2(config-subif)#exit
R2(config)#interface serial 1/0.2 point-to-point
R2(config-subif)#ip address 192.168.3.1 255.255.255.0
R2(config-subif)#frame-relay interface-dlci 41
R2(config-subif)#no shutdown
R2(config-subif)#exit
```
配置 RIP 路由：
```
R2(config)#router rip
R2(config)#version 2
R2(config)# no auto-summary
R2(config-router)#network 192.168.5.0
R2(config-router)#network 192.168.3.0
R2(config-router)#network 192.168.1.0
R2(config-router)#end
R2#write
```

第七步：配置路由器 R3 的帧中继与 RIP。

```
Router>enable
Router#config terminal
Router(config-if)#hostname R3
R3(config)#interface f0/0
R3(config-if)#ip address 192.168.6.1 255.255.255.0
R3(config-if)#no shutdown
R3(config-if)#exit
```
配置子接口的 DLCI 和 IP：
```
R3(config)#interface serial 1/0
R3(config-if)#encapsulation frame-relay
R3(config-if)#clock rate 2000000
R3(config-if)#bandwidth 10000000
R3(config-if)#no shutdown
R3(config-if)#exit
```
配置子接口的 DLCI 和 IP：
```
R3(config-if)#interface serial 1/0.1 point-to-point
R3(config-subif)#ip address 192.168.1.2 255.255.255.0
R3(config-subif)#frame-relay interface-dlci 30
R3(config-subif)#no shutdown
R3(config-subif)#exit
```
配置子接口的 DLCI 和 IP：
```
R3(config)#interface serial 1/0.2 point-to-point
R3(config-subif)#ip address 192.168.2.1 255.255.255.0
```

```
R3(config－subif)♯frame－relay interface－dlci 31
R3(config－subif)♯no shutdown
R3(config－subif)♯exit
配置 RIP 路由：
R3(config)♯router rip
R2(config)♯version 2
R2(config)♯ no auto－summary
R3(config－router)♯network 192.168.6.0
R3(config－router)♯network 192.168.1.0
R3(config－router)♯network 192.168.2.0
R3(config－router)♯end
R3♯write
```

第八步：配置帧中继的接口与 DLCI(在 packet tracer 中的"Cloud"设备模拟帧中继)。

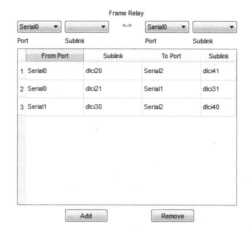

第九步：配置帧中继网络中的 IP 地址、子网掩码、默认网关等。

(1) PC1 的 IP 地址、子网掩码、默认网关的配置。

C:\> ipconfig /all

```
fastEthernet0 Connection:(default port)
  Connection－specific DNS Suffix..:
  Physical Address................: 0001.9625.0575
  Link－local IPv6 Address.........: FE80::201:96FF:FE25:575
  IP Address......................: 192.168.4.2
  Subnet Mask.....................: 255.255.0.0
  Default Gateway.................: 192.168.4.1
```

(2) PC2 的 IP 地址、子网掩码、默认网关的配置。

C:\> ipconfig /all

```
fastEthernet0 Connection:(default port)
  Connection－specific DNS Suffix..:
  Physical Address................: 0060.70EA.151A
  Link－local IPv6 Address.........: FE80::260:70FF:FEEA:151A
  IP Address......................: 192.168.5.2
```

```
    Subnet Mask....................: 255.255.0.0
    Default Gateway.................: 192.168.5.1
```

（3）PC3 的 IP 地址、子网掩码、默认网关的配置。

C:\> ipconfig /all

```
fastEthernet0 Connection:(default port)
  Connection - specific DNS Suffix..:
  Physical Address................: 00D0.FF5C.0769
  Link - local IPv6 Address........: FE80::2D0:FFFF:FE5C:769
  IP Address......................: 192.168.6.2
  Subnet Mask.....................: 255.255.0.0
  Default Gateway.................: 192.168.6.1
```

至此,帧中继网的所有配置全部完成,准备设备与网络的互通性测试。

8.2.6　测试与验收

本实训项目详细的测试步骤,请扫描下面二维码。

通过一系列的测试,从反馈信息可知,基于 CISCO 路由器的帧中继广域网,实现了全网互联互通。否则,需要返回之前的操作步骤,进行故障排除。

8.3　实训项目:HUAWEI 帧中继网络的构建

8.3.1　实训目的

掌握广域网(WAN)中基于 HUAWEI 设备的帧中继协议企业网中的应用。

8.3.2　实训设备

（1）硬件要求:HUAWEI 3260 路由器 3 台,HUAWEI S370 交换机 3 台,PC 3 台,网线若干条,Console 控制线 1 条。

（2）软件要求:HUAWEI eNSP V100R002C00B510 仿真软件,VirtualBox-5.2.22-126460-Win 软件,Secure CRT 软件或者超级终端软件。

（3）实训设备均为空配置。

8.3.3　项目需求分析

某企业的总部和分支机构之间仍使用帧中继网络互联,作为企业的网络管理员,你需要在总部和分支的边缘路由器上配置帧中继功能,并配置本地 DLCI 与 IP 地址间的映射,实现全网互联互通。

8.3.4 网络系统设计

根据项目需求分析,现简化网络系统设计,以便实现关键技术,如图 8-2 所示。

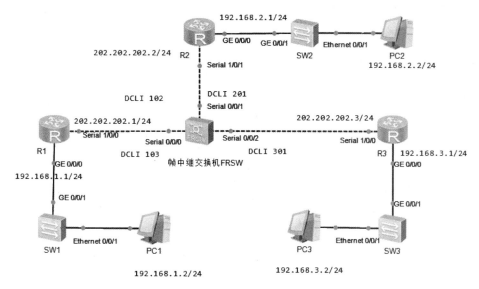

图 8-2 基于 HUAWEI 设备的帧中继网互联

8.3.5 工程组织与实施

第一步:按照图 8-2,使用直连线与交叉线连接物理设备。

第二步:根据图 8-2,规划 IP 地址,并且配置 PC 的 IP 地址、子网掩码、默认网关等信息。

第三步:启动超级终端程序,并设置相关参数。

第四步:规划帧中继虚电路,手动指定本地 DLCI 与对端 IP 地址的映射关系,如图 8-3 所示。

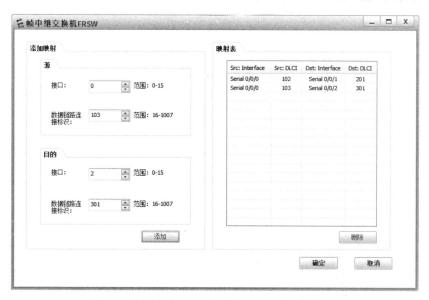

图 8-3 设置本地 DLCI 与对端 IP 地址的映射关系

第五步：在路由器上配置帧中继封装及 IP 地址等信息。

（1）在路由器 R1 上配置帧中继封装。

```
< Huawei > system - view
[Huawei]sysname R1
[R1]interface s1/0/0
[R1 - Serial1/0/0]link - protocol fr
Warning: The encapsulation protocol of the link will be changed. Continue? [Y/N]:y
[R1 - Serial1/0/0]ip address 202.202.202.1 24
[R1 - Serial1/0/0]undo shutdown
[R1 - Serial1/0/0]quit
[R1 - Serial1/0/0]interface g0/0/0
[R1 - GigabitEthernet0/0/0]ip address 192.168.1.1 24
[R1 - GigabitEthernet0/0/0]undo shutdown
[R1 - GigabitEthernet0/0/0]quit
[R1]
```

（2）在路由器 R2 上配置帧中继封装。

```
< Huawei > system - view
[Huawei]sysname R2
[R2]interface s1/0/1
[R2 - Serial1/0/1link - protocol fr
Warning: The encapsulation protocol of the link will be changed. Continue? [Y/N]:y
[R2 - Serial1/0/1]ip address 202.202.202.2 24
[R2 - Serial1/0/1]undo shutdown
[R2 - Serial1/0/1]quit
[R2]interface g0/0/0
[R2 - GigabitEthernet0/0/0]ip address 192.168.2.1 24
[R2 - GigabitEthernet0/0/0]undo shutdown
[R2 - GigabitEthernet0/0/0]quit
[R2]
```

（3）在路由器 R3 上配置帧中继封装。

```
< Huawei > system - view
[Huawei]sysname R3
[R3]interface s1/0/0
[R3 - Serial1/0/0link - protocol fr
Warning: The encapsulation protocol of the link will be changed. Continue? [Y/N]:y
[R3 - Serial1/0/0]ip address 202.202.202.2 24
[R2 - Serial1/0/0]undo shutdown
[R3 - Serial1/0/0]quit
[R3]interface g0/0/0
[R3 - GigabitEthernet0/0/0]ip address 192.168.3.1 24
[R3 - GigabitEthernet0/0/0]undo shutdown
[R3 - GigabitEthernet0/0/0]quit
[R3]
```

（4）配置完成后，在路由器 R1 上检测网络的连通性。

```
<R1> ping 202.202.202.2
  PING 202.202.202.2: 56 data bytes, press CTRL_C to break
    Reply from 202.202.202.2: bytes = 56 Sequence = 1 ttl = 255 time = 260 ms
    Reply from 202.202.202.2: bytes = 56 Sequence = 2 ttl = 255 time = 40 ms
    Reply from 202.202.202.2: bytes = 56 Sequence = 3 ttl = 255 time = 30 ms
    Reply from 202.202.202.2: bytes = 56 Sequence = 4 ttl = 255 time = 60 ms
    Reply from 202.202.202.2: bytes = 56 Sequence = 5 ttl = 255 time = 30 ms
  --- 202.202.202.2 ping statistics ---
    5 packet(s) transmitted
    5 packet(s) received
    0.00 % packet loss
    round - trip min/avg/max = 30/84/260 ms
```

第六步：在路由器 R1、R2 和 R3 间配置 RIPv2，实现全网互通。

（1）路由器 R1 的 RIPv2 配置情况。

```
[R1]rip 1
[R1 - rip - 1]version 2
[R1 - rip - 1]network 202.202.202.0
[R1 - rip - 1]network 192.168.1.0
[R1 - rip - 1]undo summary
```

（2）路由器 R2 的 RIPv2 配置情况。

```
[R2]rip 1
[R2 - rip - 1]version 2
[R2 - rip - 1]network 202.202.202.0
[R2 - rip - 1]network 192.168.2.0
[R2 - rip - 1]undo summary
```

（3）路由器 R3 的 RIPv2 配置情况。

```
[R3]rip 1
[R3 - rip - 1]version 2
[R3 - rip - 1]network 202.202.202.0
[R3 - rip - 1]network 192.168.3.0
[R3 - rip - 1]undo summary
```

8.3.6　测试与验收

本实训项目详细的测试步骤，请扫描下面二维码。

通过一系列的测试，由反馈信息可知，基于 HUAWEI 路由器的帧中继广域网，实现了全网互联互通。否则，需要返回之前的操作步骤，进行故障排除。

8.4 实训项目: CISCO 设备 PPP 的 PAP 与 CHAP 认证接入网

8.4.1 实训目的

掌握企业基于 CISCO 设备的 PPP 接入广域网(WAN)技术,数据通信采用 PPP 封装,身份验证协议采用 PAP 认证的应用。

8.4.2 实训设备

(1)硬件要求:CISCO 2811 路由器 2 台,CISCO S3560 交换机 2 台,PC 2 台,串口线 1条,直连线 4 条,Console 控制电缆 1 条。

(2)软件要求:CISCO Packet Tracer 7.2.1 仿真软件,Secure CRT 软件或者超级终端软件。

(3)实训设备均为空配置。

8.4.3 项目需求分析

背景:某公司总部和分部网络,通过 WAN 采用 PPP 接入,实现互联互通。

需求:为了网络安全,对于接入 WAN 的路由器要求认证。两个路由器 R1 和 R2 使用串行端口进行连接,数据通信采用 PPP 封装,身份验证协议采用 PAP。

R1 使用的用户名和密码为 R2dengping 和 123,R2 使用的用户名和密码为 R1dengping 和 12345,要求双向验证。

8.4.4 网络系统设计

根据项目需求分析,现简化网络系统设计,以便实现关键技术,如图 8-4 所示。

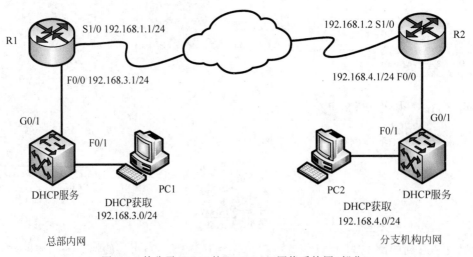

图 8-4 某公司 WAN 的 PPP PAP 网络系统图(部分)

8.4.5 工程组织与实施

第一步：按照图 8-4，使用直连线与交叉线连接物理设备。

第二步：根据图 8-4，规划 IP 地址相关信息。

第三步：启动超级终端程序，并设置相关参数。

第四步：PPP 和 PAP 身份认证配置。

（1）设置路由器 R1 的 PAP 认证的用户名与密码、默认路由、IP 地址等信息。

```
Router(config)＃hostname R1
R1(config)＃username R2dengping password 123 //设定路由器 R2 身份验证的用户名和密码;
R1(config)＃interface s1/0                  //进入端口 s1/0 的配置模式;
R1(config-if)＃ip address 192.168.1.1 255.255.255.0//设置端口的 IP 地址与掩码;
R1(config-if)＃bandwidth 10000000
R1(config-if)＃no shutdown
R1(config-if)＃encapsulation ppp            //启用 PPP 封装;
R1(config-if)＃ppp authentication pap        //采用 PAP 认证方式;
R1(config-if)＃ppp pap sent-username R1dengping password 12345
                                           //PAP 认证发送的用户名和密码;
R1(config-if)＃interface F0/0
R1(config-if)＃ip address 192.168.3.1 255.255.255.0
R1(config-if)＃exit
R1(config)＃ip route 0.0.0.0 0.0.0.0 192.168.1.2
R1(config)＃end
R1＃write
```

（2）设置路由器 R2 的 PAP 认证的用户名与密码、默认路由、IP 地址等信息。

```
Router(config)＃hostname R2
R2(config)＃username R1dengping password 12345          //设定身份验证的用户名和密码;
R2(config)＃interface S1/0
R2(config-if)＃ip address 192.168.1.2 255.255.255.252
R2(config-if)＃clock rate 2000000
R2(config-if)＃bandwidth 10000000
R2(config-if)＃no shutdown
R2(config-if)＃encapsulation ppp                        //启用 PPP 封装;
R2(config-if)＃ppp authentication pap                   //采用 PAP 认证方式;
R2(config-if)＃ppp pap sent-username R2dengping password 123//PAP 认证发送的用户名和密码;
R2(config-if)＃interface F0/0
R1(config-if)＃ip address 192.168.4.1 255.255.255.0
R1(config-if)＃exit
R1(config)＃ip route 0.0.0.0 0.0.0.0 192.168.1.1
R1(config)＃end
R1＃write
```

第五步：配置交换机 SW1 和 SW2 的 DHCP，使其内网 PC 自动获取 IP 地址。

（1）交换机 SW1 的 DHCP 配置。

```
Switch > enable
Switch # config terminal
Switch(config) # hostname SW1
SW1(config) # service dhcp
//启用 DHCP;
SW1(config) # interface VLAN 1
SW1(config - if) # ip address 192.168.3.1 255.255.255.0
SW1(config - if) # no shutdown
SW1(config - if) # exit
SW1(config) # ip dhcp pool VLAN_1
//定义地址池;
SW1(dhcp - config) # network - address 192.168.3.0 255.255.255.0
SW1(dhcp - config) # default - router 192.168.3.1
SW1(dhcp - config) # dns - server 8.8.8.8 //假设为当地 ISP 运营商的 DNS 服务器 IP 地址;
switch(dhcp - config) # exit
switch(Config) # ip dhcp excluded - address 192.168.3.1
```

（2）交换机 SW2 的 DHCP 配置。

```
Switch > enable
Switch # config terminal
Switch(config) # hostname SW2
SW2(config) # service dhcp
//启用 DHCP;
SW2(config) # interface VLAN 1
SW2(config - if) # ip address 192.168.4.1 255.255.255.0
SW2(config - if) # no shutdown
SW2(config - if) # exit
SW2(Config) # ip dhcp pool VLAN_1
//定义地址池;
SW2(dhcp - config) # network - address 192.168.4.0 255.255.255.0
SW2(dhcp - config) # default - router 192.168.4.1
SW2(dhcp - config) # dns - server 8.8.8.8 //假设为当地 ISP 运营商的 DNS 服务器 IP 地址;
SW2(dhcp - config) # exit
SW2(Config) # ip dhcp excluded - address 192.168.4.1
```

（3）查看 PC1 自动获取 IP 地址、子网掩码、默认网关地址、DNS 等信息。

C:\> ipconfig /renew

C:\> ipconfig /all

```
fastEthernet0 Connection:(default port)
  Connection - specific DNS Suffix..:
  Physical Address.................: 0001.9625.0575
  Link - local IPv6 Address.........: FE80::201:96FF:FE25:575
  IP Address.....................: 192.168.3.2
  Subnet Mask....................: 255.255.255.0
  Default Gateway................: 192.168.3.1
  DNS Servers....................: 8.8.8.8
```

```
DHCP Servers.....................: 192.168.3.1
DHCPv6 Client DUID...............: 00-01-00-01-04-18-5D-8B-00-01-96-25-05-75
```

（4）查看 PC2 自动获取 IP 地址、子网掩码、默认网关地址、DNS 等信息。

C:\> ipconfig /renew

C:\> ipconfig /all

```
fastEthernet0 Connection:(default port)
   Connection-specific DNS Suffix..:
   Physical Address................: 00D0.FF5C.0769
   Link-local IPv6 Address.........: FE80::2D0:FFFF:FE5C:769
   IP Address......................: 192.168.4.2
   Subnet Mask.....................: 255.255.255.0
   Default Gateway.................: 192.168.4.1
   DNS Servers.....................: 8.8.8.8
   DHCP Servers....................: 192.168.4.1
   DHCPv6 Client DUID..............: 00-01-00-01-3D-48-29-53-00-D0-FF-5C-07-69
```

以上信息表明，交换机的 DHCP 服务器配置成功。

8.4.6 测试与验收

本实训项目详细的测试步骤，请扫描下面二维码。

通过一系列的测试，从反馈信息可知，基于 CISCO 路由器设备的广域网 PPP 点对点的 PAP 认证方式配置无误，通过在三层交换机上配置 DHCP，使终端 PC 自动获取了 IP 地址，实现了全网互联互通。否则，需要返回之前的操作步骤，进行故障排除。

8.5 实训项目：HUAWEI 设备 PPP 的 PAP 与 CHAP 认证接入网

8.5.1 实训目的

掌握企业基于 HUAWEI 设备 PPP 接入广域网（WAN）技术，数据通信采用 PPP 封装，身份验证协议采用 PAP 认证的应用。

8.5.2 实训设备

（1）硬件要求：HUAWEI 3260 路由器 3 台，HUAWEI S370 交换机 3 台，PC 3 台，网线若干条，Console 控制线 1 条。

（2）软件要求：HUAWEI eNSP V100R002C00B510 仿真软件，VirtualBox-5.2.22-

126460-Win 软件,Secure CRT 软件或者超级终端软件。

(3) 实训设备均为空配置。

8.5.3 项目需求分析

某公司总部有一台路由器 R2,R1 和 R3 分别是其他两个分部的路由器。现在需要将总部网络和分部网络通过广域网连接起来。在广域网链路上使用 PPP,并在使用 PPP 时配置了不同的认证方式保证安全。

8.5.4 网络系统设计

根据项目需求分析,现简化网络系统设计,以便实现关键技术,如图 8-5 所示。

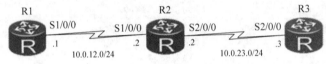

图 8-5 某公司 WAN 的 PPP 接入网络配置图(部分)

8.5.5 工程组织与实施

第一步: 按照图 8-5,使用直连线与交叉线连接物理设备。

第二步: 根据图 8-5,规划 IP 地址相关信息。

第三步: 启动超级终端程序,并设置相关参数。

第四步: 在路由器做 PPP 的配置。

(1) 初始化设备,修改路由器设备名称。

```
< Huawei > system - view
Enter system view, return user view with Ctrl + Z.
[Huawei]sysname R1
< Huawei > system - view
Enter system view, return user view with Ctrl + Z.
[Huawei]sysname R2
< Huawei > system - view
Enter system view, return user view with Ctrl + Z.
[Huawei]sysname R3
```

(2) 为路由器 R1、R2 和 R3 的接口配置 IP 地址。

```
[R1]interface Serial 1/0/0
[R1 - Serial1/0/0]ip address 202.202.202.1 24
[R1 - Serial1/0/0]quit
[R1]interface G0/0/0
[R1 - GigabitEthernet0/0/0]ip address 192.168.1.1 24
[R2]interface Serial 1/0/0
[R2 - Serial1/0/0]ip address 202.202.202.2 24
[R2 - Serial1/0/0]quit
[R2]interface Serial 1/0/1
[R2 - Serial1/0/1]ip address 211.211.211.1 24
```

```
[R3]interface Serial 1/0/1
[R3 - Serial1/0/1]ip address 211.211.211.2 24
[R3 - Serial1/0/1]quit
[R3]interface G0/0/0
[R3 - GigabitEthernet0/0/0]ip address 192.168.2.1 24
```

（3）在路由器 R1、R2 和 R3 的串行接口上启用 PPP。

```
[R1]interface Serial 1/0/0
[R1 - Serial1/0/0]link - protocol ppp
Warning: The encapsulation protocol of the link will be changed. Continue? [Y/N]:y
[R2]interface Serial 1/0/0
[R2 - Serial1/0/0]link - protocol ppp
Warning: The encapsulation protocol of the link will be changed. Continue? [Y/N]:y
[R2 - Serial1/0/0]quit
[R2]interface Serial 1/0/1
[R2 - Serial1/0/1]link - protocol ppp
Warning: The encapsulation protocol of the link will be changed. Continue? [Y/N]:y
[R3]interface Serial 1/0/1
[R3 - Serial1/0/1]link - protocol ppp
Warning: The encapsulation protocol of the link will be changed. Continue? [Y/N]:y
```

第五步：在路由器 R1、R2 和 R3 上配置 RIPv2，启用 RIPv2，并发布各自的直连路由。
（1）路由器 R1 的 RIP 配置。

```
[R1]rip
[R1 - rip - 1]version 2
[R1 - rip - 1]network 202.202.202.0
[R1 - rip - 1]network 192.168.1.0
```

（2）路由器 R2 的 RIP 配置。

```
[R2]rip
[R2 - rip - 1]version 2
[R2 - rip - 1]network 202.202.202.0
[R2 - rip - 1]network 211.211.211.0
```

（3）路由器 R3 的 RIP 配置。

```
[R3]rip
[R3 - rip - 1]version 2
[R3 - rip - 1]network 211.211.211.0
[R3 - rip - 1]network 192.168.2.0
```

第六步：在 R1、R2 之间的 PPP 链路启用 PAP 认证功能。
（1）将 R1 配置为 PAP 的认证方。

```
[R1]interface Serial 1/0/0
[R1 - Serial1/0/0]ppp authentication - mode pap
[R1 - Serial1/0/0]quit
[R1]aaa
[R1 - aaa]local - user dengping password cipher 123
info: A new user added
[R1 - aaa]local - user dengping service - type ppp
[R1 - aaa]return
<R1>save
  The current configuration will be written to the device.
  Are you sure to continue? (y/n)[n]:y
```

（2）将 R2 配置为 PAP 的被认证方。

```
[R2]interface Serial 1/0/0
[R2 - Serial1/0/0]ppp pap local - user dengping password cipher 123
[R2 - Serial1/0/0]return
<R2>save
  The current configuration will be written to the device.
  Are you sure to continue? (y/n)[n]:y
```

（3）配置完成后，检测 R1、R2 之间的连通性。

```
<R1>ping 202.202.202.2
  PING 202.202.202.2: 56 data bytes, press CTRL_C to break
    Reply from 202.202.202.2: bytes = 56 Sequence = 1 ttl = 255 time = 80 ms
    Reply from 202.202.202.2: bytes = 56 Sequence = 2 ttl = 255 time = 40 ms
    Reply from 202.202.202.2: bytes = 56 Sequence = 3 ttl = 255 time = 30 ms
    Reply from 202.202.202.2: bytes = 56 Sequence = 4 ttl = 255 time = 60 ms
    Reply from 202.202.202.2: bytes = 56 Sequence = 5 ttl = 255 time = 40 ms
  --- 202.202.202.2 ping statistics ---
    5 packet(s) transmitted
    5 packet(s) received
    0.00% packet loss
    round - trip min/avg/max = 30/50/80 ms
```

第七步：在 R2、R3 之间的 PPP 链路启用 CHAP 认证功能。
（1）将 R3 配置为 CHAP 的认证方。

```
[R3]interface Serial 1/0/1
[R3 - Serial1/0/1]ppp authentication - mode chap
[R3 - Serial1/0/1]quit
[R3]aaa
[R3 - aaa]local - user dengping password cipher 123
info: A new user added
[R3 - aaa]local - user dengping service - type ppp
[R3 - aaa]return
<R3>save
```

```
The current configuration will be written to the device.
Are you sure to continue? (y/n)[n]:y
```

（2）将 R2 配置为 CHAP 的被认证方。

```
[R2]interface Serial 1/0/1
[R2 – Serial1/0/1]ppp chap user dengping
[R2 – Serial1/0/1]ppp chap password cipher 123
[R2 – Serial1/0/1]return
< R2 > save
  The current configuration will be written to the device.
  Are you sure to continue? (y/n)[n]:y
```

8.5.6　测试与验收

本实训项目详细的测试步骤，请扫描下面二维码。

通过一系列的测试，从反馈信息可知，基于 HUAWEI 路由器设备的广域网 PPP 点对点的 PAP 和 CHAP 认证方式配置无误，通过在三层交换机上配置 DHCP，使终端 PC 自动获取了 IP 地址，实现了全网互联互通。否则，需要返回之前的操作步骤，进行故障排除。

8.6　实训项目：HUAWEI 设备 PPPoE 拨号接入 Internet

8.6.1　实训目的

掌握企业网基于 HUAWEI 设备 PPPoE 接入广域网（WAN），并且熟练掌握 PPPoE 客户端拨号接口的配置和 PPPoE 客户端认证的配置方法。

8.6.2　实训设备

（1）硬件要求：HUAWEI 3260 路由器 3 台，HUAWEI S5700 交换机 2 台，PC 2 台，服务器 1 台，网线若干条，Console 控制线 1 条。

（2）软件要求：HUAWEI eNSP V100R002C00B510 仿真软件，VirtualBox-5.2.22-126460-Win 软件，Secure CRT 软件或者超级终端软件。

（3）实训设备均为空配置。

8.6.3　项目需求分析

某企业在 ISP 运营商开通了高速 DSL 服务用于支持广域网业务。R1 和 R3 分别是企业分支的边缘路由器，它们通过 PPPoE 服务器（R2）连接到 ISP 运营商网络。你需要在企业的边缘路由器上进行 PPPoE 客户端的配置，使局域网中的主机可以通过 PPPoE 拨号访问 ISP 外部资源。

8.6.4　网络系统设计

根据项目需求分析,现简化网络系统设计,以便实现关键技术,如图 8-6 所示。

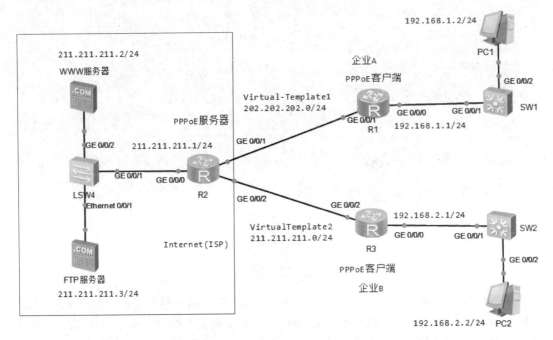

图 8-6　企业网 PPPoE 拨号接入 Internet 图(部分)

8.6.5　工程组织与实施

第一步:按照图 8-6,使用网线连接物理设备。

第二步:根据图 8-6,规划 IP 地址相关信息。

第三步:启动超级终端程序,并设置相关参数。

第四步:在路由器做 PPPoE 服务器的配置。

(1) 初始化设备,修改路由器设备名称。

```
< Huawei > system - view
Enter system view, return user view with Ctrl + Z.
[Huawei]sysname R1
< Huawei > system - view
Enter system view, return user view with Ctrl + Z.
[Huawei]sysname R2
< Huawei > system - view
Enter system view, return user view with Ctrl + Z.
[Huawei]sysname R3
```

(2) 在互联网运营商(ISP)网络的路由器 R2 上配置 PPPoE 服务器,用于认证企业网络的边缘路由器 R1 和 R3。

```
[R2]ip pool pool1
[R2 - ip - pool - pool1]network 202.202.202.0 mask 255.255.255.0
[R2 - ip - pool - pool1]gateway - list 202.202.202.1
[R2 - ip - pool - pool1]quit
[R2]interface Virtual - Template 1
[R2 - Virtual - Template1]ppp authentication - mode chap
[R2 - Virtual - Template1]ip address 202.202.202.1 255.255.255.0
[R2 - Virtual - Template1]remote address pool pool1
[R2 - Virtual - Template1]quit
[R2]ip pool pool2
[R2 - ip - pool - pool1]network 222.222.222.0 mask 255.255.255.0
[R2 - ip - pool - pool1]gateway - list 222.222.222.1
[R2 - ip - pool - pool1]quit
[R2]interface Virtual - Template 2
[R2 - Virtual - Template2]ppp authentication - mode chap
[R2 - Virtual - Template2]ip address 222.222.222.1 255.255.255.0
[R2 - Virtual - Template2]remote address pool pool2
[R2 - Virtual - Template2]quit
```
在 R2 的 G0/0/0 接口绑定虚拟模板：
```
[R2]interface GigabitEthernet 0/0/0
[R2 - GigabitEthernet0/0/0]pppoe - server bind virtual - template 1
[R2 - GigabitEthernet0/0/0]quit
```
在 R2 的 G0/0/2 接口绑定虚拟模板：
```
[R2]interface GigabitEthernet 0/0/2
[R2 - GigabitEthernet0/0/2]pppoe - server bind virtual - template 2
[R2 - GigabitEthernet0/0/2]quit
```
为 PPPoE 被认证方创建合法的账号和密码：
```
[R2]aaa
[R2 - aaa]local - user dengping password cipher 123
[R2 - aaa]local - user dengping service - type ppp
[R2 - aaa]local - user degnping2 password cipher 123456
[R2 - aaa]local - user dengping2 service - type ppp
[R2 - aaa]quit
```
配置连接 WWW 服务器的接口 IP 址：
```
[R2]interface g0/0/0
[R2 - GigabitEthernet0/0/0]ip add 211.211.211.1 24
```

第五步：配置企业网 A 的 PPPoE 客户端。将企业网路由器 R1 配置为 PPPoE 客户端。需要在 R1 上创建拨号接口并开启 PPP 认证功能。

（1）在企业网 A 企业路由器 R1 上配置 PPP 被认证方的用户名和密码(必须与 PPPoE 服务器上的一致)。

```
[R1]dialer - rule
[R1 - dialer - rule]dialer - rule 1 ip permit
[R1 - dialer - rule]quit
[R1]interface Dialer 1
[R1 - Dialer1]dialer user user1
[R1 - Dialer1]dialer - group 1
```

```
[R1 – Dialer1]dialer bundle 1
[R1 – Dialer1]ppp chap user dengping
[R1 – Dialer1]ppp chap password cipher 123
[R1 – Dialer1]dialer timer idle 300
[R1 – Dialer1]dialer queue – length 8
[R1 – Dialer1]ip address ppp – negotiate
[R1 – Dialer1]quit
```
将 PPPoE 拨号接口绑定到出接口:
```
[R1]interface GigabitEthernet 0/0/1
[R1 – GigabitEthernet0/0/0]pppoe – client dial – bundle – number 1
[R1 – GigabitEthernet0/0/0]quit
```
配置本端到 PPPoE 服务器的缺省静态路由:
```
[R1]ip route – static 0.0.0.0 0.0.0.0 Dialer 1
```
配置 R1 连接内网的接口 IP:
```
[R1]interface g0/0/0
[R1 – GigabitEthernet0/0/0]ip add 192.168.1.1 24
[R1 – GigabitEthernet0/0/0]quit
```
配置 NAT,使内网 PC 机能够访问 ISP:
```
[R1]acl 3000
[R1 – acl – adv – 3000]rule permit ip
[R1 – acl – adv – 3000]quit
[R1]interface Dialer 1
[R1 – Dialer1]nat outbound 3000
```

(2) 在客户端路由器 R1 上验证配置结果。

查看 R1 上的拨号接口的信息,确认拨号接口能够从 PPPoE 服务器获取 IP 地址:

```
<R1>dis ip interface brief
* down: administratively down
^down: standby
(l): loopback
(s): spoofing
The number of interface that is UP in Physical is 4
The number of interface that is DOWN in Physical is 1
The number of interface that is UP in Protocol is 2
The number of interface that is DOWN in Protocol is 3
Interface                IP Address/Mask        Physical     Protocol
Dialer1                  202.202.202.254/32     up           up(s)
GigabitEthernet0/0/0     unassigned             up           down
GigabitEthernet0/0/1     unassigned             up           down
GigabitEthernet0/0/2     unassigned             down         down
NULL0                    unassigned             up           up(s)
```

在 R1 上测试访问 PPPoE 服务器(R2):

```
<R1>ping 211.211.211.1
  PING 211.211.211.1: 56 data bytes, press CTRL_C to break
  Reply from 211.211.211.1: bytes = 56 Sequence = 1 ttl = 255 time = 210 ms
  Reply from 211.211.211.1: bytes = 56 Sequence = 2 ttl = 255 time = 50 ms
```

```
Reply from 211.211.211.1: bytes = 56 Sequence = 3 ttl = 255 time = 40 ms
Reply from 211.211.211.1: bytes = 56 Sequence = 4 ttl = 255 time = 30 ms
Reply from 211.211.211.1: bytes = 56 Sequence = 5 ttl = 255 time = 30 ms
--- 211.211.211.1 ping statistics ---
5 packet(s) transmitted
5 packet(s) received
0.00 % packet loss
   round - trip min/avg/max = 30/72/210 ms
```

（3）在企业网 A 的内部计算机 PC1 上验证是否能访问 PPPoE 服务器。

```
PC > ping 211.211.211.1
Ping 211.211.211.1: 32 data bytes, Press Ctrl_C to break
From 211.211.211.1: bytes = 32 seq = 1 ttl = 254 time = 47 ms
From 211.211.211.1: bytes = 32 seq = 2 ttl = 254 time = 32 ms
From 211.211.211.1: bytes = 32 seq = 3 ttl = 254 time = 31 ms
From 211.211.211.1: bytes = 32 seq = 4 ttl = 254 time = 47 ms
From 211.211.211.1: bytes = 32 seq = 5 ttl = 254 time = 31 ms
--- 211.211.211.1 ping statistics ---
 5 packet(s) transmitted
 5 packet(s) received
 0.00 % packet loss
 round - trip min/avg/max = 31/37/47 ms
```

第六步：配置企业网 B 的 PPPoE 客户端（路由器 R3）。将路由器 R3 配置为 PPPoE 客户端。需要在 R3 上创建拨号接口并开启 PPP 认证功能。

（1）在企业网 B 企业路由器 R3 上配置 PPP 被认证方的用户名和密码（必须与 PPPoE 服务器上的一致）。

```
[R3]dialer - rule
[R3 - dialer - rule]dialer - rule 1 ip permit
[R3 - dialer - rule]quit
[R3]interface Dialer 1
[R3 - Dialer1]dialer user user2
[R3 - Dialer1]dialer - group 1
[R3 - Dialer1]dialer bundle 1
[R3 - Dialer1]ppp chap user dengping2
[R3 - Dialer1]ppp chap password cipher 123456
[R3 - Dialer1]dialer timer idle 300
[R3 - Dialer1]dialer queue - length 8
[R3 - Dialer1]ip address ppp - negotiate
[R3 - Dialer1]quit
[R3]interface GigabitEthernet 0/0/2
[R3 - GigabitEthernet0/0/2]pppoe - client dial - bundle - number 1
[R3 - GigabitEthernet0/0/2]quit
[R3]ip route - static 0.0.0.0 0.0.0.0 Dialer 1
配置 R1 连接内网的接口 IP:
[R3]interface g0/0/0
[R3 - GigabitEthernet0/0/0]ip add 192.168.2.1 24
```

```
[R3 - GigabitEthernet0/0/0]quit
配置 NAT,使内网 PC 能够访问 ISP 网:
[R1]acl 3000
[R1 - acl - adv - 3000]rule permit ip
[R1 - acl - adv - 3000]quit
[R1]interface Dialer 1
[R1 - Dialer1]nat outbound 3000
```

（2）查看企业网 B 的 PPPoE 客户端路由器 R3 拨号,并确认拨号接口能够从 PPPoE 服务器获取 IP 地址。

```
< R3 > display ip interface brief
 * down: administratively down
^down: standby
(l): loopback
(s): spoofing
The number of interface that is UP in Physical is 5
The number of interface that is DOWN in Physical is 1
The number of interface that is UP in Protocol is 4
The number of interface that is DOWN in Protocol is 2
Interface               IP Address/Mask      Physical   Protocol
Dialer1                 222.222.222.254/32   up         up(s)
Dialer2                 unassigned           up         up(s)
GigabitEthernet0/0/0    192.168.2.1/24       up         up
GigabitEthernet0/0/1    unassigned           down       down
GigabitEthernet0/0/2    unassigned           up         down
NULL0                   unassigned           up         up(s)
```

8.6.6　测试与验收

本实训项目详细的测试步骤,请扫描下面二维码。

通过一系列的测试,从反馈信息可知企业网 B 能够通过 PPPoE 拨号接入 ISP 网,至此实现了全网互联互通。否则,需要返回之前的操作步骤,进行故障排除。

习题

1. 请简述帧中继协议与高级链路控制协议的区别。
2. 请简述 PPP 点对点的 PAP 与 CHAP 认证方式的区别。
3. 为什么 PPP 中的 CHAP 认证比 PAP 认证安全性更高,请简述之。
4. 请简述 PPPoE 接入广域网的工作原理。
5. 根据本章各实训项目的需求,分别设计网络拓扑,构建网络环境,安装调试设备,撰写实训报告,并写清楚实训操作过程中出现的问题以及解决办法。

第 9 章

接入网路由策略技术

9.1 实训预备知识

9.1.1 网络地址转换

网络地址转换(Network Address Translation,NAT)是将 IP 数据包头中的 IP 地址转换为另一个 IP 地址的过程。在实际应用中,NAT 主要用于实现私有网络访问公共网络的功能。这种通过使用少量的公有 IP 地址代表较多的私有 IP 地址的方式,不仅完美地解决了公网 IP 地址不足的问题,还能够有效地避免来自网络外部的攻击,隐藏并保护网络内部的计算机。

内部本地地址:需要访问 Internet 网络的内网 IP 地址(私有 IP 地址),是计算机在内网中的身份标识。

内部全局地址:NAT 转换中对应的公网 IP 地址,是内网中计算机在 Internet 环境中的外部身份标识。

由于内网中的计算机 IP 地址是私有 IP 地址,不能直接用于 Internet,故 NAT 服务相当于给予内网计算机能用于 Internet 的公网 IP 地址身份,实现内网计算机与 Internet 的通信。

1. NAT 类型

1) 静态 NAT(Static Nat)

内部本地地址和内部全局地址是一对一的关系,公网可通过全局地址直接访问对应的内网主机,这种方式主要用于配置内网服务器。

2) 动态 NAT(Dynamic Nat)

内部本地地址池对应一个内部全局地址池,本地地址和全局地址之间是多对多的关系(微观上看是一对一的关系)。由于内网 IP 和公网 IP 之间的对应不固定,故外网不能访问内网主机。

3) 端口多路复用(Port Address Translation,PAT)

也称为 NPAT(Network Port Address Translation),所有内部本地地址共享同一个内部全局地址,即本地地址和全局地址之间是多对一的关系,内网主机依靠端口来区分。由于端口是随机的,故外网不能直接访问内网,这对内网起到一定保护作用,但可访问内网中绑定固定端口的某台主机或服务器。

2. 静态 NAT 的配置

静态 NAT 将一个特定的内部本地地址(Inside Local Address)静态地映射到一个内部全局地址(Inside Global Address),这意味着静态 NAT 中每一个被映射的内部本地地址,一定对应着一个固定而且唯一的内部全局地址。这种方式不但可以让内网设备访问外网,还可以让外网直接访问内网设备。

常用的静态 NAT 配置命令如表 9-1 所示。

表 9-1   常用的静态 NAT 配置命令

命　　令	说　　明
ip nat inside source static inside-ip outside-ip	建立内网本地和全局地址的静态 NAT 映射
no ip nat inside source static inside-ip outside-ip	取消内网本地和全局地址的静态 NAT 映射
ip nat inside	指定 NAT 内网端口
ip nat outside	指定 NAT 外网端口

3. 动态 NAT 的配置

动态 NAT 又称为动态地址翻译(Dynamic Address Translation),它是将内部本地地址与内部全局地址作一对一的替换。内部全局地址以地址池的形式供选择,内部本地地址只要符合访问外网的条件,在做地址转换时,就从地址池中动态地选取最小的还没分配的内部全局地址来替换,其转换步骤如下:

(1)根据可用的内部全局地址范围,建立地址池;

(2)利用 ACL,定义允许访问外网的内部地址范围;

(3)定义内部地址与地址池之间的转换关系;

(4)定义内网端口和外网端口。

常用的动态 NAT 配置命令如表 9-2 所示。

表 9-2   常用的动态 NAT 配置命令

命　　令	说　　明
ip nat pool name source start-ip end-ip netmask mask	建立 NAT 映射地址池
no ip nat pool name	删除地址池
access-list acl_id permit source [wildcard]	创建标准 ACL,设定 NAT 内网地址范围
ip nat inside source list acl_id pool name	配置动态 NAT 映射列表
no ip nat inside source	取消动态 NAT 映射
ip nat inside	指定 NAT 内网端口
ip nat outside	指定 NAT 外网端口

4. NPAT 的配置

NPAT 可以用于地址伪装(Address MASquerading),它可以让多个内网设备使用一个 IP 地址同时访问外网。NPAT 的转换步骤如下:

(1)利用 ACL,定义允许访问外网的内部 IP 地址范围。

（2）为外网 IP 地址定义一个地址池名。

（3）将地址池赋予在第（1）步中定义的内部 IP 地址范围，并标明为 overload（超载，即 PAT）方式。

（4）定义内网端口和外网端口。

常用的 NPAT 配置命令如表 9-3 所示。

表 9-3　常用的 NPAT 配置命令

命　　令	说　　明
access-list acl_id permit source[wildcard]	创建标准 ACL，设定 NPAT 内网地址范围
ip nat pool name source ip_addr netmask mask	建立 NPAT 映射地址池（仅有一个 IP 地址）
no ip nat pool name	删除地址池
ip nat inside source list acl_id pool name overload	配置内网地址池，标明为 overload 方式
ip nat inside	指定 NAT 内网端口
ip nat outside	指定 NAT 外网端口

5. 验证 NAT 和 NPAT 的配置

配置完 NAT 和 NPAT 后，可以使用表 9-4 中的命令来测试它是否正常工作。

表 9-4　NAT 和 NPAT 测试命令

命　　令	说　　明
clear ip nat translation	从 NAT 表中清除所有的动态 NAT 记录
clear ip nat translation inside global_ip local_ip [outside local_ip global_ip]	从 NAT 表中清除一条包含内部转换或内部与外部转换的简单动态 NAT 记录
show ip nat translation	显示当前在用的 NAT/NPAT
show ip nat statistics	显示当前 NAT/NPAT 统计信息
debug ip nat	显示 NAT 转换情况汇报

9.1.2　访问控制列表 ACL

ACL 能够为网络管理员提供基本的数据报过滤服务，使管理员能够拒绝不希望的访问连接，同时又能保证正常的访问。因此，ACL 又被称为过滤器。ACL 的应用范围很广，可以用于路由器、代理服务器、Web 服务器和防火墙等设备或软件。

一个 ACL 列表可以由一条到多条 ACL 语句组成，每条 ACL 语句都实现一条过滤规则。ACL 语句的顺序是至关重要的。当数据报被检查时，ACL 列表中的各条语句将顺序执行，直到某条语句满足匹配条件。一旦匹配成功，就执行匹配语句中定义的动作，后续的语句将不再检查。假如 ACL 列表中有两条语句，第一条语句是允许所有的 HTTP 数据报通过，第二条语句是禁止所有的数据报通过。按照该顺序，能够达到只允许 HTTP 数据报通过的目的。但如果将顺序倒过来，则所有的数据报都无法通过。

1. 路由器的 ACL 配置

对于路由器而言，ACL 是作用在路由器端口的指令列表，这些指令列表被用来控制路由器接收哪些数据报,拒绝哪些数据报,网络管理员可以在路由器端口上配置 ACL 以控制用户对某一网络的访问。访问控制的条件包含源地址、目的地址和端口号等。

ACL 被放置在端口上,使得流经该端口的所有数据报都要按照 ACL 所规定的条件接受检测。如果允许,则通过,否则就被丢弃。

当一个 ACL 被创建后,所有新的语句被加到 ACL 的最后。无法删除 ACL 中的单独一条语句,只能删除整个 ACL。

ACL 适用于所有的路由协议,如 IP 协议、IPX 协议等。ACL 的定义必须基于每个协议,如果想在某个端口控制某种协议的数据流,必须对该端口处的每个协议定义单独的 ACL。同时,在每个端口、每个协议、每个方向上,只能有一个 ACL。

在路由器上配置 ACL 时,每个 ACL 都有一个唯一的编号作为标识。编号的有效值范围如表 9-5 所示。

表 9-5　协议和 ACL 响应的编号

命　令	说　明
IP	1～99,1300～1399
Extended IP	100～199,2000～2699
Apple Talk	600～699
IPX	800～899
Extended IPX	900～999
IPX Service Advertising Protocol	1000～1099

2. 标准 ACL 的配置

常用的标准 ACL 配置命令如表 9-6 所示。

表 9-6　常用的标准 ACL 配置命令

命　令	说　明
access-list acl_id{deny[permit]source[source-wildcared][1]	创建标准 ACL
ip access-group acl_id in ｜ out	在指定端口上启动 ACL
access-clASs acl_id in ｜ out	在指定 vty 端口上启动 ACL
show access-lists acl_id	显示 ACL
show ip access-lists acl_id	显示 IP ACL

注：[1]acl_id 是定义访问列表编号的一个值,范围为 1～99。参数 deny 或 permit 指定了允许还是拒绝数据报。参数 source 是发送数据报的网络地址,source-wildcared 则是发送数据报的通配符掩码(或者称为反向掩码)。

3. 扩展 ACL 配置

扩展 ACL(ID 号为 100～199)与标准 ACL(ID 号为 1～99)相比,标准 ACL 只能对源数据报的 IP 地址进行限制,而扩展 ACL 提供了更强的控制能力,不但可以检查数据报的 IP 地址,而且可以检查协议类型和端口号,还可以针对目标进行配置。

常用的扩展 ACL 配置命令如表 9-7 所示。

表 9-7 常用的扩展 ACL 配置命令

命　令	说　明
access-list acl_id {deny [permit] source [source-wildcared] destination [destination-wildcare] [operator port] [established][1]	创建扩展 ACL
ip access-group acl_id in|out	在指定端口的进入/离开方向上启动 ACL
access-clASs acl_id in|out	在指定 vty 端口的进入/离开方向上启动 ACL
show access-lists[acl_id]	显示 ACL
show ip access-lists[acl_id]	显示 IP ACL

注：[1]access-list 中各参数含义如下：

（1）acl_id 是指定义访问列表编号的一个值,范围为 100～199。

（2）deny 或 permit 指定了允许还是拒绝数据报。

（3）指发送方的网络地址,source-wildcared 则是指发送方的通配符掩码或反掩码。

（4）destination 是指接收方的网络地址,destination-wildcard 则是指接收方的通配符掩码。

（5）operator 是个可选项,用于比较源和目的端口,可用的操作符包括 lt(小于)、gt(大于)、eq(等于)、neq(不等于)和 range(包括的范围)。

（6）port 是个可选项,用于指明 TCP 或 UDP 端口的十进制数字或名字。端口号的范围是 0～65535。TCP 端口只被用于过滤 TCP 数据报,UDP 端口只被用于过滤 UDP 数据报。

（7）established 表示只允许 TCP 包头中的 ACK 位被置为 1(即已建立了 TCP 连接)的数据包通过。

9.1.3　路由策略

传统的路由策略来自路由协议计算出来的路由表。路由器只能根据报文的目的地址进行数据转发,不能提供有差别的服务。基于策略的路由不仅可以根据目的地址,而且可以根据协议类型、报文大小、应用、IP 源地址或者其他的策略来选择转发路径。

策略路由主要有三种：

（1）基于目的地址的策略路由：根据数据包的目的地址选择相应的 ISP 线路;

（2）基于源地址的策略路由：根据数据包的源地址选择相应的 ISP 线路;

（3）智能均衡策略路由：多条线路不管是网通还是电信、光纤还是 ADSL,都能自动地识别,并且自动地采取相应的策略方式,是策略路由的发展趋势。

当路由器进行数据转发时,路由器根据预先设定的策略对数据包进行匹配。如果匹配到一条策略,就根据该条策略指定的路由进行转发;如果没有匹配到任何策略,就根据路由表的内容对报文进行转发;常用策略路由配置命令如表 9-8 所示。

表 9-8　常用策略路由配置命令

命　令	说　明
route-map map-tag {permit | deny} [sequence number][1]	定义策略路由
match ip address acl-id	匹配由 acl-id 定义的流量
match length min-bye max-byte	匹配报文大小为 min-byte 到 max-byte 字节流量
set ip next-hop ip-address	设置数据包下一跳地址
set ip pressdence[number | name]	设置 IP 数据包优先级

续表

命　令	说　明
set interface slot/number	设定出接口
ip policy route-map map-tag	在接口下应用策略路由
ip local policy route-map map-tag	对本地路由器产生的数据包执行策略路由

注：[1]如果不加 sequence number,则默认从 10 开始。

route map 命令被用于定义策略,用 permit 和 deny 来标识是否执行路由转发。多条使用相同 map-tag 的 route map 命令组成 route-map 陈述(statement)集合,集合中的语句根据 sequence number 依次执行。

9.2　实训项目：CISCO 网络地址转换 NAT 接入 Internet

9.2.1　实训目的

掌握企业网基于 CISCO 设备接入 Internet,利用网络地址转换 NAT 实现内网可以访问外网。

9.2.2　实训设备

(1)硬件要求：CISCO 2811 路由器 3 台,CISCO S3560 交换机 2 台,CISCO 2960 交换机 1 台,PC 2 台,服务器 2 台,直连线 4 条,交叉线 4 条,光纤 1 条,Console 控制电缆 1 条。

(2)软件要求：CISCO Packet Tracer 7.2.1 仿真软件,Secure CRT 软件或者超级终端软件。

(3)实训设备均为空配置。

9.2.3　项目需求分析

背景：某公司组建网络接入 Internet,使用了多层交换机作为终端计算机的网关,使用路由器作为 Internet 入设备(硬件防火墙也可作为 Internet 接入设备；Internet 接入方式包括光纤接入、网线接入、电话线接入；公网 IP 地址的分配包括固定 IP、PPPoE 等)。

需求：利用动态 NAT 实现内网可以访问外网。外网用户只可以访问企业内网的 FTP 服务器,并且内网用户全部为自动获取 IP 地址。

9.2.4　网络系统设计

根据项目需求分析,现简化网络系统设计,以便实现关键技术,如图 9-1 所示。

9.2.5　工程组织与实施

第一步：按照图 9-1,使用直连线、交叉线和光纤连接物理设备。

第二步：根据图 9-1,规划 IP 地址相关信息。

第三步：启动超级终端程序,并设置相关参数。

第四步：根据网络拓扑规划的 IP 地址方案,配置企业内网和 ISP 网络(Internet)的设备 IP 地址(略)。

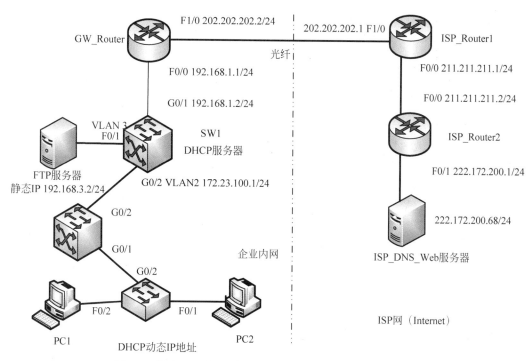

图 9-1　某企业网接入 Internet 的动态 NAT 的系统图(部分)

第五步：在 ISP 网(Internet)的路由器 OSPF 配置，使 ISP 网的 ISP_DNS_Web 服务器与路由器互联互通。

(1) 在路由器 ISP_router1 上的 OSPF 配置。

```
Router > cnable
Router # config terminal
Router(config) # hostname ISP_Router1
ISP_Router1(config) # router ospf 100
ISP_Router1(config - router) # network 211.211.211.0 0.0.0.255 area 0
ISP_Router1(config - router) # network 202.202.202.0 0.0.0.255 area 0
ISP_Router1(config - router) # end
ISP_Router1 # write
```

(2) 在路由器 ISP_router2 上的 OSPF 配置。

```
Router > enable
Router # config terminal
Router(config) # hostname ISP_Router2
ISP_Router2(config - router) # network 222.172.200.0 0.0.0.255 area 0
ISP_Router2(config - router) # network 211.211.211.0 0.0.0.255 area 0
ISP_Router2(config - router) # end
ISP_Router2 # write
```

(3) 在路由器 ISP_router1 上访问服务器 ISP_DNS_Web，是否连通。

ISP_Router1 # ping 222.172.200.68

```
Type escape sequence to abort.
Sending 5, 100 - byte ICMP Echos to 222.172.200.68, timeout is 2 seconds:
!!!!!
Success rate is 100 percent (5/5), round - trip min/avg/max = 0/0/1 ms
```

由以上 ping 测试的反馈信息,可知 ISP 网络部分的设备实现互联互通。否则,继续排除故障,直至连通后,再进行后续步操作。

第六步:在企业内网的核心交换机 SW1 配置 VLAN、DHCP 等,使内网 PC 自动获取 IP 地址,并且能够访问内网边界路由器 GW_Router。

(1) 企业内网核心交换机 SW1 的 VLAN、DHCP 配置。

```
Switch > enable
Switch # configure terminal
Switch(config) # hostname SW1
SW1(config) # vlan 2
SW1(config) # vlan 3
SW1(config - vlan) # exit
SW1(config) # interface vlan 2
SW1(config - if) # ip add 172.23.100.1 255.255.255.0
SW1(config - if) # no shutdown
SW1(config - if) # exit
SW1(config) # ip dhcp pool VLAN_2
SW1(dhcp - config) # network 172.23.100.0 255.255.255.0
SW1(dhcp - config) # dns - server 222.172.200.68
SW1(dhcp - config) # default - router 172.23.100.1
SW1(dhcp - config) # exit
SW1(config) # ip dhcp excluded - address 172.23.100.1
SW1(config) # interface G0/2
SW1(config - if) # switchport access vlan 2
SW1(config - if) # exit
SW1(config) # inter vlan 3
SW1(config - if) # ip add 192.168.3.1 255.255.255.0
SW1(config - if) # no shutdown
SW1(config - if) # exit
SW1(config) # ip dhcp pool VLAN_3
SW1(dhcp - config) # network 192.168.3.0 255.255.255.0
SW1(dhcp - config) # default - router 192.168.3.1
SW1(config) # ip dhcp excluded - address 192.168.3.1
SW1(config) # interface f0/1
SW1(config - if) # switchport access vlan 3
SW1(config - if) # exit
SW1(config) # ip routing
//启动三层路由功能;
```

(2) 企业内网 PC1 和 PC2 自动获取 IP 地址、子网掩码、默认网关地址、DNS 等信息。

在 PC2 上的命令提示符输入命令如下:

C:\> ipconfig /renew

C:\> ipconfig /all

```
fastEthernet0 Connection:(default port)
  Connection - specific DNS Suffix..:
  Physical Address................: 0030.A318.16C3
  Link - local IPv6 Address.........: FE80::230:A3FF:FE18:16C3
  IP Address.....................: 172.23.100.3
  Subnet Mask....................: 255.255.255.0
  Default Gateway................: 172.23.100.1
  DNS Servers....................: 222.172.200.68
  DHCP Servers...................: 172.23.100.1
```

在 PC1 上的命令提示符输入命令如下：

C:\> ipconfig /renew

C:\> ipconfig /all

```
fastEthernet0 Connection:(default port)
  Connection - specific DNS Suffix..:
  Physical Address................: 0009.7C84.5A4D
  Link - local IPv6 Address.........: FE80::209:7CFF:FE84:5A4D
  IP Address.....................: 172.23.100.2
  Subnet Mask....................: 255.255.255.0
  Default Gateway................: 172.23.100.1
  DNS Servers....................: 222.172.200.68
```

（3）在内网 FTP 服务器上配置静态 IP 地址。

```
fastEthernet0 Connection:(default port)
  Connection - specific DNS Suffix..:
  Physical Address................: 0004.9AD7.A0DA
  Link - local IPv6 Address.........: FE80::204:9AFF:FED7:A0DA
  IP Address.....................: 192.168.3.2
  Subnet Mask....................: 255.255.255.0
  Default Gateway................: 192.168.3.1
```

（4）在 PC1 上访问企业内网的 FTP 服务器。

C:\> ping 192.168.3.2

```
Pinging 192.168.3.2 with 32 bytes of data:
Reply from 192.168.3.2: bytes = 32 time < 1ms TTL = 127
Reply from 192.168.3.2: bytes = 32 time = 13ms TTL = 127
Reply from 192.168.3.2: bytes = 32 time = 14ms TTL = 127
Reply from 192.168.3.2: bytes = 32 time = 10ms TTL = 127
Ping statistics for 192.168.3.2:
    Packets: Sent = 4, Received = 4, Lost = 0 (0 % loss),
Approximate round trip times in milli - seconds:
    Minimum = 0ms, Maximum = 14ms, Average = 9ms
```

由以上一系列的测试反馈信息,可知企业内部网络的核心交换机 SW1 上的 DHCP 和三层路由功能配置成功。否则,继续排除故障,直至 PC 能够自动获取 DHCP 上的 IP 地址访问 FTP 服务器后,再进行后续步操作。

第七步:在企业内网的核心交换机 SW1 和内网边界路由器 GW_Router 上配置默认路由,使其互联互通。

企业内网的核心交换机 SW1 指向内网边界路由器 GW_Router 的默认路由配置。

```
SW1(config)# interface G0/1
SW1(config-if)# no switchport
SW1(config-if)# ip address 192.168.1.2 255.255.255.0
SW1(config-if)# exit
SW1(config)# ip route 0.0.0.0 0.0.0.0 192.168.1.1
SW1(config)# exit
SW1# write
```

企业内网边界路由器 GW_Router 指向内网核心交换机 SW1 的默认路由配置。

```
Router> enable
Router# configure terminal
Router(config)# hostname GW_Router
GW_Router(config)#
GW_Router(config)# ip route 0.0.0.0 0.0.0.0 192.168.1.2
GW_Router(config)# exit
GW_Router# write
```

企业内网 PC1 上访问内网边界路由器 GW_Router:
C:\> ping 192.168.1.1

```
Pinging 192.168.1.1 with 32 bytes of data:
Reply from 192.168.1.1: bytes = 32 time < 1ms TTL = 254
Reply from 192.168.1.1: bytes = 32 time = 13ms TTL = 254
Reply from 192.168.1.1: bytes = 32 time = 13ms TTL = 254
Reply from 192.168.1.1: bytes = 32 time = 12ms TTL = 254
Ping statistics for 192.168.1.1:
    Packets: Sent = 4, Received = 4, Lost = 0 (0% loss),
Approximate round trip times in milli-seconds:
    Minimum = 0ms, Maximum = 13ms, Average = 9ms
```

由以上 ping 测试反馈信息,可知企业内网的 PC 能够访问内网边界路由器 GW_Router 了,内网设备实现了正常通信。否则,继续排除故障,直至内网所有设备正常通信,再进行后续步操作。

第八步:在企业内网边界路由器 GW_Router 上配置动态 NAT 和指向 ISP 的默认路由,实现内网用户访问外网(Internet)服务器,但外网用户不能访问内网主机。

在内网边界路由器 GW_Router 上的 NAT、简单的 ACL 和默认路由配置。

```
GW_Router#config terminal
GW_Router(config)#ip nat pool ISP 202.202.202.3 202.202.202.5 netmask 255.255.255.0
//设置公网地址池;
GW_Router(config)#access-list 100 permit ip any any
//允许内网所有用户通过;
GW_Router(config)#ip nat inside source list 100 pool ISP
//配置动态 NAT 映射;
GW_Router(config)#interface f0/0
GW_Router(config-if)#ip nat inside
GW_Router(config-if)#interface f1/0
GW_Router(config-if)#ip nat outside
GW_Router(config-if)#exit
GW_Router(config)#ip route 0.0.0.0 0.0.0.0 202.202.202.1
//指向 ISP 路由器的默认路由;
```

第九步: 实现 ISP 网(Internet)访问内内网 FTP 服务器,需要在企业内网边界路由器 GW_Router 上做静态 NAT 的配置,即内网地址与全局(公网)地址一对一的映射关系,实现公网用户可以通过全局地址直接访问对应的 FTP 服务器。

(1) 企业内网边界路由器 GW_Router 上的静态 NAT(一对一的映射关系)配置。

```
GW_Router(config)#ip nat inside source static 192.168.3.2 202.202.202.6
//公网地址 202.202.202.6 与 Web 服务器私有地址 192.168.3.2 建立一对一的映射关系;
GW_Router(config)#end
GW_Router#write
```

(2) 在 ISP 网(Internet)用户 ISP_DNS_Web 上访问企业内网 FTP 服务器。
C:\> ftp 202.202.202.6

```
Trying to connect...202.202.202.6
Connected to 202.202.202.6
220- Welcome to PT Ftp server
Username:cisco              //输入 Packet Tracer 默认配置的 FTP 的账号 cisco;
331- Username ok, need password
Password:                  //输入 Packet Tracer 默认配置的 FTP 的密码 cisco;
230- Logged in
(pASsive mode On)
ftp>
```

通过上面 ftp 命令测试 FTP 服务器的访问,由反馈的信息可知,外网用户可以访问内网 FTP 服务器了。

(3) 在企业内网边界路由器 GW_Route 上查看地址一对一映射(转换)的情况。
GW_Router#show ip nat translations

```
Pro Inside global        Inside local      Outside local        Outside global
--- 202.202.202.6        192.168.3.2       ---                  ---
tcp 202.202.202.6:1028   192.168.3.2:1028  222.172.200.68:1030  222.172.200.68:1030
tcp 202.202.202.6:1030   192.168.3.2:1030  222.172.200.68:1032  222.172.200.68:1032
```

```
tcp 202.202.202.6:21 192.168.3.2:21  222.172.200.68:1029 222.172.200.68:1029
tcp 202.202.202.6:21 192.168.3.2:21  222.172.200.68:1031 222.172.200.68:1031
```

9.2.6　测试与验收

本实训项目详细的测试步骤,请扫描下面二维码。

通过一系列的测试,从反馈信息可知,企业内网 72.23.100.0/24 的 PC 能够通过 CISCO 路由器访问 ISP 网(Internet)的服务器 ISP_DNS_Web,外网 ISP 网的用户也能访问内网 FTP 服务器。至此,企业网接入 Internet 的动态 NAT 相关就配置成功了。否则,继续排除故障,直至内网 PC 都能与 ISP 网的服务器通信后,再进行后续操作。

9.3　实训项目: HUAWEI 网络地址转换 NAT 接入 Internet

9.3.1　实训目的

掌握企业网基于 HUAWEI 设备接入 Internet,利用网络地址转换 NAT 实现内网可以访问外网。

9.3.2　实训设备

(1) 硬件要求: HUAWEI 3260 路由器 3 台,HUAWEI S5700 交换机 2 台,PC 2 台,服务器 2 台,网线若干条,Console 控制线 1 条。

(2) 软件要求: HUAWEI eNSP V100R002C00B510 仿真软件,VirtualBox-5.2.22-126460-Win 软件,Secure CRT 软件或者超级终端软件。

(3) 实训设备均为空配置。

9.3.3　项目需求分析

为了节省 IP 地址,通常企业内部使用的是私有地址。然而,企业用户不仅需要访问私网,也需要访问公网。作为企业的网络管理员,需要在两个企业分支机构的边缘路由器 R1 和 R3 上通过配置 NAT 功能,使私网用户可以访问公网。本实训中,需要在 R1 上配置动态 NAT、在 R3 上配置 EASy IP,实现地址转换。

9.3.4　网络系统设计

根据项目需求分析,现简化网络系统设计,以便实现关键技术,如图 9-2 所示。

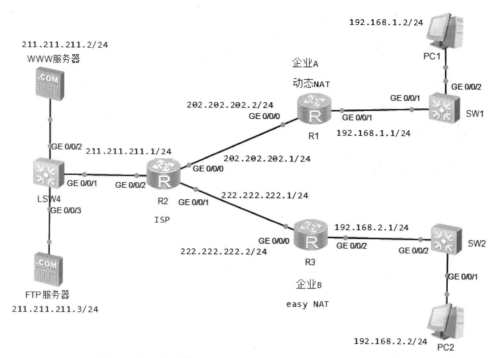

图 9-2 某企业网接入 Internet 的动态 NAT 的系统图(部分)

9.3.5 工程组织与实施

第一步：按照图 9-2,使用直连线、交叉线和光纤连接物理设备。

第二步：根据图 9-2,规划 IP 相关信息。

第三步：启动超级终端程序,并设置相关参数。

第四步：根据网络拓扑规划的 IP 方案,配置企业内网和 ISP 网络(Internet)的设备 IP 地址(略)。

(1) 配置路由器 R1、R2 和 R3 的 IP 地址。

```
[Huawei]sysname R1
[R1]inter GigabitEthernet0/0/1
[R1 - GigabitEthernet0/0/1]ip address 192.168.1.1 24
[R1]interface GigabitEthernet0/0/0
[R1 - GigabitEthernet0/0/0]ip address 202.202.202.2 24
[Huawei]sysname R2
[R2]inter GigabitEthernet0/0/0
[R2 - GigabitEthernet0/0/0]ip address 202.202.202.1 24
[R2]interface GigabitEthernet0/0/2
[R2 - GigabitEthernet0/0/2]ip address 211.211.211.1 24
[R2]interface GigabitEthernet0/0/1
[R2 - GigabitEthernet0/0/1]ip address 222.222.222.1 24
[Huawei]sysname R3
[R3]interface GigabitEthernet0/0/2
[R3 - GigabitEthernet0/0/2]ip address 192.168.2.1 24
```

```
[R3]interface GigabitEthernet0/0/0
[R3 - GigabitEthernet0/0/0]ip address 222.222.222.1 24
```

（2）在 SW1 和 SW2 上将连接路由器的端口配置为 Trunk 端口，并配置 VLANIF 的 IP 地址。

```
[Huawei]sysname SW1
[SW1]vlan 4
[SW1 - vlan3]quit
[SW1]interface vlanif 4
[SW1 - Vlanif4]ip address 192.168.1.254 24
[SW1 - Vlanif4]quit
[SW1]interface GigabitEthernet 0/0/1
[SW1 - GigabitEthernet0/0/1]port link - type trunk
[SW1 - GigabitEthernet0/0/1]port trunk allow - pASs vlan all
[SW1 - GigabitEthernet0/0/1]quit
[Huawei]sysname S2
[SW2]vlan 6
[SW2 - vlan6]quit
[SW2]interface vlanif 6
[SW2 - Vlanif6]ip address 192.168.2.254 24
[SW2 - Vlanif6]quit
[SW2]interface GigabitEthernet 0/0/2
[SW2 - GigabitEthernet0/0/2]port link - type trunk
[SW2 - GigabitEthernet0/0/2]port trunk pvid vlan 6
[SW2 - GigabitEthernet0/0/2]port trunk allow - pASs vlan all
```

第五步：配置 ACL。
（1）在 R1 上配置流量进行 NAT 地址转换，允许内网任意数据通过。

```
[R1]acl 3000
[R1 - acl - adv - 3000] rule 1 permit ip
```

（2）在 R3 上配置基本 ACL，匹配需要进行 NAT 地址转换的流量为源 IP 地址为 192.168.2.0/24 网段的数据流。

```
[R3]acl 2000
[R3 - acl - bASic - 2000] rule permit source any
```

第六步：配置 NAT。
（1）在路由器 R1、R3 配置缺省静态路由，指定下一跳为私网的网关。

```
[R1]ip route - static 0.0.0.0 0.0.0.0 202.202.202.1
[R3]ip route - static 0.0.0.0 0.0.0.0 222.222.222.1
```

（2）在 R1 上配置动态 NAT，首先配置地址池，然后在 G0/0/0 接口下将 ACL 与地址池关联起来，使得匹配 ACL 3000 的数据报文的源地址选用地址池中的某个地址进行 NAT 转换。

```
[R1]nat address - group 1 202.202.202.252 202.202.202.254
[R1]interface GigabitEthernet 0/0/0
[R1 - GigabitEthernet0/0/0]nat outbound 3000 address - group 1
```

（3）在 R3 的 G0/0/0 接口配置 IP 地址，并且关联 ACL 2000。

```
[R3 - GigabitEthernet0/0/0]nat outbound 2000
```

9.3.6　测试与验收

本实训项目详细的测试步骤，请扫描下面二维码。

通过一系列的测试，从反馈信息可知，企业内网的 PC 能够通过 HUAWEI 路由器访问 ISP 网（Internet）的 FTP 服务器 WWW 服务器。至此，企业网接入 Internet 的动态 NAT 相关就配置成功了。否则，继续排除故障，直至内网 PC 都能与 ISP 网的服务器通信后，再进行后续步操作。

9.4　实训项目：CISCO 访问控制列表 ACL 路由策略

9.4.1　实训目的

掌握企业网基于 CISCO 设备接入 Internet，利用动态 NAT 实现内网可以访问外网，并且根据具体需求使用访问控制列表（ACL）做路由策略。

9.4.2　实训设备

（1）硬件要求：CISCO 2811 路由器 3 台，CISCO S3560 交换机 2 台，CISCO S2960 交换机 1 台，PC 2 台，服务器 2 台，直连线 4 条，交叉线 4 条、光纤 1 条，Console 控制电缆 1 条。

（2）软件要求：CISCO Packet Tracer 7.2.1 仿真软件，Secure CRT 软件或者超级终端软件。

（3）实训设备均为空配置。

9.4.3　项目需求分析

背景：某公司组建网络接入 Internet，使用了多层交换机作为终端电脑的网关，使用路由器作为 Internet 入设备。（硬件防火墙也可作为 Internet 接入设备；Internet 接入方式包括光纤接入、网线接入、电话线接入；公网 IP 地址的分配包括固定 IP、PPPoE 等。）

需求：利用动态 NAT 实现内网可以访问外网。外网用户只可以访问企业内网的 FTP 服务器，并且内网用户全部为自动获取 IP 地址，内网间的通信有部分应用需要做隔离(使用 ACL)。

9.4.4 网络系统设计

根据项目需求分析,现简化网络系统设计,以便实现关键技术,如图 9-3 所示。

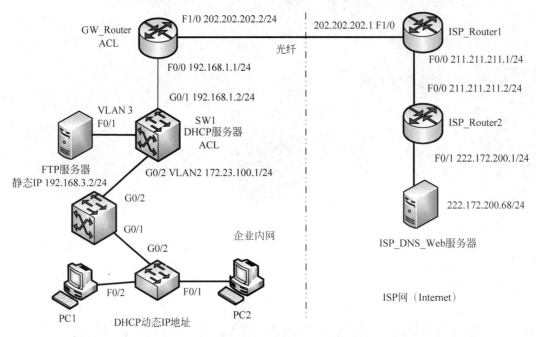

图 9-3 某企业网在三层交换机和路由器上配置 ACL 系统图(部分)

9.4.5 工程组织与实施

第一步:按照图 9-3,使用直连线、交叉线和光纤连接物理设备。

第二步:根据图 9-3,规划 IP 地址相关信息。

第三步:启动超级终端程序,并设置相关参数。

第四步:根据网络拓扑规划的 IP 地址方案,配置企业内网和 ISP 网络(Internet)的设备 IP 地址(略)。

第五步:在 ISP 网(Internet)的路由器 OSPF 配置,使 ISP 网的 ISP_DNS_Web 服务器与路由器互联互通。

(1) 在路由器 ISP_router1 上的 OSPF 配置。

```
Router > enable
Router # config terminal
Router(config) # hostname ISP_Router1
ISP_Router1(config) # router ospf 100
ISP_Router1(config - router) # network 211.211.211.0 0.0.0.255 area 0
ISP_Router1(config - router) # network 202.202.202.0 0.0.0.255 area 0
ISP_Router1(config - router) # end
ISP_Router1 # write
```

（2）在路由器 ISP_router2 上的 OSPF 配置。

```
Router > enable
Router # config terminal
Router(config) # hostname ISP_Router2
ISP_Router2(config - router) # network 222.172.200.0 0.0.0.255 area 0
ISP_Router2(config - router) # network 211.211.211.0 0.0.0.255 area 0
ISP_Router2(config - router) # end
ISP_Router2 # write
```

（3）在路由器 ISP_router1 上访问服务器 ISP_DNS_Web，是否连通。
ISP_Router1 # ping 222.172.200.68

```
Type escape sequence to abort.
Sending 5, 100 - byte ICMP Echos to 222.172.200.68, timeout is 2 seconds:
!!!!!
Success rate is 100 percent (5/5), round - trip min/avg/max = 0/0/1 ms
```

由以上 ping 测试的反馈信息可知，ISP 网络部分的设备实现互联互通。否则，继续排除故障，直至连通后，再进行后续步操作。

第六步：在企业内网的核心交换机 SW1 配置 VLAN、DHCP 等，使内网 PC 自动获取 IP 地址，并且能够访问内网边界路由器 GW_Router。

（1）企业内网核心交换机 SW1 的 VLAN、DHCP 配置。

```
Switch > enable
Switch # configure terminal
Switch(config) # hostname SW1
SW1(config) # vlan 2
SW1(config) # vlan 3
SW1(config - vlan) # exit
SW1(config) # interface vlan 2
SW1(config - if) # ip add 172.23.100.1 255.255.255.0
SW1(config - if) # no shutdown
SW1(config - if) # exit
SW1(config) # ip dhcp pool VLAN_2
SW1(dhcp - config) # network 172.23.100.0 255.255.255.0
SW1(dhcp - config) # dns - server 222.172.200.68
SW1(dhcp - config) # default - router 172.23.100.1
SW1(dhcp - config) # exit
SW1(config) # ip dhcp excluded - address 172.23.100.1
SW1(config) # interface G0/2
SW1(config - if) # switchport access vlan 2
SW1(config - if) # exit
SW1(config) # inter vlan 3
SW1(config - if) # ip add 192.168.3.1 255.255.255.0
SW1(config - if) # no shutdown
SW1(config - if) # exit
SW1(config) # ip dhcp pool VLAN_3
```

```
SW1(dhcp-config)#network 192.168.3.0 255.255.255.0
SW1(dhcp-config)#default-router 192.168.3.1
SW1(config)#ip dhcp excluded-address 192.168.3.1
SW1(config)#interface f0/1
SW1(config-if)#switchport access vlan 3
SW1(config-if)#exit
SW1(config)#ip routing
//启动三层路由功能;
```

(2) 企业内网 PC1 和 PC2 电脑自动获取 IP 地址、子网掩码、默认网关地址、DNS 等信息。
在 PC1 上的命令提示符输入命令如下:

C:\> ipconfig /renew

C:\> ipconfig /all

```
fastEthernet0 Connection:(default port)
  Connection-specific DNS Suffix..:
  Physical Address................: 0009.7C84.5A4D
  Link-local IPv6 Address.........: FE80::209:7CFF:FE84:5A4D
  IP Address......................: 172.23.100.2
  Subnet Mask.....................: 255.255.255.0
  Default Gateway.................: 172.23.100.1
  DNS Servers.....................: 222.172.200.68
```

在 PC2 上的命令提示符输入命令如下:

C:\> ipconfig /renew

C:\> ipconfig /all

```
fastEthernet0 Connection:(default port)
  Connection-specific DNS Suffix..:
  Physical Address................: 0030.A318.16C3
  Link-local IPv6 Address.........: FE80::230:A3FF:FE18:16C3
  IP Address......................: 172.23.100.3
  Subnet Mask.....................: 255.255.255.0
  Default Gateway.................: 172.23.100.1
  DNS Servers.....................: 222.172.200.68
  DHCP Servers....................: 172.23.100.1
```

(3) 在内网 FTP 服务器上配置静态 IP 地址。

```
fastEthernet0 Connection:(default port)
  Connection-specific DNS Suffix..:
  Physical Address................: 0004.9AD7.A0DA
  Link-local IPv6 Address.........: FE80::204:9AFF:FED7:A0DA
  IP Address......................: 192.168.3.2
  Subnet Mask.....................: 255.255.255.0
  Default Gateway.................: 192.168.3.1
```

(4) 在 PC1 上访问企业内网的 FTP 服务器。

C:\> ping 192.168.3.2

```
Pinging 192.168.3.2 with 32 bytes of data:
Reply from 192.168.3.2: bytes = 32 time < 1ms TTL = 127
Reply from 192.168.3.2: bytes = 32 time = 13ms TTL = 127
Reply from 192.168.3.2: bytes = 32 time = 14ms TTL = 127
Reply from 192.168.3.2: bytes = 32 time = 10ms TTL = 127
Ping statistics for 192.168.3.2:
    Packets: Sent = 4, Received = 4, Lost = 0 (0% loss),
Approximate round trip times in milli – seconds:
    Minimum = 0ms, Maximum = 14ms, Average = 9ms
```

由以上一系列的测试反馈信息可知,企业内部网络的核心交换机 SW1 上的 DHCP 和三层路由功能配置成功。否则,继续排除故障,直至 PC 能够自动获取 DHCP 上的 IP 地址访问 FTP 服务器后,再进行后续操作。

第七步:在企业内网的核心交换机 SW1 和内网边界路由器 GW_Router 上配置默认路由,使其互联互通。

企业内网的核心交换机 SW1 指向内网边界路由器 GW_Router 的默认路由配置。

```
SW1(config) # interface G0/1
SW1(config – if) # no switchport
SW1(config – if) # ip address 192.168.1.2 255.255.255.0
SW1(config – if) # exit
SW1(config) # ip route 0.0.0.0 0.0.0.0 192.168.1.1
SW1(config) # exit
SW1 # write
```

企业内网边界路由器 GW_Router 指向内网核心交换机 SW1 的默认路由配置。

```
Router > enable
Router # configure terminal
Router(config) # hostname GW_Router
GW_Router(config) #
GW_Router(config) # ip route 0.0.0.0 0.0.0.0 192.168.1.2
GW_Router(config) # exit
GW_Router # write
```

企业内网 PC1 上访问内网边界路由器 GW_Router。

C:\> ping 192.168.1.1

```
Pinging 192.168.1.1 with 32 bytes of data:
Reply from 192.168.1.1: bytes = 32 time < 1ms TTL = 254
Reply from 192.168.1.1: bytes = 32 time = 13ms TTL = 254
Reply from 192.168.1.1: bytes = 32 time = 13ms TTL = 254
Reply from 192.168.1.1: bytes = 32 time = 12ms TTL = 254
Ping statistics for 192.168.1.1:
    Packets: Sent = 4, Received = 4, Lost = 0 (0% loss),
Approximate round trip times in milli – seconds:
    Minimum = 0ms, Maximum = 13ms, Average = 9ms
```

由以上 ping 测试反馈信息可知,企业内网的 PC 能够访问内网边界路由器 GW_Router 了,内网设备实现了正常通信。否则,继续排除故障,直至内网所有设备正常通信,再进行后续操作。

第八步:在企业内网边界路由器 GW_Router 上配置动态 NAT 和指向 ISP 的默认路由,实现内网用户访问外网(Internet)服务器,但外网用户不能访问内网主机。

(1) 在内网边界路由器 GW_Router 上的 NAT、简单 ACL 和默认路由配置。

```
GW_Router#config terminal
GW_Router(config)#ip nat pool ISP 202.202.202.3 202.202.202.5 netmask 255.255.255.0
//设置公网地址池;
GW_Router(config)#access-list 100 permit ip any any
//允许所有内网用户数据通过;
GW_Router(config)#ip nat inside source list 100 pool ISP
//配置动态 NAT 映射;
GW_Router(config)#interface f0/0
GW_Router(config-if)#ip nat inside
GW_Router(config-if)#interface f1/0
GW_Router(config-if)#ip nat outside
GW_Router(config-if)#exit
GW_Router(config)#ip route 0.0.0.0 0.0.0.0 202.202.202.1
//指向 ISP 路由器的默认路由;
```

(2) 在企业内网 PC1 主机上访问 ISP 网(Internet)的服务器 ISP_DNS_Web。
C:\> ping 222.172.200.68

```
Pinging 222.172.200.68 with 32 bytes of data:
Reply from 222.172.200.68: bytes = 32 time = 13ms TTL = 124
Reply from 222.172.200.68: bytes = 32 time < 1ms TTL = 124
Reply from 222.172.200.68: bytes = 32 time = 14ms TTL = 124
Reply from 222.172.200.68: bytes = 32 time = 36ms TTL = 124
Ping statistics for 222.172.200.68:
    Packets: Sent = 4, Received = 4, Lost = 0 (0% loss),
Approximate round trip times in milli-seconds:
    Minimum = 0ms, Maximum = 36ms, Average = 15ms
```

由以上 ping 测试反馈的信息可知,已实现了企业内网用户可以访问 ISP 网(Internet)。

第九步:实现 ISP 网用户(Internet)访问企业内网 FTP 服务器,需要在企业内网边界路由器 GW_Router 上做静态 NAT 的配置,即内网地址与全局(公网)地址一对一的映射关系,实现公网用户可以通过全局地址直接访问对应的 FTP 服务器。

(1) 企业内网边界路由器 GW_Router 上的静态 NAT(一对一的映射关系)配置。

```
GW_Router(config)#ip nat inside source static 192.168.3.2 202.202.202.6
//公网地址 202.202.202.6 与 Web 服务器私有地址 192.168.3.2 建立一对一的映射关系;
GW_Router(config)#end
GW_Router#write
```

(2) 在 ISP 网(Internet)用户 ISP_DNS_Web 上访问企业内网 FTP 服务器。

C:\> ftp 202.202.202.6

```
Trying to connect...202.202.202.6
Connected to 202.202.202.6
220 - Welcome to PT Ftp server
Username:cisco          //输入 Packet Tracer 默认配置的 FTP 的账号 cisco;
331 - Username ok, need password
Password:               //输入 Packet Tracer 默认配置的 FTP 的密码 cisco;
230 - Logged in
(pASsive mode On)
ftp>
```

通过上面 ftp 命令测试 FTP 服务器的访问反馈的信息可知,外网用户可以访问内网 FTP 服务器了。

(3) 在企业内网边界路由器 GW_Route 上查看地址一对一映射(转换)的情况。

GW_Router#show ip nat translations

```
Pro Inside global         Inside local      Outside local         Outside global
--- 202.202.202.6         192.168.3.2       ---                   ---
tcp 202.202.202.6:1028    192.168.3.2:1028  222.172.200.68:1030   222.172.200.68:1030
tcp 202.202.202.6:1030    192.168.3.2:1030  222.172.200.68:1032   222.172.200.68:1032
tcp 202.202.202.6:21      192.168.3.2:21    222.172.200.68:1029   222.172.200.68:1029
tcp 202.202.202.6:21      192.168.3.2:21    222.172.200.68:1031   222.172.200.68:1031
```

9.4.6　测试与验收

本实训项目详细的测试步骤,请扫描下面二维码。

通过一系列的测试,从反馈信息可知,企业内网所有用户都能够访问 ISP 网(Internet) 的 ISP_DNS_Web 服务器了,外网 ISP 网的用户也能访问内网 FTP 服务器。至此,企业网接入 Internet 的动态 NAT 相关就配置成功了。否则,继续排除故障,直至内网 PC 都能与 ISP 网的服务器通信后,再进行后续操作。使用 ping 命令测试反馈信息可知,PC1 已被 ACL 拒绝访问企业内网 FTP 服务器,但不影响访问外网服务器,而其他用户都能访问内网和外网服务器,表明配置是功能的;否则,需要继续排除故障。

9.5　实训项目:HUAWEI 访问控制列表 ACL 路由策略

9.5.1　实训目的

掌握企业网基于华为设备接入 Internet,利用动态 NAT 实现内网可以访问外网,并且根据具体需求使用访问控制列表(ACL)做路由策略。

9.5.2 实训设备

(1) 硬件要求：HUAWEI 3260 路由器 3 台，HUAWEI S5700 交换机 2 台，PC 2 台，服务器 2 台，网线若干条，Console 控制线 1 条。

(2) 软件要求：HUAWEI eNSP V100R002C00B510 仿真软件，VirtualBox-5.2.22-126460-Win 软件，Secure CRT 软件或者超级终端软件。

(3) 实训设备均为空配置。

9.5.3 项目需求分析

企业部署了三个网络，其中 R2 连接的是公司总部网络，R1 和 R3 分别为两个不同分支网络的设备，这三台路由器通过广域网相连。你需要控制员工使用 Telnet 和 FTP 服务的权限，R1 所在分支的员工只允许访问公司总部网络中的 Telnet 服务器，R3 所在分支的员工只允许访问 FTP 服务器。

9.5.4 网络系统设计

根据项目需求分析，现简化网络系统设计，以便实现关键技术，如图 9-4 所示。

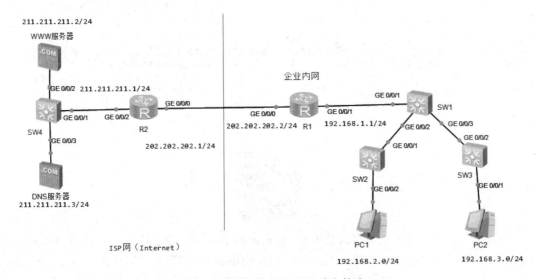

图 9-4 访问控制列表 ACL 路由策略

9.5.5 工程组织与实施

第一步：按照图 9-4，使用直连线、交叉线和光纤连接物理设备。

第二步：根据图 9-4，规划 IP 地址相关信息。

第三步：启动超级终端程序，并设置相关参数。

第四步：根据网络拓扑规划的 IP 地址方案，配置 ISP 网络（Internet）的设备（服务器）IP 地址（略）。

第五步：配置企业核心层交换机 SW1 的 DHCP、VLAN 和路由，实现内网与企业路由器 R1 互通。

（1）在交换机 SW1 上，开启 DHCP 功能。

```
<Huawei>system-view
[Huawei]sysname SW1
[SW1]dhcp enable
//启动核心层交换机 SW1 的 DHCP 功能;
```

（2）在交换机 SW1 的 SVI 虚接口配置 VLAN2 和 VLAN3 的 IP 地址。

```
[SW1]vlan batch 2 3
[SW1]interface vlan 2
[SW1-Vlanif2]undo shutdown
[SW1-Vlanif2]ip address 192.168.2.1 24
[SW1-Vlanif2]dhcp select global
//全局地址池方式分配 IP 地址;
[SW1-Vlanif2]quit
[SW1]interface Vlanif 3
[SW1-Vlanif3]undo shutdown
[SW1-Vlanif3]ip address 192.168.3.1 24
[SW1-Vlanif3]dhcp select global
//全局地址池方式分配 IP 地址;
[SW1-Vlanif3]quit
[SW1]
```

（3）在交换机 SW1 上配置 VLAN2 的 DHCP。

```
[SW1]ip pool VLAN_2
[SW1-ip-pool-vlan_2]network 192.168.2.0 mask 24
//配置 vlan2 地址池给用户分配的地址范围;
[SW1-ip-pool-vlan_2]gateway-list 192.168.2.1
//配置分配给用户的网关地址;
[SW1-ip-pool-vlan_2]dns-list 211.211.211.3
//配置分配给用户的 DNS 地址;
[SW1-ip-pool-vlan_2]lease day 8
[SW1-ip-pool-vlan_2]excluded-ip-address 192.168.2.253 192.168.2.254
[SW1-ip-pool-vlan_2]quit
```

（4）在核心层交换机 SW1 上配置 VLAN3 的 DHCP。

```
[SW1]interface Vlanif 3
[SW1-Vlanif3]ip address 192.168.3.1 255.255.255.0
[SW1-Vlanif3]dhcp select global
////接口方式分配 IP 地址;
[SW1-Vlanif3]dhcp server excluded-ip-address 192.168.3.254
[SW1-Vlanif3]dhcp server lease day 8 hour 0 minute 0
[SW1-Vlanif3]dhcp server dns-list 211.211.211.3
```

（5）在核心层交换机 SW1 上，将 G0/0/2 接口划归 VLAN2、G0/0/2 接口划归 VLAN3。

```
[SW1]interface g0/0/2
[SW1 - GigabitEthernet0/0/2]port link - type access
[SW1 - GigabitEthernet0/0/2]port default vlan 2
[SW1 - GigabitEthernet0/0/2]quit
SW1(Config) # interface G0/0/3
[SW1 - GigabitEthernet0/0/3]port link - type access
[SW1 - GigabitEthernet0/0/3]port default vlan3
```

（6）配置路由器 R1 的 IP 地址。

```
[Huawei]sysname R1
[R1]inter GigabitEthernet0/0/1
[R1 - GigabitEthernet0/0/1]ip address 192.168.1.1 24
[R1]interface GigabitEthernet0/0/0
[R1 - GigabitEthernet0/0/0]ip address 202.202.202.2 24
```

（7）在 R1 和 SW1 配置默认路由，实现企业内的路由器与不同网段主机互联互通。

```
交换机 SW1 上的默认路由：
[SW1]interface Vlanif 1
[SW1 - Vlanif3]ip address 192.168.1.254 24
[SW1 - Vlanif3]quit
[SW1]ip route - static 0.0.0.0 0.0.0.0 192.168.1.1
路由器 R1 上的默认路由：
[R1]ip route - static 0.0.0.0 0.0.0.0 192.168.1.254
```

（8）在企业内网的 PC1 访问 R1。

```
PC > ping 192.168.1.1
Ping 192.168.1.1: 32 data bytes, Press Ctrl_C to break
From 192.168.1.1: bytes = 32 seq = 1 ttl = 254 time = 140 ms
From 192.168.1.1: bytes = 32 seq = 2 ttl = 254 time = 78 ms
From 192.168.1.1: bytes = 32 seq = 3 ttl = 254 time = 47 ms
From 192.168.1.1: bytes = 32 seq = 4 ttl = 254 time = 62 ms
From 192.168.1.1: bytes = 32 seq = 5 ttl = 254 time = 47 ms
--- 192.168.1.1 ping statistics ---
  5 packet(s) transmitted
  5 packet(s) received
  0.00 % packet loss
  round - trip min/avg/max = 47/74/140 ms
```

至此，实现了内网与企业路由器 R1 的互联互通。

第六步：在企业网路由器 R1 上配置动态 NAT 和 ACL，实现企业内网能够访问外网（ISP 网）。

（1）配置 ISP 网的路由器 R2 的 IP 地址。

```
[Huawei]sysname R2
[R2]inter GigabitEthernet0/0/0
[R2 - GigabitEthernet0/0/0]ip address 202.202.202.1 24
[R2]interface GigabitEthernet0/0/2
[R2 - GigabitEthernet0/0/2]ip address 211.211.211.1 24
```

（2）在路由器 R1 配置默认静态路由，指定下一跳为私网的网关。

```
[R1]ip route-static 0.0.0.0 0.0.0.0 202.202.202.1
```

（3）在 R1 上配置 NAT 地址转换，允许内网任意数据通过。

```
[R1]acl 2001
[R1 - acl - bASic - 2001]rule 1 permit ip
```

（4）在 R1 上配置动态 NAT，首先配置地址池，然后在 G0/0/0 接口下将 ACL 与地址池关联起来，使得匹配 ACL 3000 的数据报文的源地址选用地址池中的某个地址进行 NAT 转换。

```
[R1]nat address - group 1 202.202.202.252 202.202.202.254
[R1]interface GigabitEthernet 0/0/0
[R1 - GigabitEthernet0/0/0]nat outbound 2001 address - group 1
```

第七步：高级 ACL 配置。配置基于时间的 ACL 规则创建时间段 working-time（周一到周五每天 8:00 到 18:00），并在名称为 work-acl 的 ACL 中配置规则，在 working-time 限定的时间范围内，拒绝源 IP 地址是 192.168.2.0/24 网段地址的报文通过。

```
[R1]time - range working - time 8:00 to 18:00 working - day
[R1]acl 2001
[R1 - acl - bASic - 2001]rule deny source 192.168.2.0 0.0.0.255 time - range working - time
```

9.5.6 测试与验收

本实训项目详细的测试步骤，请扫描下面二维码。

通过一系列的测试，从反馈信息可知，企业内网所有用户都能够访问 ISP 网（Internet）的 WWW 服务器和 DNS 服务，外网 ISP 网的用户也能访问内网 WWW 服务器。至此，企业网接入 Internet 的 NAT 相关配置成功。根据情况配置 ACL 拒绝相应的服务访问，否则，需要继续排除故障。

习题

1. 在路由器上配置访问控制列表 ACL 访问文件服务器 FTP 时,为什么 FTP 要求 ACL 定义两个端口?

2. 请简述静态网络地址转换 NAT 的作用。

3. 请简述静态 NAT、动态 NAT、端口多路复用的异同点。

4. 请简述标准访问控制列表 ACL 和扩展访问控制 ACL 的区别。

5. 请简述在三层交换机和路由器上配置访问控制列表 ACL 的区别。

6. 请简述在 CISCO 和 HUAWEI 路由器上配置 NAT 与 ACL 的区别。

7. 根据本章各实训项目的需求,分别设计网络拓扑,构建网络环境,安装调试设备,撰写实训报告,并写清楚实训操作过程中出现的问题以及解决办法。

第 10 章

网络安全技术

10.1 实训预备知识

10.1.1 虚拟专用网

虚拟专用网络(Virtual Private Network,VPN)的作用是在公用网络上建立专用网络,进行加密通信,在企业网络中有广泛应用。VPN 网关通过对数据包的加密和数据包目标地址的转换实现远程访问。VPN 可通过服务器、硬件、软件等多种方式实现。

通常单个远程工作者或远程办公室需要连接到企业总部,虽然通信双方都已经连接到了 Internet,但由于双方通常使用的是私网地址,无法通过 Internet 进行通信,如果改用公网地址,则费用很高。而 VPN 技术解决了这个问题,VPN 依靠 Internet 服务提供商或其他网络服务提供商,在公用网络中通过隧道技术建立专用的数据通信专线,这样数据就能穿过 Internet 达到另外一端。

目前 VPN 主要采用四项技术来保证安全,即隧道技术(Tunneling)、加/解密技术(Encryption & Decryption)、密钥管理技术(Key Management)、使用者与设备身份认证技术(Authentication)。

隧道技术是 VPN 的基本技术,在公用网建立隧道,让数据包通过隧道进行传输,需要使用隧道协议。隧道协议可分为第二层隧道协议、第三层隧道协议和高层隧道协议。第二层隧道协议是先把各种网络协议封装到 PPP 中,再把整个数据包封装到隧道协议中,形成的数据包依靠第二层协议进行传输。

第二层隧道协议有 PPTP、L2F、L2TP 和 MPLS(Multi-Protocol Label Switching,多协议标记交换)。PPTP 是在 PPP 协议的基础上开发的一种新的增强型安全协议,是用于 PPP 协议帧传输的一种隧道机制。L2F 是由 CISCO 公司提出的,可以在多种传输网络上建立多协议的安全虚拟专用网的通信隧道的一种协议。L2TP 协议是目前 IETF 的标准,由 IETP 在 PPTP 和 L2F 的基础上发展而成。

第三层隧道协议是把各种网络协议直接装入隧道协议中,形成的数据包依靠第三层协议进行传输。第三层隧道协议有 VTP、IPSec、GRE 等。IPSec 定义了一个系统来提供安全协议选择、安全算法,确定服务所使用密钥等服务,从而在 IP 层提供安全保障。

高层隧道协议主要有 SOCKS 和 SSL。

IPSec VPN 有传输模式和隧道模式,传输模式在端到端中配置,隧道模式在网络和网络之间配置。

10.1.2　VPN 分类

根据不同的划分标准,VPN 可以按几个标准进行分类划分。

1. 按 VPN 的协议分类

VPN 的隧道协议主要有三种,即 PPTP、L2TP 和 IPSec,其中 PPTP 和 L2TP 工作在 OSI 模型的第二层,又称为第二层隧道协议;IPSec 是第三层隧道协议。

2. 按 VPN 的应用分类

(1) Access VPN(远程接入 VPN):客户端到网关,使用公网作为骨干网在设备之间传输 VPN 数据流量。

(2) Intranet VPN(内联网 VPN):网关到网关,通过公司的网络架构连接来自同公司的资源。

(3) Extranet VPN(外联网 VPN):与合作伙伴企业网构成 Extranet,将一个公司与另一个公司的资源进行连接。

3. 按所用的设备类型分类

网络设备提供商针对不同客户的需求,开发出不同的 VPN 网络设备,主要为交换机、路由器和防火墙。

(1) 路由器式 VPN:路由器式 VPN 部署较容易,只要在路由器上添加 VPN 服务即可。

(2) 交换机式 VPN:主要应用于连接用户较少的 VPN 网络。

4. 按照实现原理分类

(1) 重叠 VPN:此 VPN 需要用户自己建立端节点之间的 VPN 链路,主要包括 GRE、L2TP、IPSec 等众多技术。

(2) 对等 VPN:由网络运营商在主干网上完成 VPN 通道的建立,主要包括 MPLS、VPN 技术。

10.1.3　VPN 实现方式

VPN 的实现有很多种方法,常用的有以下四种。

(1) VPN 服务器:在大型局域网中,可以通过在网络中心搭建 VPN 服务器的方法实现 VPN。

(2) 软件 VPN:可以通过专用的软件实现 VPN。

(3) 硬件 VPN:可以通过专用的硬件实现 VPN。

(4) 集成 VPN:某些硬件设备,如路由器、防火墙等,都具有 VPN 功能,但是一般拥有 VPN 功能的硬件设备通常都比没有这一功能的要贵。

10.1.4　GRE VPN

GRE VPN(Generic Routing Encapsulation)即通用路由封装协议,是对某些网络层协议(如 IP 和 IPX)的数据报进行封装,使这些被封装的数据报能够在另一个网络层协议(如 IP)中传输。GRE 是 VPN(Virtual Private Network)的第三层隧道协议,即在协议层之间采用了一种被称为 Tunnel(隧道)的技术。

GRE Tunnel 是一种非常简单的 VPN,其基本思路是:VPN 网关把发往对方的数据报在网络边界重新进行封装,然后通过 Internet 将数据报发送到目标站点的对等 VPN 网关,这个过程也就是把一个私网的数据报封装在一个公网的数据报中。假设计算机发送出的数据报源 IP 地址为 100.1.1.1,目的 IP 地址为 100.2.2.2,VPN 网关把数据报重新封装,新的源 IP 为隧道这一端的公网地址,目的 IP 为隧道另外一端的公网地址。对方收到数据报后剥离报头,复原出原来的数据报,然后向其私有网络内的目标主机传递数据报。这样私网的数据报就穿过了公网,到达另一个私网。

10.1.5 IPSec VPN

IPSec(IP Security)是 IETF 制定的为保证在 Internet 上传送数据的安全保密性能的三层隧道加密协议。IPSec 在 IP 层对 IP 报文提供安全服务。IPSec 协议本身定义了如何在 IP 数据报中增加字段来保证 IP 包的完整性、私有性和真实性,以及如何加密数据报。使用 IPsec,数据就可以安全地在公网上传输。

IPSec 为 IP 数据流提供完整性验证、身份认证、重发防范(reply protection)和数据加密等安全服务。IPSec 体系结构包括以下几个基本部分:AH、ESP、IKE、SA、DOI、认证和加密算法。

1. IPSec 的两种工作模式

(1)隧道(tunnel)模式:用户的整个 IP 数据报被用来计算 AH 或 ESP 头,AH 或 ESP 头以及 ESP 加密的用户数据被封装在一个新的 IP 数据报中。通常,隧道模式用于两台设备之间的通信。

(2)传输(transport)模式:只是传输层数据被用来计算 AH 或 ESP 头,AH 或 ESP 头以及 ESP 加密的用户数据被放置在原 IP 包头后面。通常,传输模式用于两台主机之间的通信,或一台主机和一台设备之间的通信。

2. IKE

IPSec 提供了两个主机之间、两个安全网关之间或主机和安全网关之间的保护。

IKE(Internet Key Exchange)为 IPSec 提供了自动协商交换密钥、建立安全联盟(Security ASsociation,SA)的服务,能够简化 IPSec 的使用和管理,大大简化 IPSec 的配置和维护工作。

IKE 不是在网络上直接传送密钥,而是通过一系列数据的交换,最终计算出双方共享的密钥,并且即使第三者截获了双方用于计算密钥的所有交换数据,也不足以计算出真正的密钥。IKE 具有一套自保护机制,可以在不安全地网络上安全地分发密钥,验证身份,建立 IPSEC 安全联盟。

IPSec 对数据流提供的安全服务通过 SA 来实现,它包括协议、算法、密钥等内容,具体确定了如何对 IP 报文进行处理。一个 SA 就是两个 IPSec 系统之间的一个单向逻辑连接,输入数据流和输出数据流由输入安全联盟与输出安全联盟分别处理。安全联盟由一个三元组(安全参数索引(SPI)、IP 目的地址、安全协议号(AH 或 ESP))来唯一标识。安全联盟可通过手工配置和自动协商两种方式建立。手工建立安全联盟的方式是指用户通过在两端手工设置一些参数,在两端参数匹配和协商通过后建立安全联盟。自动协商方式由 IKE 生成和维护,通信双方基于各自的安全策略库经过匹配和协商,最终建立安全联盟而不需要用户的干预。

SA 是 IPSec 的基础,决定通信中采用的 IPSec 安全协议、散列方式、加密算法和密钥等安全参数。AH 是 IPSec 体系结构中的一种主要协议,它为 IP 地址数据报提供完整性检查与数据源认证,并防止重发攻击。ESP 提供数据的加密和身份认证服务。

IPSec 包括 AH(协议号 51)和 ESP(协议号 50)两个协议。AH(Authentication Header)是报文验证头协议,主要提供的功能有数据源验证、数据完整性校验和防报文重放功能,可选择的散列算法有 MD5(Message Digest)、SHA1(Secure HASh Algorithm)等。AH 插到标准 IP 包头后面,它保证数据包的完整性和真实性,防止黑客截断数据包或向网络中插入伪造的数据包。AH 采用了 Hash 算法来对数据包进行保护。AH 没有对用户数据进行加密。ESP(Encapsulating Security Payload)是报文安全封装协议,ESP 将需要保护的用户数据进行加密后再封装到 IP 地址包中,保证数据的完整性、真实性和私有性。可选择的加密算法有 DES、3DES 等。

进行 IPSec 通信前必须先在通信双方建立 SA。IKE 用于动态建立 SA,它沿用了 ISAKMP 的框架、Oakley 的密钥交换模式以及 SKEME 的共享和密钥更新技术,提供密码生成材料技术和协商共享策略。

3. IPSec VPN 的应用场景

IPSec 可用于构建跨越 Internet 的站点到站点(site-to-site)VPN 和远程接入虚拟专网。站点到站点 VPN 的 IPSec 隧道由安全网关(如路由器或防火墙)建立,如图 10-1 所示。隧道建立后,站点之间便能够透明、安全地传输 IP 地址数据流。

图 10-1　简单的站点到站点 VPN

远程接入 IPSec VPN 如图 10-2 所示,可以让远程客户安全地连接到公司网络。在这种情况下,客户端 PC 和公司的安全网关之间需要建立一条 IPSec 隧道。

图 10-2　远程接入 VPN

4. 站点到站点 IPSec VPN 配置命令

以 CISCO 设备为例,使用预共享密钥的站点到站点 IPSec VPN 的常用配置命令如表 10-1 所示。

表 10-1 IPSec VPN 的常用配置命令

命 令	说 明
crypto isakmp key key address peer_address[1]	配置预共享密钥
crypto isakmp policy policy-number[2]	进入 IKE 策略配置模式
crypto ipsec tranform-set tranform_set_name tranform1 [tranform2] [tranform3] [tranform4][3]	设置 IPSec 变换集
mode {tunnel | transport}[4]	在设置变换集时,指定 IPSec 模式
access-list acl_id permit protocol source [source-wildcard] destination [destination-wildcard]	用访问列表指定在变换集中将被 IPSec 变换保护的数据流
crypto map map_name sequence_number ipsec-isakmp[5]	创建加密映射表
set peer peer_address	指定对端地址
set transform-set transform_set_name	指定变换集
match address address_list_name	应用加密访问列表
crypto map map_name	将加密映射表应用于端口

注:[1] 预共享密钥应是一个数字字母字符串,在两台对等体路由器上必须相同。

[2] 可以配置多个策略号不同的策略,策略号 policy-number 的取值范围是 1~10000,数字越小优先级越高。该策略包含的内容有验证方法、加密算法、Diffie-Hellman 组、散列算法和时间。表 10-2 列出了在 CISCO 路由器上可以为 IKE 策略配置的参数。

[3] 在一个变换中,最多可指定 4 个变换:一个 AH 鉴别、一个 ESP 鉴别、一个 ESP 加密和一个压缩,表 10-3 列出了在 IPSec 变换集中可以指定的安全和压缩协议以及散列算法和加密算法变换。

[4] IPSec 有传输方式(Transport Mode)和隧道模式(Tunnel Mode)两种工作方式,AH 和 ESP 均可应用于这两种方式。默认模式是隧道模式。

[5] 加密映射表将对等体地址、变换集和加密访问列表组合在一起。它指定了保护哪些数据流,以及向 IPSec 对等体发送数据流和接收来自该对等体的数据流时如何对它们进行加密。如果本地路由器要在一个端口上同多个对等体建立 IPSec SA,可在加密映射表中配置多个序列号不同的映射表,每个对等体一个。

表 10-2 可为 IDE 策略配置的加密算法、散列算法、Diffic-Hellman 组、验证方法和时间

命 令	参 数	描 述
authentication	rsa-sig	RSA 签名(默认设置)
	rsa-encr	RSA 加密的临时值
	pre-share	预共享密钥
eneryption	des	56 位 DES(默认设置)
	3des	168 位 DES
	Aes	128 位 AES
	aes192	192 位 AES
	aes256	256 位 AES
group	1	768 位 Diffie-Hellman 组(默认)
	2	1024 位 Diffie-Hellman 组
	5	1536 位 Diffie-Hellman 组
Hash	sha	HMAC 变种 SHA-1(默认)
	Md5	HMAC 变种 MD5
lefttime	seconds	IKE SA 的时间,取值范围为 60~86400s,默认值为 86400s

表 10-3　在 IPSec 变换集可指定的安全和压缩协议以及散列算法和加密算法

协　议	散列算法变换	加密算法变换	压缩算法变换	描　述
验证报头	ah-md5-hmac			使用 HMAC 变种 MD5 的 AH,提供验证服务
	ah-sha-hmac			使用 HMAC 变种 SHA-1 的 AH,提供验证服务
封装安全有效负载	esp-md5-hmac			使用 HMAC 变种 MD5 的 ESP,提供验证服务
	esp-sha-hmac			使用 HMAC 变种 SHA-1 的 ESP,提供验证服务
		esp-null		使用空加密的 ESP,提供验证服务,但不能加密
		esp-des		使用 56 位 DES 加密的 ESP
		esp-3des		使用 168 位 3DES 加密的 ESP
		esp-aes		使用 128 位 AES 加密的 ESP
		esp-aes192		使用 192 位 AES 加密的 ESP
		esp-aes256		使用 256 位 AES 加密的 ESP
IP 压缩			comp-lzs	Lempel-Ziv-Stac 加密

10.1.6　防火墙

1. 防火墙的概况

所谓"防火墙"是指一种将内部网和公众访问网(Internet)分开的方法,它实际上是一种建立在现代通信网络技术和信息安全技术基础上的应用性安全技术、隔离技术,越来越多地应用于专用网络与公用网络的互联环境之中,尤其是用于以接入 Internet 网络。

防火墙主要是借助硬件和软件作用于内部和外部网络的环境间产生一种保护的屏障,从而实现对计算机不安全网络因素的阻断。只有在防火墙同意情况下,用户才能够进入计算机内,否则就会被阻挡于外。防火墙技术的报警功能十分强大,在外部的用户要进入到计算机内时,防火墙就会迅速发出相应的报警,并提醒用户进行自我判断来决定是否允许外部的用户进入到内部。只要是在网络环境内的用户,这种防火墙都能够进行有效的查询,同时把查到信息向用户进行显示,然后用户按照自身需要对防火墙实施相应设置,对不允许的用户行为进行阻断。通过防火墙还能够对信息数据的流量实施有效查看,还能够对数据信息的上传和下载速度进行掌握,便于用户对计算机使用的情况具有良好的控制判断。计算机的内部情况也可以通过这种防火墙进行查看,还具有启动与关闭程序的功能,而计算机系统内部中具有的日志功能,其实也是防火墙对计算机的内部系统实时安全情况与每日流量情况进行的总结和整理。

防火墙是指设置在不同网络(如可信任的企业内部网和不可信的公共网)或网络安全域之间的一系列部件的组合。它是不同网络或网络安全域之间信息的唯一出入口,能根据企业的安全政策控制(允许、拒绝、监测)出入网络的信息流,且本身具有较强的抗攻击能力。它是提供信息安全服务,实现网络和信息安全的基础设施。在逻辑上,防火墙是一个分离器,一个限制器,也是一个分析器,有效地监控了内部网和 Internet 之间的任何活动,保证了内部网络的安全。

防火墙对流经它的网络通信进行扫描,这样能够过滤掉一些攻击,以免其在目标计算机上被执行。防火墙还可以关闭不使用的端口。还能禁止特定端口的流出通信,封锁特洛伊木马。最后,它可以禁止来自特殊站点的访问,从而防止来自不明入侵者的所有通信。

2. 防火墙的主要功能

1)网络安全的屏障

一个防火墙(作为阻塞点、控制点)能极大地提高一个内部网络的安全性,并通过过滤不安全的服务而降低风险。由于只有经过精心选择的应用协议才能通过防火墙,所以网络环境变得更安全。如防火墙可以禁止不安全的 NFS 协议进出受保护网络,这样外部的攻击者就不可能利用这些脆弱的协议来攻击内部网络。防火墙还可以保护网络免受基于路由的攻击,如 IP 选项中的源路由攻击和 ICMP 重定向中的重定向路径。防火墙应该可以拒绝所有以上类型攻击的报文并通知防火墙管理员。

2)强化网络安全策略

通过以防火墙为中心的安全方案配置,能将所有安全软件(如口令、加密、身份认证、审计等)配置在防火墙上。与将网络安全问题分散到各个主机上相比,防火墙的集中安全管理更经济。例如,在网络访问时,一次一密口令系统和其他的身份认证系统完全可以不必分散在各个主机上,而集中在防火墙一身上。

3)监控审计

如果所有的访问都经过防火墙,那么,防火墙就能记录下这些访问并作出日志记录,同时也能提供网络使用情况的统计数据。当发现可疑动作时,防火墙能进行适当的报警,并提供网络是否受到监测和攻击的详细信息。另外,收集一个网络的使用和误用情况也是非常重要的。首先的理由是可以清楚防火墙是否能够抵挡攻击者的探测和攻击,并且清楚防火墙的控制是否充足。而网络使用统计对网络需求分析和威胁分析等而言也是非常重要的。

4)防止内部信息的外泄

通过利用防火墙对内部网络的划分,可实现内部网重点网段的隔离,从而限制了局部重点或敏感网络安全问题对全局网络造成的影响。另外,隐私是内部网络非常关心的问题,一个内部网络中不引人注意的细节可能包含了有关安全的线索而引起外部攻击者的兴趣,甚至因此而暴露了内部网络的某些安全漏洞。使用防火墙就可以隐蔽那些透漏内部细节如 Finger、DNS 等服务。Finger 显示了主机的所有用户的注册名、真名,最后登录时间和使用 shell 类型等。但是 Finger 显示的信息非常容易被攻击者所获悉。攻击者可以知道一个系统使用的频繁程度,这个系统是否有用户正在连线上网,这个系统是否在被攻击时引起注意等。防火墙可以同样阻塞有关内部网络中的 DNS 信息,这样一台主机的域名和 IP 地址就不会被外界所了解。除了安全作用,防火墙还支持具有 Internet 服务性的企业内部网络技术体系 VPN。

5)日志记录与事件通知

进出网络的数据都必须经过防火墙,防火墙通过日志对其进行记录,能提供网络使用的详细统计信息。当发现可疑事件时,防火墙更能根据机制进行报警和通知,提供网络是否受到威胁的信息。

3. 防火墙的主要类型

防火墙是现代网络安全防护技术中的重要构成内容,可以有效地防护外部的侵扰与影响。随着网络技术手段的完善,防火墙技术的功能也在不断完善,可以实现对信息的过滤,保障信息的安全性。防火墙就是一种在内部与外部网络中间发挥作用的防御系统,具有安全防护的价值与作用,通过防火墙可以实现内部与外部资源的有效流通,及时处理各种安全隐患问题,进而提升了信息数据资料的安全性。防火墙技术具有一定的抗攻击能力,对于外部攻击具有自我保护的作用。随着计算机技术的进步,防火墙技术也在不断发展。

1) 过滤型防火墙

过滤型防火墙是在网络层与传输层中,可以基于数据源头的地址以及协议类型等标志特征进行分析,确定是否可以通过。在符合防火墙规定标准下,满足一定的安全要求以及规则才可以进行信息的传递,而一些不安全的因素则会被防火墙过滤、阻挡。

2) 应用代理型防火墙

应用代理型防火墙主要的工作范围就是在 OSI 的最高层,位于应用层之上。其主要的特征是可以完全隔离网络通信流,通过特定的代理程序就可以实现对应用层的监督与控制。这两种防火墙是应用较为普遍的防火墙,其他一些防火墙应用效果也较为显著,在实际应用中要综合具体的需求以及状况合理选择防火墙的类型,这样才可以有效地避免防火墙的外部侵扰等问题的出现。

3) 复合型

目前应用较为广泛的防火墙技术当属复合型防火墙技术,综合了包过滤型防火墙技术以及应用代理型防火墙技术的优点,譬如发过来的安全策略是包过滤策略,那么可以针对报文的报头部分进行访问控制;如果安全策略是代理策略,就可以针对报文的内容数据进行访问控制,因此复合型防火墙技术综合了其组成部分的优点,同时摒弃了两种防火墙的原有缺点,大大提高了防火墙技术在应用实践中的灵活性和安全性。

4. 防火墙技术

防火墙技术是通过有机结合各类用于安全管理与筛选的软件和硬件设备,帮助计算机网络与其内、外网之间构建一道相对隔绝的保护屏障,以保护用户资料与信息安全性的一种技术。

防火墙技术的功能主要在于及时发现并处理计算机网络运行时可能存在的安全风险、数据传输等问题,其中处理措施包括隔离与保护,同时可对计算机网络安全当中的各项操作实施记录与检测,以确保计算机网络运行的安全性,保障用户资料与信息的完整性,为用户提供更好、更安全的计算机网络使用体验。

1) 内网中的防火墙技术

防火墙在内网中的设定位置是比较固定的,一般将其设置在服务器的入口处,通过对外部的访问者进行控制,从而达到保护内部网络的作用,而处于内部网络的用户,可以根据自己的需求明确权限规划,使用户可以访问规划内的路径。总的来说,内网中的防火墙主要起到以下两个作用:一是认证应用,内网中的多项行为具有远程的特点,只有在约束的情况下,通过相关认证才能进行;二是记录访问记录,避免自身的攻击,形成安全策略。

2) 外网中的防火墙技术

应用于外网中的防火墙,主要发挥其防范作用,外网在防火墙授权的情况下,才可以进入内网。针对外网布设防火墙时,必须保障全面性,促使外网的所有网络活动均可在防火墙的监视下,如果外网出现非法入侵,防火墙则可主动拒绝为外网提供服务。基于防火墙的作用下,内网对于外网而言,处于完全封闭的状态,外网无法解析到内网的任何信息。防火墙成为外网进入内网的唯一途径,所以防火墙能够详细记录外网活动,汇总成日志,防火墙通过分析日常日志,判断外网行为是否具有攻击特性。

5. 防火墙的网络部署方式

防火墙是为加强网络安全防护能力在网络中部署的硬件设备,有多种部署方式,常见的有桥模式、网关模式和 NAT 模式等。

1)桥模式

桥模式也可叫作透明模式。最简单的网络由客户端和服务器组成,客户端和服务器处于同一网段。为了安全方面的考虑,在客户端和服务器之间增加了防火墙设备,对经过的流量进行安全控制。正常的客户端请求通过防火墙送达服务器,服务器将响应返回给客户端,用户不会感觉到中间设备的存在。工作在桥模式下的防火墙没有 IP 地址,当对网络进行扩容时无须对网络地址进行重新规划,但牺牲了路由、VPN 等功能。

2)网关模式

网关模式适用于内外网不在同一网段的情况,防火墙设置网关地址实现路由器的功能,为不同网段进行路由转发。网关模式相比桥模式具备更高的安全性,在进行访问控制的同时实现了安全隔离,具备了一定的私密性。

3)NAT 模式

地址翻译技术(Network Address Translation,NAT)由防火墙对内部网络的 IP 地址进行地址翻译,使用防火墙的 IP 地址替换内部网络的源地址向外部网络发送数据;当外部网络的相应数据流量返回到防火墙后,防火墙再将目的地址替换为内部网络的源地址。NAT 模式能够实现外部网络不能直接看到内部网络的 IP 地址,进一步增强了对内部网络的安全防护。同时,在 NAT 模式的网络中,内部网络可以使用私网地址,可以解决 IP 地址数量受限的问题。

如果在 NAT 模式的基础上需要实现外部网络访问内部网络服务的需求时,还可以使用地址/端口映射(MAP)技术,在防火墙上进行地址/端口映射配置,当外部网络用户需要访问内部服务时,防火墙将请求映射到内部服务器上;当内部服务器返回相应数据时,防火墙再将数据转发给外部网络。使用地址/端口映射技术实现了外部用户能够访问内部服务,但是外部用户无法看到内部服务器的真实地址,只能看到防火墙的地址,增强了内部服务器的安全性。

4)高可靠性设计

防火墙都部署在网络的出入口,是网络通信的大门,这就要求防火墙的部署必须具备高可靠性。一般 IT 设备的使用寿命设计为 3~5 年,当单点设备发生故障时,要通过冗余技术实现可靠性,可以通过虚拟路由冗余协议(VRRP)等技术实现主备冗余。目前,主流的网络设备都支持高可靠性设计。

一般情况下,硬件防火墙通常有 3 个接口(内网、外网和 DMZ),内部区域(内网)通常就是指企业内部网络或者是企业内部网络的一部分。它是互联网络的信任区域,即受到了防火墙的保护。外部区域(外网)通常指 Internet 或者非企业内部网络。它是互联网络中不被信任的区域,当外部区域想要访问内部区域的主机和服务,通过防火墙,就可以实现有限制的访问。停火区(DMZ)是一个隔离的网络,或几个网络。位于停火区中的主机或服务器称为堡垒主机。一般在停火区内可以放置 WWW 服务器、DNS 服务器、FTP 服务器等。停火区对于外部用户通常是可以访问的,这种方式让外部用户可以访问企业的公开信息,但却不允许他们访问企业内部网络。

10.2　实训项目：CISCO 站点到站点 GRE VPN 构建网络

10.2.1　实训目的

掌握基于 CISCO 的路由器(VPN 网关)建立站点到站点 GRE VPN 的方式进行组网,使它们能通过 Internet 实现 LAN to LAN (L2L)的安全通信。

10.2.2　实训设备

(1) 硬件要求：CISCO 2811 路由器 4 台,CISCO S3560 交换机 4 台,CISCO S2960 交换机 2 台,PC 4 台,服务器 4 台,直连线 8 条,交叉线 4 条、串口线 3 条或光纤 3 条,Console 控制电缆 1 条。

(2) 软件要求：CISCO Packet Tracer 7.2.1 仿真软件,Secure CRT 软件或者超级终端软件。

(3) 实训设备均为空配置。

10.2.3　项目需求分析

某集团公司有总部和分公司,其各自局域网已成型,虽然通信双方都已经连接到了 Internet,但由于双方内网使用的都是私有地址,无法通过 Internet 进行通信,总部与分公司之间也无法实现内部多种资源信息的共享,相互之间形成了信息的"孤岛"。如果改用公网地址,则费用很高。而 VPN 技术解决了这个问题,VPN 依靠 Internet 服务提供商或其他网络服务提供商,在公用网络中通过隧道技术建立专用的数据通信专线,这样数据就能穿过 Internet 达到另外一端。

需求：考虑到组网的便利性以及节约成本等方面的需求,本方案采用通过 CISCO 的路由器(VPN 网关)建立基于站点到站点 GRE VPN 的方式进行组网,使它们能通过 Internet 实现 LAN to LAN (L2L)的安全通信。

10.2.4　网络系统设计

根据项目需求分析,现简化网络系统设计,以便实现关键技术,如图 10-3 所示。

10.2.5　工程组织与实施

第一步：按照图 10-3,使用直连线、交叉线和光纤连接物理设备。

第二步：根据图 10-3,规划 IP 地址,并且配置 PC 的 IP、子网掩码、默认网关等参数。

第三步：启动超级终端程序,并设置相关参数。

第四步：配置 ISP 网(Internet)的 R3 和 R4 的 IP 地址与 OSPF,使其路由设备能正常通信。

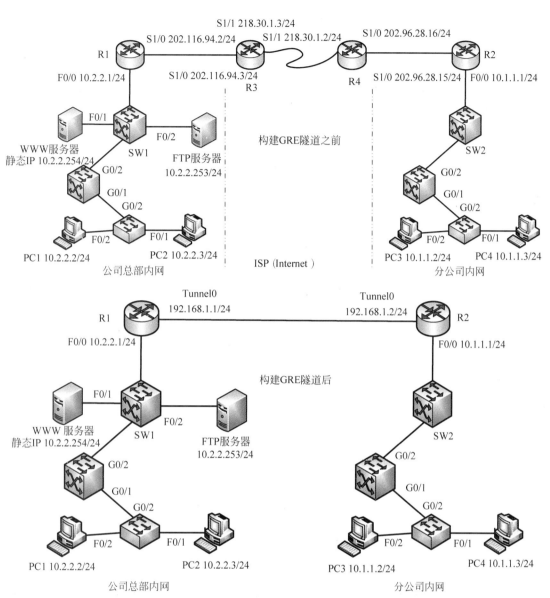

图 10-3　某公司总部与分公司配置 GRE VPN 网络系统图(部分)

(1) 路由器 R3 的 IP 地址和 OSPF 配置。

```
Router > enable
Router # config terminal
Router(config) # hostname R3
R3(config) # interface Serial1/0
R3(config - if) # ip address 202.116.94.3 255.255.255.0
R3(config - if) # no shutdown
R3(config - if) # interface Serial1/1
R3(config - if) # ip address 218.30.1.3 255.255.255.0
R3(config - if) # no shutdown
```

```
R3(config - if)♯exit
R3(config)♯router ospf 100
R3(config - router)♯network 218.30.1.0 0.0.0.255 area 0
R3(config - router)♯network 202.116.94.0 0.0.0.255 area 0
R3(config - router)♯end
R3♯write
```

（2）路由器 R4 的 IP 地址和 OSPF 配置。

```
Router > enable
Router♯config terminal
Router(config)♯hostname R4
R4(config)♯interface Serial1/0
R4(config - if)♯ip address 202.96.28.16 255.255.255.0
R4(config - if)♯no shutdown
R4(config - if)♯interface Serial1/1
R4(config - if)♯ip address 218.30.1.2 255.255.255.0
R4(config - if)♯no shutdown
R4(config - if)♯exit
R4(config)♯router ospf 100
R4(config - router)♯network 202.96.28.0 0.0.0.255 area 0
R4(config - router)♯network 218.30.1.0 0.0.0.255 area 0
R4(config - router)♯end
R4♯write
```

第五步：分别配置公司总部内网边界路由器 R1 和分公司内网的边界路由器 R2 的 IP 地址、OSPF，使其与 ISP 路由器连接的接口能正常与外网通信。

（1）公司总部内网的边界路由器 R1 的配置。

```
Router > enable
Router♯config terminal
Router(config)♯hostname R1
R1(config)♯interface F0/0
R1(config - if)♯ip address 10.2.2.1 255.255.255.0
R1(config - if)♯no shutdown
R1(config - if)♯interface Serial1/1
R1(config - if)♯ip address 202.116.94.2 255.255.255.0
R1(config - if)♯no shutdown
R1(config - if)♯exit
R1(config)♯router ospf 100
R1(config - router)♯network 202.116.94.0 0.0.0.255 area 0
R1(config - router)♯end
R2♯write
```

提醒：为什么公司总部内网边界路由器 R1 上的 OSPF 只发布公网 IP 地址而不发布内网私有 IP 地址？

（2）分公司内网的边界路由器 R2 的配置。

```
Router > enable
Router # config terminal
Router(config) # hostname R2
R2(config) # interface F0/0
R2(config - if) # ip address 10.1.1.1 255.255.255.0
R2(config - if) # no shutdown
R2(config - if) # interface Serial1/1
R2(config - if) # ip address 202.96.28.15 255.255.255.0
R2(config - if) # no shutdown
R2(config - if) # exit
R2(config) # router ospf 100
R2(config - router) # network 202.96.28.0 0.0.0.255 area 0
R2(config - router) # end
R2 # write
```

提醒：为什么分公司内网边界路由器 R2 上的 OSPF 只发布公网 IP 地址而不发布内网私有 IP 地址？

（3）在公司总部内网的边界路由器 R1 访问分公司内网的边界路由器 R2，但不能访问分公司内网。

```
R1 # ping 202.96.28.15
Type escape sequence to abort.
Sending 5, 100 - byte ICMP Echos to 202.96.28.15, timeout is 2 seconds:
!!!!!
Success rate is 100 percent (5/5), round - trip min/avg/max = 3/4/10 ms
```

不能访问分公司内网。

```
R1 # ping 10.1.1.2
Type escape sequence to abort.
Sending 5, 100 - byte ICMP Echos to 10.1.1.2, timeout is 2 seconds:
U.U.U
Success rate is 0 percent (0/5)
```

（4）在分公司内网的边界路由器 R2 访问公司总部内网边界路由器 R1，但不能访问公司总部内网。

```
R2 # ping 202.116.94.2
Type escape sequence to abort.
Sending 5, 100 - byte ICMP Echos to 202.116.94.2, timeout is 2 seconds:
!!!!!
Success rate is 100 percent (5/5), round - trip min/avg/max = 3/4/11 ms
```

不能访问公司总部内网。

```
R2 # ping 10.2.2.2
Type escape sequence to abort.
Sending 5, 100 - byte ICMP Echos to 10.2.2.2, timeout is 2 seconds:
```

```
U.U.U
Success rate is 0 percent (0/5)
```

第六步：在路由器 Rl 和 R2 上配置 GRE Tunnel 隧道，实现站点到站点到站点的
GRE VPN。

（1）在路由器 R1 上配置 GRE Tunnel 端口。

```
R1 # config terminal
R1(config) # interface tunnel 0 //创建 Tunnel 端口,编号为 0,Tunnel 接口的编号本地有效,不必和
                                //对方的一样;
R1(config - if) # tunnel source s1/0 //设置 Tunnel 端口的源端口,路由器将以此接口的地址作为
                                //源地址重新封装 VPN 数据包,也可以直接输入接口的地址;
R1(config - if) # tunnel destination 202.96.28.15 //Tunnel 的目的 IP 地址,路由器将以地址作为
                                //目的地址重新封装 VPN 数据包;
R1(config - if) # ip address 192.168.1.2 255.255.255.252 //配置隧道接口的 IP 地址;
R1(config - if) # exit
```

（2）在路由器 R2 上配置 GRE Tunnel 端口。

```
R2 # config terminal
R2(config) # interface tunnel 0
R2(config - if) # tunnel source s1/0
R2(config - if) # tunnel destination 202.116.94.2
R2(config - if) # ip address 192.168.1.1 255.255.255.252
R2(config - if) # exit
```

此时在 R1 上使用测试其到达 R2 之间的 GRE Tunnel 通道。

```
R1 # ping 192.168.1.1
Sending 5, 100 - byte ICMP Echos to 192.168.1.1, timeout is 2 seconds
Success rate is 100 percent (5/5), round - trip min/avg/max = 18/21/27 ms
```

由以上 ping 命令结果可知，R1 与 R2 之间的 VPN 通道已经创建。

（3）在 R1 上配置静态路由达到分公司内部网。

```
R1(config) # ip route 10.1.1.0 255.255.255.0 192.168.1.1
R1(config) # end
R1 # write
```

（4）在 R2 上配置静态路由达到公司总部内网。

```
R2(config) # ip route 10.2.2.0 255.255.255.0 192.168.1.2
R2(config) # end
R2 # write
```

10.2.6　测试与验收

本实训项目详细的测试步骤，请扫描下面二维码。

通过一系列的测试,由上述 GRE VPN 的一系列配置步骤可知,公司总部与分公司的内网 10.2.2.0/24 和 10.1.1.0/24 之间,可以通过 ISP 网络(Internet)实现虚拟专用网(VPN)的安全通信了。

10.3 实训项目:HUAWEI 站点到站点 GRE VPN 构建网络

10.3.1 实训目的

掌握基于 HUAWEI 路由器(VPN 网关)建立站点到站点 GRE VPN 的方式进行组网,使它们能通过 Internet 实现 LAN to LAN (L2L)的安全通信。

10.3.2 实训设备

(1)硬件要求:HUAWEI 3260 路由器 3 台,HUAWEI S5700 交换机 2 台,PC 2 台,网线若干条,Console 控制线 1 条。

(2)软件要求:HUAWEI eNSP V100R002C00B510 仿真软件,VirtualBox-5.2.22-126460-Win 软件,Secure CRT 软件或者超级终端软件。

(3)实训设备均为空配置。

10.3.3 项目需求分析

某公司由总部和分支机构构成,通过基于 HUAWEI 设备的站点到站点 GRE VPN 的方式进行组网,使它们能通过 Internet 实现 LAN to LAN (L2L)的安全通信。

10.3.4 网络系统设计

根据项目需求分析,现简化网络系统设计,以便实现关键技术,如图 10-4 所示。

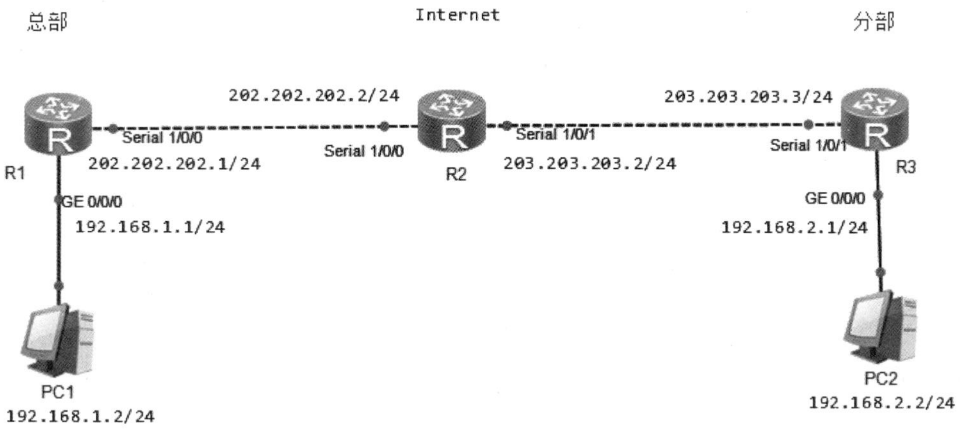

图 10-4 某公司总部与分部配置 GRE VPN 网络系统图(部分)

10.3.5 工程组织与实施

第一步：按照图 10-4，使用直连线、交叉线和光纤连接物理设备。

第二步：根据图 10-4，规划 IP 地址，并且配置 PC 的 IP 地址、子网掩码、默认网关等参数。

第三步：启动超级终端程序，并设置相关参数。

第四步：配置各路由器的接口 IP 地址。

（1）公司总部路由器 R1 的配置。

```
< Huawei > system - view
[Huawei]sysname R1
[R1]interface s1/0/0
[R1 - Serial1/0/0]ip add 202.202.202.1 24
[R1 - Serial1/0/0]interface g0/0/0
[R1 - GigabitEthernet0/0/0]ip add 192.168.1.1 24
```

（2）公司分部路由器 R3 的配置。

```
< Huawei > system - view
[Huawei]sysname R3
[R3]interface s1/0/1
[R3 - Serial1/0/1]ip add 203.203.203.3 24
[R3 - Serial1/0/1]inter g0/0/0
[R3 - GigabitEthernet0/0/0]ip add 192.168.2.1 24
```

（3）Internet 部分的路由器 R2 的 IP 地址和路由配置。

```
< Huawei > sys
[Huawei]sysname R2
[R2]interface s1/0/0
[R2 - Serial1/0/0]ip add 202.202.202.2 24
[R2 - Serial1/0/0]
[R2 - Serial1/0/0]interface s1/0/1
[R2 - Serial1/0/1]ip add 203.203.203.2 24
[R2]ip route - static 0.0.0.0 0.0.0.0 202.202.202.1
[R2]ip route - static 0.0.0.0 0.0.0.0 203.203.203.3
```

第五步：配置总部路由器 R1 和分部路由器 R3 通往 Internet 路由器的默认路由。

```
[R1]ip route - static 0.0.0.0 0 202.202.202.2
[R3]ip route - static 0.0.0.0 0 203.203.203.2
```

第六步：创建 GRE 隧道。创建隧道接口并配置 IP 地址，然后指定接口封装类型为 GRE，并配置隧道的实际源地址以及实际目的地址。

（1）配置总部路由器 R1 的 GRE 隧道。

```
[R1]interface Tunnel 0/0/1
[R1 - Tunnel0/0/1]ip address 10.0.0.1 24
[R1 - Tunnel0/0/1]tunnel - protocol gre
[R1 - Tunnel0/0/1]source 202.202.202.1
[R1 - Tunnel0/0/1]destination 203.203.203.3
```

（2）配置分部路由器 R3 的 GRE 隧道。

```
[R3]interface Tunnel 0/0/1
[R3 - Tunnel0/0/1]ip address 10.0.0.2 24
[R3 - Tunnel0/0/1]tunnel - protocol gre
[R3 - Tunnel0/0/1]source 203.203.203.3
[R3 - Tunnel0/0/1]destination 202.202.202.1
```

（3）配置总部和分部间私网主机的通信流量路由，通过 tunnel 接口。

```
[R1]ip route - static 192.168.2.0 255.255.255.0 10.0.0.2
[R3]ip route - static 192.168.1.0 255.255.255.0 10.0.0.1
```

（4）在总部 PC 上访问分部 PC，测试私网主机的连通性。

```
PC > tracert 192.168.2.2
traceroute to 192.168.2.2, 8 hops max
(ICMP), press Ctrl + C to stop
1   192.168.1.1   31 ms   16 ms   16 ms
2   10.0.0.2   46 ms   32 ms   31 ms
3   192.168.2.2   31 ms   31 ms   47 ms
```

由以上测试反馈信息可知，数据报文流向的通道是 GRE 隧道。

10.3.6　测试与验收

本实训项目详细的测试步骤，请扫描下面二维码。

通过一系列的测试，从反馈信息可知，数据报文流向的通道是 GRE 隧道，表明 GRE VPN 的相关配置是成功的。

10.4　实训项目：CISCO 站点到站点 IPSec VPN 构建网络

10.4.1　实训目的

掌握基于 CISCO 的路由器（VPN 网关）建立站点到站点 IPSec VPN 的方式进行组网，使它们能通过 Internet 实现 LAN to LAN（L2L）的安全通信。

10.4.2　实训设备

(1) 硬件要求：CISCO 2811 路由器 4 台，CISCO S3560 交换机 4 台，CISCO S2960 交换机 2 台，PC 4 台，服务器 4 台，直连线 8 条，交叉线 4 条、串口线 3 条或光纤 3 条，Console 控制电缆 1 条。

(2) 软件要求：CISCO Packet Tracer 7.2.1 仿真软件，Secure CRT 软件或者超级终端软件。

10.4.3　项目需求分析

背景：某高校有两个校区(龙泉校区本部、安宁校区)，其校园网的各自局域网已成型，由于没有建立安全、可靠的网络连接，导致龙泉校区本部与安宁校区之间无法实现内部多种资源信息的共享，相互之间形成了信息的"孤岛"。而由于教学、办公需求，安宁校区的教职员工和学生需要访问本部的服务器进行数据传输，如果通过不安全而又开放的 Internet 进行数据传输，这些不经加密的重要数据如果遭到窃取，带来的损失将无法估量。

需求：基于信息传输安全至上的原则，同时还要考虑到组网的便利性以及节约成本等方面的需求，本方案采用通过 CISCO 的路由器(VPN 网关)建立基于站点到站点 IPSec VPN 的方式进行组网，使它们能通过 Internet 实现 LAN to LAN (L2L)的安全通信。

10.4.4　网络系统设计

根据项目需求分析，现简化网络系统设计，以便实现关键技术，如图 10-5 所示。

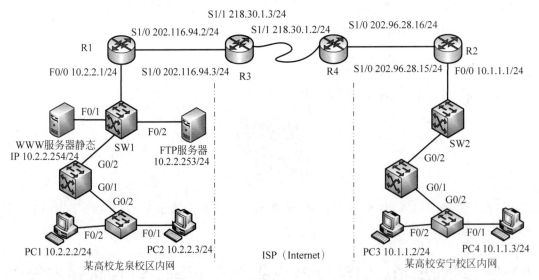

图 10-5　某高校的本部与安宁校区的 IPSec VPN 网络系统图(部分)

10.4.5　工程组织与实施

第一步：按照图 10-5，使用直连线、交叉线和光纤连接物理设备。

第二步：根据图 10-5，规划 IP 地址，并且配置 PC 的 IP 地址、子网掩码、默认网关等参数。

第三步：启动超级终端程序，并设置相关参数。

第四步：配置 ISP 网(Internet)的 R3 和 R4 的 IP 地址与 OSPF，使其路由设备能正常通信。

（1）路由器 R3 的 IP 地址和 OSPF 配置。

```
Router > enable
Router ♯ config terminal
Router(config) ♯ hostname R3
R3(config) ♯ interface Serial1/0
R3(config - if) ♯ ip address 202.116.94.3 255.255.255.0
R3(config - if) ♯ no shutdown
R3(config - if) ♯ interface Serial1/1
R3(config - if) ♯ ip address 218.30.1.3 255.255.255.0
R3(config - if) ♯ no shutdown
R3(config - if) ♯ exit
R3(config) ♯ router ospf 100
R3(config - router) ♯ network 218.30.1.0 0.0.0.255 area 0
R3(config - router) ♯ network 202.116.94.0 0.0.0.255 area 0
R3(config - router) ♯ end
R3 ♯ write
```

（2）路由器 R4 的 IP 地址和 OSPF 配置。

```
Router > enable
Router ♯ config terminal
Router(config) ♯ hostname R4
R4(config) ♯ interface Serial1/0
R4(config - if) ♯ ip address 202.96.28.16 255.255.255.0
R4(config - if) ♯ no shutdown
R4(config - if) ♯ interface Serial1/1
R4(config - if) ♯ ip address 218.30.1.2 255.255.255.0
R4(config - if) ♯ no shutdown
R4(config - if) ♯ exit
R4(config) ♯ router ospf 100
R4(config - router) ♯ network 202.96.28.0 0.0.0.255 area 0
R4(config - router) ♯ network 218.30.1.0 0.0.0.255 area 0
R4(config - router) ♯ end
R4 ♯ write
```

第五步：分别配置龙泉校区内网的边界路由器 R2 和安宁校区内网的边界路由器 R2 的 IP 地址与 OSPF，使其与 ISP 路由器连接的接口能正常与外网通信。

（1）龙泉校区内网边界路由器 R1 的配置。

```
Router > enable
Router ♯ config terminal
Router(config) ♯ hostname R1
R1(config) ♯ interface F0/0
```

```
R1(config-if)#ip address 10.2.2.1 255.255.255.0
R1(config-if)#no shutdown
R1(config-if)#interface Serial1/1
R1(config-if)#ip address 202.116.94.2 255.255.255.0
R1(config-if)#no shutdown
R1(config-if)#exit
R1(config)#router ospf 100
R1(config-router)# network 202.116.94.0 0.0.0.255 area 0
R1(config-router)#end
R2#write
```

提醒：为什么龙泉校区内网的边界路由器 R1 上的 OSPF 只发布公网 IP 地址而不发布内网私有 IP 地址？

（2）安宁校区内网的边界路由器 R2 的配置。

```
Router>enable
Router#config terminal
Router(config)#hostname R2
R2(config)#interface F0/0
R2(config-if)#ip address 10.1.1.1 255.255.255.0
R2(config-if)#no shutdown
R2(config-if)#interface Serial1/1
R2(config-if)#ip address 202.96.28.15 255.255.255.0
R2(config-if)#no shutdown
R2(config-if)#exit
R2(config)#router ospf 100
R2(config-router)# network 202.96.28.0 0.0.0.255 area 0
R2(config-router)#end
R2#write
```

提醒：为什么安宁校区内网的边界路由器 R2 上的 OSPF 只发布公网 IP 地址而不发布内网私有 IP 地址？

（3）在龙泉校区内网的边界路由器 R1 访问安宁校区内网的边界路由器 R2,但不能访问安宁校区内网。

```
R1#ping 202.96.28.15
Type escape sequence to abort.
Sending 5, 100-byte ICMP Echos to 202.96.28.15, timeout is 2 seconds:
!!!!!
Success rate is 100 percent (5/5), round-trip min/avg/max = 3/4/10 ms
```

不能访问安宁校区内网。

```
R1#ping 10.1.1.2
Type escape sequence to abort.
Sending 5, 100-byte ICMP Echos to 10.1.1.2, timeout is 2 seconds:
U.U.U
Success rate is 0 percent (0/5)
```

（4）在安宁校区内网的边界路由器 R2 访问龙泉校区内网边界路由器 R1，但不能访问龙泉校区内网。

```
R2#ping 202.116.94.2
Type escape sequence to abort.
Sending 5, 100-byte ICMP Echos to 202.116.94.2, timeout is 2 seconds:
!!!!!
Success rate is 100 percent (5/5), round-trip min/avg/max = 3/4/11 ms
```

不能访问龙泉校区内网。

```
R2#ping 10.2.2.2
Type escape sequence to abort.
Sending 5, 100-byte ICMP Echos to 10.2.2.2, timeout is 2 seconds:
U.U.U
Success rate is 0 percent (0/5)
```

第六步：在 R1 和 R2 之间建立 IPSec 隧道，实现使用预共享密钥的站点到站点到站点的 IPSec VPN。

（1）路由器 R1 具体配置。

```
R1(config)#crypto isakmp policy 10(配置 isakmp 策略,编号为 10)
R1(config-isakmp)#encryption aes(配置加密算法)
R1(config-isakmp)#authentication pre-share(配置身份认证为预共享模式)
R1(config-isakmp)#hASh sha(配置数字摘要算法)
R1(config-isakmp)#group 5(配置密钥交换算法)
R1(config-isakmp)#exit
R1(config)#crypto isakmp key 123456 address 202.96.28.15
//配置和对等体共享的密钥,只有当第一步中身份认证算法为预共享密钥方式时配置;
R1(config)#crypto ipsec transform-set dengping esp-aes esp-sha-hmac
                                              //配置 IPSEC 交换集;
R1(config)#access-list 120 permit ip 10.2.2.0 0.0.0.255 10.1.1.0 0.0.0.255
                                              //配置需要 VPN 加密的数据流;
R1(config)#crypto map dengpingmap 10 ipsec-isakmp    //配置加密图;
R1(config-crypto-map)#set peer 202.96.28.15          //设置对等体 IP;
R1(config-crypto-map)#set transform-set dengping    //使用 IPSEC 变换集;
R1(config-crypto-map)#match address 120             //匹配 acl 列表;
R1(config-crypto-map)#reverse-route static          //指明要反向路由注入(注:省略此条命令);
R1(config-crypto-map)#exit                          //回到全局配置模式;
R1(config)#interface s1/0                           //进入 S1/0 串口;
R1(config-if)#crypto map dengpingmap               //在端口上启用加密图;
R1(config-if)#end                                  //回到特权模式;
R1#write
```

（2）路由器 R2 具体配置。

```
R2#configure terminal
R2(config)#crypto isakmp policy 20
R2(config-isakmp)#encryption aes
R2(config-isakmp)#authentication pre-share
```

```
R2(config-isakmp)♯hASh sha
R2(config-isakmp)♯group 5
R2(config-isakmp)♯exit
R2(config)♯crypto isakmp key 123456 address 202.116.94.2
R2(config)♯crypto ipsec transform-set dengping esp-aes esp-sha-hmac
R2(config)♯access-list 130 permit ip 10.1.1.0 0.0.0.255 10.2.2.0 0.0.0.255
R2(config)♯crypto map dengpingmap 20 ipsec-isakmp
R2(config-crypto-map)♯set peer 202.116.94.2
R2(config-crypto-map)♯set transform-set dengping
R2(config-crypto-map)♯match address 130
R2(config-crypto-map)♯reverse-route static//注:省略此条命令;
R2(config-crypto-map)♯exit
R2(config)♯interface s1/0
R2(config-if)♯crypto map dengpingmap
R2(config-if)♯end
R2♯write
```

（3）在龙泉校区路由器 R1 上配置静态路由到达安宁校区。

```
R1(config)♯ip route 10.1.1.0 255.255.255.0 202.96.28.15
```

（4）在安宁校区路由器 R2 上配置静态路由达到龙泉校区。

```
R2(config)♯ip route 10.2.2.0 255.255.255.0 202.116.94.2
```

10.4.6　测试与验收

本实训项目详细的测试步骤，请扫描下面二维码。

通过 IPSec VPN 的一系列配置步骤可知，某高校龙泉校区本部与安宁校区的内网 10.2.2.0/24 和 10.1.1.0/24 之间，通过 ISP 网络（Internet）实现了虚拟专用网的安全通信。

也可知，IPSec VPN 配置时，IKE 策略采用了预共享密钥，IPSec 策略采用了封装安全载荷的数据加密标准对报文进行加密封装和以 MD5 作为 ESP 的验证算法，并采用 IPSec Tunnel 模式。

10.5　实训项目：HUAWEI 站点到站点 IPSec VPN 构建网络

10.5.1　实训目的

某公司由总部和分支机构构成，通过基于 HUAWEI 设备的 IPsec VPN 安全设置，做相应的配置实现总部和分支机构的局域网安全通信。

10.5.2　实训设备

（1）硬件要求：HUAWEI 3260 路由器 3 台，HUAWEI S5700 交换机 2 台，PC 2 台，网线若干条，Console 控制线 1 条。

（2）软件要求：HUAWEI eNSP V100R002C00B510 仿真软件，VirtualBox-5.2.22-126460-Win 软件，Secure CRT 软件或者超级终端软件。

（3）实训设备均为空配置。

10.5.3　项目需求分析

企业的某些私有数据在公网传输时要确保完整性和机密性。作为企业的网络管理员，你需要在企业总部的边缘路由器(R1)和分支机构路由器(R3)之间部署 IPSec VPN 解决方案，建立 IPSec 隧道，用于安全传输来自指定部门的数据流。

10.5.4　网络系统设计

根据项目需求分析，现简化网络系统设计，以便实现关键技术，如图 10-6 所示。

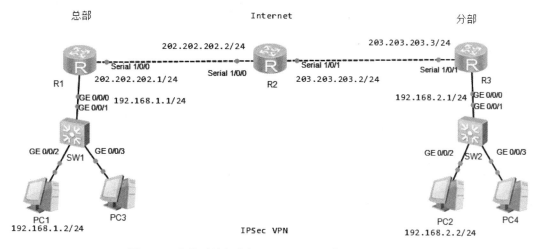

图 10-6　某公司总与分部 IPSec VPN 网络系统图（部分）

10.5.5　工程组织与实施

第一步：按照图 10-6，使用直连线、交叉线和光纤连接物理设备。

第二步：根据图 10-6，规划 IP 地址，并且配置 PC 的 IP 地址、子网掩码、默认网关等参数。

第三步：启动超级终端程序，并设置相关参数。

第四步：配置各路由器的接口 IP 地址。

（1）公司总部路由器 R1 的 IP 地址和路由配置。

```
<Huawei>system-view
[Huawei]sysname R1
[R1]interface s1/0/0
```

```
[R1 - Serial1/0/0]ip add 202.202.202.1 24
[R1 - Serial1/0/0]interface g0/0/0
[R1 - GigabitEthernet0/0/0]ip add 192.168.1.1 24
[R1 - GigabitEthernet0/0/0]quit
[R1]ip route - static 0.0.0.0 0.0.0.0 202.202.202.2
```

（2）公司分部路由器 R3 的 IP 地址和路由配置。

```
< Huawei > system - view
[Huawei]sysname R3
[R3]interface s1/0/1
[R3 - Serial1/0/1]ip add 203.203.203.3 24
[R3 - Serial1/0/1]inter g0/0/0
[R3 - GigabitEthernet0/0/0]ip add 192.168.2.1 24
[R3 - GigabitEthernet0/0/0]quit
[R3]ip route - static 0.0.0.0 0.0.0.0 203.203.203.2
```

（3）Internet 部分的路由器 R2 的 IP 地址和路由配置。

```
< Huawei > sys
[Huawei]sysname R2
[R2]interface s1/0/0
[R2 - Serial1/0/0]ip add 202.202.202.2 24
[R2 - Serial1/0/0]
[R2 - Serial1/0/0]interface s1/0/1
[R2 - Serial1/0/1]ip add 203.203.203.2 24
[R2]ip route - static 0.0.0.0 0.0.0.0 202.202.202.1
[R2]ip route - static 0.0.0.0 0.0.0.0 203.203.203.3
```

第五步：分别在总部和分部的路由器 R1 和 R3 上配置 ACL。配置高级 ACL 来定义 IPSec VPN 的感兴趣流,高级 ACL 能够基于特定的参数来匹配流量。

（1）在 R1 上配置 ACL,定义有子网 192.168.1.0/24 去子网 192.168.2.0/24 的数据流。

```
[R1]acl 3001
[R1 - acl - adv - 3001]rule 5 permit ip source 192.168.1.0 0.0.0.255 destination 192.168.2.0 0.
0.0.255
```

（2）在 R3 上配置 ACL,定义有子网 192.168.2.0/24 去子网 192.168.1.0/24 的数据流。

```
[R3]acl 3001
[R3 - acl - adv - 3001]rule 5 permit ip source 192.168.2.0 0.0.0.255 destination 192.168.1.0 0.0.0.255
```

第六步：配置 IPSec 安全提议。创建 IPSec 提议,并进入 IPSec 提议视图来指定安全协议。注意确保隧道两端的设备使用相同的安全协议。

（1）在总部的路由器 R1 上配置 IPSec 安全提议。

```
[R1]ipsec proposal tran1
[R1 - ipsec - proposal - tran1]esp authentication - algorithm sha1
[R1 - ipsec - proposal - tran1]esp encryption - algorithm 3des
```

（2）在分部的路由器 R3 上配置 IPSec 安全提议。

```
[R3]ipsec proposal tran1
[R3 - ipsec - proposal - tran1]esp authentication - algorithm sha1
[R3 - ipsec - proposal - tran1]esp encryption - algorithm 3des
```

第七步：创建 IPSec 策略。手工创建 IPSec 策略，每一个 IPSec 安全策略都使用唯一的名称和序号来标识，IPSec 策略中会应用 IPSec 提议中定义的安全协议、认证算法、加密算法和封装模式，手工创建的 IPSec 策略还需配置安全联盟（SA）中的参数。

（1）在总部的路由器 R1 上创建 IPSec 策略。

```
[R1]ipsec policy P1 10 manual
[R1 - ipsec - policy - manual - P1 - 10]security acl 3001
[R1 - ipsec - policy - manual - P1 - 10]proposal tran1
[R1 - ipsec - policy - manual - P1 - 10]tunnel remote 203.203.203.3
[R1 - ipsec - policy - manual - P1 - 10]tunnel local 202.202.202.1
[R1 - ipsec - policy - manual - P1 - 10]sa spi outbound esp 54321
[R1 - ipsec - policy - manual - P1 - 10]sa spi inbound esp 12345
[R1 - ipsec - policy - manual - P1 - 10]sa string - key outbound esp simple dengping123
[R1 - ipsec - policy - manual - P1 - 10]sa string - key inbound esp simple dengping123
```

（2）在分部的路由器 R3 上创建 IPSec 策略。

```
[R3]ipsec policy P1 10 manual
[R3 - ipsec - policy - manual - P1 - 10]security acl 3001
[R3 - ipsec - policy - manual - P1 - 10]proposal tran1
[R3 - ipsec - policy - manual - P1 - 10]tunnel remote 202.202.202.1
[R3 - ipsec - policy - manual - P1 - 10]tunnel local 203.203.203.3
[R3 - ipsec - policy - manual - P1 - 10]sa spi outbound esp 12345
[R3 - ipsec - policy - manual - P1 - 10]sa spi inbound esp 54321
[R3 - ipsec - policy - manual - P1 - 10]sa string - key outbound esp simple dengping123
[R3 - ipsec - policy - manual - P1 - 10]sa string - key inbound esp simple dengping123
```

（3）分别在总部和分部的路由器 R1 和 R3 上的接口应用 IPSec 策略。在物理接口应用 IPSec 策略，接口将对感兴趣流量进行 IPSec 加密处理。

```
[R1]interface Serial 1/0/0
[R1 - Serial1/0/0]ipsec policy P1
[R3]interface Serial 1/0/1
[R3 - Serial1/0/1]ipsec policy P1
```

10.5.6　测试与验收

本实训项目详细的测试步骤，请扫描下面二维码。

通过一系列的测试,从反馈信息可知,数据报文流向的通道是 IPSec 隧道,HUAWEI 设备的站点到站点 IPSec VPN 构建网络是成功的。

10.6 实训项目:CISCO ASA5506 防火墙在网络中的应用

10.6.1 实训目的

掌握基于 CISCO ASA5506 防火墙如何在企业网中部署以及配置。

10.6.2 实训设备

(1) 硬件要求:CISCO 2811 路由器 1 台,CISCO S3560 交换机 4 台,CISCO ASA5506 防火墙 1 台,PC 3 台,服务器 3 台,直连线 3 条,交叉线 9 条,Console 控制电缆 1 条。

(2) 软件要求:CISCO Packet Tracer 7.2.1 仿真软件,Secure CRT 软件或者超级终端软件。

10.6.3 项目需求分析

背景:某企业网络为了降低网络安全风险,防止外网对内网的攻击,需要对数据包进行过滤,尽量抵御外网的攻击,使 Internet 与内网之间建立起一个安全网关,从而实现面向网络层的访问控制,保护企业网内部免受非法用户的侵入。此时,防火墙设备就是解决网络安全问题的一个基础设备,其所具备的过滤、安全功能能够抵抗大多数来自外部网络用户的攻击。

需求:该企业采用 CISCO ASA5506 防火墙部署内网边界,如图 10-5 所示。ASA5506 防火墙的接口连接不同网段。ISP 网段连接到 GigabitEthernet1/2 接口,标记为外部,安全级别为 0。内部网络连接到 GigabitEthernet1/1,标记为内部,安全级别为 100。Web 服务器驻留的 DMZ 段连接到 GigabitEthernet1/3,标记为 DMZ,安全级别为 50。

CISCO ASA5506 防火墙内部接口的 IP 地址设为 192.168.0.1/24,这是内部主机的默认网关。ASA5506 外部接口配置的 IP 地址为 198.51.100.100/24。DMZ 接口配置的 IP 地址为 192.168.1.1/24,这是 DMZ 网段上主机的默认网关。ASA5506 存在一个默认路由,下一跳设置为 ISP 网关,IP 为 198.51.100.1/24。

10.6.4 网络系统设计

根据项目需求分析,现简化网络系统设计,以便实现关键技术,如图 10-7 所示。

10.6.5 工程组织与实施

第一步:按照图 10-7,使用直连线、交叉线和光纤连接物理设备。

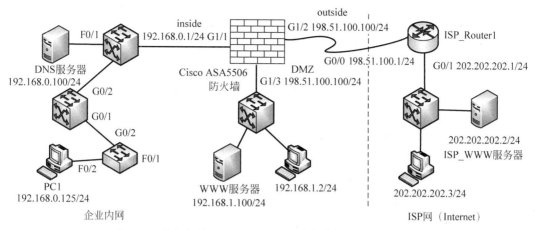

图 10-7 某企业网 CISCO ASA5506 防火墙部署系统图(部分)

第二步:根据图 10-7,规划 IP 地址,并且配置 PC、服务器和路由器的 IP 地址、子网掩码、默认网关等参数。

第三步:启动超级终端程序,并设置相关参数。

第四步:配置 ASA5506 防火墙的接口和 IP 地址。

(1) ASA5506 防火墙外部接口 outside 的配置。

```
ciscoASa > enable
Password:  (注:密码为空,直接回车)
ciscoASa # configure terminal
ciscoASa >(config) # hostname FWASA5506
FWASA5506(config) # interface GigabitEthernet1/2
FWASA5506(config - if) # no shutdown
FWASA5506(config - if) # nameif outside
FWASA5506(config - if) # security - level 0
FWASA5506(config - if) # ip address 198.51.100.100 255.255.255.0
```

(2) ASA5506 防火墙内部接口 inside 的配置。

```
FWASA5506(config - if) # interface GigabitEthernet1/1
FWASA5506(config - if) # no shutdown
FWASA5506(config - if) # nameif inside
FWASA5506(config - if) # security - level 100
FWASA5506(config - if) # ip address 192.168.0.1 255.255.255.0
```

(3) ASA5506 防火墙非军事区接口 DMZ 的配置。

```
FWASA5506(config) # interface GigabitEthernet1/3
FWASA5506(config - if) # no shutdown
FWASA5506(config - if) # nameif dmz
FWASA5506(config - if) # security - level 50
FWASA5506(config - if) # ip address 192.168.1.1 255.255.255.0
```

（4）ASA5506 防火墙默认路由配置。

```
FWASA5506(config-if)#exit
FWASA5506(config)#route outside 0.0.0.0 0.0.0.0 198.51.100.1
```

第五步：ASA5506 防火墙的网络地址转换 NAT 与访问控制列表 ACL 的配置。

由于内部和 DMZ 区域上的主机使用的都是私有 IP 地址，若要使内部和 DMZ 段上的主机连接到互联网，则需要将其转换为可以在互联网上路由的公网 IP 地址。首先需要在 ASA5506 上创建一个表示内部子网的网络对象和一个表示 DMZ 子网的网络对象，配置一个动态 NAT 规则，用于在这些客户端从各自的接口传递到外部接口时对其进行端口地址转换（PAT），并且配置允许内部和 DMZ 段上的主机可以访问互联网的 ACL。

（1）允许内部区域的主机访问互联网。

```
FWASA5506(config)#object network inside-subnet
FWASA5506(config-network-object)#subnet 192.168.0.0 255.255.255.0
FWASA5506(config-network-object)#nat (inside,outside) dynamic interface
FWASA5506(config)#access-list inside_outside_acl extended permit icmp object inside-subnet any
FWASA5506(config)#access-list inside_outside_acl extended permit ip any any
FWASA5506(config)#access-group inside_outside_acl in interface outside
```

（2）允许内部主机访问 DMZ 的 Web 服务器。

```
FWASA5506(config)#object network dmz-subnet
FWASA5506(config-network-object)#subnet 192.168.1.0 255.255.255.0
FWASA5506(config-network-object)#nat (dmz,outside) dynamic interface
FWASA5506(config)#access-list inside_dmz_acl extended permit icmp any object webserver
FWASA5506(config)#access-list inside_dmz_acl extended permit ip any any
FWASA5506(config)#access-group inside_dmz_acl in interface dmz
```

（3）若允许互联网用户访问 DMZ 区的 Web 服务器，则需要配置 DMZ 区的 Web 服务器私有地址与 ISP 提供的公网地址（例如 198.51.100.101/24）的静态网络地址转换 NAT，配置如下。

```
FWASA5506(config)#object network webserver-external-ip
FWASA5506(config-network-object)#host 198.51.100.101
FWASA5506(config)#object network webserver
FWASA5506(config-network-object)#host 192.168.1.100
FWASA5506(config-network-object)#nat (dmz,outside) static 198.51.100.101
FWASA5506(config)#access-list outside_dmz_acl extended permit ip any object webserver
FWASA5506(config)#access-group outside_dmz_acl in interface outside
```

（4）若允许 DMZ 区域主机连接到内部网络中的 DNS 服务器，配置如下。

```
FWASA5506(config)#object network dns-server
FWASA5506(config-network-object)#host 192.168.0.100
FWASA5506(config)#access-list dmz_inside_acl extended permit udp any object dns-server
eq domain
FWASA5506(config)#access-list dmz_inside_acl extended permit ip any any
FWASA5506(config)#access-group dmz_inside_acl in interface dmz
```

第六步：配置内网的 DNS 服务器、DMZ 区域的 Web 服务器和外网 ISP 的 Web 服务器。

（略）

10.6.6 测试与验收

本实训项目详细的测试步骤，请扫描下面二维码。

通过一系列的测试，从反馈信息可知，ASA5506 防火墙允许 DMZ 区域 Web 服务器连接到内部网络中的 DNS 服务器，并且实现了域名解析。通过 CISCO 的 ASA5506 防火墙的一系列配置步骤，在 Internet 与企业内网之间建立起了一个安全网关。

习题

1. IPSec(IP Security)是 IETF 制定的为保证在 Internet 上传送数据的安全保密性能的三层隧道加密协议，它有哪些特点？

2. IPSec VPN 有哪三种应用场景？

3. 个人防火墙与企业级硬件防火墙的区别是什么？

4. 根据本章各实训项目的需求，分别设计网络拓扑，构建网络环境，安装调试设备，撰写实训报告，并写清楚实训操作过程中出现的问题以及解决办法。

第 11 章　无线局域网的构建技术

11.1　实训预备知识

11.1.1　无线局域网概况

无线局域网(Wireless Local Area Network,WLAN)是指应用无线通信技术和计算机技术将计算机设备互联起来,构成可以相互通信和实现资源共享的网络系统。无线局域网本质的特点是不再使用通信电缆将计算机与网络连接起来,而是通过无线的方式连接,从而使网络的构建和终端的移动更加灵活。

1. 无线分布式系统

无线分布式系统(Wireless Distribution System,WDS)是一个在 IEEE 802.11 网络中多个无线接入点 AP(Access Point)通过无线互联的系统。它允许将无线网络通过多个访问点进行扩展,而不像以前一样无线访问点要通过有线进行连接。这种可扩展性能,使无线网络具有更大的传输距离和覆盖范围。

2. 服务集标识符

服务集标识符(Service Set Identifier,SSID)是无线局域网的网络标识,带有无线网卡的主机可以通过搜索此标识,并且发现其相应的无线局域网。

3. WLAN 的技术标准

WLAN 的技术标准如表 11-1 所示。

表 11-1　WLAN 的技术标准

技术标准	频段占用	最高速率	调制技术
IEEE 802.11	2.4GHz	2Mb/s	FHSS
IEEE 802.11b	2.4GHz	11Mb/s	DSSS
IEEE 802.11a	5.8GHz	54Mb/s	OFDM
IEEE 802.11g	2.4GHz	54Mb/s	DSSS
IEEE 802.11n	2.4GHz、5.8GHz	320~600Mb/s	MIMO、OFDM
HiperLAN1	5.3GHz	23.5Mb/s	GMSK
HiperLAN2	5.3GHz	54Mb/s	OFDM
HomeRF2.0	10GHz	10Mb/s	FHSS、WBFH
IrDA	波长 $0.85\sim0.9\mu m$	16Mb/s(VFIR)	PPM
蓝牙 1.0	2.4GHz	1Mb/s	FHHS、FM
蓝牙 2.0	2.4GHz	2Mb/s	FHHS、FM

从表 11-1 中,可知 IEEE 802.11n 的速率比 IEEE 802.11a 和 IEEE 802.11g 提高了数倍,从 54Mb/s 提高到 300Mb/s 甚至高达 600Mb/s。

在覆盖范围方面,IEEE 802.11n 采用智能天线技术,通过多组独立天线组成的天线阵列,可以动态调整波束,覆盖范围更大。

在兼容性方面,IEEE 802.11n 采用了一种软件无线电技术,它是一个完全可编程的硬件平台,使得不同系统的基站和终端都可以通过这一平台的不同软件实现互通和兼容。因此,IEEE 802.11n 可以向前后兼容,而且可以实现 WLAN 与无线广域网络的结合,比如 3G、4G 和 5G。

4. 无线信道

信道是对无线通信中发送端和接收端之间的通路的一种形象比喻,对于无线电波而言,它从发送端传送到接收端,其间并没有一个有形的连接,它的传播路径也有可能不只一条。但是我们为了形象地描述发送端与接收端之间的工作,可以想象两者之间有一个看不见的道路衔接,把这条衔接通路称为信道。信道具有一定的频率带宽,正如公路有一定的宽度一样。

5. 无线接入点

无线接入点(Access Point,AP)是用于无线网络的无线交换机,也是无线网络的核心。

11.1.2　无线分布系统的应用场景

无线分布系统(Wireless Distribution System,WDS),是可让基地台与基地台间得以沟通,有 WDS 的功能是可当作无线网路的中继器,且可多台基地台对一台,有许多无线基台都有 WDS。WDS 就是可以让无线 AP 或者无线路由器之间通过无线进行桥接(中继),而在中继的过程中并不影响其无线设备覆盖效果的功能。

在无线网络成为家庭和中小企业组建网络的首选解决方案的同时,由于房屋基本都是钢筋混凝土结构,并且格局复杂多样,环境对无线信号的衰减严重。所以使用一个无线 AP 进行无线网络覆盖时,会存在信号差,数据传输速率达不到用户需求,甚至存在信号盲点的问题。为了增加无线网络的覆盖范围,增加远距离无线传输速率,使较远处能够方便快捷地使用无线来上网冲浪,这样就需要用到无线路由器的桥接或 WDS 功能。

图 11-1 所示为某小型企业无线网络,A、B、C 三个部门如果只使用 1 个无线路由器,可能会出现一些计算机搜到信号很弱或者搜索不到信号,导致无法连接无线网络。解决方法是:A、B、C 三个部门各自连接一台无线路由器,三个无线路由器通过 WDS 连接就可以实现整个区域的完美覆盖、消除盲点。

11.1.3　无线漫游的应用场景

无线网络中单个 AP 的覆盖面积有限,因此一些覆盖面较大的公司往往会安置两个或两个以上 AP,以达到在公司范围内都能使用无线网络的目的。但有些员工或无线终端希望具有完全移动能力,就如手机一样的漫游功能,这样需要使用多个 AP 来组成一个漫游网络。漫游网络中,多个 AP 是利用有线网络连接在一起的,利用有线网络扩充和延伸了无线网络的应用范围,如图 11-2 所示。

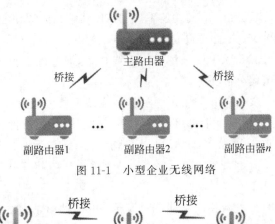

图 11-1　小型企业无线网络

直线型扩展建议不超过三级

图 11-2　无线漫游环境

　　无线客户端用户从 X 位置移动到 Y 位置,都能保持网络连接。在使用时,无线网卡能够自动发现附近信号强度最大的 AP,并通过这个 AP 实现对整个网络资源的访问。

11.2　实训项目:构建 WDS 模式 SOHO 无线局域网

11.2.1　实训目的

(1) 掌握 WDS 模式 SOHO 无线局域网的构建。

(2) 掌握无线网卡设备如何通过无线"胖"AP(无线接入点)进行互联互通。

11.2.2　实训设备

(1) 802.11g 无线局域网外置 USB 网卡 3 块。

(2) WLAN 接入点 AP(例如 MERCURY MW150R 无线路由器)2 台。

(3) PC 或带无线网卡的笔记本电脑若干台。

(4) 交接机和路由器各 1 台。

11.2.3　项目需求分析

　　Infrastructure 是无线网络搭建的基础模式,移动设备通过无线网卡或者内置无线模块与无线 AP 取得联系,多台移动设备可以通过一个无线 AP 来构建无线局域网,实现多台移动设备的互联。无线 AP 覆盖范围一般在 100～300m,适合移动设备灵活地接入网络。

　　但当需要扩大无线网络的范围时,将两个或两个以上无线区域连接起来,需要在架设无线时用到多个 AP 作桥接。WDS 通过无线电接口在两个 AP 设备之间创建一个链路,此链路可以将来自一个不具有以太网连接的 AP 的通信量中继至另一具有以太网连接的 AP。严格来说,无线网络桥接功能通常指的是一对一,但是 WDS 架构可以做到一对多,并且桥接的对象可以是无线网络卡或者是有线系统。所以 WDS 最少要有两台同功能的 AP,最多数量则要看厂商设计的架构来决定。要求如下:

(1) 无线 AP 的网络验证方式为 WPA-PSK,数据加密采用 AES,密钥为"123456789";

(2) 无线 AP 作为 DHCP 服务器,为无线客户端分配 IP 地址为 192.168.1.100～192.168.100.200/24;

(3) 实现有线和无线网络用户能相互访问。

11.2.4　网络系统设计

SOHO 无线桥接网络的 WDS 网络拓扑示意图,如图 11-3 所示。

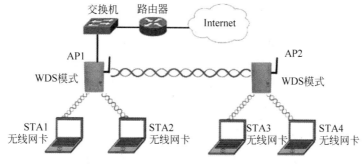

图 11-3　WDS 网络连接示意图

11.2.5　工程组织与实施

第一步:配置 AP1。

(1) 用 IE 浏览器登录无线路由器 AP1(例如 MERCURY MW150R 无线路由器)的常规配置,如图 11-4 所示。

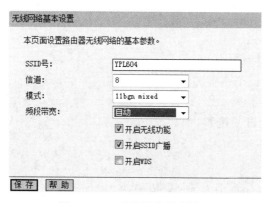

图 11-4　无线网络基本设置

(2) 配置无线 AP1 做 DHCP 服务器,自动为无线 PC 分配 IP 地址;一般默认情况,DHCP 服务器是启用的,IP 地址池为 192.168.1.100～192.168.1.199,可以根据实际情况,修改 IP 地址池,如图 11-5 所示。

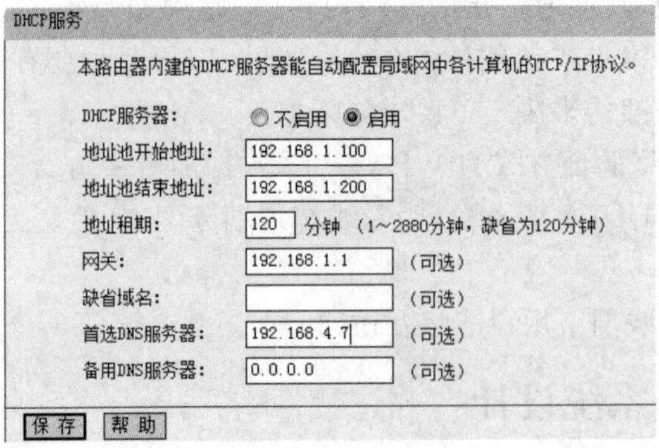

图 11-5 在 DHCP 服务窗口中设置 DHCP 服务器

(3) 配置无线 AP1 的加密方式为"WPA2-PSK",密钥为"123456789",如图 11-6 所示。

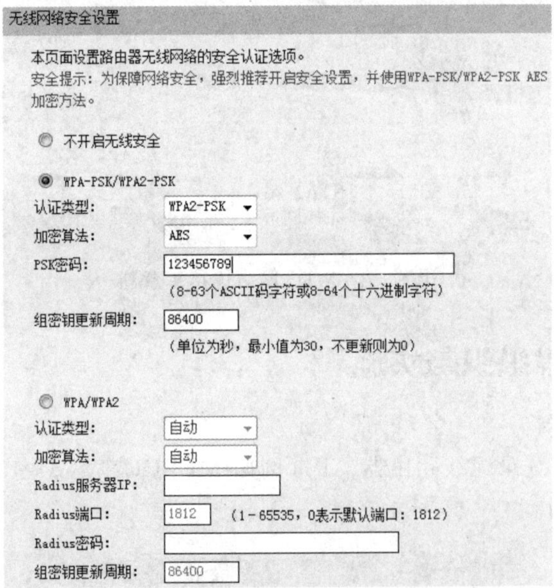

图 11-6 无线网络安全设置

第二步:无线 AP2 的基本配置。

(1) 用 IE 浏览器登录无线 AP2,MERCURY MW150R 无线路由器的常规配置,如信道、模式、频段等设置要与 AP1 的一致。注意:SSID 号与 AP1 不同,如图 11-7 所示。

(2) 配置无线 AP2 的加密方式为"WPA2-PSK",密钥为"123456789"与 AP1 的密码一致。特别要注意:在 AP2 上不启用 DHCP 服务器,如图 11-8 所示。

第三步:配置无线 AP1 的 WDS 功能。

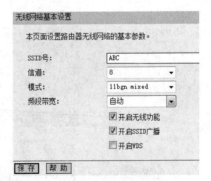

图 11-7 在无线 AP2 上
设置无线网络基本参数

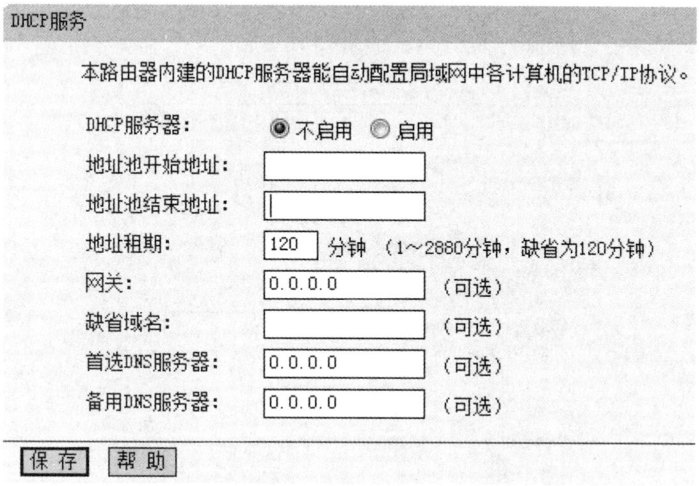

图 11-8　在 DHCP 服务窗口中设置不启用 DHCP 服务器功能

（1）首先在"网络参数"中的"LAN 口设置"窗口中，或者在"运行状态"中查看 AP1 的 MAC 地址，如图 11-9 和图 11-10 所示。注：使用同样的办法查出 AP2 的 MAC 地址。

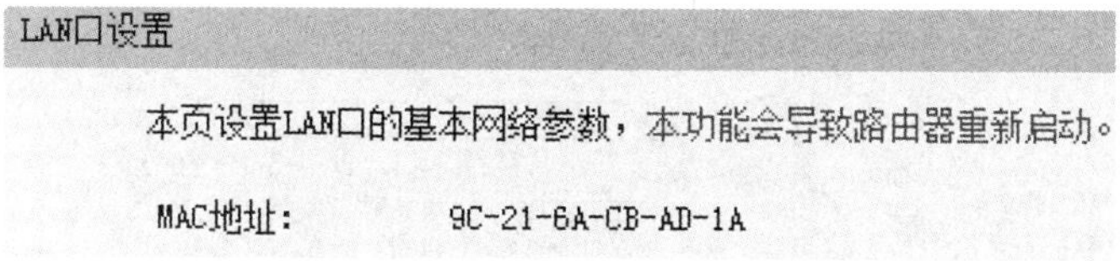

图 11-9　无线 AP1 的 MAC 地址

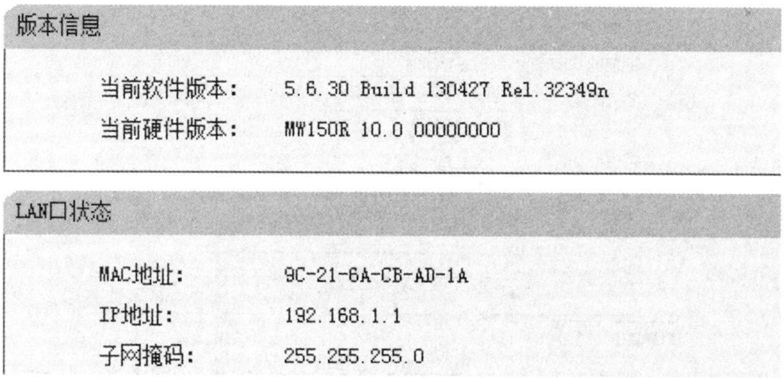

图 11-10　无线 AP1 的 LAN 口状态

（2）在 AP1 设备的"无线网络基本设置"选中"开启 WDS"，选择"手动"指定远程无线 AP2 的 MAC 地址和 SSID 号，输入密码，单击"保存"，如图 11-11 所示。

第四步：配置无线 AP2 的 WDS 功能。在 AP2 中"无线网络基本设置"选中"开启 WDS"，选择"手动"指定远程无线 AP2 的 MAC 地址和 SSID，然后单击"保存"，如图 11-12 所示。

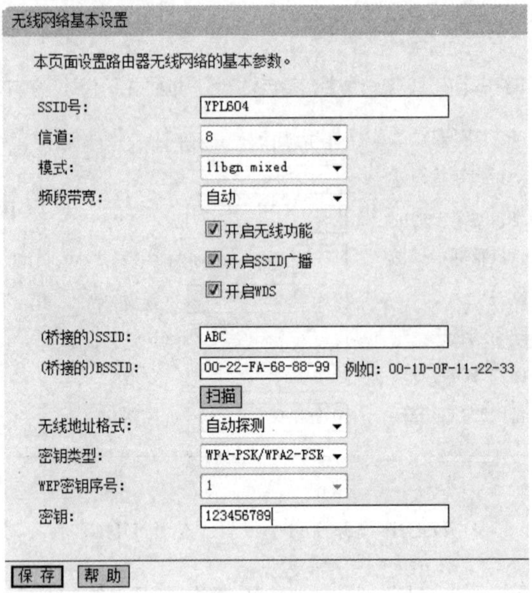

无线网络基本设置

本页面设置路由器无线网络的基本参数。

SSID号: YPL604

信道: 8

模式: 11bgn mixed

频段带宽: 自动

☑ 开启无线功能

☑ 开启SSID广播

☑ 开启WDS

(桥接的)SSID: ABC

(桥接的)BSSID: 00-22-FA-68-88-99 例如: 00-1D-0F-11-22-33

扫描

无线地址格式: 自动探测

密钥类型: WPA-PSK/WPA2-PSK

WEP密钥序号: 1

密钥: 123456789

保存 帮助

图 11-11　开启无线 AP1 的 WDS 和搜索 AP2 的 SSID 及设置密码

无线网络基本设置

本页面设置路由器无线网络的基本参数。

SSID号: ABC

信道: 8

模式: 11bgn mixed

频段带宽: 自动

☑ 开启无线功能

☑ 开启SSID广播

☑ 开启WDS

(桥接的)SSID: YPL604

(桥接的)BSSID: 00-22-FA-68-88-1A 例如: 00-1D-0F-11-22-33

扫描

无线地址格式: 自动探测

密钥类型: WPA-PSK/WPA2-PSK

WEP密钥序号: 1

密钥: 123456789

保存 帮助

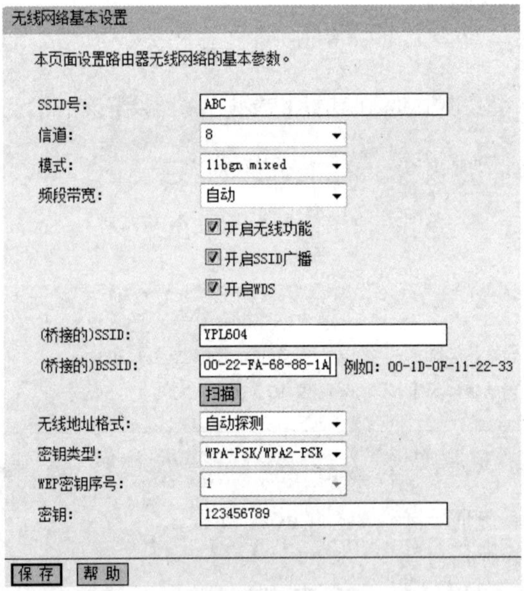

图 11-12　开启无线 AP2 的 WDS 和搜索 AP1 的 SSID 及设置密码

第五步：连接 PC2，单击"连接"，输入密钥"123456789"，
如图 11-13 所示。

第六步：至此完成相关配置。

11.2.6　测试与验收

本实训项目详细的测试步骤，请扫描下面二维码。

图 11-13　连接成功

通过一系列的测试,在设置电脑 STA1、STA2、STA3 和 STA4 的无线网卡后,其能够自动获得 IP 地址,实现是电脑之间的互通,说明 WDS 模式 SOHO 无线桥接网络已构建成功了。

11.3　实训项目:园区级无线局域网的构建

11.3.1　实训目的

(1) 掌握无线控制器管理无线接入点(AC+AP)模式构建 WLAN。
(2) 掌握园区级无线局域网的构建。

11.3.2　实训设备

(1) HUAWEI WLAN 的 AC5608 一台、接入点 AP2051DN 一台。
(2) PC(带无线网卡)和笔记本电脑若干台。
(3) HUAWEI S5720 交换机 1 台。

11.3.3　项目需求分析

某园区无线局域网的需求:
(1) AC 组网方式:直连二层组网。
(2) DHCP 部署方式:AC 作为 DHCP 服务器为 AP 和 STA 分配 IP 地址。
(3) 业务数据转发方式:直接转发。

11.3.4　网络系统设计

(1) AC+AP 的 WLAN 网络拓扑示意图,如图 11-14 所示。

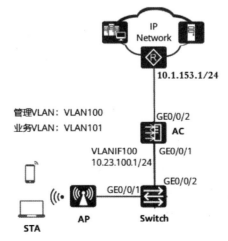

图 11-14　AC+AP 的直连二层构建 WLAN 逻辑图

（2）无线控制器 AC 配置数据的规划，如表 11-2 所示。

表 11-2　无线控制器 AC 配置数据的规划

配　置　项	数　　据
AP 管理 VLAN	VLAN100
STA 业务 VLAN	VLAN101
DHCP 服务器	AC 作为 DHCP 服务器为 AP 和 STA 分配 IP 地址
AP 的 IP 地址池	10.23.100.2～10.23.100.254/24
STA 的 IP 地址池	10.23.101.3～10.23.101.254/24
AC 的源接口 IP 地址	VLANIF100：10.23.100.1/24
AP 组	名称：ap-group1，引用模板：VAP 模板 wlan-net、域管理模板 default
域管理模板	名称：default，国家码：中国
SSID 模板	名称：wlan-net，SSID 名称：wlan-net
安全模板	名称：wlan-net，安全策略：WPA-WPA2＋PSK＋AES，密码：a1234567
VAP 模板	名称：wlan-net，转发模式：直接转发，业务 VLAN：VLAN101，引用模板：SSID 模板 wlan-net、安全模板 wlan-net

11.3.5　工程组织与实施

第一步：按照图 11-14，使用直连线、交叉线和光纤连接物理设备，如图 11-15 所示。

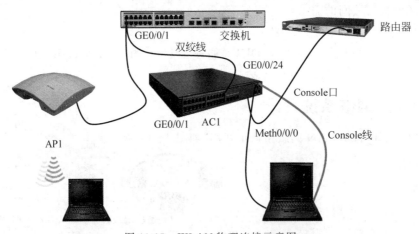

图 11-15　WLAN 物理连接示意图

第二步：根据图 11-14，规划 IP 地址相关信息，其 WLAN 的配置思路按图 11-16 进行。

第三步：启动超级终端程序，并设置相关参数，登录交换机。

配置接入交换机 Switch 的 GE0/0/1 和 GE0/0/2 接口加入 VLAN100 和 VLAN101，GE0/0/1 的默认 VLAN 为 VLAN100，如下所示。

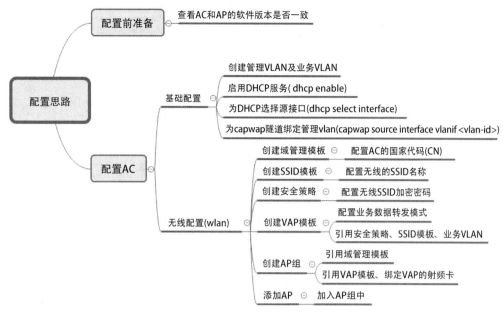

图 11-16 WLAN 的配置思路导图

```
< HUAWEI > system – view
[HUAWEI] sysname Switch
[Switch] vlan batch 100 101
[Switch] interface gigabitethernet 0/0/1
[Switch – GigabitEthernet0/0/1] port link – type trunk
[Switch – GigabitEthernet0/0/1] port trunk pvid vlan 100
[Switch – GigabitEthernet0/0/1] port trunk allow – pass vlan 100 101
[Switch – GigabitEthernet0/0/1] port – isolate enable
[Switch – GigabitEthernet0/0/1] quit
[Switch] interface gigabitethernet 0/0/2
[Switch – GigabitEthernet0/0/2] port link – type trunk
[Switch – GigabitEthernet0/0/2] port trunk allow – pass vlan 100 101
[Switch – GigabitEthernet0/0/2] quit
```

第四步：启动超级终端程序，并设置相关参数，登录 AC6508。

1. 配置 AC 系统参数

（1）配置 AC 基本参数。登录 AC 的 Web 管理系统界面。单击"配置"→"配置向导"→AC，进入"AC 基本配置"页面。"所在国家/地区"按实际情况选择，以"中国"为例。"系统时间"配置为"手动设置"。"日期和时间"配置为"使用 PC 当前时间"，如图 11-17 所示。然后，单击页面下方的"下一步"，进入"端口配置"页面。

（2）配置端口。选择接口"GigabitEthernet0/0/1"，展开"批量修改"，选择"接口类型"为"Trunk"，将"GigabitEthernet0/0/1"加入 VLAN100（管理 VLAN）和 VLAN101（业务 VLAN）。然后单击"应用"，在弹出的提示对话框中单击"确定"，完成配置。以同样的方式将"GigabitEthernet0/0/2""接口类型"配置为"Trunk"并加入 VLAN101。最后单击"下一步"，进入"网络互联配置"页面，如图 11-18 所示。注：如果 AC 直接连接 AP，需要在 AC 直连 AP 的接口上配置缺省 VLAN 为管理 VLAN100。

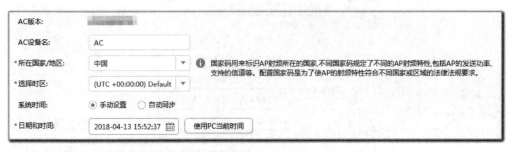

图 11-17 "AC 基本配置"页面的 AC 版本配置

图 11-18 端口配置界面

（3）配置网络互联。配置"DHCP 状态"为"ON"。单击"接口配置"下的"新建"，进入"新建接口配置"页面。配置接口 VLANIF100 的 IP 地址为 10.23.100.1/24，如图 11-19 所示。

（4）单击"DHCPv4 地址池列表"下的"新建"，采用"接口地址池"，选择接口 VLANIF100，如图 11-20 所示。单击"确定"，完成 VLANIF100 接口地址池的配置。

以同样的方式配置接口 VLANIF101 的 IP 地址为 10.23.101.1/24，并配置 VLANIF101 的接口地址池，其中，10.23.101.2 不参与分配。注：DNS 服务器地址请根据实际需要配置。

（5）单击"静态路由表"下的"新建"，进入"新建静态路由表"页面。配置"目的 IP 地址"为"0.0.0.0"，"子网掩码"为"0(0.0.0.0)"，"下一跳"为"10.1.153.1"，如图 11-21 所示。单击"确定"，完成静态路由表的配置。最后，单击"下一步"，进入"AC 源地址"页面。

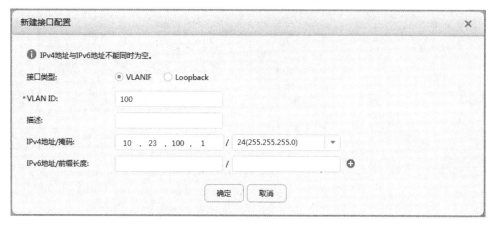

图 11-19 配置接口 VLANIF100 的 IP 地址为 10.23.100.1/24

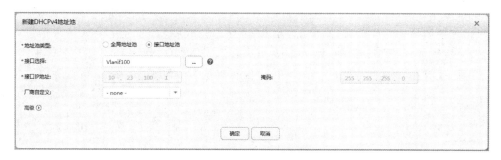

图 11-20 DHCPv4 的配置页面

图 11-21 "静态路由表"配置页面

（6）配置 AC 源地址。"AC 源地址"选择"VLANIF"，单击"选择"按钮，选择"Vlanif100"，如图 11-22 所示。单击"下一步"，进入"配置确认"页面。

（7）配置确认。确认配置，单击"完成并继续 AP 上线配置"。

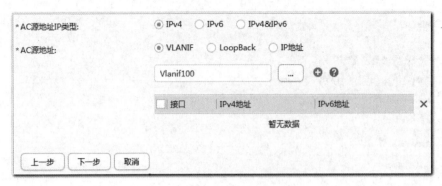

图 11-22 配置 AC 源地址页面

2．配置 AP 上线

（1）配置 AP 上线。单击"批量导入"，进入"批量导入"页面。"下载 AP 文件模板"链接，下载批量添加 AP 模板文件到本地。在 AP 模板文件中填写 AP 信息。单击"导入 AP 文件"后，选择填写后的模板文件，单击"导入"。导入完成后，页面显示导入结果信息，单击"确定"，完成添加，如图 11-23 所示。单击"下一步"，进入"AP 分组"页面。AP 模板文件中已添加 AP 组信息，直接单击"下一步"，进入"配置确认"页面。

图 11-23 "导入 AP 文件"页面

（2）配置确认。确认配置，单击"完成并继续无线业务配置"。

3．配置无线业务

（1）单击"新建"，进入"基本信息"页面。配置 SSID 名称、转发模式、业务 VLAN 等信息，如图 11-24 所示。

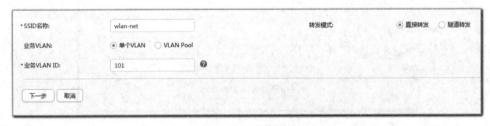

图 11-24 无线 SSID 等"基本信息"页面

（2）单击"下一步"，进入"安全认证"页面。配置认证方式为密钥认证，选择 AES 认证方式，并配置密钥，如图 11-25 所示。

（3）单击"下一步"，进入"接入控制"页面。选择"绑定 AP 组"为"ap-group1"。单击"完成"。

图 11-25 "安全认证"配置页面

4. 配置 AP 的信道和功率

(1) 关闭 AP 射频的信道和功率自动调优功能,并手动配置 AP 的信道和功率。注:射频的信道和功率自动调优功能默认开启,如果不关闭此功能则会导致手动配置不生效。选择"配置"→"AP 配置→"AP 配置"→"AP 信息",进入"AP 列表"页面。单击需要配置信道和功率的 AP ID,进入"AP 个性化配置"页面。单击"射频管理"菜单,显示当前射频管理下的模板。单击"射频 0",进入射频 0 配置页面。在射频 0 配置页面关闭信道自动调优和功率自动调优功能,并设置信道为为带宽 20MHz 信道 6,发送功率为 127dBm。"射频 1"上关闭信道自动调优和功率自动调优功能,并设置信道为带宽 20MHz 信道 149,发送功率 127dBm 的步骤与"射频 0"类似,此处不再赘述。最后,单击"应用",在弹出的提示对话框中单击"确定",完成配置。如图 11-26 所示。

图 11-26 AP 的信道和功率的配置页面

11.3.6 测试与验收

本实训项目详细的测试步骤,请扫描下面二维码。

通过一系列的测试,若终端 PC 自动获取了 IP 地址,即 WLAN 的 AC 配置是成功的,能实现电脑之间的互通,说明 AC＋AP 的无线局域网构建成功了。

习题

1. 一般情况下,AC 或 AP 的频段是"自动选择",如何设置保证频段相同?

2. 无线控制器 AC 和无线接入点 AP 的 WLAN,如何实现无线漫游?

3. 无线网卡默认的信道为1,如遇其他系列网卡,则要根据实际情况调整无线网卡的信道,使多块无线网卡的信道一致,为什么?

4. 无线网卡使用固定 IP 和无线 AP 互联时,IP 地址是否需要在同一个网段?

5. 无线网卡通过 Ad-Hoc 方式互联,对两块网卡的距离有限制,工作环境下一般不建议超过多少米?

6. 组建 WDS 网络的无线路由器或 AP 所选择的无线频段必须相同,一般情况下,路由器或 AP 的频段是"自动选择",如何设置保证频段相同?

7. 组建 WDS 网络的无线路由器或 AP 所设置的 SSID 可以不同,此时客户端在此网络中不能实现无线漫游,要想实现无线漫游,如何设置相同的 SSID 号?

8. 组建 WDS 网络的无线路由器或 AP 在安全设置中所设置的密码必须相同,其他安全设置可以不同。若客户端在此网络中要实现无线漫游,需要如何设置?

9. 根据本章各实训项目的需求,分别设计网络拓扑,构建网络环境,安装调试设备,撰写实训报告,并写清楚实训操作过程中出现的问题以及解决办法。

第二篇　网络信息系统集成

第 12 章

综合布线技术

12.1 实训预备知识

12.1.1 综合布线系统概况

在信息社会中,一个现代化的大楼内,除了具有电话、传真、空调、消防、动力电线、照明电线外,计算机网络线路也是不可缺少的。布线系统的对象是建筑物或楼宇内的传输网络,以使语音和数据通信设备、交换设备和其他信息管理系统彼此相连,并使这些设备与外部通信网络连接。它包含着建筑物内部和外部线路(网络线路、电话局线路)间的民用电缆及相关的设备连接措施。布线系统是由许多部件组成的,主要有传输介质、线路管理硬件、连接器、插座、插头、适配器、传输电子线路、电气保护设施等,并由这些部件来构造各种子系统。

综合布线系统是建筑与建筑群综合布线、城市住宅建筑综合布线、接入网工程、火灾自动报警系统、居住小区智能化系统、智能建筑设备监控系统、安全防范电视监控系统、计算机网络系统的基础。综合布线系统是跨学科、跨行业的系统工程,作为信息产业的楼宇自动化系统、通信自动化系统、办公室自动化系统和计算机网络工程等都需要之。

12.1.2 综合布线系统标准

随着 Internet 和物联网的发展,各国的政府机关、大集团公司也都在针对自己的楼宇特点进行综合布线,以适应新的需要。建设智能化大厦、智能化小区已成为"互联网+"时代的开发热点。理想的布线系统表现为支持语音应用、数据传输、影像影视,而且最终能支持综合型的应用。由于综合型的语音和数据传输的网络布线系统选用的线材,传输介质是多样的(屏蔽、非屏蔽双绞线、光缆等),费用高,投资大,一般单位可根据自己的特点选择布线结构和线材,国际标准则将其划分为建筑群主干布线子系统、建筑物主干布线子系统和水平布线子系统 3 部分。

美国标准把综合布线系统划分为建筑群子系统、垂直干线子系统、水平干线子系统、设备间子系统、管理间子系统和工作区子系统 6 个独立的子系统,如图 12-1 所示。

中国国家标准《综合布线系统工程设计规范》(GB 50311—2016)将其划分为工作区子系统、配线子系统、垂直子系统、建筑群子系统、设备间子系统、进线间子系统、电信间子系统七大子系统,如图 12-2 所示。

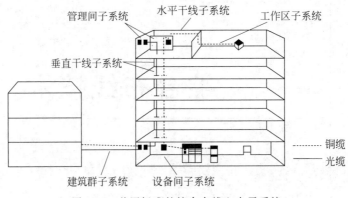

图 12-1 美国标准的综合布线六大子系统

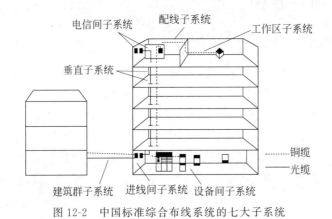

图 12-2 中国标准综合布线系统的七大子系统

12.1.3 综合布线七大子系统

1. 工作区子系统

工作区子系统(Work Area Subsystem)又称为服务区(Corerage Area)子系统,它由 RJ-45 跳线、信息插座模块(Telecommunications Outlet,TO)与所连接的终端设备(Terminal Equipment,TE)组成。信息插座有墙上型、地面型等多种。

在进行设备连接时,可能需要某种传输电子装置,但这种装置并不是工作区子系统的一部分。例如调制解调器,它能为终端与其他设备之间的兼容性传输距离的延长提供所需的转换信号,但不能说是工作区子系统的一部分。

工作区子系统所使用的连接器必须具备有国际 ISDN 标准的 8 位接口,这种接口能接收楼宇自动化系统所有低压信号以及高速数据网络信息和数码声频信号。工作区子系统设计时要注意如下要点:

(1) 从 RJ-45 的插座到设备间的连线用双绞线,一般不要超过 5m。

(2) RJ-45 的插座须安装在墙壁上或不易碰到的地方,插座距离地面 30cm 以上。

(3) 信息插座和 RJ-45 模块不要接错线头。

2. 配线子系统

配线子系统应由工作区的信息插座模块、信息插座模块至电信间配线设备(FD)的配线电缆和光缆、电信间的配线设备及设备缆线和跳线等组成。

配线子系统又称为水平干线子系统、水平子系统(Horizontal Subsystem)。配线子系统是整个布线系统的一部分,它是从工作区的信息插座开始到电信间的配线设备及设备缆线和跳线。其结构一般为星状结构,它与干线子系统的区别在于:配线子系统总是在一个楼层上,仅仅是信息插座与电信间连接。在综合布线系统中,配线子系统由 4 对 UTP(非屏蔽双绞线)组成,能支持大多数现代化通信设备。如果有磁场干扰或信息保留时可用屏蔽双绞线。如果需要高宽带应用时,可以采用光缆。

对于配线子系统的设计,必须具有全面介质设施方面的知识。设计时要注意如下要点:

(1) 配线子系统用线一般为双绞线;

(2) 长度不超过 90m;

(3) 用线必须走线槽或在天花板吊顶内布线,尽量不走地面线槽;

(4) 3 类双绞线可传输速率为 16Mb/s,5 类、5E 类双绞线可传输速率为 100Mb/s,6 类双绞线可传输速率为 250Mb/s,7 类双绞线可传输速率为 600Mb/s;

(5) 确定介质布线方法和线缆的走向;

(6) 确定距服务接线间距离最近的 I/O 位置;

(7) 确定距服务接线间距离最远的 I/O 位置;

(8) 计算水平区所需线缆长度。

3. 管理间子系统

管理间子系统也称为电信间子系统,电信间由交连、互连和 I/O 组成。管理间为连接其他子系统提供手段,它是连接干线子系统和配线子系统的子系统,其主要设备是配线架、HUB、交换机和机柜、电源。

交连和互连允许将通信线路定位或重定位在建筑物的不同部分,以便能更容易地管理通信线路。I/O 位于用户工作区和其他房间或办公室,使用移动终端设备时能够方便地进行插拔。

在使用跨接线或插入线时,交叉连接允许将端接在单元一端的电缆上的通信线路连接到端接在单元另一端的电缆上的线路。跨接线是一根很短的单根导线,可将交叉连接处的两根导线端点连接起来;插入线包含几根导线,而且每根导线末端均有一个连接器。插入线为重新安排线路提供了一种简易的方法。

互连与交叉连接的目的相同,但不使用跨接线或插入线,只使用带插头的导线、插座、适配器。互连和交叉连接也适用于光纤。

在远程通信(卫星)接线区,如安装在墙上的布线区,交叉连接可以不要插入线,因为线路经常是通过跨接线连接到 I/O 上的。

电信间设计时要注意如下要点:

(1) 配线架的配线对数可由管理的信息点数决定;

(2) 利用配线架的跳线功能,可使布线系统实现灵活、多功能的能力;

(3) 电信间和干线子系统使用光缆连接是由光配线盒组成;

(4) 电信间应有足够的空间放置配线架和网络设备(HUB、交换机等);

(5) 有交换机的地方要配有专用稳压电源;

（6）保持一定的温度和湿度，保养好设备。

4．垂直子系统

垂直子系统也称干线子系统（Riser Backbone Subsystem）或骨干子系统（Riser Backbone Subsystem），它是整个建筑物综合布线系统的一部分。它提供建筑物的干线电缆。干线子系统应由设备间至电信间的干线电缆和光缆、安装在设备间的建筑物配线设备（BD）及设备缆线和跳线组成。负责连接电信间到设备间的子系统，一般使用光缆或选用非屏蔽双绞线。

干线提供了建筑物干线电缆的路由。通常，在电信间、设备间的两个单元之间，干线子系统由所有的布线电缆组成，或由导线和光缆以及将此光缆连到其他地方的相关支撑硬件组合而成。

干线子系统还包括：

（1）干线或远程通信（卫星）接线间、设备间之间的竖向或横向的电缆走向用的通道；

（2）设备间和网络接口之间的连接电缆或设备与建筑群子系统各设施间的电缆；

（3）干线接线间与各远程通信（卫星）接线间的连接电缆；

（4）主设备间和计算机主机房之间的干线电缆。

设计时要注意：

（1）干线子系统一般选用光缆，以提高传输速率；

（2）光缆可选用单模的（室外远距离的），也可以是多模的（室内、室外）；

（3）干线电缆的拐弯处，不要直角拐弯，应有相当的弧度，以防光缆受损。

5．建筑群子系统

建筑群子系统应由连接多个建筑物之间的主干电缆和光缆建筑群配线设备（CD）及设备缆线和跳线组成。

建筑群子系统也可称楼宇（建筑群）子系统、校园子系统（Campus Backbone Subsystem）。它是将一个建筑物中的电缆延伸到另一个建筑物，通常是由光缆和相应设备组成，建筑群子系统是综合布线系统的一部分，它支持楼宇之间的通信。其中包括导线电缆、光缆以及防止电缆上的脉冲电压进入建筑物的电气保护装置。

在建筑群子系统中，会遇到室外敷设电缆问题，一般有三种情况：架空电缆、直埋电缆、地下管道电缆，或者是这三种的任何组合，具体情况应根据现场的环境来决定。设计时要注意：

（1）建筑群子系统一般选用光缆，以提高传输速率；

（2）光缆可选用单模的（室外远距离的），也可以是多模的；

（3）建筑群干线电缆的拐弯处，不要直角拐弯，应有相当的弧度，以防光缆受损；

（4）建筑群干线电缆要防遭破坏（如埋在路面下，挖路、修路对电缆造成危害），架空电缆要防止雷击；

（5）要设置防雷电的设施。

6．设备间子系统

设备间子系统（Equipment Subsystem）也称设备间。是在每幢建筑物的适当地点进行网络管理和信息交换的场地。对于综合布线系统工程设计，设备间主要安装建筑物配线设备。电话交换机、计算机主机设备及入口设施也可与配线设备安装在一起。

设备间由电缆、连接器和相关设备组成。它把各种公共系统设备的多种不同设备互连起来,包括邮电部门的光缆、同轴电缆、程控交换机等。设计时注意要点为:

(1) 设备间要有足够的空间保障设备的存放;

(2) 设备间要有良好的工作环境(温度、湿度);

(3) 设备间的建设标准应按机房建设标准设计。

7. 进线间子系统

进线间子系统也可称进线间。进线间是建筑物外部通信和信息管线的入口部位,并可作为入口设施和建筑群配线设备的安装场地。

8. 管理

管理应对工作区、电信间、设备间、进线间的配线设备、缆线、信息插座模块等设施按一定的模式进行标识和记录。综合布线系统应有良好的标记系统,如建筑物名称、建筑物位置、区号、起始点和功能等标志。综合布线系统使用了三种标记:电缆标记、场标记和插入标记,其中插入标记最常用。这些标记通常是硬纸片或其他方式,由安装人员在需要时取下来使用。

交接间及二级交接间的本线设备宜采用色标区别各类用途的配线区。

12.1.4 综合布线系统标准

目前综合布线系统标准一般为 GB 50311－2007 和美国电子工业协会、美国电信工业协会的 EIA/TIA 为综合布线系统制定的一系列标准。这些标准主要有下列几种:

(1) EIA/TIA-568 民用建筑线缆标准;

(2) EIA/TIA-569 民用建筑通信通道和空间标准;

(3) EIA/TIA-607 民用建筑中有关通信接地标准;

(4) EIA/TIA-606 民用建筑通信管理标准;

(5) TSB-67 非屏蔽双绞线布线系统传输性能现场测试标准;

(6) TSB-95 已安装的五类非屏蔽双绞线布线系统支持千兆应用传输性能指标标准。

以上综合布线系统相关标准可以支持计算机网络标准,例如 IEEE 802.3 总线局域网络标准、IEEE 802.5 环形局域网络标准、FDDI 光纤分布数据接口高速网络标准、CDDI 铜线分布数据接口高速网络标准和 ATM 异步传输模式等。

12.1.5 综合布线系统设计

对于建筑物的综合布线系统,一般定为三种不同的布线系统等级,即基本型综合布线系统、增强型综合布线系统和综合型综合布线系统。

1. 基本型综合布线系统

基本型综合布线系统方案是一个经济的、有效的布线方案。它支持语音或综合型语音/数据产品,并能够全面过渡到数据的异步传输或综合型布线系统。

其基本配置:

(1) 每一个工作区有一个信息插座;

(2) 每一个工作区有一条水平布线 4 对 UTP 系统;

(3) 完全采用 110A 交叉连接硬件,并与未来的附加设备兼容;

(4) 每个工作区的干线电缆至少有 2 对双绞线。

其特点为:

(1) 能够支持所有语音和数据传输应用;

(2) 支持语音、综合型语音/数据高速传输;

(3) 便于维护人员进行维护、管理;

(4) 能够支持众多厂家的产品设备和特殊信息的传输。

2. 增强型综合布线系统

增强型综合布线系统不仅支持语音和数据的应用,还支持图像、影像、影视、视频会议等,具有为增加功能提供发展的余地,并能够利用接线板进行管理。

其基本配置:

(1) 每个工作区有 2 个以上信息插座;

(2) 每个信息插座均有水平布线 4 对 UTP 系统;

(3) 具有 110A 交叉连接硬件;

(4) 每个工作区的电缆至少有 8 对双绞线。

其特点为:

(1) 每个工作区有 2 个信息插座,灵活方便、功能齐全;

(2) 任何一个插座都可以提供语音和高速数据传输;

(3) 便于管理与维护;

(4) 能够为众多厂商提供服务环境的布线方案。

3. 综合型综合布线系统

综合型综合布线系统是将双绞线和光缆纳入建筑物布线的系统。其基本配置:

(1) 在建筑、建筑群的干线或水平布线子系统中配置直径为 $62.5\mu m$ 的光缆;

(2) 在每个工作区的电缆内配有二根 4 对双绞线;

(3) 每个工作区的电缆中应有 8 对双绞线。

其特点为:

(1) 每个工作区有 2 个以上的信息插座,不仅灵活方便,而且功能齐全;

(2) 任何一个信息插座都可供语音和高速数据传输;

(3) 有一个很好的环境为客户提供服务。

4. 综合布线系统的设计要点

综合布线系统的设计方案不是一成不变的,而是随着环境、用户要求来确定的。其要点为:

(1) 尽量满足用户的通信要求;

(2) 了解建筑物、楼宇间的通信环境;

(3) 确定合适的通信网络拓扑结构;

(4) 选取适用的介质;

(5) 以开放式为基准,尽量与大多数厂家产品和设备兼容;

(6) 将初步的系统设计和建设费用预算告知用户。

一般情况下,综合布线系统的设计,原则上在征得用户意见,并订立合同书后,再制订详细的设计方案。

12.2 实训项目:复杂永久链路端接技术

12.2.1 实训目的

(1)设计复杂永久链路图。
(2)熟练掌握110通信跳线架和RJ-45网络配线架端接方法。
(3)掌握永久链路测试技术。

12.2.2 实训设备

(1)Cable 300线缆实训仪。
(2)RJ-45水晶头3个,直径500mm网线3根,6个110通信跳线架模块。
(3)剥线器1把,压线钳1把,简易打线器1把,偏口钳1把。

12.2.3 项目需求分析

永久链路又称固定链路,在国际标准化组织ISO/IEC所制定的增强5类、6类标准及TIA/EIA568B中新的测试定义中,定义了永久链路测试方式,它将代替基本链路方式。永久链路方式供工程安装人员和用户测量所安装的固定链路的性能。永久链路连接方式由长度为90m的水平电缆和链路中相关接头(必要时增加一个可选的转接/汇接头)组成,与基本链路方式不同的是,永久链路不包括现场测试仪插接线和插头,以及两端长度为2m的测试电缆,电缆总长度为90m,而基本链路包括两端的2m测试电缆,电缆总计长度为94m。

现需要你完成永久链路的端接。(注:可以使用模拟的实验实训装置或真实的布线工程环境完成永久链路的端接。)

12.2.4 网络系统设计

实际的网络综合布线系统工程复杂永久链路方式示意图,如图12-3所示。

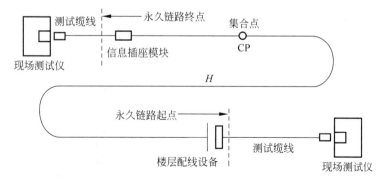

图12-3 实际布线系统工程复杂永久链路方式示意图

注:H——从信息插座至楼层配线设备(包括集合点)的水平电缆长度,$H \leqslant 90m$。

12.2.5 工程组织与实施

（1）准备材料和工具。

（2）按照 T568B 标准，制作两端 RJ-45 水晶头，制作完成第一根网络跳线，两端 RJ-45 水晶头插入线缆实训仪"跳线测试"功能区第一组上下 RJ-45 接口或者插入网络测试仪一端，观察 LED 灯闪亮顺序，测试合格后将一端插在线缆实训仪面板"跳线测试"功能区第一组下部的 RJ-45 口中，另一端插在机架下方 RJ-45 网络配线架正面的第一组 RJ-45 接口中或者插入网络测试仪另一端。

（3）将第二根网线两端剥去 30mm 绝缘皮，将两端线缆拆开，一头按照 T568B 的 4 对色标，即蓝白、蓝、橙白、橙、绿白、绿、棕白、棕的顺序，用简易压线钳端接在机架下方 RJ-45 网络配线架模块背面的第一组线槽中；另一端同样按照 T568B 的 4 对色标，用简易压线钳端接在 110 通信跳线架的下层第一组位置上。

（4）用 110 打线器，将一个 110 通信跳线架 4 色模块压接在 110 通信跳线架的下层第一组对应位置上。

（5）将第三根网线一端按照 T568B 标准，端接好 RJ-45 水晶头，插在线缆实训仪面板"跳线测试"功能区第一组上部的 RJ-45 口中，另一端剥去 30mm 绝缘皮，拆开，按照 T568B 的 4 对色标，端接在机架下方 110 通信跳线架模块上层第一组模块上，端接时的 LED 灯实时显示线序和电气连接情况。

（6）完成上述步骤就形成了有 6 次端接的一个永久链路。

（7）重复以上步骤，完成 4 个网络永久链路和测试。

注：操作的相关示意图如图 12-4～图 12-8 所示。

图 12-4　线缆按照蓝橙绿棕顺序排列

图 12-5　110 型通信跳线架线槽相应颜色压线

图 12-6　110 型通信跳线架模块

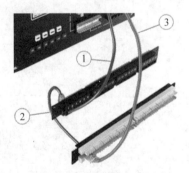

图 12-7　实训装置模拟的复杂永久链路示意图

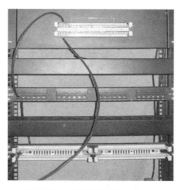

图 12-8　实训装置上模拟的复杂永久链路连接图

（8）完成模拟的网络永久链路的测试，或者完成综合布线实际工程的永久链路测试，如图 12-9 所示。

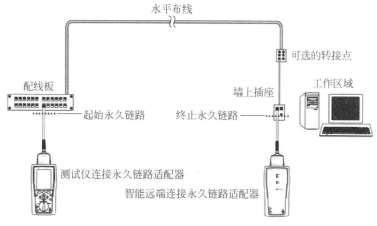

图 12-9　永久链路测试连接

12.2.6　测试与验收

本实训项目详细的测试步骤，请扫描下面二维码。

完成综合布线实际工程的永久链路测试，观看测试仪的指示灯，如果测试仪依次闪亮的都是绿灯，则连接正确；如果有红灯闪亮，说明有错误，必须重做。

12.3　实训项目：全光网 2.0 时代的光纤熔接技术

12.3.1　实训目的

（1）掌握光纤熔接工具的功能和使用方法。

（2）熟练掌握光纤熔接技术。

12.3.2　实训设备

（1）光纤熔接机 1 台、光纤切割刀 1 台、米勒钳 1 把。

（2）酒精棉若干、热缩套管若干个、光纤若干米、光纤盘纤盒等。

12.3.3　项目需求分析

背景：随着 5G 的大力发展，中国正从全光网 1.0 时代进入 2.0 时代，在现代企业信息化建设的升级改造或新建网的过程中，无论是全光网 ISP 运营商网络，还是大型企业网络，都会或多或少地涉及光纤的设备连接问题，就一定会存在光纤端接。现需要你熟练掌握光纤熔接技术。

12.3.4　网络系统设计

根据项目需求分析，现简化网络系统设计，以便实现关键技术。全光纤链路实训连接示意图如图 12-10 所示。

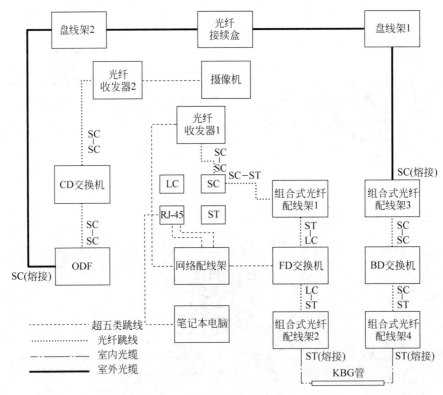

图 12-10　全光纤链路实训连接示意图

12.3.5　工程组织与实施

第一步：准备光纤熔接相关实训工具，如图 12-11～图 12-20 所示。

图 12-11　光纤收发器

图 12-12　光纤熔接机

图 12-13　光纤切割刀

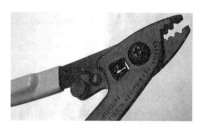

图 12-14　三口米勒钳

图 12-15　ST-FC 光纤接口跳线

图 12-16　SC-FC 光纤接口跳线

图 12-17　LC-LC 接口光纤跳线

图 12-18　SC-SC 光纤接口跳线

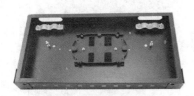

图 12-19　光纤熔接盒

图 12-20　热缩套管

第二步：剥光纤。包括光缆、尾纤、涂覆层等开剥，图 12-21 所示。

（1）轻轻按住熔接机开关键，开机指示灯亮后松手；

（2）确认热缩套管内无脏物后，将光纤穿入热缩套管；

（3）用米勒钳（光纤剥线钳）剥除光纤涂覆层，长度 4cm。

第三步：光纤切割。用光纤切割刀将光纤切割整齐，便于熔接，如图 12-22 所示。

（1）用酒精棉清洁光纤表面 3 次（可降低光纤损耗），达到无附着物状态；

（2）将干净的光纤放入切割刀的导向槽，涂覆层的前端对齐切割刀刻度尺 16～12mm 之间的位置。

图 12-21　剥光纤

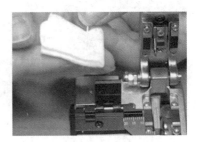

图 12-22　光纤切割

第四步：熔光纤。将切割好的光纤放入光纤熔接机进行对熔，然后将热缩管加热以便保护熔接点。

（1）将切割好的两根光纤分别放入熔接机的夹具内。安放时不要碰到光纤端面，并保持光纤端面在电极棒和 V 形槽之间，如图 12-23 所示；

（2）盖上防尘罩，开始熔接，如图 12-24 所示；

图 12-23　光纤放入熔接机

图 12-24　开始熔接

（3）掀开防尘罩，依次打开左右夹具压板，取出光纤；

（4）将热缩套管移动到熔接点，并确保热缩套管两端包住光纤涂覆层；

（5）将套上热缩套管的光纤放入加热器内，然后盖上加热器盖板，同时加热指示灯点亮，机器将自动开始加热热缩套管；

（6）当加热指示灯熄灭，热缩完成。掀开加热器盖板，取出光纤，放入冷却托盘。

第五步：盘光纤。为了降低光纤损耗，将熔接好的光纤盘入光纤熔接盘（光纤配线箱）保护。盘纤是一门技术，也是一门艺术。科学的盘纤方法，可使光纤布局合理、附加损耗小、经得住时间和恶劣环境的考验，可避免挤压造成的断纤现象。规范盘纤如图 12-25 所示。

图 12-25　规范盘纤示意图

（1）先中间后两边，即先将热缩后的套管逐个放置于固定槽中，然后再处理两侧余纤。优点：有利于保护光纤接点，避免盘纤可能造成的损害。在光纤预留盘空间小、光纤不易盘绕和固定时，常用此种方法。

（2）以一端开始盘纤，即从一侧的光纤盘起，固定热缩管，然后再处理另一侧余纤。优点：可根据一侧余纤长度灵活选择效铜管安放位置，方便、快捷，可避免出现急弯、小圈现象。

（3）特殊情况的处理，如个别光纤过长或过短时，可将其放在最后单独盘绕；带有特殊光器件时，可将其另盘处理，若与普通光纤共盘时，应将其轻置于普通光纤之上，两者之间加缓冲衬垫，以防挤压造成断纤，且特殊光器件尾纤不可过长。

（4）根据实际情况，采用多种图形盘纤。按余纤的长度和预留盘空间大小，顺势自然盘绕，切勿生拉硬拽，应灵活地采用圆、椭圆、C 形、蛇形等多种图形盘纤（注意 $R \geqslant 4$cm），尽可能最大限度地利用预留空间并且有效降低因盘纤带来的附加损耗。

盘纤规则：

- 沿松套管或光缆分支方向进行盘纤，前者适用于所有的接续工程；后者仅适用于主干光缆末端，且为一进多出。分支多为小对数光缆。该规则是每熔接和热缩完一个或几个松套管内的光纤，或一个分支方向光缆内的光纤后盘纤一次。优点：避免了光纤松套管间或不同分支光缆间光纤的混乱，使之布局合理，易盘、易拆，更便于日后维护。

- 以预留盘中热缩管安放单元为单位盘纤，此规则是根据接续盒内预留盘中某一小安放区域内能够安放的热缩管数目进行盘纤。例如 GLE 型桶式接头盒，在实际操作中每 6 芯为一盘，极为方便。优点：避免了由于安放位置不同而造成的同一束光纤参差不齐、难以盘纤和固定，甚至出现急弯、小圈等现象。

- 特殊情况，如在接续中出现光分路器、上/下路尾纤、尾缆等特殊器件时，要先熔接、热缩、盘绕普通光纤，再依次处理上述情况，为安全常另盘操作，以防止挤压引起附加损耗的增加。

12.3.6 测试与验收

本实训项目详细的测试步骤,请扫描下面二维码。

严格按照以下国标要求进行验收。GB 50311—2016《综合布线系统工程设计规范》、GB/T 50312—2016《综合布线系统工程验收规范》、GB 50606—2010《智能建筑工程施工规范》、GB 50339—2013《智能建筑工程质量验收规范》、GB 50314—2015《智能建筑设计标准》等。验收相关表格请参考附录 D 网络工程质量验收规范表。

习题

《某校园网办公楼综合布线工程方案设计》的设计目标:通过设计,掌握综合布线总体方案和各子系统的设计方法,熟悉一种施工图的绘制方法(AUTOCAD 或 VISIO),掌握设备材料预算方法、工程费用计算方法、方案设计文档编写方法。

1. 某办公楼网络综合布线设计项目需求如下

该办公楼为砖混结构旧楼,现因工作业务需要,对该楼进行网络综合布线建设(不考虑语音系统)。办公楼长 30m,宽 8.5m;楼高 5 层,每层楼高 3m;每层建筑结构相同,每间办公室需要 2 个信息点,其他房间根据其功能确定信息点数量。数据传输要求 100Mb/s 到桌面,主干线路为 1000Mb/s,校园中心机房设在一层 F 房间,通过光缆连接校园内各建筑物,通过电信光纤线路接入外网。

参考的"办公楼"建筑平面结构示意图,如图 12-26 所示。

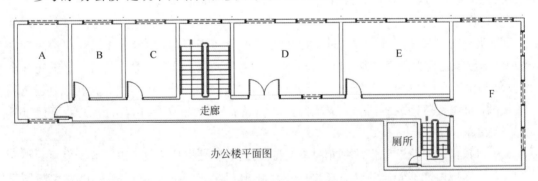

图 12-26 办公楼建筑平面结构图

办公楼各个房间的功能如表 12-1 所示。

表 12-1 办公楼各房间功能

楼层	A室	B室	C室	D室	E室	F室
1F	办公室	办公室	办公室	办公室	办公室	办公室
2F	办公室	办公室	办公室	办公室	办公室	办公室
3F	办公室	办公室	办公室	办公室	办公室	办公室
4F	办公室	办公室	办公室	办公室	办公室	办公室
5F	办公室	办公室	办公室	办公室	办公室	办公室

2. 要求如下

（1）本项目以某校园网办公楼网络综合布线为设计对象，根据网络应用需求、建筑物结构特点，考参综合布线系统设计标准，设计合理的综合布线总体方案。绘制网络拓扑结构图、系统结构图、施工布线图等相关图片，对各子系统安装位置、设备选型、施工方案作出具体的规划，并对施工设备、材料、工程造价进行预算。

（2）现场勘测大楼建筑结构，熟悉用户需求，确定布线路由和信息点分布。

（3）进行布线系统总体方案和各子系统的设计。

（4）根据建筑结构绘制布线系统图、施工布线图。

（5）进行综合布线材料设备预算。

（6）书写设计方案文档。

第 13 章

网络工程系统集成技术

13.1 实训预备知识

13.1.1 计算机网络系统集成概述

计算机网络系统集成是一门集计算机技术与通信技术为一体的综合性交叉学科,它综合运用计算机与通信这两个学科的概念和方法,形成了自己独立的体系。计算机网络系统集成(Computer Network System Integration)是指通过结构化的综合布线系统和计算机网络技术,将各个分离的设备(如个人电脑)、功能和信息等集成到相互关联的、统一和协调的系统之中,使资源达到充分共享,实现集中、高效、便利的管理。计算机网络系统集成应采用功能集成、网络集成、软件界面集成等多种集成技术。

计算机网络系统集成技术的主要内容包括网络通信技术、网络传输介质、计算机网络互连设备(硬件)、操作系统技术、数据库技术、综合布线系统、局域网与广域网技术、网络管理方法、计算机网络信息安全、软件平台、综合业务数字网(ISDN)、虚拟专用网(VPN)、帧中继网、X.25 分组交换网、数字数据网(DDN)等。计算机网络系统集成是计算机网络工程的重要部分,计算机网络系统集成的重点是系统集成平台、广域网系统集成技术、局域网络集成技术。

计算机网络系统集成是在信息系统工程方法的指导下,根据网络应用的需求,从网络综合布线、数据通信、系统集成等方面综合考虑,选用先进网络技术和成熟产品,将网络硬件设备、系统软件和应用软件等产品和技术,系统性地集合在一起,成为满足用户需求的、较高性价比的计算机网络系统。

13.1.2 计算机网络系统集成发展方向

目前,计算机网络系统集成朝着互联和大规模集群的发展方向:

(1) 局域网-局域网(LAN-LAN)互连和局域网-广域网(LAN-WAN)的互连;

(2) 云计算(Cloud Computing)模式;

(3) 高速率、大容量的网络系统。

局域网速度已经从共享式 10Mb/s 升级到交换式 100～1000Mb/s,甚至已达到 10Gb/s。

13.1.3　计算机网络系统集成的层面

1. 计算机网络软、硬件产品的集成

目前，计算机网络信道一般采用有线传输介质（电缆、光缆）、无线传输介质等组成；计算机网络通信平台一般采用信息交换和路由设备（交换机、路由器、收发器）等组成；计算机网络信息资源平台一般采用服务器和操作系统组成。

2. 计算机网络技术的集成

计算机网络技术的集成主要体现在：全双工交换式以太网、1000Mb/s 以太网、10Gb/s 以太网，第三层交换，虚拟个人网（Virtual Private Network，VPN），双址（源地址、目标地址）路由，双栈（IPv4、IPv6）路由，多路（CPU）对称处理，网络附加存储（NAS）、区域存储网络（SAN），Client/Server 模式、Browser/Server 模式和 Browser/Application/Server 模式，分布式互联网应用结构等。

1）局域网系统集成技术

局域网系统集成主要内容有网络互联设备、传输介质、布线系统、服务平台、网络操作系统等。局域网集成的重点是服务器、路由器、交换机、防火墙、数据存储与磁盘阵列、不间断电源 UPS。如图 13-1 所示。

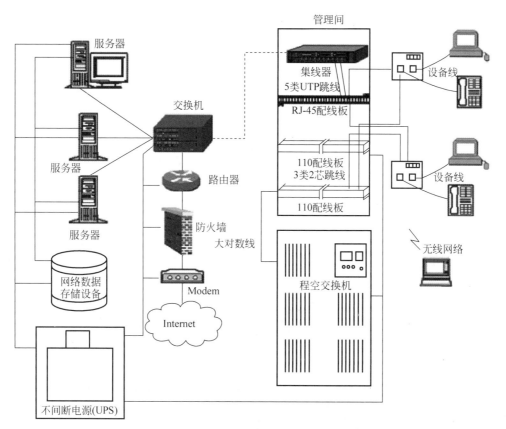

图 13-1　局域网系统集成

2) 广域网系统集成技术

广域网集成主要是服务商接入,由电信部门或电信服务商(ISP)提供接入线路。服务商根据用户的服务要求,提供接入线路。目前,服务商提供的线路分为有线接入、无线接入、卫星线路接入、城域网光纤接入等。常用的接入线路主要有数字数据网、综合业务数字网、帧中继网(FR)、分组交换网 X.25、虚拟专用网、城域光纤网等。用户根据自己的业务内容,有可能适用其中的一种或多种接入线路。

广域网系统集成是在局域网络集成的基础上进行的,它的主要工作是在局域网络集成的基础上与服务商提供的线路进行连接。

3. 计算机网络应用的集成

计算机网络应用的集成主要体现在:网络应用服务,如 DNS 服务、WWW 服务、E-mail邮箱服务、FTP 服务,VOD(视频点播)、杀毒软件(网络版)、网络管理与故障诊断系统等。

计算机网络应用集成就是建立一个统一的综合应用,即将截然不同的、基于各种不同平台、用不同方案建立的应用软件和系统有机地集成到一个并列的、易于访问的单一系统中,并使它们就像一个整体一样,进行业务处理和信息共享。计算机网络应用集成由数据库、业务逻辑以及用户界面三个层次组成。

计算机网络应用集成主要可以用于企业内及企业间的服务整合,通过应用集成的方式,有效改善现有系统之间调用的网状关系,使得系统之间的关系更加可视化,管控能力更强。

随着计算机网络应用集成需要更多的灵活性和突发改变的适应性,应用程序接口(API)在集成设计中越来越重要。

计算机网络应用集成的新建应用系统所要考虑的集成问题:

(1) 新建应用系统在设计和建设时应具备良好的扩展性、互操作性,以及与现有系统的兼容性,避免新"异构"系统的出现,减少集成问题,降低集成难度;

(2) 对于在一段时期内还发挥着重要作用、需要集成的应用系统,可根据需要从界面、功能、流程等方面进行调整,实现应用系统集成;

(3) 对应用系统体系结构设计的基本要求:

- 应按照多层体系结构进行设计,至少包括用户界面层、业务逻辑层、数据存储层;
- 可根据实际需要增加业务支撑层;
- 安全保障体系中与应用安全相关的信任和授权管理,应遵循国家信息安全相关标准。

(4) 对新建应用系统技术实现的基本要求:

- 设计和开发时展现逻辑与业务逻辑相分离;
- 采用组件模式,保持业务逻辑层或业务支撑层功能组件的松耦合,且具有被封装为不同粒度服务的可能;
- 对涉及业务流程的应用系统,采用工作流技术开发,确保具有灵活的业务流程管理功能;
- 采用数据持久化技术,且能够支持多种类型的数据库管理系统;
- 在数据存储层的数据库建设时,要遵循 HJ/T 419 的要求。

13.1.4 计算机网络系统集成的框架

目前,计算机网络系统集成的框架如图13-2所示。

图 13-2 计算机网络系统集成的框架

13.1.5 计算机网络系统集成人员要求

计算机网络系统集成技术人员不仅要精通各个网络通信厂商的产品和技术,能够提出计算机网络系统模式和技术解决方案,更要对用户的业务模式、组织结构等有较好的理解。同时还要能够用现代工程学和项目管理的方式,对计算机网络工程系统各个流程进行统一的进程和质量控制,并提供完善的服务。

13.2 实训项目:局域网-局域网系统集成

13.2.1 实训目的

(1)掌握局域网-局域网系统集成的解决方案。
(2)掌握局域网-局域网的系统集成相关技术。

13.2.2 实训设备

(1)硬件要求:CISCO 2811 路由器 2 台,CISCO 3560 交换机 2 台,CISCO 2960 交换机 1 台,PC 4 台,服务器 4 台,AP 设备 1 台,直连线若干条,交叉线若干条,Console 控制电缆 1 条。
(2)软件要求:CISCO Packet Tracer 7.2.1 仿真软件,Secure CRT 软件或者超级终端软件。
(3)实训设备均为空配置。

13.2.3 项目需求分析

某企业网络组建的网络拓扑图如图13-3所示,接入层采用二层交换机,汇聚和核心层使用两台三层交换机,网络边缘采用一台路由器用于连接到外部网络,另一台路由器是其子公司的网络。

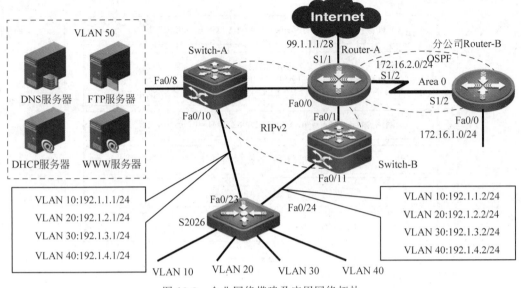

图 13-3 企业网络搭建及应用网络拓扑

为了提高网络的安全性、可靠性、可用性,需要配置 OSPF、RIP、VRRP、ACL、CHAP、NAT、路由重分布等功能。具体需求如下:

1. 基本配置

(1) 在所有网络设备配置 IP 地址;

(2) 在交换设备上配置 VLAN 信息。

2. 路由协议配置

(1) 配置静态路由或默认路由;

(2) 配置 OSPF 路由协议;

(3) 配置 RIPv2 路由协议;

(4) 配置路由重分发,实现全网互通。

3. VRRP 配置

(1) 创建四个 VRRP 组,分别为 group10、group20、group30、group40;

(2) 配置三层交换机 Switch-A 是 VLAN10、VLAN20 的活跃路由器,是 VLAN30、VLAN40 的备份路由器;

(3) 配置三层交换机 Switch-B 是 VLAN30、VLAN40 的活跃路由器,是 VLAN10、VLAN20 的备份路由器。

4. 网络安全配置

(1) 将路由器 RouterA 和 RouterB 之间的链路封装为 PPP,并启用 CHAP 验证,将 RouterA 设置为验证方,口令为 123456;

(2) 只允许 VLAN10、VLAN20 的用户访问 FTP、DHCP 服务器;

(3) 不允许 VLAN10 与 VLAN20 互相访问,其他不受限制;

（4）配置 NAT，内网中的 VLAN10、VLAN20 能够通过地址池（99.1.1.3～99.1.1.5/28）访问互联网；内网中的 VLAN30、VLAN40 能够通过地址池（99.1.1.6～99.1.1.8/28）访问互联网；只将 FTP 服务器的 FTP 服务发布到互联网上，其公网 IP 地址为 99.1.1.10。

13.2.4　网络系统设计

根据用户需求设计网络系统拓扑图，如图 13-3 所示，这里不再赘述。

13.2.5　工程组织与实施

1. 三层交换机 A 上的相关配置

```
Switch>enable
Switch#configure terminal
Switch(config)# hostname SwitchA
SwitchA(config)#vlan 10
SwitchA(config-vlan)#exit
SwitchA(config)#vlan 20
SwitchA(config-vlan)#exit
SwitchA(config)#vlan 30
SwitchA(config-vlan)#exit
SwitchA(config)#vlan 40
SwitchA(config-vlan)#exit
SwitchA(config)#vlan 50
SwitchA(config)#ip access-list extended ftpdhcp
SwitchA(config-ext-nacl)#permit ip any 192.1.1.0 0.0.0.255
SwitchA(config-ext-nacl)#permit ip any 192.1.2.0 0.0.0.255
SwitchA(config-ext-nacl)#deny ip any any
SwitchA(config-ext-nacl)#exit
```

```
SwitchA(config)#ip access-list standard vlan
SwitchA(config-std-nacl)#deny 192.1.2.0 0.0.0.255
SwitchA(config-std-nacl)# permit any
SwitchA(config-std-nacl)#exit
SwitchA(config)#interface fastEthernet 0/7
SwitchA(config-if)#switchport access vlan 50
SwitchA(config-if)#interface fastEthernet 0/8
SwitchA(config-if)#switchport access vlan 50
SwitchA(config-if)#ip access-group ftpdhcp in
```

```
SwitchA(config-if)#interface fastEthernet 0/9
SwitchA(config-if)#no switchport
SwitchA(config-if)# ip address 192.1.6.1 255.255.255.0
SwitchA(config-if)#interface fastEthernet 0/10
SwitchA(config-if)#switchport mode trunk
SwitchA(config-if)#interface Vlan 10
SwitchA(config-if)#ip address 192.1.1.1 255.255.255.0
SwitchA(config-if)#standby 1 ip 192.1.1.1
SwitchA(config-if)#standby 1 priority 255
SwitchA(config-if)#ip access-group vlan out
```

```
SwitchA(config-if)# interface Vlan 20
SwitchA(config-if)# ip address 192.1.2.1 255.255.255.0
SwitchA(config-if)# standby 2 ip 192.1.2.1
SwitchA(config-if)# standby 2 priority 255
SwitchA(config-if)# interface Vlan 30
SwitchA(config-if)# ip address 192.1.3.1 255.255.255.0
SwitchA(config-if)# standby 3 ip 192.1.3.2
SwitchA(config-if)# interface Vlan 40
SwitchA(config-if)# ip address 192.1.4.1 255.255.255.0
SwitchA(config-if)# standby 4 ip 192.1.4.2
SwitchA(config-if)# interface Vlan 50
SwitchA(config-if)# ip address 192.1.5.1 255.255.255.0
SwitchA(config-if)# exit
```

```
SwitchA(config)# ip routing
SwitchA(config)# router rip
SwitchA(config-router)# version 2
SwitchA(config-router)# network 192.1.1.0 mask 255.255.255.0
SwitchA(config-router)# network 192.1.2.0 mask 255.255.255.0
SwitchA(config-router)# network 192.1.3.0 mask 255.255.255.0
SwitchA(config-router)# network 192.1.4.0 mask 255.255.255.0
SwitchA(config-router)# network 192.1.5.0 mask 255.255.255.0
SwitchA(config-router)# network 192.1.6.0 mask 255.255.255.0
SwitchA(config-router)# end
SwitchA# write
```

2. 三层交换机 B 上的相关配置

```
Switch> enable
Switch# configure terminal
Switch(config)# hostname SwitchB
SwitchB(config)# vlan 10
SwitchB(config-vlan)# exit
SwitchB(config)# vlan 20
SwitchB(config)# vlan 30
SwitchB(config)# vlan 40
```

```
SwitchB(config)# interface fastEthernet 0/1
SwitchB(config-if)# no switchport
SwitchB(config-if)# ip address 192.1.7.1 255.255.255.0
SwitchB(config-if)# interface fastEthernet 0/11
SwitchB(config-if)# switchport mode trunk
SwitchB(config-if)# exit
SwitchB(config)# interface Vlan 10
SwitchB(config-if)# ip address 192.1.1.2 255.255.255.0
SwitchB(config-if)# standby 1 ip 192.1.1.1
SwitchB(config-if)# exit
SwitchB(config)# interface Vlan 20
SwitchB(config-if)# ip address 192.1.2.2 255.255.255.0
```

```
SwitchB(config - if)＃standby 2 ip 192.1.2.1
SwitchB(config - if)＃exit
SwitchB(config)＃interface Vlan 30
SwitchB(config - if)＃ip address 192.1.3.2 255.255.255.0
SwitchB(config - if)＃standby 3 ip 192.1.3.2
SwitchB(config - if)＃standby 3 priority 255
SwitchB(config - if)＃exit
SwitchB(config)＃interface Vlan 40
SwitchB(config - if)＃ip address 192.1.4.2 255.255.255.0
SwitchB(config - if)＃standby 4 ip 192.1.4.2
SwitchB(config - if)＃standby 4 priority 255
SwitchB(config - if)＃exit
```

```
SwitchB(config)＃ip routing
SwitchB(config)＃router rip
SwitchB(config - router)＃version 2
SwitchB(config - router)＃network 192.1.1.0 mask 255.255.255.0
SwitchB(config - router)＃network 192.1.2.0 mask 255.255.255.0
SwitchB(config - router)＃network 192.1.3.0 mask 255.255.255.0
SwitchB(config - router)＃network 192.1.4.0 mask 255.255.255.0
SwitchB(config - router)＃network 192.1.7.0 mask 255.255.255.0
SwitchB(config - router)＃end
Switch＃write
```

3. 三层交换机 C 上的相关配置

```
Switch＞enable
Switch＃configure terminal
Switch(config)＃ hostname SwitchC
SwitchC(config)＃vlan 10
SwitchC(config - vlan)＃exit
SwitchC(config)＃vlan 20
SwitchC(config - vlan)＃exit
SwitchC(config)＃vlan 30
SwitchC(config - vlan)＃exit
SwitchC(config)＃vlan 40
SwitchC(config - vlan)＃exit
SwitchC(config)＃interface fastEthernet 0/1
SwitchC(config - if)＃switchport access vlan 10
SwitchC(config - if)＃interface fastEthernet 0/2
SwitchC(config - if)＃switchport access vlan 20
SwitchC(config - if)＃interface fastEthernet 0/3
SwitchC(config - if)＃switchport access vlan 30
SwitchC(config - if)＃interface fastEthernet 0/4
SwitchC(config - if)＃switchport access vlan 40
SwitchC(config - if)＃interface fastEthernet 0/23
SwitchC(config - if)＃switchport mode trunk
SwitchC(config - if)＃interface fastEthernet 0/24
SwitchC(config - if)＃switchport mode trunk
SwitchC(config - if)＃end
SwitchC＃write
```

4．路由器 A 的相关配置

```
Router > enable
Router # configure terminal
Router(config) # hostname RouterA
RouterA(config) # username RouterB password 0 123456
RouterA(config) # interface fastEthernet0/0
RouterA(config - if) # ip address 192.1.6.2 255.255.255.0
RouterA(config - if) # no shutdown
RouterA(config - if) # ip nat inside
RouterA(config - if) # interface fastEthernet0/1
RouterA(config - if) # ip address 192.1.7.2 255.255.255.0
RouterA(config - if) # ip nat inside
RouterA(config - if) # exit
RouterA(config) # interface Serial1/2
RouterA(config - if) # ip address 172.16.2.1 255.255.255.0
RouterA(config - if) # encapsulation ppp
RouterA(config - if) # ppp authentication chap
RouterA(config - if) # exit
RouterA(config) # interface Serial1/1
RouterA(config - if) # ip address 99.1.1.1 255.255.255.240
RouterA(config - if) # ip nat outside
```

```
RouterA(config - if) # exit
RouterA(config) # router ospf 10
RouterA(config - router) # summary - address 192.1.0.0 255.255.0.0
RouterA(config - router) # redistribute rip metric 10 metric - type 1 subnets
RouterA(config - router) # network 172.16.2.0 0.0.0.255 area 0
```

```
RouterA(config - router) # exit
RouterA(config) # router rip
RouterA(config - router) # version 2
RouterA(config - router) # redistribute ospf 10 metric 3
RouterA(config - router) # network 192.1.6.0
RouterA(config - router) # network 192.1.7.0
```

```
RouterA(config - router) # exit
RouterA(config) # ip nat pool 10 99.1.1.3 99.1.1.5 netmask 255.255.255.240
RouterA(config) # ip nat pool 20 99.1.1.6 99.1.1.8 netmask 255.255.255.240
RouterA(config) # ip nat inside source list 20 pool 20 overload
RouterA(config) # ip nat inside source list 10 pool 10 overload
RouterA(config) # ip nat inside source static 192.1.5.3 99.1.1.10
RouterA(config) # ip clASsless
RouterA(config) # ip route 0.0.0.0 0.0.0.0 Serial1/1
RouterA(config) # access - list 10 permit 192.1.1.0 0.0.0.255
RouterA(config) # access - list 10 permit 192.1.2.0 0.0.0.255
RouterA(config) # access - list 30 permit 192.1.3.0 0.0.0.255
RouterA(config) # access - list 30 permit 192.1.4.0 0.0.0.255
RouterA(config) # end
```

5．路由器 B 的相关配置

```
Router > enable
Router # configure terminal
Router(config) # hostname RouterB
RouterB(config) # username RouterA password 0 123456
RouterB(config) # interface fastEthernet0/0
RouterB(config - if) # ip address 172.16.1.1 255.255.255.0
RouterB(config - if) # no shutdown
RouterB(config - if) # exit
RouterB(config - if) # interface Serial1/2
RouterB(config - if) # ip address 172.16.2.2 255.255.255.0
RouterB(config - if) # no shutdown
RouterB(config - if) # encapsulation ppp
RouterB(config - if) # clock rate 64000
RouterB(config - if) # exit
RouterB(config) # router ospf 10
RouterB(config - router) # network 172.16.1.0 0.0.0.255 area 0
RouterB(config - router) # network 172.16.2.0 0.0.0.255 area 0
RouterB(config - router) # end
RouterB # write
```

13.2.6　测试与验收

本实训项目详细的测试步骤，请扫描下面二维码。

通过一系列的测试，若满足了所有需求，那么局域网-局域网（LAN-LAN）系统集成就是成功的。

13.3　实训项目：局域网-广域网系统集成

13.3.1　实训目的

掌握如何针对中小企业网络系统建设进行需求分析，给出解决方案，并进行实施。

13.3.2　实训设备

（1）硬件要求：CISCO 2811 路由器 4 台，CISCO S3560 交换机 1 台，CISCO S2960 交换机 2 台，PC 4 台，服务器 1 台，AP 设备 1 台，直连线若干条，交叉线若干条，Console 控制电缆 1 条。

（2）软件要求：CISCO Packet Tracer 7.2.1 仿真软件，Secure CRT 软件或者超级终端软件。

（3）实训设备均为空配置。

13.3.3　项目需求分析

某公司计划建设自己的网络，希望通过这个新建的网络，提供一个安全、可靠、可扩展、高效的网络环境，使公司内网能够方便快捷地实现网络资源共享、全网接入 Internet 等目标。

该公司的具体环境如下：

（1）公司有 2 个部门，即财务部、市场部，还有经理办公室；

（2）为了确保财务部电脑的安全，不允许市场部访问财务部主机；

（3）财务部不能访问外网；

（4）公司内部使用私网地址 172.16.0.0/16，其中三层交换机 SW1 为财务部、市场部的 DHCP 服务器，自动为部门电脑分配 IP 地址；

（5）公司路由器 R4 和三层交换机 SW1 上运行 RIP，并 SW1 上做默认路由指向 R4，在 R4 上做默认路由指向外网；

（6）允许外网用户访问公司 www，但不允许访问内网和 FTP 服务器。

13.3.4　网络系统设计

（1）根据需求，该公司网络拓扑设计如图 13-4 所示。

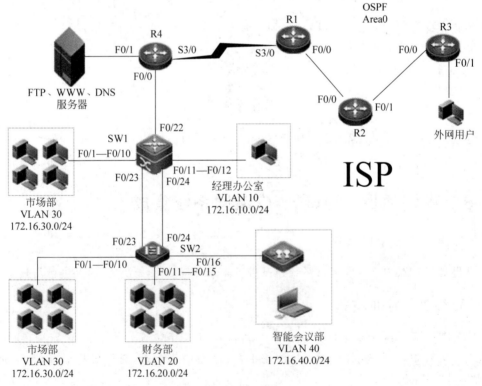

图 13-4　某公司网络拓扑图

（2）公司网络 IP 地址规划如表 13-2 所示。

表 13-2　网络设备接口 IP 地址规划情况

设　　备	接　　口	IP　地　址
	F0/0	172.16.1.1/30
R4	S3/0	202.100.100.2/29
	F0/1	172.16.50.1/24
SW1	F0/22	172.16.1.2/30
VLAN 10	vlan 10	172.16.10.1/24
VLAN 20	vlan 20	172.16.20.1/24
VLAN 30	vlan 30	172.16.30.1/24
VLAN 40	vlan 40	172.16.40.1/24
服务器	网卡接口	172.16.50.2/24

（3）广域网 IP 地址规划（模拟 ISP 运营商）如表 13-3 所示。

表 13-3　广域网接口 IP 地址规划情况

设　　备	接　　口	IP　地　址
R1	S3/0	202.100.100.1/29
	F0/0	19.1.1.1/30
R2	F0/0	19.1.1.2/30
	F0/1	19.1.1.5/30
R3	F0/0	19.1.1.6/30
	F0/1	202.200.200.1/24
外网用户	网卡接口	202.200.200.2/24

（4）项目详细要求如下：

① 公司接入交换机 SW2 实施调试。

• 创建 VLAN，把接口划入到相应的 vlan；

• 与核心交换机实现聚合。

② 公司核心交换机 SW1 实施调试。

• 与接入层交换机实现聚合；

• 划分 VLAN，根据 IP 地址划分情况配置网关地址；

• 配置 DHCP 服务，实现 VLAN 20、VLAN 30 自动获取 IP 地址，并指定各自网关及 DNS 服务器地址（172.16.50.2/24），每个子网前 10 个可用 IP 地址为预留地址，不可动态分配；

• 配置 RIP，与路由器 R4 实现动态路由学习；

• 在 SVI 接口上做 ACL，限制部门间的互访。

③ 公司路由器 R4 的实施调试。

• 配置 RIP，并做默认路由指向外网；

• 配置广域网链路 PPP，并与广域网路由器 R1 实现 CHAP 验证；

• 做动态 NAT 地址转换，实现内网访问外网；配置静态 NAT，把 www 服务器的内网

地址转换成外网 202.100.100.3/29,实现外网用户可以访问内网 www 服务器;

- 配置 ACL,限制有关部门访问外网。

④ 公司无线控制器安装调试。

- 配置无线 AP 的 SSID 为 VLAN 40;
- 配置 DHCP 功能,地址范围为(172.16.40.10—172.16.40.200);
- 采用 WEP 加密方式,加密口令为:1234567890。

⑤ 广域网的实施。

配置 OSPF。

13.3.5 工程组织与实施

1. 本项目主要建设内容

(1) 公司综合布线系统建设;

(2) 公司局域网建设;

(3) 公司与广域网互联建设;

(4) 公司服务器建设;

(5) 广域网建设(模拟 ISP 运营商建设)。

2. 根据网络规划,进行路由交换设备的相关命令配置

(1) 在接入层交换机 SW2 上,创建 VLAN,把接口划入到相应的 VLAN,详情见如下配置。

```
SW2 > enable
SW2 # configure terminal
Enter configuration commands, one per line. End with CNTL/Z.
SW2(config) # vlan 10
SW2(config - vlan) # vlan 20
SW2(config - vlan) # vlan 30
SW2(config - vlan) # vlan 40
SW2(config - vlan) # exit
SW2(config) # interface range fastEthernet 0/11 - 15
SW2(config - if - range) # switchport access vlan 20
SW2(config - if - range) # exit
SW2(config) # interface range fastEthernet 0/1 - 10
SW2(config - if - range) # switchport access vlan 30
SW2(config - if - range) # exit
SW2(config) # interface fastEthernet 0/16
SW2(config - if) # switchport access vlan 40
SW2(config - if) # end
SW2 #
```

(2) 接入层交换机 SW2 与核心交换机 SW1 的接口做链路聚合,详情见如下配置。

```
SW2 # configure terminal
Enter configuration commands, one per line. End with CNTL/Z.
SW2(config) # interface range fastEthernet 0/23 - 24
SW2(config - if - range) # channel - group 1 mode on
```

```
SW2(config - if - range) # exit
SW2(config) # interface port - channel 1
SW2(config - if) # switchport mode trunk
SW2(config - if) #
```

（3）在核心交换机 SW1 在做链路聚合，详情见如下配置。

```
SW1(config) # interface range fastEthernet 0/23 - 24
SW1(config - if - range) # switchport trunk encapsulation dot1q
SW1(config - if - range) # channel - group 1 mode on
SW1(config - if - range) # exit
SW1(config) # interface port - channel 1
SW1(config - if) # switchport mode trunk
```

（4）在核心交换机 SW1 划分 VLAN，根据 IP 地址划分情况配置网关地址，详情见如下配置。

```
SW1(config) # vlan 10
SW1(config - vlan) # vlan 20
SW1(config - vlan) # vlan 30
SW1(config - vlan) # vlan 40
SW1(config - vlan) # exit
SW1(config) # interface range fastEthernet 0/1 - 10
SW1(config - if - range) # switchport access vlan 30
SW1(config - if - range) # exit
SW1(config) # interface range fastEthernet 0/11 - 12
SW1(config - if - range) # switchport access vlan 10
SW1(config - if - range) # exit
SW1(config) # interface vlan 10
SW1(config - if) # ip address 172.16.10.1 255.255.255.0
SW1(config - if) # exit
SW1(config) # interface vlan 20
SW1(config - if) # ip address 172.16.20.1 255.255.255.0
SW1(config - if) # exit
SW1(config) # interface vlan 30
SW1(config - if) # ip address 172.16.30.1 255.255.255.0
SW1(config - if) # exit
SW1(config) # interface vlan 40
SW1(config - if) # ip address 172.16.40.1 255.255.255.0
SW1(config - if) # exit
SW1(config) # interface fastEthernet 0/22
SW1(config - if) # no switchport
SW1(config - if) # ip address 172.16.1.2 255.255.255.252
```

（5）在核心交换机 SW1 配置 DHCP 服务，详情见如下配置。

```
SW1(config) # ip dhcp pool vlan20
SW1(dhcp - config) # network 172.16.20.0 255.255.255.0
SW1(dhcp - config) # default - router 172.16.20.1
SW1(dhcp - config) # dns - server 172.16.50.2
```

```
SW1(dhcp - config) # exit
SW1(config) # ip dhcp pool vlan30
SW1(dhcp - config) # network 172.16.30.0 255.255.255.0
SW1(dhcp - config) # default - router 172.16.30.1
SW1(dhcp - config) # dns - server 172.16.50.2
SW1(dhcp - config) # exit
SW1(config) # ip dhcp excluded - address 172.16.20.1 172.16.20.10
SW1(config) # ip dhcp excluded - address 172.16.30.1 172.16.30.10
```

（6）在核心交换机 SW1 配置 RIP，详情见如下配置。

```
SW1(config) # router rip
SW1(config - router) # version 2
SW1(config - router) # no auto - summary
SW1(config - router) # network 172.16.1.0
SW1(config - router) # network 172.16.10.0
SW1(config - router) # network 172.16.20.0
SW1(config - router) # network 172.16.30.0
SW1(config - router) # network 172.16.40.0
```

（7）在核心交换机 SW1 做相应配置，使其能限制部门间的互访，详情见如下配置。

```
SW1(config) # ip access - list extended 100
SW1(config - ext - nacl) # deny ip 172.16.30.0 0.0.0.255 172.16.20.0 0.0.0.255
SW1(config - ext - nacl) # permit ip any any
SW1(config - ext - nacl) # exit
SW1(config) # interface vlan 30
SW1(config - if) # ip access - group 100 in
```

（8）在路由器 R4 上配置 RIP，并做默认路由指向外网，详情见如下配置。

```
R4(config) # router rip
R4(config - router) # version 2
R4(config - router) # no auto - summary
R4(config - router) # network 172.16.1.0
R4(config - router) # network 172.16.50.0
R4(config - router) # exit
R4(config) # ip route 0.0.0.0 0.0.0.0 202.100.101.1
```

（9）在路由器 R4 上配置广域网链路 PPP，并与广域网路由器 R1 实现 CHAP 验证，详情见如下配置。

```
R4(config) # interface serial 1/3
R4(config - if) # encapsulation ppp
R4(config - if) # ppp authentication chap
R4(config - if) # exit
R4(config) # username R1 password 123
R1(config) # interface serial 1/3
R1(config - if) # encapsulation ppp
```

```
R1(config - if) # ppp authentication chap
R1(config - if) # exit
R1(config) # username R4 password 123
```

（10）在路由器 R4 上配置动态网络地址转换 NAT，详情见如下配置。

```
R4(config) # access - list 1 deny 172.16.20.0 0.0.0.255
R4(config) # access - list 1 permit any
R4(config) # ip nat pool out 202.100.101.2 202.100.101.2 netmask 255.255.255.248
R4(config) # ip nat inside source list 1 pool out overload
R4(config) # ip nat inside source static tcp 172.16.50.2 80 202.100.101.3 80
R4(config) # interface fastEthernet 0/0
R4(config - if) # ip nat inside
R4(config - if) # exit
R4(config) # interface fastEthernet 0/1
R4(config - if) # ip nat inside
R4(config - if) # exit
R4(config) # interface serial 1/3
R4(config - if) # ip nat outside
SW1(config) # ip route 0.0.0.0 0.0.0.0 172.16.1.1
```

3. 无线设备的相关配置与调试

（1）配置无线 AP 的 SSID 为 vlan40，如图 13-5 所示。

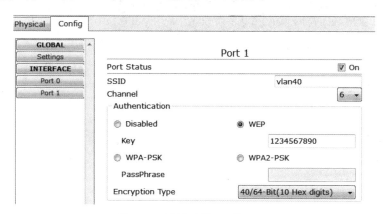

图 13-5 配置无线 AP 的 SSID

（2）在交换机 SW1 上配置 DHCP，地址范围为 172.16.40.10～172.16.40.200，相关配置命令情况如下。

```
SW1(config) # ip dhcp pool vlan40
SW1(dhcp - config) # network 172.16.40.0 255.255.255.0
SW1(dhcp - config) # default - router 172.16.40.1
SW1(dhcp - config) # dns - server 172.16.50.2
SW1(dhcp - config) # exit
SW1(config) # ip dhcp excluded - address 172.16.40.1 172.16.40.9
SW1(config) # ip dhcp excluded - address 172.16.40.201 172.16.40.254
```

（3）采用 WEP 加密方式，加密口令为：1234567890，如图 13-6 所示。

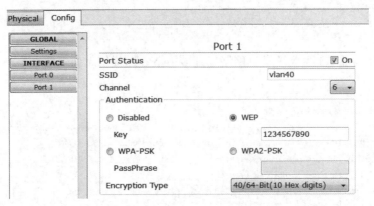

图 13-6　WEP 加密方式设置

（4）在无线 AP 客户端上接入 Wi-Fi 并输入密码，自动获取 IP 地址，测试获取情况，如图 13-7 所示。

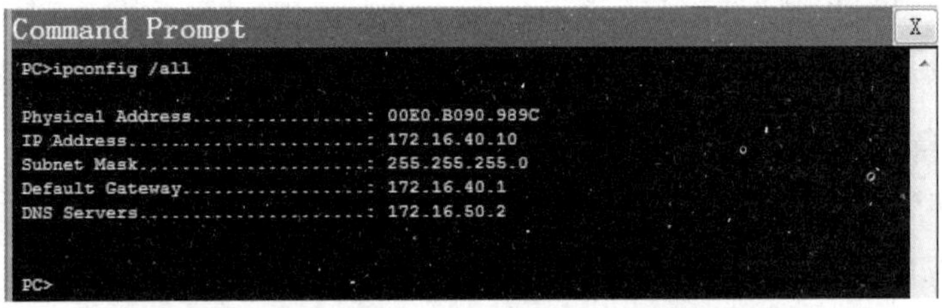

```
Command Prompt                                          X
PC>ipconfig /all

Physical Address.................: 00E0.B090.989C
IP Address.......................: 172.16.40.10
Subnet Mask......................: 255.255.255.0
Default Gateway..................: 172.16.40.1
DNS Servers......................: 172.16.50.2

PC>
```

图 13-7　无线 AP 客户端自动获取 IP 地址情况

4. 广域网的实施相关配置

（1）在路由器 R1 上配置 OSPF，相关配置命令如下。

```
R1(config)#interface serial 1/3
R1(config-if)#ip address 202.100.101.1 255.255.255.248
R1(config-if)#exit
R1(config)#interface fastEthernet 0/0
R1(config-if)#ip address 19.1.1.1 255.255.255.252
R1(config-if)#exit
R1(config)#router ospf 1
R1(config-router)#network 19.1.1.0 0.0.0.3 area 0
R1(config-router)#network 202.100.101.0 0.0.0.7 area 0
```

（2）在路由器 R2 上配置 OSPF，相关配置命令如下。

```
R2(config)#interface fastEthernet 0/0
R2(config-if)#ip address 19.1.1.2 255.255.255.252
R2(config-if)#exit
R2(config)#interface fastEthernet 0/1
R2(config-if)#ip address 19.1.1.5 255.255.255.252
```

```
R2(config-if)#exit
R2(config)#router ospf 1
R2(config-router)#network 19.1.1.0 0.0.0.3 area 0
R2(config-router)#network 19.1.1.4 0.0.0.3 area 0
```

（3）在路由器 R3 上配置 OSPF，相关配置命令如下。

```
R3(config)#interface fastEthernet 0/0
R3(config-if)#ip address 19.1.1.6 255.255.255.252
R3(config-if)#exit
R3(config)#interface fastEthernet 0/1
R3(config-if)#ip address 202.200.201.1 255.255.255.0
R3(config-if)#router ospf 1
R3(config-router)#network 19.1.1.4 0.0.0.3 area 0
R3(config-router)#network 202.200.201.0 0.0.0.255 area 0
```

13.3.6 测试与验收

本实训项目详细的测试步骤，请扫描下面二维码。

通过一系列的测试，若满足所有需求，那么局域网-广域网（LAN-WAN）系统集成就是成功的。

习题

1. 根据以下项目背景的描述情况，完成网络系统的设计，并且使用 CISCO Packet Tracer 模拟。

某云南高校近年取得长足发展，除昆明主校区有 18 个学院和部门外，在大理、安宁分别建立了分校区，两校区各自有 1 个学院。为了实现全校范围内的信息交流和资源共享，需要构建一个跨越三地的校园网络。

昆明主校区采用双核心交换机的网络架构，使用防火墙接入互联网络并配置 NAT 功能。主校区核心路由器由一条链路连接防火墙，另外两条链路分别连接两个分校区的路由器。主校区的各学院部门用二层交换机接入校园网（以经济学院、信息学院、会计学院以及学生处为例）。两个分校区与主校区共享互联网出口。

为了实现快捷的信息传递和不间断教学的需求，允许 SOHO 和出差的教职工能够方便、快捷、安全地访问主校区内网服务器群，需要在主校区路由器上配置基于 L2TP over IPsec 的 VPN 业务。注意对 NAT 设备的穿越要求。

安宁分校区用胖 AP 搭建无线网络。大理分校区核心采用的是二层交换机，所以需要使用单臂路由实现 VLAN 间的路由功能。

主校区与分校区的网络都采用静态路由协议。

为了满足全校管理需要，在昆明主校区配置各种服务器，要求能够全网访问。并且考虑到现状和互联网发展的趋势，除邮件服务器外，各服务器都必须同时支持 IPv4/IPv6 业务。相应地，全网设备必须进行必要的 IPv4/IPv6 功能配置，实现全网双栈网络共存。

使用统一的 DHCP 服务器在学校全网内分配 IPv4/IPv6 地址。

根据以上网络需求情况，撰写网络系统解决方案，并使用 CISCO Packet Tracer 7.2.1 模拟各网络设备的详细配置。

2. 完成网络系统组建任务。

(1) 任务描述：

你是某公司的 IT 系统运维工程师，公司总部设在北京，决定在广州开设分公司。为了便于公司业务的信息化，需要你对整个公司网络进行搭建，同时为了便于公司的管理与宣传，需要在内、外网的服务器上部署相应服务。

(2) 技术要求：

北京总公司与广州分公司内网都运行路由协议，由于公司内部很多数据在传输时需要注意安全性，因此在出口防火墙上要配置远程接入 VPN，实现内网数据安全。除了网络设备部分，公司还在北京总部内网部署了两台服务器。

(3) 网络拓扑，如图 13-8 所示。

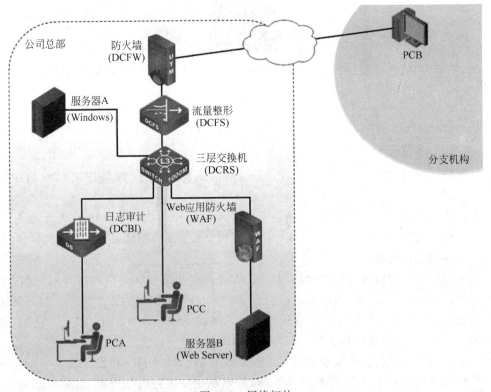

图 13-8　网络拓扑

(4) IP 地址规划，如表 13-4 所示。

表 13-4　网络设备接口地址规划情况

设备类型	设备名称	接口编号	接口地址
Web 应用防火墙	WAF	0 接口(透明模式)	192.168.2.1/24(管理地址)
		1 接口(透明模式)	192.168.2.1/24(管理地址)
流量整形	DCFS	1 接口	192.168.7.100/24(管理地址)
		2 接口	192.168.7.100/24(管理地址)
上网行为管理	DCBI	1 接口	192.168.4.1/24
		2 接口	192.168.8.1/24
防火墙	DCFW	1 接口	192.168.9.3/24
		2 接口	192.1.5.1/24
三层交换机	DCRS	1 接口	VLAN 10：192.168.2.2/24
		2 接口	VLAN 20：192.168.7.2/24
		3 接口	VLAN 30：192.168.8.3/24
		4 接口	VLAN 40：192.168.6.1/24
PC	PCA		192.168.9.200/24
	PCB		192.1.5.2/24
	PCC		192.168.6.2/24

（5）任务内容，如表 13-5 所示。

表 13-5　网络需求

序号	网络需求
1	根据网络拓扑图，按照 IP 地址规划表，对 WAF 的名称、各接口 IP 地址进行配置
2	根据网络拓扑图，按照 IP 地址规划表，对 DCRS 的名称、各接口 IP 地址进行配置
3	根据网络拓扑图，按照 IP 地址规划表，对 DCFW 的名称、各接口 IP 地址进行配置
4	根据网络拓扑图，按照 IP 地址规划表，对 DCFS 的名称、各接口 IP 地址进行配置
5	根据网络拓扑图，按照 IP 地址规划表，对 DCBI 的名称、各接口 IP 地址进行配置
6	根据网络拓扑图，按照 IP 地址规划表，在 DCRS 交换机上创建相应的 VLAN，并将相应接口划入 VLAN
7	总公司内网的核心交换机 DCRS 采用 MSTP 技术，创建生成树实例 2，将 VLAN50 和 VLAN60 加入到实例 2，并设置实例 2 的优先级为 8192
8	根据网络拓扑结构，在北京总公司内网配置 RIPv2，使内网能正常通信
9	根据网络拓扑结构，在广州分公司内网配置静态，使内网能正常通信
10	根据网络拓扑结构，在 DCFW 上做 PAT，使得内网用户可以正常访问外网的 PCB，转换地址为防火墙外接口 IP
11	在 3 台客户机上分别对内网服务器进行联通行测试，验证是否可以正常 ping 通
12	在 3 台客户机上分别对公网服务器 A 进行联通行测试，验证是否可以正常 ping 通
13	在 3 台客户机上分别对 DCRS 的 Telnet 功能进行检验，验证是否可以正常登录

（6）根据以上网络需求情况，设计网络拓扑，构建网络环境，安装调试设备，撰写实训报告，并写清楚实训操作过程中出现的问题以及解决办法。

第三篇　网络工程设计

第 14 章

园区级网络工程设计

14.1　某高校网络工程设计案例

14.1.1　校园网需求分析

1. 项目背景

某高校新建安宁校区,坐落在四季如春的历史文化名城——昆明,学校的人文与学习环境俱佳。安宁校区总用地面积 1256.62km²,分两期建设,一期建成后本科在校生规模约 13500 人,二期建成后在校生规模约 20000 人。一期项目估算总投资 21.28 亿元,建筑面积 33.2844 万 m²。建成后的安宁校区将与学校原有的校本部构成资源共享、功能互补、密切联系的校园体系,极大改善学校现有办学条件不足、办学空间局促的现状,为全面提升学校综合实力和建设特色鲜明的高水平高校打下坚实基础。安宁校区现建成有图书馆、教学楼、实验楼、室内体育馆、学生宿舍楼等 30 余栋建筑,共计使用计算机 5000 余台。现需要建设一个先进、安全、可靠、高速、智慧的"全光网"校园网络。

2. 建设目标

以教学、科研、行政管理、决策及办公的自动化为目标,将全校各种型号的计算机、各种标准的子网互联,使信息得到共享。利用集通信技术与计算机网络技术、数据传输与多媒体传输为一体的"信息高速公路",建成一个先进、安全、可靠、高速、智慧的"全光网"校园网络,为全校师生员工提供一个功能完善的教学、科研、管理的数字化应用平台。

1) 校园网可运营性

由于高校网络用户众多,如果无法实现有效的运营,一方面导致无法对网络资源有效利用,造成浪费;另外一方面也将导致网络质量难以保证,使得内网师生用户的网络使用体验较差。校园网络可运营性包括网络具有运营能力,能根据业务需要实现灵活计费,根据管理要求制定精确的网络权限,并实现精准的可追溯、可查询、可分析。

2) 校园网具备认证管理

认证作为网络管理中最主要的一层,建设的校园网络的认证体系完善,能很好地保障整体校园网的稳定性和安全性。同时,实现有线、无线一体化管理,整体网络建立扁平化网络,在校园内实现高效的实名制认证,提升整体网络的可靠性、使用性和管理性。

3) 校园骨干网络可扩展性

校园网拓扑结构层次清晰,稳定可靠,并且具备良好的可扩展性;支持 IPv6 协议栈的演进技术；优化网络路由，增强对组播、网络流控制等方面的支持，校园网具备先进、安全、可靠、高速、智慧的"全光网"。网络设备应当充分支持 IPv6、支持扁平化网络的身份认证等能力。

4）校园 WLAN 覆盖

校园网使用 WLAN 覆盖以支持智能移动终端的接入。在校园的全区域，包括办公室、图书馆、教学区、操场、食堂、学生宿舍区等覆盖 WLAN，实现无线的高速上网，并且能进行区域场景间的无缝漫游。

5）Internet 出口安全性

学校拥有包括电信、教育网等多条不同运营商的线路资源，通过部署多功能的防火墙，一方面对 Internet 的网络出口提供安全保障，增强校园内部网里的稳定性；另一方面需要对网络资源进行合理的管理和优化，包括流量控制和出口多线路的线路负载均衡，从而充分利用学校的网络资源，提升内部网络用户的上网体验。

6）校园网一体化管理

校园网内建设一个统一化的便捷网络管理平台，包括对有线、无线的集中管理，对网络定位的快速定位，对网络质量的精准分析。网络维护管理系统需要可直观数据化、图形化的分析呈现能力，并可以兼容市场多数常用的网络设备，并支持不同网络设备供应商产品。

7）网络行为审计和非法追溯

学校校园内网络使用用户众多，角色复杂，为了更好地管理网络，做好教学辅助的工作，网络必须建设行为审计机制，具备高效的非法追溯工具，维护网络的稳定和健康，满足相关法律法规的要求。

8）校区间的高可靠 VPN 网络互联建设

校区间租赁两条不同运营商链路，同时采购专业的 VPN 网关设备，通过在 VPN 网关设备上启用动态多点 VPN 机制，从而建设一套高安全、高可靠的安宁校区与本部之间的 VPN 网络，从而实现校区之间的网络安全互联互通。由于校区间 VPN 网关设备在整个 VPN 网络中的全局位置和重要作用，采用双机高可靠部署。

14.1.2 校园网设计思路及原则

1. 校园网设计思路

（1）大二层架构。用户全部接入宽带接入服务器（Broadband Remote Access Server，BRAS），采用扁平化的大二层网络结构，简化网络，降低网络的运维难度。同时采用堆叠、PPPoEoVLAN 等技术，既增强了网络的可靠性，又成功消除了网络环路。

（2）万兆无阻塞架构。使用千兆接入、万兆汇聚的方案，来支撑校园网流量的爆炸式增长，满足未来校园网虚拟化和云计算的带宽需求。无阻塞的网络架构保证校园网的业务质量。通过先进的汇聚和核心层的架构，支持平滑升级，满足校园网未来 5～10 年持续发展需求；丰富的板卡覆盖多种场景，满足校园网未来业务扩展需求；同时通过多重冗余备份，保证校园网关键业务持续在线，实现 99.999％可靠性设计。

（3）有线、无线一体化运营。最大限度重用用户已有的有线网络，将无线网络融入其中。运维管理非常方便，并且支持统一认证，全校园网漫游，同时可靠性极高，给用户最好的上网体验。

（4）多种接入技术管理。无论是有线终端，还是无线终端，提供形式多样的接入认证技术。比如广泛适用于校园网的 Portal 认证，在学生宿舍区非常实用的 PPPoE 认证，适用于哑终端的 MAC 认证，以及 802.1x 认证。使用 BRAS 设备接入用户，可实时探测用户状态，及时回收分配的 IP 地址资源，避免大量浪费 IP 地址资源。

（5）运营范围全覆盖。无论是本校区用户，还是分校用户和远程接入的用户，都提供各种融合接入的方案，稳定高效地访问远程资源和校园网的资源。

（6）具有统一可运营的认证计费系统。兼容众多业务和流量模型的管理；满足网络 PPPoE、Portal 等多种接入认证的功能；认证通过后，满足对不同用户分配不同访问权限的功能；满足有线、无线统一化认证与计费的要求，满足基于时间、基于区域、基于用户、基于访问目的地址等多种精细化计费要求。

（7）可靠的网络安全管控设备。网络安全管控产品能实现对校园网和服务器资源的全面防护。

（8）网络运维的优化。针对链路和服务器的负载均衡，优化用户的访问速率，提升用户体验。网络监控平台可实现对校园网整网的拓扑管理、网络资源管理、性能管理、故障管理和配置管理；可提供强大的报表功能，为判断运维趋势、发现潜在问题提供了强有力的支持。

（9）IPv4 与 IPv6 网络的兼容。使用双栈过渡技术、隧道互联技术和地址转换技术保证 IPv4 与 IPv6 的兼容。

2．校园网设计原则

校园网是校园的教学信息共享平台，应本着以下原则进行建设：

（1）超前性与实用性结合。网络技术发展迅猛，如果设备缺乏先进性，设备可能很快落后甚至被淘汰；但也不能过分超前，以避免造成投资的浪费。为此，在网络建设中，需注意超前性与实用性结合，确保投资有效，使之能真正发挥出相应的作用。

（2）安全性与可靠性。在校园网建设中，安全性是整个网络建设中的重中之重，要通过各种技术确保系统应用的安全性以及内容的安全性。同时，要求系统本身具有高度的可靠性，这样才能保证网络客户的应用。

（3）可管理性。网络管理是一个长期的投资，在网络建设中对网络可管理是一项重要的应用原则，通过选择全网的可管理性软件，减少日常维护费用。

（4）可扩展性。校园网络不但需要能够满足当前需要，随着后续教学方式的改变、技术的发展，未来网络需要承载更多的业务及提供更多的优质服务。所以，网络的可扩展性是网络建设中必须提前规划的重点。

14.1.3　校园网逻辑结构设计

根据校园网的需求分析，现将校园网的逻辑结构设计为校园网出口、云数据中心、网管区、核心层、汇聚层、接入层、应用层等 7 个部分，如图 14-1 所示。

1．校园网出口

校园网出口区域既负责对校园网用户的统一接入，也负责将内部的终端用户接入到公网、将外部用户接入到内网。出口除了要保证校园内外的数据传输，还需要保证边界安全。

图 14-1　校园网逻辑结构

2．云数据中心

部署服务器和应用系统的区域,为校园网内部和外部用户提供数据和应用服务。

3．网管区

利用 BRAS 对接入用户进行认证,对网络设备、服务器等进行管理的区域,包括告警管理、性能管理、故障管理、配置管理、安全管理等。

4．核心层

核心层负责整个园区网的高速互联,一般不部署具体的业务。核心网络需要实现带宽的高利用率和网络故障的快速收敛。

5．汇聚层

汇聚层将众多的接入设备和大量用户经过一次汇聚后再接入到核心层,扩展核心层接入用户的数量。

6．接入层

负责将各种终端接入到校园网络,通常由以太网交换机组成。对于某些终端,可能还要增加特定的接入设备,例如无线接入的 AP 设备。

7．应用层

包含校园网内的各种终端设备,例如 PC、笔记本电脑、打印机、传真、手机、摄像头等。

14.1.4　校园网物理结构设计

根据校园网逻辑结构的设计,得出物理结构设计,如图 14-2 所示。

校园网出口由高性能出口防火墙网关设备实现。该设备必须具备全面的网络安全防御能力,并且具有高性能的 NAT 功能;能针对校园网出口多线路实现多线路负载,以提高校园网多线路资源的利用率。

核心层由核心交换机和 BRAS 模块组成。BRAS 模块向校园网所有用户进行各种认证,实现统一实名制管理。核心交换机承载全网所有的流量,利用虚拟化技术,建立逻辑隔离的网络通道,实现不同业务之间无干扰地稳定运行。核心层设备建议采用多机集群模式来增加稳定性。BRAS 模块可由 S12700 内置 BRAS 板块或者 ME60-X16 独立设备构成。

云数据中心是部署服务器和应用系统的区域,为校园网内部和外部用户提供数据和应

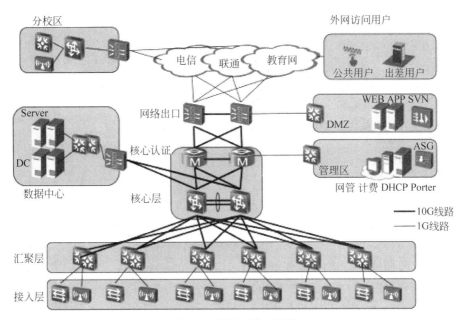

图 14-2　校园网物理结构

用服务。

网络管理区域主要设备包含计费服务器、DHCP 服务器、Portal 服务器等，利用 BRAS 对内网用户进行认证和管理。同时部署网管系统，对网络设备、服务器等进行管理，功能包括告警管理、性能管理、故障管理、配置管理、安全管理等。

非军事区(DMZ)主要提供外网的合法访问，包括提供公共用户访问的公开网站，以及对应的 APP 服务。对出差的内部员工的访问，部署 SVN 设备，提供 SSL VPN 的安全访问。安宁校区和本部之间的互联，可以使用 IPSec VPN 建立互联隧道。

汇聚层将众多的接入设备和大量用户经过一次汇聚后再接入到核心层，扩展核心层接入用户的数量。

接入层主要由接入交换机和 AP 组成，提供校园用户有线和无线的各类终端实现网络接入。

14.1.5　校园网基础网络设计

校园基础区域网络是整个校园网的枢纽，覆盖整个校区，连接着校园网的各个区域，承担了内部数据流量和对外数据流量，在逻辑上成为可靠性、安全设计的中心。

1. 基础网络整体设计

校园基础网络区域采用 BRAS、核心层、汇聚层和接入层的拓扑结构，如图 14-3 所示。

2. 核心层设计

核心层是部署校园网的核心设备，连接所有的汇聚层交换机，转发各个教学楼、实验楼、办公楼、图书馆、体育馆和学生宿舍之间的流量。核心层需要采用全连接结构，保持核心层设备的配置尽量简单，并且和校园网的具体业务无关。核心层设备需要具有高带宽、高转发性能。核心层采用敏捷交换机使用 CSS2(Cluster Switch System)技术，将两台交换机从逻

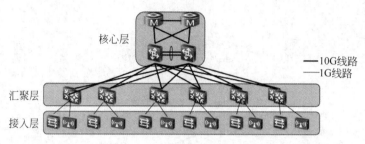

图 14-3 校园基础网络拓扑结构

辑上整合成一台交换机。这种技术支持主控 $1+N$ 备份,集群系统中只要保证任意一框的一个主控板运行正常,多框业务即可稳定运行。通过"集群＋堆叠"的无环网络方案保障网络可靠,再通过设备本身 99.999% 的电信级可靠综合保障校园网应用的稳定运行。敏捷交换机的业务板卡直接融合 AC 功能,可以对网络中的 AP 进行管控,实现有线、无线深度融合接入、转发、管理。BRAS 模块负责对校园网用户的统一接入,并与认证服务器协同工作,对接入用户进行认证,对校园网的所有用户流量做统一管理监控。同时,BRAS 模块要有强大的认证计费功能,才能满足校园网的大用户量、高并发连接数、多样化计费的需求。

3. 汇聚层设计

汇聚层是教学楼、实验楼、办公室、图书馆、体育馆、学生宿舍楼等的汇聚点,汇聚层的设备用来转发本区域用户到其他区域用户的横向流量,同时发送本区域用户流量到核心层。汇聚层将大量用户接入到互联的网络中,模块化扩展接入核心层设备的用户数量。汇聚层须具有高带宽、高端口密度、高转发性能等特点,用于支撑该汇聚层下各业务部门之间的流量。汇聚层交换机通常使用 CSS(Cluster Switch System)技术,将多台交换机从逻辑上整合成一台交换机。然后将汇聚层的 CSS 系统和核心层的 CSS 系统之间的多条链路捆绑,用来传输数据,以便提高网络的可靠性和扩展能力。

4. 接入层设计

接入层是最靠近终端用户的网络,为用户提供各种接入方式,一般部署二层设备,双归属到汇聚层两个不同的交换机。接入层除了需要部署丰富的二层特性外,还需要部署安全、可靠性等相关功能。接入层需要具有高密度、高速率的端口,以支持更多的终端接入校园网络。接入层交换机通常使用 iStack(intelligent Stack)技术,将多台交换机从逻辑上整合成一台交换机,以便提高网络的可靠性和扩展能力。

5. VLAN 规划设计

基于校园网内拥有比较多不同的业务类型,并且不同类型网络使用者也有很大差别,为了建设一个稳定、安全运行的教学合一的校园网,需要在校园网中采用层次化分明的 VLAN 规划。在接入层交换机上为每一个用户每一个 MAC 划分一个独立 VLAN 来实现端口与用户的隔离,在汇聚层交换机上配置 SUBVLAN,在核心层交换机上配置 SUPER VLAN,实现每个用户的安全隔离。

在学校的教学区为每一学院划分一个 VLAN,以满足 VLAN 内用户的直接互访需求。如果院系内部也有访问控制的需求,则采用 MUXVLAN 技术,实现 VLAN 内部用户部分互通,部分隔离。设备的管理 VLAN 则使用普通 VLAN,为了方便管理员调试,为所有交换机划分管理 VLAN1。

校园网高校生宿舍的用户和教学区域的用户接入网络的 VLAN 规划,如图 14-4 所示。

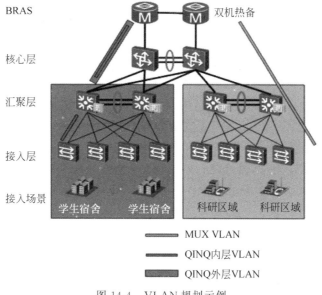

图 14-4　VLAN 规划示例

1) 学生宿舍区域使用 QINQ VLAN

内层 VLAN 分配 2～4094,接入层交换机的下行端口中,为每一个端口分配一个 VLAN,上行端口配置为 trunk,允许所有接入 VLAN 通过。

外层 VLAN 分配 100,为汇聚层交换机的下行端口划分外层 VLAN100,用户数据经过汇聚层交换机时,封装外层 VLAN100,经核心层交换机透传到 BRAS,由 BRAS 终结两层 VLAN 标签。

2) 学院系(部)教学区域使用 MUX VLAN

院系教学区域一般一栋楼为一个教学单位,为每一个系分配一个 VLAN,并定义为 MUX VLAN,划分范围为 200～500。

以一栋楼的院系为例,为楼道的接入层交换机定义 MUX VLAN200,并定义 MUX VLAN 下的从 VLAN,Separate VLAN(隔离型从 VLAN ID 为 2,互通型从 VLAN ID 为 3)。具体为此交换机的每个端口划分 VLAN 时,为连接院系公共服务器的端口划分主 VLAN200;为连接教室电脑的端口划分互通型从 VLAN3;并预留 10 个端口,将这 10 个端口划分到隔离型从 VLAN2,以便访客使用。这样能达到如下目的:院系成员可以相互访问,也可以访问院系的公共服务器;访客可以访问院系的公共服务器,但不能和院系成员相互访问,如果有多个访客时,访客之间也不可相互访问。这样就可以实现 VLAN 内的资源精细控制。此接入交换机的上行端口只需要配置为 trunk 口,允许主 VLAN200 通过即可。需要注意的是从 VLAN 只具有本地意义,在不同交换机上可以重复使用。汇聚和核心交换机只需要传此 MUX VLAN 至 BRAS,由 BRAS 终结。

6. IP 地址规划设计

(1) 校园网 IP 地址规划的基本原则如下:

- 唯一性。一个 IP 网络中不能有两个主机采用相同的 IP 地址。

- 连续性。连续地址在层次结构网络中易于进行路径叠合,大大缩减路由表,提高路由算法的效率。
- 扩展性。地址分配在每一层次上都要留有余量,在网络规模扩展时能保证地址叠合所需的连续性。
- 实义性。好的 IP 地址规划使每个地址具有实际含义,看到一个地址就可以大致判断出该地址所属的设备。

(2) 校园网 IP 地址总体规划如下:

- 校园内网的 DMZ 和云数据中心区域服务器使用公网 IP 地址,需要将这些网段发布到公网,对外提供服务。
- 校园内网用户的地址,通过在 BRAS 设备上配置地址池来按用户所在区域统一分配私有 IP 地址和 DNS,使用 PPPoE 方式接入到 ME60-X16。
- 校园内网的网络打印机、智能终端设备等 IT 设备分配固定 IP 地址,使用 IPoE 的方式接入到 ME60-X16。
- 校园内网的网络设备(路由器、交换机等)划分固定 IP 地址,与终端用户的 IP 地址严格区分。
- 校园网的出口路由器设备(防火墙)NE40/80E 上,提供 NAT 地址转换功能,为采用私网 IP 地址的校园网用户访问公网。
- 为每一台路由器创建一个 Loopback 环回接口,并在该接口上单独指定一个 IP 地址作为管理地址,Loopback 地址使用 32 位掩码的地址。

(3) IP 地址规划举例:

以校园网高校生宿舍楼和教工住宅区的终端用户接入网络为例,IP 地址总体规划如图 14-5 所示。

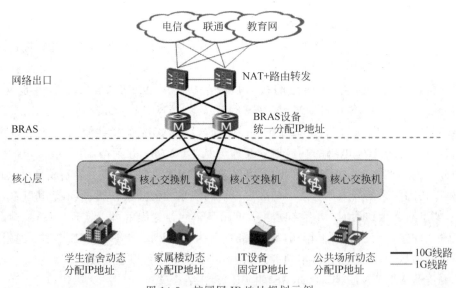

图 14-5　校园网 IP 地址规划示例

学生宿舍区使用私网 IP 地址,在出口路由器(防火墙)做 NAT 转换来访问公网。BRAS 上为学生宿舍区配置私网地址池,IP 地址范围为 172.16.0.0～172.31.255.255,为每一幢宿舍分配 4 个 B 类地址段,例如为学生宿舍 1 号楼分配 172.16.0.0～172.16.3.255 这段 IP 地址。DNS 服务器地址为内网的 DNS 服务器地址。出口路由器(防火墙)上配置 NAT 转换规则,与中国教育科研网 CERNET 相连的出口路由器的公网地址池为 X.X.X.X；与中国电信运营商相连的出口路由器的公网地址池为 Y.Y.Y.Y。

教工住宅区使用中国电信的公网 IP 地址。BRAS 为家属楼配置公网地址池,IP 地址范围为 X.X.X.X～X.X.X.Y,并直接使用中国电信运营商提供的 DNS。

7. 路由策略规划设计

本设计方案中,只在防火墙上起 NAT,运行对外网络运行路由协议。

如果需要在校园网中运营视频监控、一卡通等与普通接入独立的业务,可直接使用 VLAN 或 MPLSVPN 技术复用现有网络,无须单独建网。

14.1.6　校园网接入互联网的设计

1. 校园网核心出口路由器部署方案

校园网中心机房接入互联网服务提供商(Internet Service Provider,ISP)的设备,建议部署两台 HUAWEI 多业务控制网关(Multi-Service Control Gateway,MSCG)设备 ME60-X16-X16(多业务路由器)。此路由器既可以作为宽带接入服务器(Broadband Remote Access Server,BRAS)的用户接入认证和计费网关,又可以作为校园网核心出口路由器和 VPN 设备。两台华为 ME60-X16 路由器之间采用万兆口互联,互为热备,在用户接入会话数和流量上进行 1:1 负载分担。校园网宽带接入服务器 BRAS 的部署情况,如图 14-6 所示。

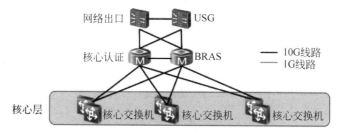

图 14-6　校园网宽带接入服务器 BRAS 部署

2. 有线用户接入设计

(1)接入交换机配置用户 VLAN。

(2)ME60-X16-X16 路由器作为用户网关。IPoE(IP over Ethernet)是以 DHCP(动态主机配置协议)技术为核心,紧密结合通用的 RADIUS(远程用户拨号认证协议),实现 IP 用户会话机制、IP 数据流的分级机制、IP 会话鉴权和宽带接入认证制度。其用户上线到 ME60-X16-X16 路由器转 DHCP 服务器给用户分配 IP 地址,在通过认证之前用户只能访问认证前域的服务器,用户的第一个 HTTP 报文进行重定向到 Portal 服务器,实现 Web 认证,认证通过后允许用户访问认证后域。

(3)ME60-X16-X16 路由器作为用户网关,以太网上的点对点协议 PPPoE(Point-to-PointProtocolOverEthernet)将点对点协议封装在以太网框架中的一种网络隧道协议,其用户直接通过 AAA 服务器进行用户名和密码认证。

（4）有线用户基于楼栋交换机每 VLAN，楼栋通过楼栋交换机同 VLAN 互访，跨楼栋和区域互访经过 ME60-X16 转发。

3. 无线用户接入设计

（1）AP 与 AC 二层可达，AC 作为 AP 网关并且为 AP 分配 IP 地址，AP 和 AC 建立 Capwap 隧道，实现 AC 对 AP 的管理。

（2）AP 选择本地转发模式，对于无线终端上行的报文进行 SSID 到 VLAN 的变换，汇聚交换机添加外层 VLAN，S7700 透传到 ME60-X16，由 ME60-X16 终结 QINQ 报文。

（3）ME60-X16 作为用户网关，无线认证通过后给用户分配 IP 地址，Portal 认证通过后才能访问外网业务。

4. 用户认证规划设计

传统的 802.1x 认证需要在终端安装客户端软件，用户终端的种类和数量众多，安装客户端时会产生各种各样的兼容性问题，而且后续维护工作量极大。

如图 14-7 所示，本方案中，BRAS 可以针对不同接入场景使用不同的认证方式，只有认证通过后才有访问权限。

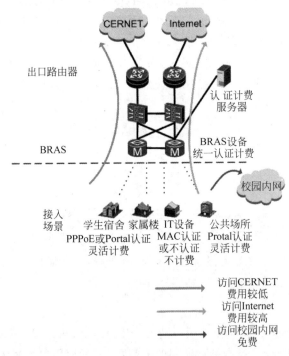

图 14-7　校园网认证计费示意图

（1）学生宿舍区和家属楼等地用户集中，可以使用 PPPoE 方式认证，ME60-X16 将用户的账号/密码发送到认证计费服务器进行认证，认证通过后分配 IP 地址。

（2）实验室、教室等公开接入点，可设置成 IPoE 快速认证访问内网资源，访问外网资源时做 WEB 认证。

（3）教学楼的打印机、IP 电话等哑终端没有 PPPoE 的客户端，也无法接收 Web 页面，使用 IPOE 的方式接入 ME60-X16，为防止非法接入，可以配合 MAC 认证。

（4）公共场所可使用 Portal 认证，用户首先获取 BRAS 分配的一个 IP 地址，通过认证前只能访问有限的服务器。BRAS 将 Portal 服务器的 Web 页面推送给用户，由用户填写用户名、密码进行认证。BRAS 支持对一种接入场景配置多种认证方式，满足用户灵活认证的需求。

5. 认证计费场景设计

学校可以根据具体的业务需求，在校园内不同的场景下应用不同的认证计费模式：学生用户——学生用户分为具备外网出口权限和不具外网出口权限两种用户；教师用户——教师用户在办公区和家属区上线；教工用户——教工用户为在教师家属区上线用户；专线用户——特定的学院或是实验室通过专线形式接入，不对专线用户下的二次用户接入进行再次认证；主账号与附属账户用户——学校导师或是科研团队，通过一个主账户认证计费，主账号的附属账号同时具备上线权限，计费控制在主账号上统一管理打印机等无拨号功能设备的接入。针对以上接入用户需求，设计认证与计费方案如下：

（1）DAA 根据目的地址计费。DAA 是 destination address accounting 的简称，在 ME60-X16 上部署 DAA 功能实现了对用户接入业务访问目的地址的差别进行管理，根据不同目的地址定义不同的费率级别进行收费和不同的网速控制。在校园网内，用户上线后一般访问教育网内不收费或者收取很低的费用，而且是不限速的；而如果访问教育网外的 Internet，需要收取较高的费用，同时限制一定的带宽。通过此功能可以实现访问校内资源不计费，访问外网或是教育网采用不同的计费策略。

（2）教师在不同地点上线采用不同的计费策略。

教师在办公区办公时上网进行认证不计费，在家属区上网时进行计费。教师在办公区上线时，也要能够支持同一账户在家属区同时上线，并且进行计费。ME60-X16 根据用户上线携带的不同 VLAN 或是 Option 信息通过 Radius 报文上报到 srun3000，在 srun3000 上可以根据这些信息做漫游计费，在特定的源地址和 VLANID 可以不做明细计费，同时允许多个用户同时拨号，统一计费。

（3）实验室和学院的专线接入。针对实验室和学院的专线接入采用以太网二层专线接入方式。专线（LeasedLine）接入业务是指将 ME60-X16 的某个以太网接口或者接口下的某些 VLAN 整体提供给一组用户使用的业务。一条专线下可以接入多台计算机，但是在 ME60-X16 上只表现为一个用户，ME60-X16 对专线进行统一的认证计费、带宽控制、访问权限控制以及 QoS 控制。

（4）办公打印机等网络设备的接入。将打印机视作一个接入用户，认证方式采用 MAC 地址认证，在打印机上线发出 DHCP 请求时触发认证，在 ME60-X16 上配置打印机的 MAC 地址绑定 IP 地址。与正常宽带用户上线不同的是，打印机上线后没有外网访问权限，通过接入子接口的路由导入与教师办公楼进行互通，根据打印机的密码访问打印机。也可对交换机做静态认证，默认为特定用户的方式在线。

14.1.7　校园网络安全设计

1. 防火墙网络出口安全设计

根据校园网的需求，在校园网网络出口边界区域中，使用 USG 防火墙作为网关模式部署。在防火墙部署策略上，主要是使用防火墙将校园网划分成内网、外网、DMZ 等不同区域,为不同区域划分不同的优先级,同时设置不同区域间的互访策略,以避免越权访问。针对校园网教学业务的应用安全,采用远程安全访问(SVN)设备和上网行为管理(ASG)设备;针对校园网云数据中心的安全,采用 IDS 设备 NIP,以增强数据中心业务系统的保护。

注:以下描述需要根据具体的网络出口部署做针对性描述,以下内容仅供功能性描述参考。

1)网络 NAT 设计

学校互联网出口有多个连接,不同的接入的 NAT 要求不一致,并且校内的大量用户对出口的 NAT 提出了更高要求。

HUAWEI USG 网关采用基于连接的方式提供地址转换特性,针对每条连接维护一个 Session 表项,并且在处理的过程中采用优化的算法,保证了地址转换特性的优异性能。在启用 NAT 时,性能下降的非常少,这样就保证了在通过 USG 安全网关提供 NAT 业务时不会成为网络的瓶颈。

USG 安全网关提供了基于安全区域的管理功能,利用"安全区域"的概念把统一安全网关管理的网络按照功能区域、安全要求等因素从逻辑上划分为几个逻辑子网,每个逻辑子网称为一个"安全区域"。默认情况,统一安全网关提供了 4 个默认的安全区域:trust、untrust、DMZ、local,一般情况下,untrust 区域是连接 Internet 的,trust 区域是连接内部局域网的,DMZ 区域是连接一些内部服务器的,例如放置邮件服务器、FTP 服务器等。统一安全网关的地址转换功能是按照安全区域之间的访问进行配置的,这样就可以非常方便地进行网络管理。例如,对于内部服务器的网络如果有足够的 IP 地址,可以直接使用公网 IP 地址,在 DMZ-> untrust 区域间不使用地址转换,而内部局域网使用私网地址,在 trust-> untrust 区域间使用地址转换。

同时地址转换可以和 ACL 配合使用,利用 ACL 来控制地址转换的范围,因此即使在同一个网络区域,有公网、私网混合组网的情况,USG 安全网关依然可以方便地设定地址转换的规则。

USG 安全网关的地址转换功能可以对内部服务器的支持到达端口级。允许用户按照自己的需要配置内部服务器的端口、协议、提供给外部的端口、协议。

对于上面的例子使用的地址转换,不仅可以保证 202.38.160.1 作为 Web 服务器的地址,同时可以作为 FTP 服务器的地址,同时可以使用 http://202.38.160.1:8080 提供第二台 Web 服务器,还可以满足内部用户同时使用 202.38.160.1 的地址进行访问 Internet。

USG 安全网关提供了基于端口的内部服务器映射,可以使用端口来提供服务,同时也可以提供地址的一对一映射。同时,每台统一安全网关可以提供多达 256 个内部服务器映射,而且不会影响访问的效率。

2)业务支撑能力要求

地址转换比较难处理的情况是报文载荷中含有地址信息的情况,这种情况的代表协议是 FTP。USG 安全网关的地址转换现在已经非常完善地支持了 ICMP 重定向、不可达、FTP(支持被动主动两种模式)、H323、NetMeeting、PPTP、L2tp、DNS、NetBIOS、SIP、QQ、MSN 等特殊协议。依靠现在支持的各种业务,统一安全网关已经可以提供非常好的业务支撑,可以满足绝大部分的 Internet 业务,使得地址转换不会成为网络业务的瓶颈。

　　为了更好地适应网络业务的发展,USG 安全网关还提供了一种"用户自定义"的 ALG 功能,对于某些特殊业务应用,通过命令行进行配置就可以支持这种业务的 ALG,通过这样的方式更可以保证 USG 安全网关对业务的支撑,达到快速响应的效果。

　　另外,USG 安全网关在结构上面,充分考虑了地址转换需要支持特殊协议的问题。从结构上保证可以非常快速地支持各种特殊协议,并且对报文加密的情况也做了考虑。因此在应用程序网关方面,统一安全网关在程序设计、结构方面做了很大的努力和考虑,在针对新出现的各种特殊协议的开发方面,USG 安全网关可以保证会比其他设备提供更快、更好的反应,可以快速响应支持用户的需求,支持多变的网络业务。

　　3）无数目限制的 PAT 方式转换

　　USG 安全网关可以提供 PAT(Port Address Translation)方式的地址转换,PAT 方式的地址转换使用了 TCP/UDP 的端口信息,这样在进行地址转换时使用的是"地址＋端口"来区分内部局域网的主机对外发起的不同连接。这样使用 PAT 方式的地址转换技术,内部局域网的很多用户可以共享一个 IP 地址上网了。

　　因为 TCP/UDP 的端口范围是 1～65535,一般 1～1024 端口范围是系统保留端口,因此从理论上计算,通过 PAT 方式的地址转换一个合法的 IP 地址可以提供大约 60000 个并发连接。但是 USG 安全网关采用专利技术提供了一种"无限制端口"连接的算法,可以保证使用一个公网 IP 地址可以提供无限个并发连接,通过这种技术就突破了 PAT 方式上网的 65535 个端口的限制,更大地满足了地址转换方式的实际使用,更加节省了公网的 IP 地址。

　　2.区域安全隔离设计

　　1）基于安全区域的隔离管理

　　在学校网络中使用 HUAWEI USG 实现基于安全区域的安全隔离,这样的设计模型为用户在实际使用统一安全网关时提供了十分良好的管理模型。出口安全网关可以提供基于安全区域的隔离模型,每个安全区域可以按照网络的实际组网加入任意的接口,因此统一安全网关的安全管理模型不会受到网络拓扑的影响。

　　2）可管理的安全区域

　　业界很多防火墙一般都提供受信安全区域(trust)、非受信安全区域(untrust)、非军事化区域(DMZ)三个独立的安全区域,这样的保护模型可以适应大部分的组网要求。但是在一些安全策略要求较高的场合,这样的保护模型还是不能满足要求。

　　USG 安全网关默认提供四个安全区域:trust、untrust、DMZ、local,在提供三个最常用的安全逻辑区域的基础上还新增加了本地逻辑安全区域,本地安全区域可以定义到统一安全网关本身的报文,保证了统一安全网关本身的安全防护。例如,通过对本地安全区域的报文控制,可以很容易地防止不安全区域对统一安全网关本身的 Telnet、FTP 等访问。

　　除此之外,还可以提供自定义安全区域,可以最大定义 16 个安全区域,每个安全区域都可以加入独立的接口。

　　3）基于安全区域的策略控制

　　USG 安全网关支持根据不同的安全区域之间的访问设计不同的安全策略组(ACL 访问控制列表),每条安全策略组支持若干个独立的规则。这样的规则体系使得统一安全网关的策略十分容易管理,方便用户对各种逻辑安全区域的独立管理。

基于安全区域的策略控制模型,可以清晰地分别定义从 trust 到 untrust、从 DMZ 到 untrust 之间的各种访问,这样的策略控制模型使得 USG 安全网关的网络隔离功能具有很好的管理能力。

3. 网络攻击防御设计

互联网充满各式各样的威胁,包括恶意的网络攻击和入侵、病毒传播、木马注入等,作为学校出口,必须具有极高的安全设计,以保证内网安全和稳定。

互联网的安全威胁主要集中在病毒、蠕虫、恶意代码、网页篡改、垃圾邮件等方面,对外发布网站也常常成为攻击目标。

USG 采用先进的一体化检测机制,将入侵防御功能、反病毒功能、UTRL 过滤、ASPF 深度检测等安全特性集成于一体,形成立体的威胁防御解决方案。

1) 一体化检测机制

USG 的一体化检测机制不仅提供了强大的内容安全功能,还使得即使在内容安全功能全开的情况下,也可以保持较高性能功能。一体化检测机制是指设备仅对报文进行一次检测,就可以获取到后续所有内容安全功能所需的数据,从而大幅提升设备处理能力。

2) 入侵防御功能

入侵防御功能主要可以防护应用层的攻击或入侵,例如缓冲区溢出攻击、木马、后门攻击、蠕虫等。USG 的入侵防御功能可以通过监控或者分析系统事件,检测应用层攻击和入侵,并通过一定的响应方式,实时地终止入侵行为。

3) 反病毒功能

反病毒功能可以对网络中传输的文件进行扫描,识别出其中携带的病毒,并且予以记录或清除。病毒是指编制或者在计算机程序中插入的破坏计算机功能或者数据,影响计算机使用并且能够自我复制的一组计算机指令或者程序代码。病毒通常被携带在文件中,通过网页、邮件、文件传输协议进行传播。内网主机一旦感染病毒,就可能导致系统瘫痪、服务中止、数据泄露,令企业蒙受巨大损失。NGFW 提供的反病毒功能对最容易传播病毒的文件传输与共享协议以及邮件协议进行检测和扫描,可以防范多种躲避病毒检测的机制,实现针对病毒的强大防护能力。

4) URL 过滤

Web 安全问题中最为显著的就是非法网站和恶意网站。非法网站是指暴力、色情等不被当地法律法规或者企业管理制度所允许访问的网络资源。非法网站带来的危害包括影响社会稳定、降低员工工作效率、占用企业带宽、浪费企业网络资源等;恶意网站是指挂马网站、钓鱼网站等试图在用户浏览过程中向用户主机植入木马、进行 SQL 注入和跨站脚本攻击、利用浏览器/系统漏洞获取主机权限或数据、骗取用户钱财等存在恶意行为的网站。恶意网站有可能带来用户或企业的大量经济损失。恶意网站的显著特征就是在没有安全机制保护的情况下,用户对其恶意行为完全不知情,往往在无意中就造成了损失。URL 过滤根据用户访问的 URL 地址对 URL 访问行为进行控制。管理员可以 NGFW 提供的海量 URL 分类数据库,以及自己定义的 URL 地址及分类,对不同的 URL 地址设置不同的处理措施。同时,NGFW 提供的 URL 分类数据包含了大量已知的挂马网站、钓鱼网站等恶意网站的网址。用户在访问 URL 时,设备可以自动查询这个 URL 是否属于恶意网站,并采取相应的处理措施。

由于 URL 地址的数量极其庞大,而且每天都增加,作用也可能发生改变。海量 URL 分类数据库可以及时跟踪 Internet 上的 URL 地址变化,实时更新 URL 分类信息,保证了 URL 过滤功能的不断增强。同时,管理员也可以在本地网络搭建 URL 分类查询服务器。由本地 URL 分类查询服务器从查询服务器上学习完整的 URL 分类信息,本地网络中的多台 NGFW 再向该服务器进行查询。这种部署方式节约了网络带宽,提高了查询速度,还可以在内网中的 NGFW 无法直接连接 Internet 时,仍能实现实时查询。

5) ASPF 深度检测功能

NGFW 支持 ASPF 技术。ASPF 是一种高级通信过滤技术,它检查应用层协议信息并且监控基于连接的应用层协议状态。NGFW 依靠这种基于报文内容的访问控制,能够对应用层的一部分攻击加以检测和防范,包括对于 FTP 命令字、SMTP 命令的检测、HTTP 的 Java、ActiveX 控件等的检测。ASPF 技术是在基于会话管理的技术基础上提供深层检测技术的,ASPF 技术利用会话管理维护的信息来维护会话的访问规则,通过 ASPF 技术在会话管理中保存着不能由静态访问列表规则保存的会话状态信息。会话状态信息可以用于智能的允许/禁止报文。当一个会话终止时,会话管理会将该会话的相关信息删除,NGFW 中的会话也将被关闭。

针对 TCP 连接,ASPF 可以智能的检测"TCP 的三次握手的信息"和"拆除连接的握手信息",通过检测握手、拆连接的状态检测,保证一个正常的 TCP 访问可以正常进行,而对于非完整的 TCP 握手连接的报文会直接拒绝。

在普通的场合,一般使用的是基于 ACL 的 IP 包过滤技术,这种技术比较简单,但缺乏一定的灵活性,在很多复杂应用的场合普通包过滤是无法完成对网络的安全保护的。例如,对于类似于应用 FTP 进行通信的多通道协议来说,利用 ACL 规则配置防火墙是非常困难的。FTP 包含一个预知端口的 TCP 控制通道和一个动态协商的 TCP 数据通道,对于一般的包过滤防火墙来说,配置安全策略时无法预知数据通道的端口号,因此无法确定数据通道的入口,这样就无法配置准确的安全策略。ASPF 技术则解决了这一问题,它检测 IP 层之上的应用层报文信息,并动态地根据报文的内容创建和删除临时的规则,以允许相关的报文通过。

ASPF 使得 NGFW 能够支持一个控制通道上存在多个数据连接的协议,同时还可以在应用非常复杂的情况下方便地制定各种安全的策略。许多应用协议,如 Telnet、SMTP 使用标准的或已约定的端口地址来进行通信,但大部分多媒体应用协议(如 H.323、SIP)及 FTP、netmeeting 等协议使用约定的端口来初始化一个控制连接,再动态地选择端口用于数据传输。端口的选择是不可预测的,其中的某些应用甚至可能要同时用到多个端口。ASPF 监听每一个应用的每一个连接所使用的端口,打开合适的通道让会话中的数据能够出入 NGFW,在会话结束时关闭该通道,从而能够对使用动态端口的应用实施有效的访问控制。

当报文通过 NGFW 时,ASPF 将对报文与指定的访问规则进行比较,如果规则允许,报文将接受检查,否则报文直接被丢弃。如果该报文是用于打开一个新的控制或数据连接,ASPF 将动态地修改规则,对于回来的报文只有属于一个已经存在对应的有效规则才会被允许通过。在处理回来的报文时,状态表也会随时更新。当一个连接被关闭或超时后,该连接对应的状态表将被删除,确保未经授权的报文不能随便通过。

4. 流量管控设计

互联网出口带宽资源是有限的,而校内存在大量的用户,如果不进行精细化的流量控制策略,那么在流量无止境抢占的情况下,所有人的上网体验都会变得非常糟糕。

(1) 支持基于 IP 地址(地址段)的流量控制:IP(段)的流量控制是指根据报文源地址、源端口、目的地址、目的端口、协议这五元组信息匹配限流策略,如果匹配上了则进行相应的限流,否则不做限流。策略里面可以配置地址或地址的集合,协议或协议的集合。

(2) 基于 DPI 应用的流量控制:DPI(Deep Packet Inspection)作为一种较新的包检测技术,除了能够检测 P2P、IM,还可以识别包括 VoIP(Skype、H.323、SIP、RTP、Net2Phone、Vonage)、Game(Diablo、Tantra)、web_Video(PPlive、QQlive、SopCASt)、Stock、Attack 等20 多种大类,以及上千种应用协议,该 DPI 库支持在线升级,保证 DPI 库的实时更新。用户根据 DPI 应用类型分别采取不同的限流策略,包括允许通过、禁止通过、带宽限速、带宽保证、闲时复用、连接数限制等。

(3) 基于用户(用户组)的流量控制:在流量识别对应用户身份的基础上,防火墙只需要针对用户(组)信息配置限流策略,而不再需要根据复杂多变的 IP 网段来进行限流配置,这样不同的用户(组)身份可配置不同的流量控制策略,既简化了策略配置,又适应了企业复杂多变的网段规划,方便管理员的管理。

(4) 支持对流量进行双重控制:双重控制是指可对流量同时进行两种方式的限流,包括基于每个 IP 的限流和基于整体带宽限流的两级控制。

(5) 支持对流量进行保证带宽控制:是指可以为每个 IP 地址设置最小保证能够通过的流量,在保证了这些最小带宽之余,当总体带宽有空余时,则每个 IP 地址能够通过大于保证带宽值,而小于最大带宽值的流量。对于大于保证带宽的报文,转发还是丢弃是按照报文到达时带宽是否超过总体带宽来决定,超过时则丢弃,否则转发。

(6) 支持对流量进行连接数控制:连接数的限制是指对并发连接数进行限制,现网应用 P2P 等占用了很多连接资源,对连接数进行限制,从而达到对流量进行限制目的。包括基于每个 IP 并发连接数限制、基于整体并发连接数限制等。

(7) 支持对流量进行选路控制:一些多出口的网络部署当中,需要对不同的流量进行选路控制。比如,要求 P2P 识别的流量从 A 接口发送出去,VoIP 的流量从 B 接口发送出去;或者一开始所有流量都从主接口发送出去,当主接口的流量超过配置的流量阈值时则启动备份链路,使得超过主接口阈值的流量能从 B 接口发送出去。

5. 上网行为管控设计

互联网上存在各种资源,网络出口需要对互联网资源进行必要的过滤,将其中的非法内容,特别是涉及"黄赌毒"的内容进行过滤,以对学校学生成长提供更完善的保障,同时也符合法律法规的要求。

上网行为管控功能,运用了内容过滤技术,内容过滤结合预分类技术和实时分析技术,对于网络访问进行控制。顾名思义,预先分类就是事先对网站进行分类,在过滤时直接查询网站所属的分类即可,响应速度快,性能高,预分类库内容支持实时动态更新。预分类技术可以解决大部分的 Web 访问安全问题。同时,对于 Web 及其他网络协议(如 FTP、SMTP、POP3 等)进行深度解析,实时分析用户的行为以及传输的内容,根据组织的需要,对于无用的、有信息安全风险的行为进行控制,阻止对于组织有害的网络访问行为的发生。两种技术的完美结合,极大提升了内容检测的检测效率和准确率。

安全网关 USG 的星期内容识别技术包括:

(1) 支持 URL 分类技术:URL 过滤业务通过识别并屏蔽对恶意网站的访问能够在一定程度上减少木马,以及各种各样的恶意网页的传播,为用户提供一个更安全的网络环境。对于钓鱼网站,URL 过滤功能更是其先天的克星。

(2) 深度的协议分析、解码,多层次、细粒度的行为控制:通过对 HTTP、FTP、SMTP、POP3、Webmail 的分析,区分上传、下载、收邮件、发送邮件等行为,以及发送文件的名称、类型、大小等信息,为组织提供不同层次、不同粒度的控制。组织可以根据自身的需要,选择网络访问的完全禁止,或者是允许浏览、下载,不允许外发信息;或者进一步允许外发少量普通文本信息,却禁止发送 Word 文档、源代码文件等可能涉及核心机密信息的文件;通过不同层次、粒度的访问控制,保障组织的网络安全、信息安全。

(3) 一体化内容过滤:信息、文件是组织最终需要控制的内容,网络访问可以通过各种方法、各种协议来传递这些信息,通过对于关键字、文件名、文件类型等的抽象、公共化,方便用户的配置。例如,管理者希望禁止用户外发任何 Office 文档、压缩包类文件,则用户只需要配置一个文件类型对象组,然后在 HTTP、FTP、邮件等相关协议中引用即可,不需要为每个协议进行重复配置。

(4) 领先的 Webmail 签名:可根据用户需求为指定的 Webmail 品牌定制签名,使 Webmail 内容过滤更具针对性;能精确识别 Webmail 服务,包括发送邮件、上传附件、发送贺卡、发送明信片、设置自动回复等,为邮件审计和事后追查提供有力依据;签名文件和 Webmail 服务器保持同步,当 Webmail 服务器软件升级时,仅需升级 Webmail 签名文件,就能对最新的 Webmail 品牌的做内容过滤。

上网行为管控功能,主要是对用户进行上网行为分析,根据企业管理员制定的规则,对于不符合规范的上网行为进行控制和审计。主要包括下述一些功能:

(1) URL 过滤功能:包括 URL 自定义过滤功能、URL 热点库过滤功能、URL 远程查询过滤功能、URL 本地黑、白名单过滤功能以及所有这些针对 URL 的审计功能等。

(2) 搜索引擎关键字过滤和审计功能:支持 Google、百度、Bing、雅虎四大主流搜索引擎,可对其搜索的关键字进行过滤和审计。

(3) Web 内容过滤和审计功能:支持对访问的 Web 网页内容进行过滤;支持禁止上传和发表内容(论坛、微博等);支持对上传和下载文件进行控制,包括文件名、文件类型、文件大小。

(4) 邮件内容过滤和审计功能:支持对邮件主题、正文、附件名称关键字过滤;支持对发送邮件和接收邮件的发件人及收件人分别进行控制;支持对邮件附件做控制,包括是否允许发送和接收邮件、发送和接收邮件的个数及大小控制等;支持防垃圾邮件功能,包括自定义黑白名单,预定义 Symantec 提供的 RBL 服务器。

(5) FTP 内容过滤和审计功能:支持不允许上传、下载、删除文件操作;支持对上传和下载的文件进行控制,包括文件大小、文件名称、文件类型;支持 FTP 防躲避技术,避免用户修改违规文件名和文件类型后再尝试下载,或者在上传文件后重新修改成违规文件名和文件类型的操作。

7. 防火墙网络出口优化

HUAWEI USG 系统防火墙针对网络资源实现精细化的管理和优化,从而让网络资源发挥出最大的利用率,以增加用户上网体验。针对多校园的多 ISP 出口线路,USG 有多种方式以提高线路出口的利用率。

针对不同的 ISP 地址实现针对性的出口选路,在多运营商出口场景中实现最短路由。整体思路是通过运营商或者组网人员提供的路由 IP 列表 ISP 文件导入设备中,通过给文件设置下一跳,或者出接口和下一跳以及 IP-link 参数的方式,拼接组合得到完整的路由命令,然后通过 ISP 文件的启用,达到控制静态路由下发的目的。

智能出站负载均衡,UCMP(UnequalCostMultiplePath,非等值负载分担),是指如果到达目的地有多条带宽不同但优先级相同的链路,则流量会根据带宽按比例分担到每条链路上。这样所有链路可根据带宽不同而分担不同比例的流量,使流量转发更合理。UCMP 原有两种工作模式:路由权重负载分担模式和链路带宽负载分担模式。

智能负载均衡功能就是在原有的 UCMP 功能基础上进行扩展,增加了一种 UCMP 的智能工作模式。智能出站负载均衡功能基本原理如下:在这种 UCMP 智能工作模式下,当防火墙接收的报文命中智能出站负载均衡策略后,防火墙分别在每条等价链路上对远端主机进行健康检查,此健康检查是使用 ICMP 协议的 ping 功能进行探测;根据针对远端主机健康检查所得到的远端主机的网络时延,选择时延较小的链路生成静态 UNR 路由,指导后续报文的转发,以此来合理分配等价链路的带宽;当多个等价链路中的某一条链路的带宽占用率已经到达用户配置的阈值时,就不触发针对远端主机的健康检查了,直接将该报文负载均衡到别的链路发送出去。

8. 远程访问互联安全设计

远程访问在校园内最重要的两个场景,一个是分校区的整体网络互联互通,另一个是个体用户因为出差或者其他原因,需要在外网访问内网的资源或者办公系统。VPN 设备是一个非常具有性价比的安全解决方案,因其易用性、安全性,在全球的各个行业环境中都得到了使用。

以 SVN 设备为例:

部署 SVN 设备建设校区之间与提供外部用户安全远程访问的平台。SVN 设备建议部署于 DMZ 区,经过出口防火墙的防御之后,SVN 可以提供对外的安全访问。利用互联网的资源实现灵活 VPN 组网一般有 IPSec VPN 和 SSL VPN 两种方式。

1) IPSec VPN

IPSec(IP Security)是一组开放协议的总称,特定的通信方之间在 IP 层通过加密与数据源验证,以保证数据包在 Internet 网上传输时的私有性、完整性和真实性。

IPSec 协议有两种工作模式:隧道模式和传输模式。在隧道模式下,IPSec 将整个原始 IP 数据包放入一个新的 IP 数据包中,这样每一个 IP 数据包都有两个 IP 包头:外部 IP 包头和内部 IP 包头。外部 IP 包头指定将对 IP 数据包进行 IPSec 处理的目的地址,内部 IP 包头指定原始 IP 数据包最终的目的地址。IP 包的源地址和目的地址都被隐藏起来,使 IP 包能安全地在网上传送。其最大优点在于终端系统不必为了适应 IP 安全而作任何改动。隧道模式既可以用于两个主机之间的 IP 通信,又可以用于两个安全网关之间或一个主机与一个安全网关之间的 IP 通信。

在传输模式下,要保护的内容是 IP 包的载荷,在 IP 包头之后和传输层数据字段之前插入 IPSec 包头(AH 或 ESP 或二者同时),原始的 IP 包头未作任何修改,只对包中的净荷(数据)部分进行加密。由于传输模式的 IP 包头暴露在外,因而容易遭到攻击。传输模式常用于两个终端节点间的连接,如客户机和服务器之间。

IPSec 定义了一套用于认证、保护私有性和完整性的标准协议。它支持一系列加密算法,如 DES、3DES;检查传输数据包的完整性,以确保数据没有被修改。IPSec 可用来在多个防火墙和服务器之间提供安全性,确保运行在 TCP/IP 上的 VPN 之间的互操作性。

2) SSL VPN

SSL VPN 是以 SSL/TLS 协议为基础,利用标准浏览器都内置支持 SSL/TLS 的优势,对其应用功能进行扩展的新型 VPN。

SSL 协议最初是由 Netscape 公司开发,用于保护 Web 通信安全。到目前为止,SSLv3 和 TLS1.0(也称为 SSLv3.1)得到了广泛的应用,2006 年 IETF 推出了 TLS1.1 协议(RFC4346),2006 年 IETF 推出了 TLS1.2(RFC5246)并在 2011 年对其进行了修正(RFC6176)。随着 SSL 协议的不断完善,包括微软 IE 在内的愈来愈多的浏览器支持 SSL,SSL 协议成为应用最广泛的安全协议之一。

SSL 协议分为两层,上层是握手协议,底层是记录协议。SSL 握手协议主要完成客户端与服务器之间的相互认证,协商加密算法与密钥。在握手协议中,认证可以是双向的,协商密钥的过程是可靠的,协商得到的密钥是安全的。SSL 记录协议建立在可靠的传输协议之上,主要完成数据的加密和鉴别。通过对称密码算法确保了数据传输的机密性,通过 HMAC 算法确保数据传输过程的完整性。

由此可见,SSL 协议从以下方面确保了数据通信的安全:

认证:在建立 SSL 连接之前,客户端和服务器之间需要进行认证,认证采用数字证书,可以是客户端对服务器的认证,也可以是双方进行双向认证。

机密性:采用加密算法对需要传输的数据进行加密。

完整性:采用数据鉴别算法验证所接收的数据在传输过程中是否被修改。

除了 Web 访问、TCP/UDP 应用之外,SSL VPN 还能够对 IP 通信进行保护。在保证通信安全性的基础上,SSL VPN 实现了更加细致的访问控制能力,大大增强了对内网的安全保护。同时,SSL VPN 通信基于标准 TCP/IP,因而不受 NAT 限制,能够穿越防火墙,使用户在任何地方都能够通过 SSL VPN 网关代理访问内网资源,使得远程安全接入更加灵活简单。另外,使用 SSL VPN 访问 B/S 应用时不需要安装任何客户端软件,只要用标准的浏览器就可以实现对内网 Web 资源的访问,省去了客户端的烦琐的维护和支持工作,不仅极大地解放了 IT 管理员的时间和精力,更提高了远程接入人员(如出差员工)的工作效率,节省了企业的培训和 IT 服务费用;同时,也意味着远程用户在进行远程访问时不会再受到地域的限制,不论是在公共网吧或是在商业合作伙伴那里,甚至是随手借一台笔记本,只要有网络,远程访问就没问题。

9. 上网行为安全审计

1) 网络行为审计的意义

互联网行为牵涉到方方面面,如果缺乏监管,将对正常的工作和学习带来极大的安全隐患,并且根据国家公安部 82 号令的要求,各独立网络需要对上网行为日记进行记录,以配合违法追溯。

为了实现对网络行为的审计,满足国家相关法律法规要求,在网络骨干部署上网行为管理设备,对全网网络行为进行审计。ASG 建议采用旁挂模式部署,对整体的网络结构完全不造成任何影响。在 BRAS 上接入,把全网上网流量镜像到 ASG 接口,ASG 对流量进行分析和记录。并且 BRAS 系统会把用户认证的信息,包括用户账号、动态获得的 IP 地址对应关系也一并传递到 ASG,使 ASG 能实现完整的行为记录。

2）网络审计效果

ASG 可以对绝大部分的网络行为进行审计,包括:

（1）应用审计:审计应用的分类、应用名、使用该应用的用户、用户所在部门、目的地址、应用流量、应用使用时长等。

（2）知名端口非标协议审计:审计常见端口（21、25、80、110 和 443 端口）上的非标准协议流量,以识别潜在风险。

（3）URL 访问审计:审计域用户所访问的 URL,支持审计所有 URL 和仅审计指定分类的 URL。

（4）Web 内容上传审计:审计用户通过 HTTP 协议 POST 的内容,供事后追查在论坛/博客上发表的不良言论。

（5）Web 文件外发审计:审计用户通过 HTTP 协议上传的文件,有效追踪泄密事件。

（6）Web 文件下载行为审计:审计用户通过网站下载的文件名称、类型和大小,了解用户下载行为。

（7）邮件审计:支持审计邮件标题、邮件内容、发件人、收件人、邮件附件等。

（8）IM 聊天审计:IM 审计需要使用 ASG 客户端,可以审计的 IM 软件包括 QQ、阿里旺旺、飞信、MSN、雅虎通和 Gtalk,可以审计聊天内容和外发的附件。

根据以上审计内容,ASG 可以形成详细的报告和相关数据趋势分析,帮助实现精准的违法溯源和网络行为趋势分析。

10. 应用入侵防御方案

随着网络承载着单位越来越具有价值的信息资产,增强网络应用的安全性,防止被恶意入侵,是建设数据中心的重要一环。NIP 建议旁路部署于数据中心出口处,对出口的流量进行威胁检测。其设备本身不会对数据中心的访问造成稳定性影响。

1）全面防护:从系统服务到应用软件

提供传统 IPS 的漏洞攻击防护、Web 应用防护、恶意软件控制、应用管控及网络层 DOS 防护等功能。针对日益泛滥的上网客户端攻击（浏览器、媒体文件、各种文档格式等）,提供最专业的保护。应对愈演愈烈的面向 HTTP、DNS、SIP 等应用的拒绝服务攻击,提供业界领先的应用层 DOS 防护功能。凭借全球布点的漏洞跟踪的能力,最早发现攻击,提供及时的签名升级。

2）精准检测:高效阻断业务威胁

基于先进的漏洞特征检测技术,确保检测的精准。无须担心误报。自动学习业务流量基线,避免阈值配置错误。默认情况对中高风险攻击自动阻断,无须专家进行签名调校。

3）应用感知,精细控制用户行为

1200＋应用识别,采用细致带宽分配策略限制各种不当应用所占用的带宽,保障 OA、ERP 等办公应用的带宽。全面监测和管理 IM 即时通信、网络游戏、在线视频,以及在线炒

股等应用,协助企业

辨识和限制非授权网络行为,更好地执行安全策略。

4) 易于使用,零配置上线即时保护

零配置上线:设备上电接通即可正常工作,无须复杂的签名调校及网络参数调整。

丰富的策略模板:为各专门场景提供最简单的配置方式,便于客户实施定制化安全策略。实时系统监控及安全趋势监控,数十种分析报表,轻松掌握安全状态。

14.1.8 校园网无线局域网的设计

1. 校园网 WLAN 覆盖总体需求

根据不同的场景和不同的业务需求,对于 WLAN 覆盖的要求也有差异,需要根据差异性选择不同的 WLAN 设备进行部署,以达到最好的使用效果。校园网中 WLAN 网络覆盖的总体需求是笔记本、台式计算机、智能手机、平板电脑等多种类型 WiFi 无线终端和 802.11a、802.11b、802.11g、802.11n 等多种标准的终端均需要便捷接入,满足校园网络师生接入覆盖需求。

1) 各区域的 WLAN 覆盖具体需求

学生公寓:此区域是一个重点覆盖区,需要满足 100% 用户并发,接入速率不低于 4Mb/s;双频覆盖,2.4GHz 和 5GHz 边缘场强均大于−60dBm。

教室:此区域是一般覆盖区,需要满足 30% 用户并发,学生同时接入上网,并发接入速率不低于 2Mb/s;双频覆盖,2.4GHz 和 5GHz 边缘场强均大于 75dBm。

会议室、学术交流厅、演播厅:此类区域是重点覆盖区,需要满足 40% 师生同时上网;并发接入速率不低于 2Mb/s;双频覆盖,2.4GHz 和 5GHz 边缘场强均大于−70dBm。

办公区:此区域是重点覆盖区,需要满足 100% 用户并发,办公人员同时上网,并发接入速率不低于 4Mb/s;双频覆盖,2.4GHz 和 5GHz 边缘场强均大于−70dBm。

图书馆阅览室:此区域是重点覆盖区,需要满足 40% 并发上网,同时接入速不低于 2Mb/s;双频覆盖,2.4GHz 和 5GHz 边缘场强均大于−70dBm。

食堂区域:此区域是重点覆盖区域,需要满足同时就餐师生 15% 并发上网,同时接入速率不低于 2Mb/s;双频覆盖,2.4GHz 和 5GHz 边缘场强均大于−65dBm。

广场、操场、室外场景:此类区域是一般覆盖区域,需要双频覆盖,2.4GHz 和 5GHz 边缘场强均大于−75dBm。

2) 无线应用需求

(1) 服务质量 QoS 需求。覆盖区域内需要无线漫游,用户终端从一个 AP 覆盖范围移动到另一个 AP 覆盖范围,无须重新登录和认证;老师、学生、访客等不同的角色拥有不同的权限,且教师和学生之间需要隔离,限制教师和学生互访;AP 需要能感知接入用户数量,灵活调整物理信道竞争参数,降低碰撞几率,避免过多的用户接入同一 AP,保障服务质量和体验。

(2) 无线安全防护的需求。无线信号是开放的,任何人都可以接收到,存在数据被窃听、篡改等安全隐患,无线局域网络 WLAN 需要支持 WEP(Wired Equivalent Privacy)、WPA(Wi-Fi Protected Access)/WPA2、WAPI(Wireless LAN Authentication and Privacy Infrastructure)等加密认证方式,充分保证学校师生重要信息的私密性,数据传输的安全性。

(3) 无线入侵防护。为了更好地保证网络的安全性和可靠性,WLAN 无线网需要支持泛洪攻击、IP 地址欺骗攻击、暴力 PSK 破解、WeakIV 等 WIDS/WIPS 安全防护。

3）无线网络的稳定可靠要求

（1）无线接入点 AP 设备的要求。室外 AP 设备的防尘、防水的防护等级需要达到 IP67 要求，同时 AP 自身内置 5kV 防雷器，减少工程施工和网络运维的困难。

（2）无线控制器 AC 设备要求。AC 需要支持 1＋1 热备份，以便解决 AC 单点故障问题。

（3）网络链路的要求。网络链路在本地转发模式下，若遇到无线接入点的控制和配置协议 CAPWAP（Control And Provisioning of Wireless Access Points Protocol Specification）隧道中断、AC 故障、控制链路错误等问题时，需要 AP 能进入半自治状态，继续对终端业务数据进行转发，业务不中断，保障用户体验。

4）认证计费功能需求

认证系统需要支持 Portal、MAC、802.1x、PPPoE 等多种认证方式，以满足不同场景下，不同群体（老师，学生，访客）的接入认证需求。

计费系统功能需要针对不同的群体实现差异化的灵活计费方式，如基于时长（包月、包年），基于流量、基于 DAA（目的地址计费）等。

5）与有线网络兼容的需求

新建 WLAN 网络必须考虑与原有有线网络之间的兼容，实现与现有系统使用同一个账号、密码进行认证，并获取相同的访问权限，与有线网络使用同一个账号、密码进行计费，使用不同的计费策略。

6）易维护管理需求

无线网络监控的需求，可以通过网络管理软件查看当前设备物理拓扑，直接显示设备间连接关系，监控设备及链路状态。通过 WLAN 业务拓扑监控无线设备告警、状态、网络设备逻辑结构，包括 AC、AP、终端用户、非法 AP 的逻辑连接关系及其详细信息，并在拓扑提供一定故障诊断处理能力。

无线 AP 的故障恢复需求，通过网络管理远程批量重启 AP，恢复 AP 配置。通过网管快速完成 AP 替换，替换后业务不变。

2．无线覆盖系统的设备规划

1）无线接入点 AP

不同类型的无线 AP，有着不同的适用场景，如表 14-1 所示。

表 14-1　不同类型无线 AP 的适用场景

AP	产品特点	覆盖范围	使用环境
面板 AP	86 型，外形小巧，外观多样，接口多样，速率多样	半径 10m 的球型覆盖穿 1～2 堵墙	隔断多的空间：客房、宿舍等
吸顶 AP	外观多样，正面无接口	正面 120°圆锥体覆盖半径 10～15m	开阔空间：展馆、大厅等
高密度 AP	体积较大，四频并发，可接入人数较多	正面 120°圆锥体覆盖半径 10～20m	人流密集空间：会议设施、报告厅等
室外 AP	外观多样，发射功率大，防尘防水	分为定向与全向 AP 覆盖范围 180～300m	室外环境

进行无线覆盖选择 AP 时，应考虑以下事项：

- 环境特点：室外或是室内,终端稀疏型分布(如仓库)或是高密度无线接入(如会议室、多功能厅等)。
- 安装方式：吸顶、面板或者立杆。
- 供电方式：POE 交换机供电或者模块供电。
- 覆盖范围：单个房间、多个房间、区域覆盖、定点覆盖等。
- 带机量：单个 AP 接入 20 个、40 个、80 个或更多终端。以酒店环境为例,介绍在不同区域可以采用不同的产品:一般客房区域选用普通的吸顶无线 AP,能够满足大部分区域的无线覆盖即可,适当允许少数无线盲区。豪华客房等高端宾客区域可选用面板无线 AP,保障最佳的无线覆盖效果,提供最好的住宿体验。餐饮、会议室等人员密集型区域,采用支持高密度接入的吸顶双频无线 AP,满足同时多人接入的需求。
- AP 应该选择 2.4G 单频,还是 2.4G/5G 双频? 从当前市面上的终端产品看,千元规格的智能手机基本都能支持 5G 频段的 WiFi,因此为了更好的无线体验,推荐双频无线 AP,尤其是在人员密集型区域。
- 一个无线 AP 带多少个客户端合适? 基于无线产品的工作原理、手机等无线终端的无线发送接收能力,一个无线 AP 能搞定"方圆 1 公里,接入数百人"是无法实现的。根据工程经验,推荐一个单频 AP 带 20~40 个客户端,一个双频 AP 带 50 个客户端。
- 一个无线 AP 覆盖多大范围合适? 无线 AP 的覆盖范围与安装位置、实际环境的关系非常大。吸顶无线 AP:覆盖周边 4 个房间(宿舍)或半径 10m 左右的范围,适合安装在相对环境空旷、层高 3m 左右的环境。因安装方式的特性,容易产生无线盲点。面板无线 AP:覆盖周边 2 个房间(宿舍),1~2 道墙的空间。无线覆盖效果较好。

下面举例 WS 各型号的无线 AP 情况,如表 14-2 所示。

表 14-2 WS 厂商各型号无线 AP 情况

型 号	所属类目	无线速率	有线传输率	推荐带机量
WS-A310		2.4G：300Mb/s	百兆	10
WS-A330	面板 AP	2.4G：300Mb/s 5.8G：433Mb/s	百兆	20
WS-A350		2.4G：300Mb/s 5.8G：867Mb/s	千兆	20
WS-A500		2.4G：300Mb/s	百兆	40
WS-A510		2.4G：300Mb/s 5.8G：433Mb/s	百兆	60
WS-A550		2.4G：300Mb/s 5.8G：867Mb/s	百兆	60-80
WS-A560	吸顶 AP	2.4G：300Mb/s 5.8G：867Mb/s	千兆	60-80
WS-A570		2.4G：300Mb/s 5.8G：867Mb/s	千兆	80
WS-A580		2.4G：450Mb/s 5.8G：1732Mb/s	千兆	80-120

2）汇聚的 PoE 交换机

无线 AP 的汇聚选用 24 口的千兆 PoE 交换机，满足 AP 供电以及 WLAN IEEE802. 11n/ac 对接入带宽的需求。用于 PoE 交换机的汇聚交换机可以选择华为 S5700-24TP-PWR-SI。

PoE 交换机除了具备普通交换机的功能外，还具备有 PoE 供电功能，可以给网络摄像机（IPC）、无线 AP 等网络设备供电，从而免去了繁杂的电源布线。选择合适的 PoE 交换机就需要注意以下要点：

（1）供电标准。确定受电端（AP 或 IPC）支持的供电协议（如 802.3af、802.3at 或是非标准 PoE），交换机支持的 PoE 供电协议需要和受电终端一致。802.3af 标准的 PoE 交换机单端口输出功率为 15.4W，802.3at 标准的 PoE 交换机单端口输入功率为 30W。于对功率较大的受电设备，建议采用 802.3at 标准的 PoE 交换机。

PoE 交换机除了考虑供电协议及单端口输出功率外，还需要考虑到 PoE 交换机的整体功率，总的功率越大，供电能力越强（最大供电功率一定要大于受电端的总功率）。

（2）物理端口。PoE 交换机的端口也有数量之分，从 4 到 24 端口不等，请根据受电终端设备数量考虑选购 PoE 供电端口的数量。

（3）传输速率。PoE 交换机的传输速率有百兆、千兆之分，需要根据受电终端和业务需求考虑端口需要支持的最高速率。一般情况下，千兆 PoE 交换机性能优于百兆 PoE 交换机。以网络监控为例，如果监控设备配置的是高清摄像头，但带宽不足以支持高清传播，就会出现丢包现象，影响监控效果（延迟、卡顿）。要想达到高清流畅的效果，可采用千兆 PoE 交换机。

（4）可管理性。PoE 交换机分网管 PoE 交换机及基本 PoE 交换机。基本 PoE 交换机主要是提供 PoE 供电端口，直接使用无须配置；网管 PoE 交换机除了提供 PoE 供电的同时，还可以灵活配置端口供电时间和优先级，可以指定更合理的供电计划。

3）无线控制器

无线控制器（Wireless Access Point Controller，AC）的选用问题，若校园网中心机房的核心交换机选用的是 S12700 系统的设备，则该交换机已内置了无线控制 AC 功能，因此 AC 设备无须再单独购买。举例 WS 的 AC 功能情况，如表 14-3 所示。

表 14-3　WS 厂商的 AC 网关情况

型　　号	接口/特征	推荐管理 AP 数和终端数	功能介绍
WS-AC1100	5 口千兆，支持 POE 输出 弱电箱安装	可管理 30 台 AP，推荐带机量 64 台终端，推荐带宽 200～500M	支持多线接入、多 WLAN 叠加、多线分流与负载均衡，合理利用不同运营商带宽
WS-AC1300	5 口千兆 外置电源 桌面式	可管理 50 台 AP，推荐带机量 128 台终端，推荐带宽 500M～1G	基于 DPI 七层流控，1700＋常见网络应用识别，轻松实现应用分流
WS-AC1305	5 口千兆 内置电源 桌面式	可管理 100 台 AP，推荐带机量 256 台终端，推荐带宽 500M～1.5G	智能 AC 管理，统一管控 WiFiSKY 系列 AP，轻松实现 AP 分组与无缝漫游

续表

型 号	接口/特征	推荐管理 AP 数和终端数	功能介绍
WS-AC1400	6 口千兆 1U 机架式	可管理 200 台 AP,推荐带机量 512 台终端,推荐带宽 1~1.5G	支持 P-MAC 绑定、网站过滤、内网隔离等功能,有效解决安全隐患
WS-AC1600	6 口千兆 1U 机架式	可管理 500 台 AP,推荐带机量 1024 台终端,推荐带宽 1.5~2G	支持 10 种以上认证方式,满足不同场景的认证上网与无线营销需求
WS-AC1700	6 口千兆 2U 机架式	可管理 1000 台 AP,推荐带机量 2048 台终端,推荐带宽 2~3G	支持行为管理,网络应用排名与对比详情分析一目了然
WS-AC1800	6 口千兆 2U 机架式	可管理 2000 台 AP,推荐带机量 3000 台终端,推荐带宽 2~5G	支持 WiFiSKY 云平台(银河系统)管理,实现远程管理与调控

3. WLAN 的无线射频规划

WLAN 信道是 WLAN 网络设计中重要一环,大型无线校园网必须对 WLAN 信道进行统一规划。WLAN 信道规划的好坏,影响到无线网络的带宽、无线网络的性能、无线网络的扩展以及无线网络的抗干扰能力,也必将直接影响到无线网络的用户体验。

1) 频点划分

为保证信道之间不相互干扰,大型无线校园网必须对 WLAN 信道进行统一规划并实施。WLAN 系统主要应用两个频段:2.4GHz 和 5.0GHz。2.4G 频段具体频率范围为 2.4~2.4835GHz 的连续频谱,信道编号 1~14,非重叠信道共有三个,一般选取 1、6、11 这三个非重叠信道。5.0G 频段分配的频谱并不连续,主要有两段:5.15~5.35GHz、5.725GHz~5.85GHz。不重叠信道在 5.15~5.35GHz 频段有 8 个,分别为 36、40、44、48、52、56、60、64;在 5.725GHz~5.85GHz 频段有 4 个,分别为 149、153、157、161,可以根据实际部署情况,选择相应的非重叠信道。

2) 信道覆盖

WLAN 信道规划需遵循两个原则:蜂窝覆盖、信道间隔。根据覆盖密度、干扰情况、选择 2.4G/5G 单频或双频覆盖。AP 交替使用 2.4G 的 1、6、11 信道及 5.0G 的 36、40、44 信道,避免信号相互干扰;一般情况单独使用 2.4G 或 5.0G 的频段,对于会议室等高密度用户接入的场所,可以启用双频进行覆盖,以便提供更好的接入能力。单频覆盖和双频覆盖的示意图,如图 14-8 所示。

3) 链路预算

WLAN 链路预算一般经过边缘场强确认、空间损耗计算、覆盖距离计算等步骤。边缘场强确认是指,在 WLAN 工程部署中,要求重点覆盖区域内的 WLAN 信号到达用户终端的电平不低于 -75dBm。这样可以保障用户与 AP 的协商速率以及收发数据质量。

空间损耗计算通常采用如下公式:

$$P_r[dB] = P_t[dB] + G_t[dB] - P_1[dB] + G_r[dB]$$

其中,$P_r[dB]$ 为最小接收电平,即为 AP 在不同传输速率下的接收灵敏度;$P_t[dB]$ 为最大发射功率;$G_t[dB]$ 为发射天线增益;$G_r[dB]$ 为接收天线增益;$P_1[dB]$ 为路径损耗(包括空

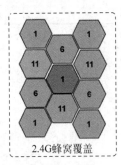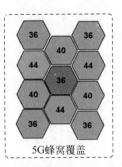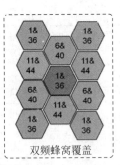

| 2.4G蜂窝覆盖 | 5G蜂窝覆盖 | 双频蜂窝覆盖 |

图 14-8 单频覆盖和双频覆盖的示意图

间传播损耗、馈线传播损耗、墙体/玻璃阻挡损耗)。

实际部署中终端天线增益不可知,为方便计算常忽略接收天线增益,而采用如下公式:

到达用户端的信号电平 = AP 发射功率 + AP 天线增益 − 路径损耗

路径损耗主要指 WLAN 信号的空间损耗,空间损耗 $= 92.4 + 20\lg_f + 20\lg_d$($f$:GHz,$d$:km)。由公式推算可知:

空间传输距离	100m	200m	300m	400m	500m	600m	1000m	100m
2.4GHz 信号的空间衰减/dBm	80	86	89.5	92	94	95.5	100	80
5.8GHz 信号的空间衰减/dBm	87.6	93.6	97.1	99.6	101.6	103.1	107.6	87.6

为便于理解链路估算的过程,这里给出一个室外场景覆盖和室内场景覆盖的预算案例:根据 WLAN 覆盖边缘场强的要求,到达终端用户的信号电平不低于 −75dBm,500mWAP 的输出电平 27dBm,天线增益 11dBi,距离 AP500m 处信号的衰减量 94dBm,由于 27+11−94 = −56dBm,大于 −75dBm,因此在通常情况下,AP 的覆盖范围为 500m。由于数据通信是双向的,终端的信号发射功率相对 AP 较弱。综合考虑,一般建议室外 AP 的覆盖范围为 200～300m。有些场景需要利用无线 AP 设备做桥接,HUAWEI AP 桥接可以按照 3～5km 规划。

根据 WLAN 覆盖边缘场强的要求,到达终端用户的信号电平不低于 −75dBm,100mWAP 的输出电平 20dBm,天线增益 4dBi,距离 AP60m 处信号的衰减量 90dBm,由于 20+4−90 = −66dBm,大于 −75dBm,因此在正常情况下,室内 AP 的覆盖范围为 60m。考虑到室内环境复杂,无线信号需要穿越墙体等障碍物,一般建议覆盖半径为 20m 左右。

4)规划工具

无论是室内还是室外,精细地覆盖规划都是一件非常具有挑战性的工作。很多项目的无线网络规划设计完全参照经验进行设计,与现网环境不能有机结合,不但缺乏科学的依据,准确率也不高,且规划效率低下。粗放的覆盖规划不能充分发挥 WLAN 的性能,并且也给后期维护优化带来更多的工作量,增加后期成本。

选择专业的规划服务工具,可以提供从规划、建设和优化全流程的工具支撑,大大提升高校这种场景覆盖规划的效率和准确性。例如,AP 计算器、PHU 手机、HUAWEI WLAN 规划工具等。

4. 无线网络的服务集标识 SSID 和漫游规划

1）无线网络的服务集标识 SSID 的规划

图 14-9 虚拟接入点示意图

AP 可以配置多个 SSID（Service Set Identifier，服务集标识），华为单频 AP 可支持 16 个 SSID，双频 AP 可支持 32 个 SSID。通过配置多个 SSID，AC 针对不同的 SSID 下发不同的策略，SSID 根据策略进行终端与业务管理。无线网络可按照用户群体划分不同的 SSID，针对三种不同的用户群体，在 AP 上设置了 3 个 SSID：SSID1 用于学生、SSID2 用于访客和 SSID3 用于教师。虚拟接入点（Virtual Access Point，VAP），如图 14-9 所示。

2）SSID 和 VLAN 的映射

通常，以太网中管理 VLAN 和业务 VLAN 是分离的。业务 VLAN 主要用于区分不同的业务类型或用户群体。在 VLAN 网络中 SSID 也同样可以承担相应的工作。因此，在 SSID 的规划中必须综合考虑 VLAN 与 SSID 的映射关系。业务 VLAN 应根据实际业务需要与 SSID 匹配映射关系，映射关系有 1∶1、1∶N、N∶1、N∶N 四种。

3）无线漫游的规划

漫游是指用户在部署了 WLAN 网络的场所移动时，用户终端可以从一个 AP 的覆盖范围移动到另一个 AP 的覆盖范围，用户无须重新登录和认证，如图 14-10 所示。WLAN 网络漫游中需要了解以下两点：①漫游过程中 SSID 必须一致，且使用相同的安全设置；②漫游中选择连接哪 AP 是无线客户端的动作，这个切换的时机和快慢受无线客户端的芯片或设置的影响，所以在漫游切换过程中会出现不同的终端切换性能有差异。

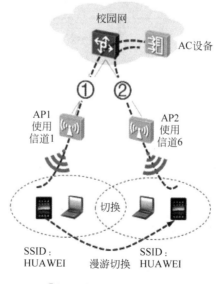

①解除用户和AP1间的关系
②建立用户和AP2间的关系

图 14-10　WLAN 网络漫游的规划示意图

5. 教室场景覆盖

1）覆盖需求

一般情况,教室内的无线覆盖主要是满足学生(笔记本、智能手机和 PAD 等)和教师的上网需求。具体业务和覆盖需求如下:

满足学生单用户的下行容量 2M,上行容量 1M。

满足教师单用户的下行容量 2M,上行容量 1M。

整体环境要求普遍覆盖,各子空间要求全覆盖,但是用户同时业务的并发率低,用户密度低。

2）设备选型

教室的教育终端主要为笔记本,也会有少量 PAD、手机等手持 PDA 设备,WiFi 模式主要为 IEEE 802.11g/n。因此要选择 IEEE 802.11N 的设备。

终端多支持 5.8G,考虑到以后的扩展,因此选择双频设备。

综合以上两点,该场景下选用放装型、双频、双空间流、IEEE 802.11N 设备。

3）天线选型

室内产品最好能内置天线,以便 AP 可以与教室的环境融合,减少对现有结构的施工。

4）部署方案

设备可同时满足 20～30 个终端/每人 2M 的速率。因此推荐每个教室放置 2 个 AP。

无线 AP 部署举例的示意图,如图 14-11 所示。

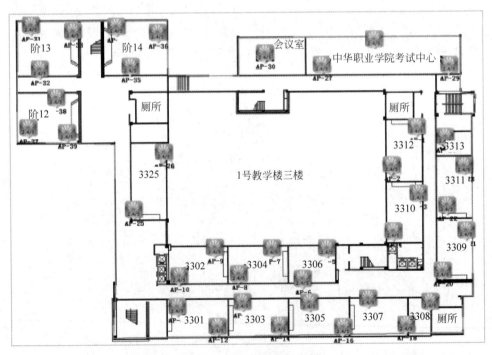

图 14-11　无线 AP 部署举例

6. 图书馆场景覆盖

1）覆盖需求

图书馆无线覆盖,主要是为了满足校内师生在图书馆登录图书馆网站、学校网站和部分

公共网站(学术新刊论文类网站)的业务需求。细化的业务和覆盖需求如下:

(1) 提供稳定、流畅的网络速率,保证师生通过个人终端(笔记本电脑、智能手机和PAD)能正常登录图书馆网站、学校网站和公共网站,且上网体验良好。

(2) 某高校图书馆内设的电子阅览室和办公室已布置了有线网络,无线网络主要覆盖期刊/书籍阅览室、各层自习室、二层大厅和六层的咖啡厅。

(3) 图书馆大厅流动性较强,主要上网需求为查询书籍借阅信息、阅读图书馆公告等。

(4) 图书馆自习室设置固定座位,主要上网需求为:登录图书馆网站和外部公共期刊网站,查询、下载论文等资料;登录学校网站,查看公共课程,下载课程辅助学习资料(主要是课件和历年考题等)。上网并发率为80%左右。

此类应用场景的特点:半开放式室内环境,整体环境嵌套多个子空间环境,子空间环境种类多,如高密度室内场景(自习室、休息厅)、低密度室内场景(阅览室)、流动性室内场景(图书馆大厅),主要上网需求为网业浏览和网页操作,带宽需求小于2M。

2) 设备选型

终端类型:主要为笔记本,也会有少量PAD,WiFi网卡模式主要为11g/n模式,双空间流业务带宽需求小于2M。

(1) 自习室、休息厅这类高密度室内场景建议采用放装设备;

(2) 图书馆大厅流动性场景,也存在突发大用户量的可能,建议采用放装设备。

综合上述,选用放装型、双频、双空间流、IEEE 802.11N设备,且可同时满足20~30个用户,每用户1~2M的稳定带宽。

3) 天线选型

室内产品最好能内置天线,以便AP可以与图书馆的环境融合,减少对现有结构的施工。

4) 部署方案

一层图书馆大厅无线覆盖规划如图14-12所示。书吧室内分别布放一台AP,满足阅览室内的上网需求;大厅内的AP壁挂放置在休息区沙发椅上方的墙壁,主要满足大厅内师生的上网需求。

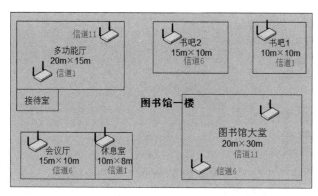

图 14-12　一层图书馆大厅无线覆盖规划

7. 高校宿舍场景覆盖

1）覆盖需求

打造"无线校园"，计划将无线网络引入学生宿舍，实现无线入室，使100%的学生能够通过无线网络上网冲浪。细化覆盖需求如下：

无线网络能够满足60%学生的同时上网需求。学生的上网业务主要有：浏览网页，观看视频，下载学习/娱乐资料等。要求目标覆盖区域内95%以上的位置，接收信号电平≥−75dBm，公寓楼内学生宿舍均能搜索到无线网络。

场景的特点：覆盖区域联片，宿舍间紧密相邻，用户并发率60%。

2）设备选型

某高校若一间宿舍有4人，每人带宽1～2M。

学生使用的多为笔记本电脑或USB无线网卡，主要是IEEE 802.11N模式。

覆盖区域内95%以上的位置要求信号强度≥−75dBm。学生宿舍网络的高峰期相对集中，在晚上1～2h内。

综合考虑，建议选择放装型，双频，双空间流，IEEE 802.11N设备。

3）天线选型

室内产品最好能内置天线，以便AP可以与图书馆的环境融合，减少对现有结构的施工。

4）部署方案

公寓楼为单/双侧联排，无独立卫生间结构。宿舍门为木门（厚度约5cm，普通板材），木门上方有玻璃窗，无吊顶。每间宿舍住4名学生。宿舍楼内重点覆盖学生宿舍，洗手间、洗浴室等不需覆盖。可同时满足20～30个用户，1～2M的带宽需求，考虑到墙体的衰减，设计4个宿舍共用一个AP，具体设计如图14-13所示。

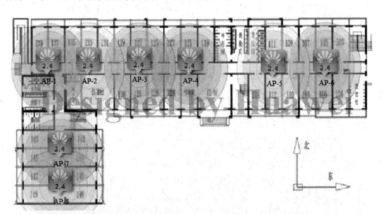

图14-13 公寓楼为单/双侧联排无线AP部署

8. 校园室外无线覆盖

1）覆盖需求

湖边、草地、广场这类场所是高校校园室外覆盖的典型场景。相对于室内环境，室外环境要更加恶劣，部署的AP要面临严寒酷暑、风吹雨淋以及雷电灾害的挑战。高校无线网络建设的室外重点覆盖区域为室外体育场、校内绿化休息区和学校广场。细化覆盖需求如下：

覆盖范围内，用户通过无线网络可以随时、随地、随意无线上网。

重点覆盖范围(室外体育场、校绿化草地和学校校广场)内 90% 的区域信号强度大于 -75dBm。

除重点覆盖区域外,无线信号覆盖校园内 70%。

此类场景特点:覆盖区域为室外开发空间;覆盖区域相对空旷,无密集建筑物遮挡;用户的流动性强,上网带宽需求小。

2) 设备选型

此类校园网场景,室外重点覆盖的区域一般在 $300\sim500\text{m}^2$,设备要有防尘、防雨、防雷的能力,应选用防护等级为 IP67,内置防雷器,双空间流,IEEE 802.11N 设备。

3) 天线选型

室外型 AP 一般选配室外型定向或全向天线。校园网场景中,单 AP 的覆盖距离一般为 $200\sim400$m。重点覆盖区域的周边有高层建筑物,2.4G 推荐使用室外定向 11dBi 双极化天线,5G 频段推荐使用 11.5dBi 定向天线,如图 14-14 所示。

天线型号	工作频率	使用环境	安装方式	每个AP所需数量	Gain/dBi	覆盖距离/m	适用AP型号
	2.4GHz	室外	抱杆	1	11	1500	AP6510DN/AP6610DN
	5GHz	室外	抱杆	1	11.5	500	AP6510DN/AP6610DN

图 14-14　室外型定向或全向天线

4) 覆盖方案

考虑到操场的用户并发数会相对较多,AP 的实际安装位置,需要借助周边的建筑,例如建筑物顶楼,具体覆盖规划及 AP 波束方向示意,如图 14-15 所示。

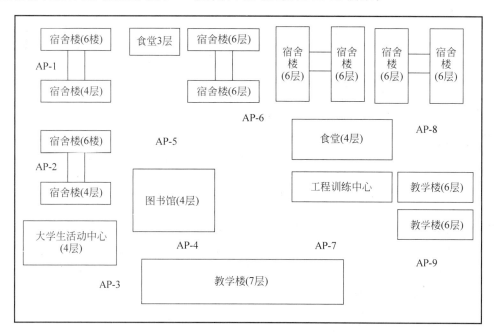

图 14-15　室外 AP 部署

9. WLAN 业务 QoS 规划

WLAN 的 QoS 保证不同质量的无线接入服务之间的互通,满足实际应用的需求,如图 14-16 所示,在校园网中,常采用无线空口做 WMM 调度,有线侧进行优先级映射,校园网(园区级网络)做 DiffServ 调度的方式,最大程度优化网络发生拥塞时的核心业务和 VIP 用户服务质量。高校中的 QOS 部署一方面需要从业务的角度实现端到端的 QOS 保障,另一方面出于管理的需要能够对用户或者单 AP 的带宽进行管理,比如要求高校校园外的访客用户的带宽不超过 300kb/s,某个 AP 上 SSID-Guest 的总流量限速 20Mb/s。

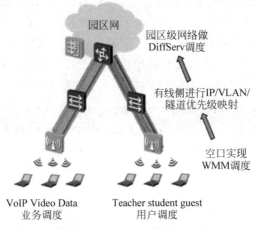

图 14-16　无线局域网的 QoS 规划

报文在 WLAN 网络中传输时需要经过有线网络和无线网络两个部分,QoS 的设计要保障端到端的性能。HUAWEI NativeAC 可以做到 5 级 Qos 调度,满足业务服务质量要求。以视频流为例,端到端的方案流程,如图 14-17 所示。

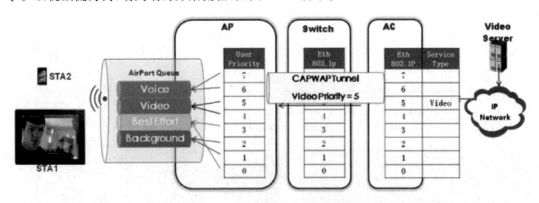

图 14-17　WLAN 业务视频 QoS 的端到端方案流程

视频服务器通过 IP 网络将广播报文发送给 AC,并打上优先级:Erthnet802.1p 优先级为 5。AC 通过 CAPWAP 隧道将报文发送给 AP。AC 需要将 Earthnet 优先级映射到隧道的优先级。在保证效率的同时,为了提升稳定性,AP 上先将组播报文转为单播报文,然后将报文从有线的优先级映射到无线的优先级。不同的业务进入不同的空口队列,并且获取到不同的空口 EDCA 参数,从而对不同优先级的业务实现差异性调度,保障 QoS。

10. WLAN 带宽管理

出于管理的需要,高校运维的老师往往需要系统地对用户或者单 AP 的带宽进行管理,比如要求高校校园外的访客用户的带宽不超过 512kb/s,教工类用户上网获得的带宽不超过 1Mb/s。WLAN 解决方案能够提供基于用户、基于 AP(VAP)或者基于某 SSID 的带宽管理。

1) 基于用户的带宽管理

基于用户的带宽管理包含基于某个特定用户的带宽管理以及基于用户组(角色)的带宽管理。基于用户的带宽管理需要 Radius 服务器参与,认证后 Radius 服务器下发用户带宽或者用户组给 AC,AC 通知 AP 进行相应的带宽控制,如图 14-18 和图 14-19 所示。

图 14-18 WLAN 基于用户组带宽管理

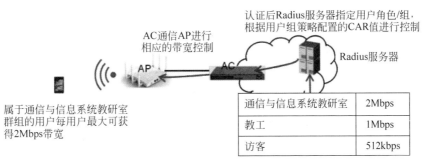

图 14-19 基于 AP 的带宽管理

出于管理的目的,有时需要对某个具体的 AP 进行带宽管理,如限制某个办公室里的 AP 带宽为 30Mb/s,可以通过配置 Traffic Profile 中的 VAPLimitRate 实现带宽管理,如图 14-20 所示。

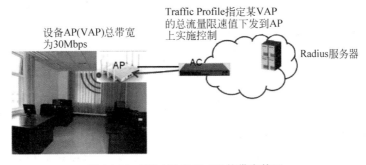

图 14-20 WLAN 基于 AP 的带宽管理

2）基于 SSID 的带宽管理

为来自校园外的访客提供上网服务不是高校建设 WLAN 的主要目的，一般需要对访客 SSID 的容量做限制，以保障内部用户的带宽和业务体验。如图 14-21 所示，对访客限制了 20Mb/s 的访问带宽。

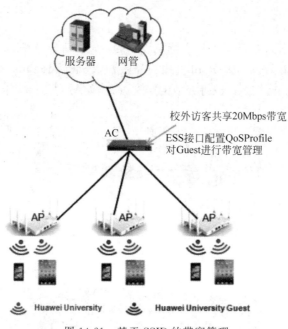

图 14-21　基于 SSID 的带宽管理

11. WLAN 可靠性的规划

WLAN 网络的稳定性被高校普遍关注。一方面是设备的稳定性，AC 能够实现倒换后用户无感知的 Session 级的备份以及常年工作在室外的 AP 在恶劣环境下的适应能力等都是高校 WLAN 网络可靠性关注的重点。另一方面，AP 的调优特性可以在个别 AP 故障或者性能恶化时自动调优，以提升 WLAN 网络的稳定性。在报告厅、阶梯教室等高密覆盖场所，AP 间的负载均衡和 5G 优先特性对 WLAN 网络的稳定性也做出重要贡献。

1）AC 可靠性

本方案中 AC 以 HUAWEI 设备举例，可以采用核心交换机华为 S12700 内置，S12700 之间使用集群实现高可靠性。

2）AP 可靠性

校园内常年工作在室外的 AP 面临严寒酷暑、风吹雨淋以及雷电灾害的恶劣环境。室外型 AP 提供业界领先的防尘、防水、防风能力以及防雷能力。领先的防风设计，能够在大于 120m/h 风力下工作，AP 全金属外壳设计，符合 IP67 防护标准，可以完全组织灰尘和细沙的进入，且长时间不惧怕雨淋。AP 在 $-40℃ \sim 60℃$ 的环境中正常工作。同时 AP 需要内置的防雷设计减少另外购置防雷设备，减少维护的烦琐。

IP 表示 Ingress Protection（进入防护）。IP 等防护级系统提供了一个以电器设备和包装的防尘、防水和防碰撞程度来对产品进行分类的方法，这套系统得到了多数欧洲国家的认可，国际电工协会（InternationalElectroTechnicalCommission，IEC）起草，并在 IED529

（BSEN60529：1992）外包装防护等级（IPcode）中宣布。防护等级多以 IP 后跟随两个数字来表述，数字用来明确防护的等级。第一个数字表明设备抗微尘的范围，或者是人们在密封环境中免受危害的程度。I 代表防止固体异物进入的等级，最高级别是 6；第二个数字表明设备防水的程度。P 代表防止进水的等级，最高级别是负载均衡，无线客户端一般会根据AP 信号强度（RSSI）选择 AP，这很容易导致大量的客户端仅仅因为某个 AP 信号较强而连接到同一个 AP 上。由于 WLAN 是基于 CSMA/CA 机制，实现多用户接入，当单台 AP 接入用户数过多时，用户吞吐率性能会出现急剧下降且稳定性无法保证。负载均衡特性可以按照用户数量和用户流量，将用户分配到同一组但负载不同的 AP 上，从而实现不同 AP 之间的负载分担，避免出现某个 AP 负载过高而使其性能不稳的情况。以华为设备的 WLAN负载均衡为例，如图 14-22 所示。

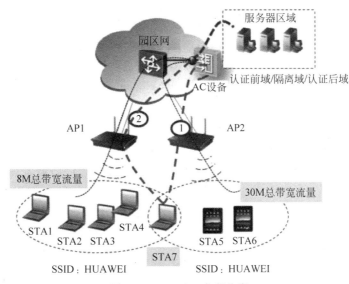

图 14-22　WLAN 负载均衡

用户模式：AP1 和 AP2 属于同一个负载均衡组，AP1 已接入 4 个 STA，AP2 已接入 2个 STA。AP1 与 AP2 接入 STA 个数的差值为 2，当阈值设置为 1 时，新接入的 STA7 被均衡到接入用户数量较少的 AP2 上。

流量模式：AP1 和 AP2 属于同一个负载均衡组，AP1 已接入 4 个 STA，AP2 已接入 2个 STA。但 AP2 上的 STA5/STA6 承载高带宽业务，总带宽流量 30M 超过 AP1 的总带宽8M，当设定阈值为 12M，新接入的 STA7 被均衡到流量负荷较小的 AP1 上。

12. WLAN 安全性规划

在高校中部署 WLAN 网络需要格外关注 WLAN 网络的安全，保障 WLAN 网络的安全运行。由于高校中存在大量具备较高技术背景和动手能力强的师生，需要考虑如何解决RogueAP 等设备带来的安全隐患？如何防止非法的用户访问行为？怎么禁止非法用户接入网络？怎么防止空口窃听？如何保证 AP 接入 AC 的安全？这些安全隐患整体可以分为空口安全和用户安全两类。

1）空口安全

空口安全主要来自非法 Rogue 设备、空口监听和恶意攻击三个方面，如图 14-23 所示。

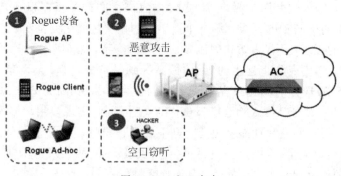

图 14-23 空口安全

2）空口安全威胁

高校中可能出现的 Rogue 设备包括 RogueAP，RogueClient，Ad-hoc 设备，这些设备对运维的 WLAN 网络会带来诸多的安全隐患，如干扰、用户和非法 AP 建立连接等。WLANWIDS 方案支持对网络中的 Rogue 设备（包括 AP，Client，Ad-hoc）进行检测、识别以及反制功能。下面分别从非法设备的监听、识别、判断以及反制四个方面详细阐述。

（1）侦听周边设备。

AP 有三种工作模式：接入模式混，监听模式和合模式。接入模式只提供覆盖功能，不提供非法设备监听功能；监听模式只监听，不能接入业务；而混合模式可以在接入业务的同时进行监听。推荐 AP 工作在混合模式，在接入业务的同时监听周边设备，低成本部署。

（2）设备类型识别。

AP 通过监听 Beacon，ASsociatonRequest，ASsociationResponse 协议报文和数据报文来识别 Rogue 设备是哪种设备（AP/Ad-hoc/Client）。监控 AP 搜集到无线设备后，维护一个无线设备信息列表，并把这些信息上报给 AC，在 AC 上根据一定的规则进行 Rogue 设备判断。

（3）Rogue 设备判断。

当 AP 设备工作在混合模式或者监听模式时可以实现对整个网络的监控，监控设备包括 AP、Client、Ad-hoc 终端、无线网桥等。

（4）Rogue 设备反制。

检测到 Rogue 设备后，可以使能防范、反制功能。反制功能，根据反制的模式，监测模式 AP 从无线控制器下载攻击列表，并对 Rogue 设备采取措施，阻止其工作。

对 RogueAP 的反制：监测 AP 通过使用 RogueAP 设备的地址发送假的广播解除认证帧来对 RogueAP 设备进行反制，抑制无线用户和非法 AP 建立链接。

对 RogueClient、Ad-hoc 设备的反制：监测 AP 通过使用 RogueClient、Ad-hoc 设备的 BSSID、MAC 地址发送假的单播解除认证帧，对指定非法 Client 的进行反制。

Rogue 设备管理可以与定位功能集合，如在地图上可以查询或者实时显示 Rogue 设备的位置，为网管人员对网络监管和排障定位提供便利。

恶意攻击：针对恶意攻击，WLAN 要拥有多种方式。下面针对高校场景中最常用的 Flood 攻击、WeakIV 攻击、Spoof 攻击方式，方案需要具备防御规划和措施。

Flood攻击检测：当"恶意用户"发送大量的"连接请求报文"至AP时，这些报文会被AP转发到AC设备上进行处理，这样会对内部网络造成冲击。

启动Floodattack检测，AC会检测到来自该恶意用户的Flood攻击，AP会将来自该用户的报文将全部被丢弃，从而实现了对于网络的安全防御。

WeakIV攻击检测：对于Client的数据报文，如果该报文使用了WEP加密算法，需要启动IV检测；AC根据IV的安全性策略判断是否存在WeakIV攻击。

Spoof攻击检测：这种攻击的潜在攻击者将以其他设备的名义发送攻击报文。

恶意AP或者恶意用户发送一个欺骗的解除认证报文会导致无线客户端下线。

AC接收到这种报文时将立刻被定义为欺骗攻击，并阻止该用户。

空口窃听：空口监听往往是高校中那些充满好奇心的学生经常尝试破解的点，需要考虑对空口数据进行加密。常用的空口加密方式有WEP，WPA/WPA2，WAPI等。在最新的实现中，不管是WPA1还是WPA2都可以使用802.1X，使用802.1X时称为WPA企业版，不使用802.1X时称为WPA个人版，或者叫WPA-PSK版。

在实际网络部署中，空口加密通常和用户认证一起考虑，在高校中推荐使用Portal＋PSK方式部署，加密方式推荐采用CCMP，在网络侧进行配置。

13. LAN用户安全

用户安全可以分为合法用户非法地访问其范围以外的资源和非法用户的接入网络两部分，如图14-24所示。

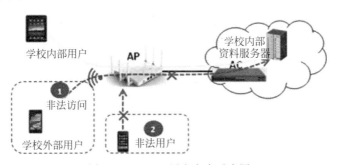

图14-24 LAN用户安全示意图

1）非法访问

在高校中根据需要，往往划分了不同的SSID供不用的用户群使用，如外部用户SSIDGuest、内部用户SSID-xxUniversity。出于信息安全的需求，往往需要保证来访的访客不能访问高校内的资源。同时，高校内的老师和学生之间，或者不同院系之间的学生也可能需要授予不同的访问权限。这些可以通过用户组的方式来实现。

用户访问授权可以在本地网络设备授权，也可以通过AAA服务器进行远端授权。一般来说，本地授权多用于SOHO或者小型园区的网络架构，并不适合高校这种网络规模较大的园区架构。高校多用远端授权的方式，即通过AAA服务器完成。

WLAN用户认证成功后，Radius服务器下发用户分组，将用户进行分类，每个用户分组可以关联对应的ACL规则，通过用户分组和ACL规则的关联，实现对每类用户进行ACL授权信息控制，即同类用户获得相同的授权信息。Radius服务可以利用现网的AAA，也可以新建。

2）用户隔离

高校的访客系统推荐使用集中转发的方式，可以增强对访客用户的控制。

当外部访客用户和内部用户都采用集中转发时，外部访客用户使用的 SSID-Guest 与内部用户 SSID-civilaviationflightUniversity 之间是天然隔离的。

当外部访客用户使用集中转发，内部用户都采用本地转发时，外部访客用户使用的 SSID-Guest 与内部用户 SSID-civilaviationflightUniversity 之间也是天然隔离的。

WLAN 解决方案可以支持多种接入认证技术，对接入用户身份进行认证，防止非法用户接入。其中比较典型的有 MAC 认证、Portal 认证、802.1x 认证和 PPPoE 认证。这几种无线认证在技术实现上各有特色，覆盖了不同用户的接入认证需求。高校中推荐使用 Portal 认证方式。

14.1.9 校园网业务承载方案设计

校园网络的设计大的原则是 ALLINIP，ALLINONENET。校园网络中存在不同的业务类型，如普通上网业务、办公上网、一卡通业务、校园平安监控系统等，同时校园网络中还需要对 IPv6 具有更好的兼容性。在校园网业务承载方面的方案设计，主要有以下几个方面要求：

- 虚拟承载网，将多种业务实现可靠的隔离方式承载在一张网络上，相互之间互不干扰，稳定运行。
- 对非智能的办公终端，需要实现兼容性支持。
- 全网 IPv4/IPv6 双栈部署，并充分考虑向全 IPv6 网络的过渡。
- 校园一卡通、安防等业务系统的虚拟网络隔离。
- 校园组播业务应用。

1. 虚拟园区网多业务隔离承载方案

1）虚拟校园网概述

通过在核心层、汇聚层以及接入层部署集群（CSS）、堆叠、Eth-Trunk 等技术实现虚拟化，解决传统企业网的二层环路和可靠性等问题；通过在汇聚层和核心层部署 MPLSVPN 或 VLAN 业务，实现校园网内部不同业务的隔离。

网络中位于核心层和汇聚层的交换机使用集群技术解决单点故障问题，接入层采用堆叠技术解决环网的难题，抛弃了复杂的环网协议，简化网络，降低管理成本；堆叠、集群技术同时提供了冗余设计，可靠性得到大幅提升。

2）横向虚拟化

横向虚拟化即在园区网的核心层、汇聚层、接入层分别采用集群/堆叠技术，将多台物理设备虚拟化成单台逻辑设备，达到简化网络结构、简化网络协议部署、提高网络可靠性和可管理性的目的。

接入层在复杂的接入环境中运行堆叠技术，可以最多将 9 台物理网络节点虚拟化为单台设备，完全消除接入层环路，并形成捆绑链路的高带宽和可靠性上行。汇聚层与核心层一般是将两台设备组成集群环境，简化网络拓扑，提高带宽利用率。横向虚拟化可实现网络灵活扩展。

3）多业务逻辑隔离

校园网中除了可以对接入用户之间进行隔离外，还可以在当前的网络架构中部署视频监控、一卡通业务等与普通接入用户无关的业务,并实现业务之间的逻辑隔离。

如图 14-25 所示,可以使用 VLAN 或 MPLS VPN 技术重用现有网络,实现校园专有业务和普通接入用户的逻辑隔离。

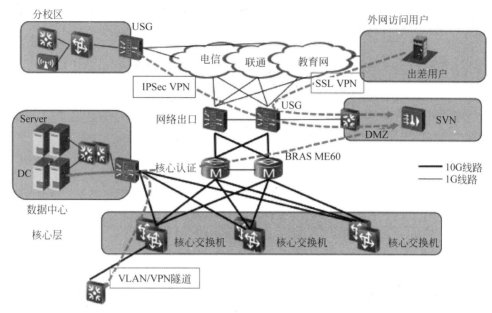

图 14-25　多业务逻辑隔离部署

通过以上部署,综合使用各种 VPN 的技术,可以打通校园内外的地域性限制,利用统一的 IP 网络资源,建立多个逻辑隔离的业务专用网络,从而让各个业务运行保持安全的隔离性。

4) VLAN 技术

以视频监控业务为例,学生宿舍、教学楼、公共场所等区域都可能部署监控终端。此时可以为视频业务划分独立的 VLAN,与接入业务隔离。

在视频监控终端接入的接入层交换机上划分同一个 VLAN,在汇聚层和核心层交换机上透传此 VLAN 到视频监控的数据中心设备。

5) MPLS VPN 技术

使用 VLAN 方式可以简单地将校园专有业务隔离,但是当专有业务的数据中心结构比较复杂时,无法很好地体现数据中心网络的层级,策略实施及改造网络结构也比较困难,此时可以使用 MPLSVPN 技术。

仍然以视频监控业务为例,将汇聚层交换机配置为视频监控终端的网关,并以汇聚交换机作为 MPLSVPN 业务中的 PE 设备,与视频监控数据中心的 PE 设备(此设备可以由数据中心管理员指定)之间启用 MPLVL3VPN 业务。数据中心内部的网络改造将不会影响视频监控终端侧的配置。

2. IPv6 业务兼容性承载方案

1) IPv6 兼容性概述

校园网园区全网采用双栈模式是最通用和成熟的方式,在现有的 IPv4 环境中部署

IPv6,并且 IPv6 与 IPv4 能独立完整保持所需的相关功能性和安全性,全网不存在 IPv6 孤岛。但是园区全双栈模式要求全网设备都必须支持双栈模式,但可能存在之前的老旧设备不支持 IPv6 的情况,需要进行升级。

全双栈模式适合全新建设的园区网或现有网络设备支持 IPv6 的场景,适合大规模部署。全双栈模式组网整体结构图,如图 14-26 所示。

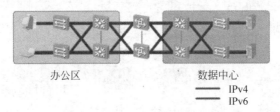

图 14-26　全双栈模式组网整体结构图

IPv6 结构与 IPv4 网络结构相同,在网络各终端、接入、汇聚、核心以及服务器节点上,同时运行基于 IPv4 和 IPv6 协议的业务。

2) 接入层 IPv6 兼容设计

接入层的 L2 交换机整体上对 IPv6 三层转发是不可见的,但接入交换机的某些三层特性,需要支持以下几种应用:L2 组播、MLD(Multicast Listener Discovery)、Snooping、IPv6 管理(Telent/SSH/SNMP)。另外,包括 L2 交换机特定的安全特性也很重要,如 DHCPv6 Snooping、NDSnooping 等。对于 FE(百兆以太网)接入层,推荐 S3700-EI 系列百兆接入以太网交换机。对于 GE(千兆以太网)接入层,推荐 S5710-SI 系列千兆接入以太网交换机。原则上百兆接入的交换机上行链路采用 GE 捆绑链路,千兆接入的交换机上行链路采用 10GE(万兆)捆绑链路。一般 12 个下行接口配置 1 个高一级上行接口,如 48 个 GE(千兆)下行口对应 4 个 10GE(万兆)上行口。在接入层采用盒式交换机堆叠的场景,连接到汇聚层的上行接口应当在各堆叠设备中均衡配置。如 4 个盒式交换机堆叠,共 8 个上行物理接口,应当每台盒式交换机配置 2 个接口。

在汇聚层采用双机冗余设计的场景,上行口连接到汇聚层的端口应当按 1∶1 配比到两台汇聚层设备。如 4×10GE 上行到汇聚的场合,接入层连接到两台汇聚层交换机的链路,应当都是 2 条 10GE。

由于接入层到汇聚层采取了虚拟化无环设计,不需要运行 RRPP/STP。

3) 汇聚层 IPv6 兼容设计

汇聚层设备必须支持 IPv6 三层转发、IPv6 路由协议等。

需要支持以下几种应用:

部署 CSS(Cluster Switch System)集群的情况下,需要支持 IPv6 集群。汇聚层作为 L2/L3 分界,要求部署的 VRRP6(Virtual Router Redundancy Protocol for IPv6)网关冗余协议、DHCPv6Relay 等功能。

由于汇聚层上需要启动路由功能,需要支持动态路由协议。一般来说,应当支持 RIPng/OSPFv3/IS-ISv6 这三种单播路由协议,以及 PIM-SMv3 组播路由协议。

可采用 HUAWEI S7700 系列以太网交换机作为汇聚交换机,采用双机 CSS 集群,以避免单点故障。双机的配置(主控板、业务板、电源模块、风扇框以及软件版本等)应当完全相同。

对于超大型园区,可以考虑使用 HUAWEI S9700 以太网交换机作为汇聚交换机。HUAWEI S7700 支持高密度 GE/10GE 单板,最多每槽位支持 48 个 1GE 或 40 个 10GE 接口。如果接入层通过千兆链路捆绑上行到汇聚层,在 S7700 机框配置千兆单板与其对接。如果接入层通过万兆链路上行,在 S7700 机框配置万兆光口单板与其对接。

汇聚层到核心层的链路,有 10GE 捆绑和 40GE 捆绑的方案,可以视整体园区规模而定。一般而言,对于接入层到汇聚层采用千兆链路捆绑的场合,使用 10GE 捆绑上行到核心层。对于千兆接入、万兆汇聚的场合,推荐使用 40GE 捆绑上行到核心层。由于核心层一般情况均采用双机冗余方案,为了保证负载均衡,避免单点故障,汇聚层设备到核心层上行的物理链路应当使用 1:1 配比。

由于汇聚层连接到核心层采用了虚拟化无环设计,不需要采用 RRPP/STP 等协议,也不需要部署 VRRP 路由器冗余协议。

4)核心层 IPv6 兼容设计

核心层需要快速转发园区网内所有流量,以及连接园区出口、数据中心等。

需要支持 IPv6 集群功能。

核心层推荐使用 S12700 系列以太网交换机,采用双机 CSS 集群,以避免单点故障。双机的配置(主控板、业务板、电源模块、风扇框以及软件版本等)应当完全相同。核心层作为整个园区的交换中心,需要支持丰富的动态路由协议。对于有专门的路由器作为园区出口的场景,核心层交换机需要支持 RIPng/OSPFv3/IS-ISv6 这三种单播路由协议,以及 PIM-SM 组播路由协议。

由于核心层采用了虚拟化无环设计,不需要采用 RRPP/STP 等协议,也不需要部署 VRRP 路由器冗余协议。

5)园区出口 IPv6 兼容设计

园区网出口可以连接到运营商提供的 Internet 接口,也可以连接到企业自建的广域专网(WAN),或二者并存。出口设备除支持 RIPng/OSPFv3/IS-ISv6 协议以外,还需要支持 BGPv4,以便于同 Internet 或广域网中的其他路由器交换路由条目信息。

园区网出口推荐使用 USG 系列防火墙。防火墙取代出口路由器,工作在三层路由模式。

USG 防火墙作为园区网出口设备,除丰富的路由特性外,还支持 IPv6 Over IPv4 隧道,在广域网尚未支持 IPv6 的情况下,与其他 IPv6 区域互通。

作为全网认证设备的 BRAS 设备,BRAS 支持 IPv4 和 IPv6 双栈协议,支持 IPv4/IPv6 的过渡技术,也支持纯 IPv6 的特性。

BRAS 支持基于 IPv6 的 IPoE 用户接入,支持基于 IPv6 的 PPPoE 用户接入,前述的各种认证计费方案均适用于 IPv6 的用户接入。当同一个用户同一时段既访问 IPv4 也访问 IPv6 网络时,BRAS 可以将其作为一个用户认证计费,也可以将其作为两个用户分别认证计费,接入方式非常灵活。

BRAS 也支持 IPv6 的各种路由协议及 IP 特性,可以直接接入 IPv6 网络,或与其他支持 IPv6 的网络设备对接。

14.1.10 校园网组播业务承载方案设计

1. 组播业务概述

校园网络内,随着网络教学模式的不断发展,校园网络场景对于组播的应用越来越多。IP 组播技术实现了 IP 网络中点到多点的高效数据传送。相对于数据单播传送,组播可以有效节省网络带宽,降低对网络设备的要求,用户规模可以灵活变化,用户规模的增大不会对网络和服务器造成带宽和性能压力。

2. 组播路径选择

根据协议的作用范围,组播协议分为主机-路由器之间的协议(即组播成员关系管理协议)和路由器-路由器之间协议(即组播路由协议)。

组成员关系管理协议包括 IGMP(互联网组管理协议,目前存在 V1、V2、V3 三个版本)。

组播路由协议又分为域内组播路由协议和域间组播路由协议两类。

域内组播路由协议包括 PIM-SM、PIM-DM、DVMRP 等协议;域间组播路由协议包括 MBGP、MSDP 等协议。同时,为了有效抑制组播数据在二层网络中的扩散,引入了 IGMPSnooping 等二层组播协议。

园区网络的路由属于域内路由,所以园区网络部署的组播业务不涉及跨域问题。园区网络域内组播路由推荐使用 PIM 组播路由协议。PIM 不依赖于某一特定单播路由协议,为 IP 组播提供路由信息的可以是静态路由、RIP、OSPF、IS-IS、BGP 等任何一种单播路由协议。组播路由和单播路由协议无关,只要通过单播路由协议能够产生相应组播路由表项即可。与其他组播协议相比,PIM 开销更小,组播效率更高。

IGMP 组播成员管理机制是针对第三层设计的。在第三层,路由器可以对组播报文的转发进行控制。但是在很多情况下,组播报文要不可避免地经过一些二层交换设备,如果不对二层设备进行相应的配置,则组播报文就会转发给二层交换设备的所有接口,这显然会浪费大量的系统资源,IGMPSnooping 可以很好解决这个问题。

IGMPSnooping 运行于二层交换机,是一种二层组播协议,通过侦听上层路由器和用户主机之间发送的组播协议报文来建立二层转发表项,维护组播报文的出端口信息,从而管理和控制组播数据报文的转发。

在园区网络中,建议采用 PIM-SM＋IGMPSnooping 来实现组播业务开展。汇聚交换机到组播源采用 PIM-SM 协议;接入交换机通过 IGMPSnooping＋组播 VLAN,实现跨 VLAN 的组播;终端上部署 IGMP。组播 VLAN 可以满足跨 VLAN 复制的需求,不同 VLAN 的用户分别进行同一组播源点播时,可以在交换机上配置组播 VLAN,并将用户 VLAN 加入组播 VLAN,以实现组播数据在不同的 VLAN 内传送,便于对组播源和组播组成员的管理和控制,同时也可以减少带宽浪费。

园区网络比较简单时,一般 RP 设置在和源 DR 所在的核心交换机上;园区网络比较复杂时,选取一台性能较高的路由器作为源 DR。在采用层次化结构组网的园区网络中,视频源建议直接部署接入核心层上,最大程度减少 PIM-SM 协议范围,缩短组播流量路径,减少组播流量对带宽的占用。所以 RP 选择部署在核心层设备上,从网络的可靠性、可用性等方面综合考虑,选用 2 个核心设备为 RP,通过 Anycast RP 技术可实现负载均衡及冗余,

MSDP(Multicast Source Discovery Protocol)是实现 Anycast RP 的关键协议,MSDP 容许 RP 共享活动源信息。

　　以 HUAWEI 设备举例,园区网络设备主要包括 BRAS、S 系列交换机都能很好支持各类的组播模式,包括三层和二层模式下的组播模型。校园网组播业务承载方案,如图 14-27 所示。

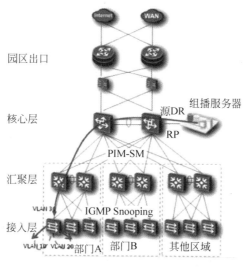

图 14-27　校园网组播业务承载方案

14.1.11　校园网设备选型

　　以 HUAWEI 为例,某高校校园网方案的设备型号推荐,如表 14-4 所示。

表 14-4　某高校校园主要设备型号

区域	部署位置	推荐设备选型	作用	数量	备注
校园出口区域	防火墙	USG9500 系列	网络出口综合防御	2	出口带宽 5G 以上
	上网行为管理	ASG	满足国家相关法律法规要求,对全网网络行为进行审计	1	可由 NGFW 防火墙内置模块替代
	远程安全访问网关(可选)	SVN	为分校和出差老师提供远程接入、移动办公的安全接入服务	1	可由防火墙内置模块替代
园区核心区域	认证管理	ME60-X16(可使用 S12700 内置 BRAS 模块代替)	用户接入认证和计费网关又作为校园网核心出口路由器	2	双机热备
	核心交换机	S12700	校园网络核心交换设备,内置 AC 功能,实现有线无线一体化管理	多台	每两台集群
	汇聚交换机	S7700 系列	校园网络汇聚交换设备	多台	

续表

区域	部署位置	推荐设备选型	作用	数量	备注
各接入区域	接入交换机	S5700 系列	校园网络接入交换设备。推荐部分采用 POE 端口型号，以提供 AP 接入	多台	
	无线接入点	AP6010、P6510	室内、外放装型双频无线接入点，支持 802.11a/b/g/n	多台	
网络管理	认证授权计费	城市热点	校园用户 AAA 和计费服务	1	
	网络管理软件	eSight	有线无线网络统一管理系统	1	
数据中心	核心交换机	CE12800	数据中心互联交换机	2	集群
	数据中心出口防火墙	USG9500/NGFW	部署于数据中心出口，保护数据中心	1	
	接入交换机	CE6800 系列	数据中心、DMZ 区和网络管理区接入交换机	2	
	IPS 入侵检测防御系统（可选）	NIP	面向 Web2.0 及云时代的网络安全问题，提供出口区域的威胁检测和入侵防护能力	1	保护数据中心重要数据和系统

14.2　某企业网络数据中心设计案例

14.2.1　数据中心概述

1. 数据中心建设背景

数据中心是数据大集中而形成的集成 IT 应用环境，它是各种 IT 应用服务的提供中心，是数据计算、网络、存储的中心。数据中心中提供了业务连续性保障，实现了安全策略的统一部署，为 IT 基础设施、业务应用和数据构建统一运维管理平台。

伴随着数据集中趋势在电子政务、企业信息化等领域的逐渐展开，以及基于 WEB 的应用不断普及深入，新一代的企业级数据中心的建设已成为行业信息化的新热点。数据集中是管理集约化、精细化的必然要求，是企业优化业务流程、管理流程的必要手段。目前，数据集中已经成为国内电子政务、企业信息化建设的发展趋势。数据中心的建设成为数据集中趋势下的必然要求。

同时，在 Web 应用日益深化的环境下，企业数据中心应用的运行环境正从传统客户机/服务器向需要网络连接的中央服务器扩张。Web 应用的快速发展与变革，直接影响到基础设施框架下多层应用程序与硬件、网络、操作系统的关系变得愈加复杂。因此，对数据中心的功能要求发生了根本性的变化。

近几十年来，由于经济的飞速增长，数据中心也经历了快速的发展，同时也造成了系统使用的不充分与系统之间相互隔离。进而，各自独立的系统构架支持不同的应用，形成的

"孤岛"导致管理成本高昂,系统集成度低,安全机制和备份策略复杂。数据中心于是开始向着整合、集中的方向发展。

2. 数据中心的组成要素

企业数据中心是放置关键业务数据和核心位置,作为企业数据的计算和承载平台,数据中心的所有业务操作都是围绕着数据进行的,数据的利用率越高,表明该数据越有价值;数据交换越频繁,表明组织的运营越高效。

数据中心的数据永远处于三种状态:计算、传输、存储。数据在应用系统中被创建、增加、修改、删除、查询时处于"计算"状态;数据在网络上传送时处于"传输"状态;数据在存储设备中时处于"存储"状态。可以说,数据是现代化组织数字化运营的核心,按照这种思路,可以将数据中心的组成划分为三个基本要素:

(1)"数据计算"——应用系统和服务器:应用系统和服务器是数据中心业务系统的核心,随着数据大集中的深入进行,数据中心的应用系统和服务器数量将以非常快的速度增长,为保证服务器系统的可伸缩性、高可靠性、灵活性和处理性能,以及满足系统可扩展性和安全性的,应从服务器的 CPU 体系架构、应用系统的操作系统平台选择、应用系统的数据库架构、应用系统中间件架构、计算虚拟化特性、服务器集群配置等方面综合考虑以实现最优设计。

(2)"数据传输"——基础网络设施:网络是连接所有数据中心 IT 组件的唯一通用实体,构建坚实的网络基础设施将为数据中心运维提供保障。网络系统的关键元素包括路由器、交换机、防火墙、IPS、应用优化设备、网络管理系统等。对于数据中心网络来说,应具备高性能、可扩展、高可用、高安全和高可管理的基本要求。

(3)"数据存储"——存储系统:传统意义上,服务器系统既负责数据的计算,也在通过文件系统、数据库系统等手段对数据进行逻辑和物理层面的管理,而存储设备则是以直连存储(DAS)方式连接在主机系统中。然而,由于历史发展的原因,各种标准和各种版本的操作系统、文件系统拥挤在用户的系统环境中,使数据被分割成杂乱分散的"数据孤岛"(data island)。有鉴于此,人们开始寻找存储网络化和智能化的方法,希望通过提高存储自身的数据管理能力,独立于主机系统之外,以网络方式连接主机和存储系统,以设备资源透明的方式为计算提供数据服务,从而将数据管理的职能,从标准混乱、应用负荷沉重的主机中分离出来。在网络存储的发展过程中,SAN(存储区域网络)和 NAS(网络附加存储)迅速发展,成为当前数据中心的主要存储方式。

14.2.2　数据中心建设需求分析

1. 网络建设需求

企业数据中心将承载公司核心业务系统、HR 系统、OA 系统、财务系统等多项关键应用系统。数据中心网络作为内部园区网的一个重要组成部分,为核心业务系统服务器和存储设备提供安全可靠的网络接入平台。

(1)高可用性。网络作为数据中心的基础设施,应采用高可靠的产品和技术,充分考虑系统的应变能力、容错能力和纠错能力,确保整个网络基础设施运行稳定、可靠。当今,企业关键业务应用的可用性与性能要求比任何时候都更为重要。如果客户与员工不能访问关键性应用,业务将遭受无法挽回的利润损失。网络的可用性指业务应用系统每天能有多少小时,每周有多少天,每年有多少周可以为用户提供服务,以及这些应用在发生故障时可以多快恢复工作的时间。企业数据中心应保证网络基础设施提供每天 24 小时,每周 7 天,每年 52 周的可用性。

（2）高安全性。网络基础设计的安全性,涉及企业的核心数据安全。应按照端到端访问安全、网络 L2-L7 层安全两个维度对安全体系进行设计规划,从局部安全、全局安全到智能安全,将安全理念渗透到整个数据中心网络中。

（3）开放性。数据中心网络建设要全面遵循业界标准,所推荐采用的设备、技术在互通性和互操作性上,可以支持企业数据中心网络系统的布署。

（4）可扩展性和灵活性。数据中心网络基础设施作为承载业务数据通信的网络平台,必须能够随着应用系统的变化而进行自由缩放,所以网络系统必须具备良好的灵活性及可扩展性,能够满足不断变化的应用需求。

（5）可管理性。网络系统覆盖整个数据中心,能否对其进行高效的管理和维护将直接影响企业业务系统的运作,因此需要采用智能管理技术实现网络监控和管理。

（6）统一性。数据中心的网络建设是基于大集中"一个整体"基础上考虑。全网采用统一的架构、策略部署,QoS 分类和设备形态,保证全网的可维护性。

2．存储建设需求

数据中心包括企业核心业务系统、E-mail 系统、HTTP 服务器等,各个业务系统的数据通信依靠前端网络,业务系统的数据几乎都存储在本地磁盘。随着公司业务规模扩展,将关键业务集中存储,统一管理,并通过一定的软硬件功能提高关键业务连续性以及重要数据受保护程度是当前数中心存储系统建设的主要需求,在此概括如下:

（1）集中存储统一备份。在主数据中心实现主备一体化设计,各业务系统配置主存一台,通过复制软件统一复制到主数据中心的近线备份存储上。各分支机构/单位可以将业务数据保存在本地,也可以统一保存到公司的数据中心的近线存储上或保存到公司建立的容灾中心。

（2）数据连续性保护。这里的业务连续性主要是从数据和业务的高可用性方面分析提出的需求,关于网络方面的高可用需求,已在前文中有所描述。企业数据中心的关键应用都要求 7×24 小时不间断运行,要求主存储设备无论出现软故障（病毒、人为误操作等）或硬件故障,关键应用都能在较短时间内（比如 30min）切换到近线存储上继续运行,保障关键应用的高业务连续性。

（3）业务数据远程容灾。信息数据是企业最宝贵的财富,本次数据中心存储建设要求将公司关键业务数据通过灾备网络保存在容灾中心的存储设备上。当公司主数据中心发生灾难性故障时（比如水火灾、地震等）,关键数据还能在容灾中心有一份最新和多份历史数据版本保存,数据丢失量限制在数分钟级。

数据中心存储系统建设是可以采用分期实施策略的,建议先在首期工程中完成"数据集中存储"和"业务连续性保障"的建设,待条件成熟后再完成"数据容灾"的建设。

3．业务系统和服务器建设需求

在数据中心的三要素"计算""网络""存储"中,数据计算是整个数据中心的核心任务,这里所说的"计算"主要包含业务系统（操作系统、应用软件、中间件、数据库）和服务器两大部分。

14.2.3　数据中心网络基础设施设计思想

1. 数据中心基础网络通用架构

数据中心并不是孤立存在的,而是与办公园区网、分支机构、灾备中心等网络区域相辅相成,共同组成一个可扩展、高可靠、高安全、高性能的 IT 基础架构。数据中心基础网络和办公园区网络是业务数据的传输通道,将数据的计算和数据存储有机地结合在一起。

(1) 大型分支机构:使用两台多业务路由器接入到园区网。为提高冗余性,每台路由器与不同的 WAN 链路相连。利用集成式防火墙以及基于 OAA 架构的防病毒模块、网流监控模块提高边缘安全性,利用基于 OAA 架构的应用加速模块提高广域网访问性能。在大型分支机构的设计中,服务器、存储和客户端连接与小型数据中心和小型园区网相似,可使用三层交换机作为接入设备的汇聚点,并在交换机上部署多业务模块以实现对服务器访问的安全控制和应用优化。考虑使用存储网络的设计,根据分支到总部的数据复制要求,通过 QOS 分类使不同类型的流量能够满足复制操作对数据丢失和延迟的要求。

(2) 家庭办公:可将家庭办公室作为企业网的延伸。基本服务包括对应用以及数据、语音和视频的访问。可使用 VPN 保证远程员工环境的安全性。

(3) 小型分支机构:采用多业务路由器为分支机构提供各种服务器,包括语音、视频、安全、无线等。语音服务包括 IP 电话、本地语音到 PSTN 的 VoIP 网关。安全服务包括集成式防火墙、IPS、EAD、IPSec VPN 等。小型机构通过 VPN 与总部相连,应部署 QOS 以便为不同的流量类型提供适当的服务等级。

(4) 外联网接入区:在外联网接入区的路由器支持 IPSec VPN 和 SSL VPN,以通过安全的方式为业务合作伙伴提供安全接入。可以采用园区数据中心设计最佳实践部署外部网服务器区,但要充分考虑安全和扩展性。

(5) 互联网接入区:在企业互联网接入区需要部署 DDOS 流量清洗设备、IPS、防火墙、VPN 设备。DDOS 流量清洗设备可以检测和阻挡高容量攻击流量,并将可疑流量防欺骗和防攻击过滤器进行相应的处理。IPS 设备可以对来自互联网的流量进行深度检测,防火墙和 VPN 设备可以实现访问控制和安全接入。

(6) 网络核心:提供企业主要区域之间的连接,包括数据中心、外联区和互联网区、园区大楼、广域网和城域网等。可部署高性能万兆以太网交换机,使用双归属连接方式提供不同网络之间的冗余链路。

(7) 大楼:如果在园区接入层部署二层接入设备时,应将汇聚层交换机设为默认网关和 STP 根,并将备份汇聚交换机设置为备用网关和备用 STP 根。将 VRRP＋MSTP 作为高可用最佳部署方式。如果接入终端对二层互通没有要求,可以使用三层接入将网关设置在接入交换机,并将在接入交换机和汇聚交换机件部署 ECMP 实现流量分担和链路冗余。如果需要高吞吐率,可在接入层与汇聚层交换机见采用万兆互连方式。

(8) 数据中心核心:数据中心的核心层交换机与多个汇聚层交换机相连,之间使用10G 以太网链路。在每个汇聚层交换机上部署多业务板卡,为服务器群提供安全和应用优化功能。将数据中心核心交换机与园区核心交换机相连,以便延伸到企业的其余部分。

(9) 数据中心服务器群扁平部署模式:使用防火墙多实例技术、接入交换机 VLAN 技术、汇聚交换机 Mutil_VRF 技术,为每个应用提供独立的逻辑运行环境(虚拟化特性),以实现多级服务器架构扁平化整合和多级服务器之间的安全访问控制。服务器群汇聚层设备作为接入层的流量汇集点,通过部署应用优化设备(服务负载分担、SSL 卸载、TCP 加速、HTTP 优化)可减轻服务器的处理负担,提高应用响应速度。汇聚层上部署安全设备(防火墙、IPS、网流分析设备)可作为整个服务器群的安全边界,为应用系统和服务器提供安全访问控制。汇聚层上部署的安全和应用优化设备可以是独立的盒式设备,也可以是插入交换机上的多业务板卡。服务器群接入层采用二层接入的高可用性最佳实践能提供可以预测的流量切换路径,并允许服务器扩充到期望的节点数量。

(10) 数据中心服务器群多级部署模式:对于采用多级架构(WEB-APP-DB)的应用系统,多级部署模式为每一级服务器提供了单独的接入层交换机(WEB 接入交换机、APP 接入交换机、DB 接入交换机),各级服务器间采用防火墙控制服务器各级之间的流量路径,并隔离不同的应用环境。服务器间部署应用优化设备可实现多级服务器之间的流量分担,以减少服务器的负载。接入层交换机成对部署,以支持服务器的多网卡双归属接入方式。此外,还应该在接入交换机与汇聚交换机之间部署全交叉的物理链路,以实现链路的可靠性。当服务器采用二层接入时,应将主汇聚交换机作为第一级服务器的默认网关以及 STP 的根节点,并将备份汇聚交换机设置为备用网关和备用 STP 根。将 VRRP+MSTP 作为高可用最佳组合方式。汇聚层设备可通过部署应用优化设备。

(11) 数据中心 HPC 集群:高密度以太网集群包括多台服务器,能够同时操作,完成复杂的计算任务。有些任务需要一定的并行处理,而另一些任务则需要单纯的 CPU 处理能力。大型以太网集群的常见应用包括大型搜索引擎网站、地质勘探计算、气象分析计算等。

(12) 城域以太网:使用 10GE 城域网光网络在分布式园区和数据中心环境之间提供透明的 LAN 服务。

(13) 灾备数据中心:将备用数据中心做为备份中心,提供关键事务处理型应用的热备系统(提供接近零 RTO 和 RPO)和冗余非事务处理型应用的备份系统(提供 12~24h 范围的 RTO 和 RPO)。灾备数据中心设计是主数据中心的翻版,用于支持备用关键应用环境。当主数据中心出现故障时,备用数据中心能够迅速接管主数据中心的工作,恢复关键应用的正常运行。

2. 数据中心分区设计思想

构建数据中心基础网络时,应采用一种模块化的设计方法,将数据中心划分为不同的功能区域,用于部署不同的应用,使得整个数据中心的架构具备可伸缩性、灵活性、和高可用性。数据中心中的服务器将会根据服务器上应用的用户访问特性和应用的核心功能分成不同组部署在不同的区域中,但是由于整个数据中心的很多服务是统一提供的,例如数据备份和系统管理,所以为保持架构的统一性,避免资源不必要的重复浪费,一些功能相似的服务将统一部署在特定的功能区域内,例如与管理相关的服务器将被部署在管理区。

根据开放系统的三层架构要求,每个区域将不同功能的服务器分别部署在 Web Server 层、APP 服务器层和 DB 服务器层,这样便于保护不同级别服务器的安全。例如在区域划分上,如果一个应用只会被建行内部的用户访问,那么跟这个应用相关的服务器就将部署在内网区,那个被用户直接访问的服务器,例如 Web Server 或者位于前端的应用服务器将会被在内网区域的 Web Server 网段。

采用模块化的架构设计方法可以在数据中心中清晰区分不同的功能区域,应用不同的设计方法,可以根据不同区域和层次的功能需求进行建设和操作。对于区域而言,我们可以从各个区域的功能来预知这个区域对可扩展性等的要求,例如,部署业务应用的区域可能会需要更高的可扩展性和可用性,而 Internet 区将更注重安全性。

如图 14-28 所示,其是一个通用的数据中心分区模型,根据不同业务的访问流向和功能,设计了 8 个功能区:核心区、Extranet(外网)服务器区、Intranet(内网)服务器区、Internet(互联网)服务器区、数据中心管理区、数据交换 & 测试服务器区、数据存储功能区、数据灾备功能区。

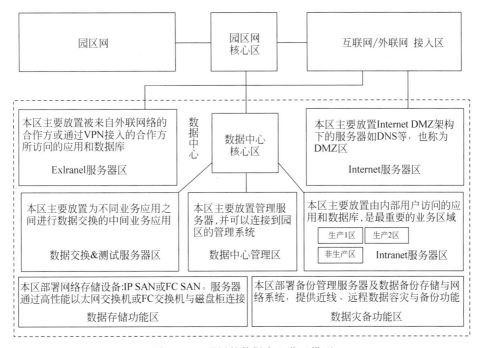

图 14-28　通用的数据中心分区模型

在每个服务器区,再根据应用的不同类型划分不同的层次,例如在内网区中,又划分了数据库服务层、应用服务器层和 Web 服务器层。在管理区主要部署管理服务器,实现对数据中心计算、网络和存储的集中监控和管理。数据存储功能区实现对存储资源的整合,各区域的服务器可以通过存储网络同时访问后端存储系统,不必为每台服务器单独购买存储设备,从而减轻维护工作量,降低维护费用。近线数据备份区实现数据在本地的备份,提升了数据的安全性。

3. 数据中心服务器区分层、分级设计思想

对于数据中心基础网络而言,无论是采用服务器扁平部署模式还是服务器多级部署模式,都可以将网络按照经典的三层结构(接入层、汇聚层、核心层)进行部署。通过分层部署可以使网络具有很好的扩展性(无须干扰其他区域就能根据需要增加容量),可以提升网络的可用性(隔离故障域,降低故障对网络的影响),可以简化网络的管理(拓扑结构结构更清晰)。需要说明的一点是,核心层在本案例的分区模块化设计中已被划分到了核心区,但为便于说明,此处将核心区当作服务器区网络的核心层加以说明,如图 14-29 所示。

在服务区网络拓扑中,专用的核心层(核心区)可以使整个数据中心各区域之间具有更

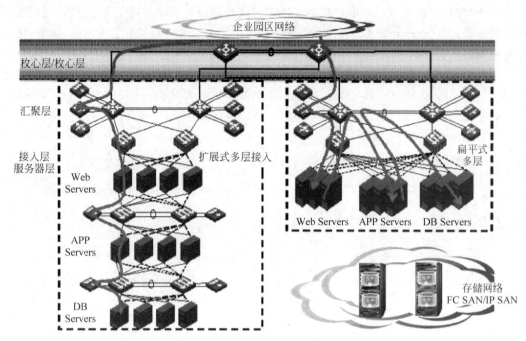

图 14-29　服务区网络拓扑

好的可伸缩能力。例如，如图中当前只有两个服务器区，将来根据业务发展的需要，可以非常容易地增加新的区域或者新的交换机，而不需要对整个 Server Farm 的网络架构进行大的修改。专用核心区的另一个好处是使数据中心具备更好的可管理性，因为每个区域的安全功能和详细的路由可以根据每个区域的特定功能进行定义，因此针对每个区域我们可以预测一些特别路由路线和将来的需求，同时也可以对特定服务器区域进行调整，因为核心区的存在也不至于影响其他的服务器区。

服务器区网络拓扑中，汇聚层为多个服务器接入层模块（交换机）提供流量汇聚功能，汇聚层的一个重要的角色是作为 Web 层服务器的网关。由于汇聚了整个服务器区的流量，所以汇聚层是部署各种 L4-L7 服务设备的最佳位置，包括防火墙、IPS、服务器负载分担、SSL卸载、应用优化等。这些 L4-L7 服务设备可以采用独立的盒式设备或者采用汇聚交换机上服务模块（板卡）。

服务器区网络拓扑中，接入层是为服务器提供二层或三层的接入能力，对于扩展式多层设计而言，接入层又被分成三个服务器层，每层需要部署单独的接入交换机，服务器层与层之间依靠防火墙实现互联和访问控制。在对应用的可靠性和安全性要求非常高的场合，在各服务器层之间还要部署 IPS 设备，在 Web 层与 APP 层之间还要部署服务器负载分担或应用优化设备。

对于服务器区接入层还可以按照应用机构进行分级部署，分级设计思路来源于数据中心业务系统的多级架构，如图 14-30 所示。

这种多级架构往往要求数据中心的一个业务系统分别部署 Web 服务器、App 服务器和DB 服务器，而各服务之间有严格的访问控制策略，因此在数据中心接入层部署中会考虑到服务器的这种多级部署架构，将网络接入层再细分为 Web 服务器级、APP 服务器级、DB 服

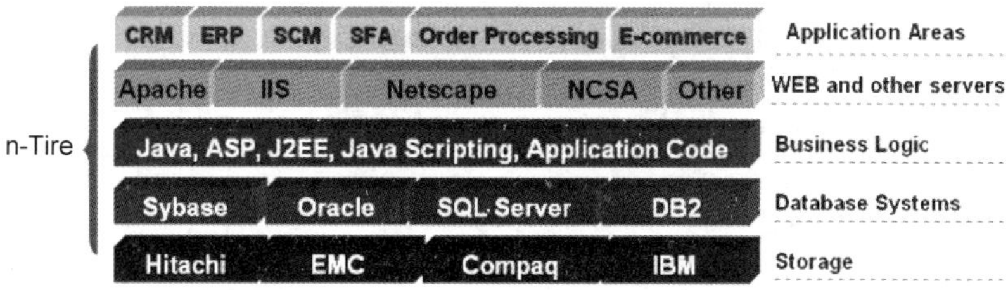

图 14-30 数据中心业务系统的多级架构

务器级。如图 14-29 所示,对于服务器多级部署模型,每一级都部署单独的接入交换机,级与级之间再部署防火墙以实现访问控制隔离,这种部署模型的结构比较清晰,扩展性好,但相对来说网络管理较复杂,建设成本较高,适合大型数据中心服务器区的设计;对于服务器扁平部署模型而言,服务器的分级结构是逻辑上的,需要依靠接入交换机的 VLAN、汇聚层的防火墙多实例技术实现不同服务器级之间的隔离与访问控制,扁平模型的好处是成本低,管理的设备较少,适合中小型数据中心服务器区设计。

14.2.4 数据中心核心区网络设计

数据中心的核心区交换机与各服务器区、广域网接入区及互联网接入区的汇聚层交换机相连,之间建议使用 10G 以太网链路。核心的作用就是为各个区域提供无阻塞的高速转发,对于各区域之间的访问控制策略建议部署在各区域汇聚交换机或边界防火墙上。

1. 物理设备和链路

核心区中包含了两台互联的高端交换机。万兆核心网络为数据中心提供了更高效、快速、可靠的数据交换网络。

2. 网络拓扑和协议

如图 14-31 所示,核心区由 Core-SW1 和 Core-SW2 组成。使用链路聚合技术合并多个 10GE 端口,提供两交换机之间的连通性。核心区交换机连接到所有其他区的边缘设备,既可以是一对 HA 方式的交换机,也可以是一对 HA 方式的防火墙。有两类连接连接到核心,一类是来自交换机(比如业务系统服务器区)的连接,另一类是用防火墙连接(互联网接入区)。每个区边缘交换机都上行连接到 Core-SW1 和 Core-SW2。每个区交换机将使用单独的 VLAN,VLAN 跨越两个交换机,上行连接到核心。成对且以高可用性方式部署的防火墙将有一个 VLAN,这个 VLAN 跨越两个核心交换机上行连接,并且每个都连接到一个核心。每个上行连接 VLAN 都在两个交换机中配置。

当前两台设备能够满足数据中心建设的需求,并有了一定的扩展能力。如果将来有可能扩展到四台,则可以将另外两台与目前两台核心设备之间建立独立的三层接口来实现。

3. 高可用性和冗余

核心区中的两台交换机配置相同,建议从以下几个方面考虑高可用设计:

(1)交换机引擎。每个交换机都有两个引擎。当主引擎发生故障时,同一台交换机中的第二个引擎会接管其操作,交换机能够继续运行而不会出现中断。

(2)交换机电源。对每台交换机都建议使用双电源。当任何一个电源故障时,那么另外一个能够保证交换机的继续运行。

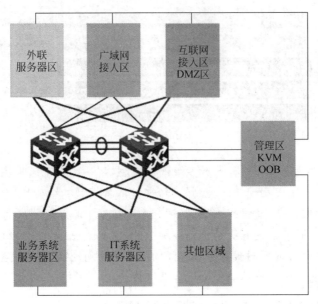

图 14-31　核心层连接示意图

（3）交换机的模块和端口。每个分区的边缘设备都被连接到 Core-SW1 和 Core-SW2 网络模块上。每个 VLAN 都配置在两台交换机上，以免当第一个交换机上的模块或端口问题引起链路中断时，第二个交换机能够继续数据的传输。交换机之间创建聚合链路连接，在端口上配置生效 trunking，这样两台交换机上的 VLAN 之间能够实现互通。

（4）交换机的机箱。由于有两台交换机，那么就可以保证当第一台交换机背板或机箱出现问题时，第二台交换机能够完全接管第一台交换机的工作。前提是每个 VLAN 在两台交换机上都有配置，而且每个分区的边缘设备都上连到 Core-SW1 和 Core-SW2 交换机上。数据流量的重新路由会自动地由 OSPF 来完成。

4．扩展性

高端交换机和模块都是扩展性很强的。到其他分区的上连端口支持 10Gb/s 的传输速度。同时交换机要有足够数量的端口以满足数据中心今后的发展需求。由于采用模块化的体系架构，因此分区都上连到核心区，同时在扩展能力强的分区中更有可能会有对服务器的扩展要求。数据中心核心区的扩展分为核心设备上板卡的扩展以及核心区整个设备的扩展。

核心板卡的扩展：如果数据中心内部需要扩展几个服务器区时，例如，随着业务扩展，再增加一个业务系统服务器区和一个 IT 系统服务区，需要实现每个新增加的服务器区与核心的互联接口，就必须在核心设备上增加一定数量的板卡。

核心整个设备的扩展：如果数据中心融合其他的重要功能区时，则需要考虑增加核心设备。例如，收购了一家企业，需要将该企业的数据中心融合到当前的数据中心，则需要增加新的核心的交换机设备。当然具体的扩展实施要针对当时具体的情况进行分析。

5．安全性

通常建议不在核心区中实施访问控制，这是因为它完成路由和交换的主要功能。

6. 管理

每个交换机上的管理端口都会连接到数据中心管理分区的交换机上（可以接入带内管理网络，也可以接入带外管理网）。

14.2.5　数据中心内网服务器区设计

内网服务器区是企业主要业务系统的运行平台，承载着企业的核心业务，具有系统复杂、重要性极高、访问频繁、业务流量大、安全要求高、管理控制策略复杂等诸多特点，因此，内网服务器区的设计必须要做到以下几点。

高性能：万兆核心、无收敛、吞吐量高、快速响应、服务器负载均衡，确保大流量突发情况下不丢包；

高可用：网络采用全冗余设计，对各种故障和误操作具有良好的鲁棒性；

高安全：对各种访问做到精细控制，防止各种非法和越权访问；

易于管理：各种控制和隔离策略要灵活部署，做到对网络设备、服务器系统、存储等系统的全面管理，同时管理数据流与业务数据流保持隔离。

内网服务器区上行与数据中心核心直接相连，内部又可分为三层的服务器架构，包括Web前置服务器、中间件应用服务器和后台数据库服务器，在三层服务器间分别部署防火墙进行安全保护，并在DB后端与存储区互联，保障数据的快速访问和安全可靠。

1. 物理设备和链路

如图14-32所示，分区中包含了两台互联的汇聚交换机、成对部署的接入交换机和相应的服务器。网络设备采用框式分布转发交换机作为汇聚层设备，二/三层千兆盒式交换机作为接入交换机机。采用千兆和万兆以太网链路连接，并应用链路聚和/跨设备链路聚合以增加链路容量和可靠性。

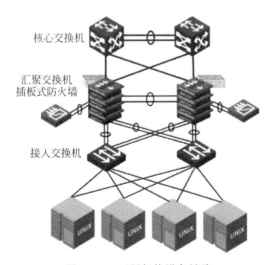

图14-32　三层架构设备链路

2. 拓扑和协议

在汇聚层，汇聚层设备采用双链路上连到两台核心设备，可以在汇聚层应用智能堆叠技术。在汇聚层部署L4-L7各业务模块，包括安全设备（如千兆防火墙，千兆IPS，SSL网关设备)、负载均衡设备、网络流量分析设备、应用优化设备、流量清洗设备。各种业务模块(如负载均衡设备、VPN 网关等)采用单臂旁挂或双臂旁挂方式部署。为了前端网络结构更加紧凑高效,部分设备可以采用插卡方式实现,如插卡式防火墙、插卡式 IPS、插卡式应用优化设备、插卡式负载均衡设备。

在接入层,两台接入交换机成对部署,在接入交换机与汇聚交换机之间部署全交叉的物理链路,以实现拓扑的可靠性。接入层设备可以应用智能堆叠(IRF)技术增强接入设备的端口密度和可靠性。

服务器采用服务器双网卡交换机容错接入前端网络。推荐服务器采用二层接入,将主汇聚交换机作为第一级服务器的默认网关以及 STP 的根节点,并将备份汇聚交换机设置为备用网关和备用 STP 根。将 VRRP+MSTP 作为高可用最佳组合方式。

服务器接入的网络的部署方式有两种:扁平部署和分层多级部署。

服务器扁平部署模型如图 14-32 所示,服务器的分级结构是逻辑上的,需要依靠接入交换机的 VLAN、汇聚层的防火墙多实例技术实现不同服务器级之间的隔离与访问控制。扁平模型的好处是成本低,管理的设备较少,适合中小型数据中心服务器区设计。

服务器分层多级部署方案如图 14-33 所示,该方案有利于提高网络对业务系统扩展性和灵活性。对于采用多级架构(WEB-APP-DB)的应用系统,多级部署模式为每一级服务器提供了单独的接入层交换机(Web 接入交换机、APP 接入交换机、DB 接入交换机),各级服务器间采用防火墙控制服务器各级之间的流量路径,并隔离不同的应用环境。服务器间部署应用优化设备可实现多级服务器之间的流量分担,以减少服务器的负载。

服务器接入网络的实际配线方式主要有两种:Top of rack 方式和 End of row 方式。

Top of rack 方式适合于服务器通过接入交换机再连接到汇聚交换机的两层接入方式,如图 14-34 所示。

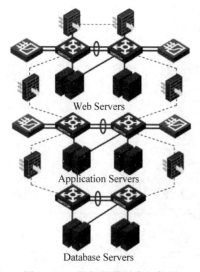

图 14-33　服务器分层多级部署

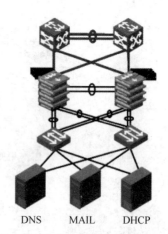

图 14-34　服务器接入网络的 Top of rack 方式

End of row 方式适合于服务器之间连接到框式汇聚层交换的一层接入方式,如图 14-35 所示。

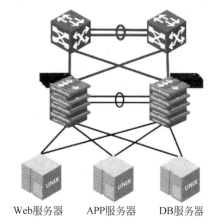

Web服务器　　APP服务器　　DB服务器

图 14-35　服务器接入网络的 End of row 方式

3. 高可用性和冗余

建议从以下几个方面考虑高可用设计:

(1) 接入层交换机成对部署,以支持服务器的多网卡双归属接入方式。

(2) 在接入交换机与汇聚交换机之间部署全交叉的物理链路,以实现链路的可靠性。

(3) 当服务器采用二层接入时,应将主汇聚交换机作为第一级服务器的默认网关以及 STP 的根节点,并将备份汇聚交换机设置为备用网关和备用 STP。

(4) 将 VRRP＋MSTP 作为高可用最佳组合方式。

4. 扩展性

高端交换机和模块都是扩展性很强的。到核心分区的上连端口支持 10Gb/s 的传输速度。

同时,交换机要有足够数量的端口以满足数据中心今后的发展需求。由于采用模块化的体系架构,因此分区都上连到核心区,同时在扩展能力强的分区中更有可能会有对服务器的扩展要求。

接口板卡的扩展:如果本分区中增加了更多的服务器和接入交换机,可以通过增加汇聚交换机接口板卡满足更多接入需求。

业务板卡的扩展:在汇聚交换机上增加相应的业务板卡以满足新增业务需求。

采用服务器分层多级部署:建议采用服务器分层多级部署方案,以提高网络对业务系统扩展性和灵活性。

5. 安全性

安全部署主要包括各服务器区的访问控制以及数据中心广域网接入区或互联网接入区的安全控制。服务区的安全控制在服务器区汇聚层设备(防火墙、交换机)上实现,广域网区和互联网区的安全控制在相应接入设备(路由器、防火墙)上实现。采用多种网络安全技术实现前端网络的安全防护:

(1) 采用 IP/MAC/端口绑定技术,防止 IP 地址仿冒;

(2) 启用多种 ARP 防攻击机制,保证网络不受侵害;

(3) 路由协议启用邻居安全认证机制,保证路由协议不受攻击;

(4) 设备访问提供 SSH 机制,保证报文传输的安全性;

(5) 采用 STP 防护保护 STP 运行安全;

(6) 采用风暴抑制防止广播风暴冲击网络;

(7) 采用 ACL 访问控制技术防止非法访问;

(8) 采用基于状态的包过滤实现状态复杂的应用层安全;

（9）防 L3 攻击、防 L4-L7 攻击全面保护网络各个层次；

（10）采用防病毒、防木马技术保护网络；

（11）能够有效地防止 DOS/DDOS 攻击；

（12）采用密码安全提高网络设备登陆安全性。

6. 管理

每个交换机上的管理端口都会连接到数据中心管理分区的交换机上（可以接入带内管理网络，也可以接入带外管理网）。

14.2.6　数据中心 IP 地址规划

根据数据中心的网络管理及应用需要，数据中心的 IP 地址分为公网 IP 地址和私有 IP 地址两部分。公网 IP 地址由数据中心向 ISP 申请，在申请 IP 地址时应充分考虑其扩展性。私有 IP 地址由数据中心自行设计，应该使用 Internet 保留的 IP 地址网段。在进行数据中心的 IP 地址规划时，需要注意以下几点：

（1）私有 IP 地址 A 类 10.0.0.0～10.255.255.255，适合于 3000 信息点以上的大型规模网络。

（2）私有 IP 地址 B 类 172.16.0.0～172.31.255.255，适合于 2000 信息点以下的中型规模网络。

（3）私有 IP 地址 C 类 192.168.0.0～192.168.255.255，适合于 500 信息点以下的小型规模网络。

（4）Loopback 地址建议采用 32 位掩码，奇数表示路由器，偶数表示交换机，核心设备地址小。

（5）网络设备接口地址必须使用 30 位掩码的地址。核心设备使用较小的一个地址（即：Loopback 地址较小的设备使用互联地址中较小的一个）。互联地址通常要聚合后发布，在规划时要充分考虑使用连续的可聚合地址。

14.2.7　数据中心路由规划

数据中心的核心运行 OSPF。选择 OSPF 的原因是其是成熟的、开放的、标准的路由协议，具有很快的收敛时间和丰富的特性。

汇聚层交换机将静态路由重分布进入 OSPF。

汇聚层交换机使用静态路由指向每个服务器内部网段。

数据中心采用 2 个 OSPF 进程，分别用于数据中心内部和企业广域网，它们之间的路由边界位于数据中心广域网接入区。好处是防止广域网路由振荡对数据中心网络的影响。

两个 OSPF 进程间将数据中心汇总路由以及广域网汇总路由进行重分发，要求是整网地址规划要合理。

14.2.8　数据中心基础网络架构高可用设计

随着企业之间竞争的加剧，客户对企业服务的要求越来越高，保证数据中心的高可用性，提供 7×24 小时网络服务成为企业建网的首要目标，也是数据中心建设关注的第一要素。导致网络不可用，即网络故障的原因主要有两类：①不可控因素，如自然灾害、战争、大停电、人为破坏等。通过建设生产中心、本地备份中心和异地容灾中心，即"两地三中心"模式，通过良好的整体规划设计，保证不可控因素影响下数据中心的高可用，保证故障情况下业务系统的持续。②可控因素，如设备故障、链路故障、网络拥塞、维护误操作、恶意攻击等。

基于故障原因的分类，数据中心设计和设备选择上要做如下考虑：

（1）采用"分区"理念，从网络构架上保证数据中心高可用性和故障隔离。

（2）独立的带内带外管理网，保证数据和管理分离，保障设备的可管理性。

（3）关键链路、设备冗余备份，无单点故障。

（4）负载均衡产品的引入保证L4-L7层的负载均衡。

（5）高可用的网络设备支撑整个数据中心的高可用性，相关设备的软硬件系统，包括引擎、接口板卡、链路层、IP层、传输层和应用层，均需要提高可靠性。

硬件设备冗余，如设备双主控、单板热插拔、冗余电源、冗余风扇。

物理链路冗余，如以太网链路聚合等。

环网技术，如RPR、RRPP等技术。

二层路径冗余，如MSTP。

三层路径冗余，如VRRP、ECMP、动态路由快速收敛。

快速故障检测技术，如BFD等。

不间断转发技术，如GR等。

（6）除了产品高可用性外，还需要考虑服务器接入高可用、接入层到汇聚的高可用、汇聚层的高可用。

数据中心基础网络架构高可用设计，如图14-36所示。

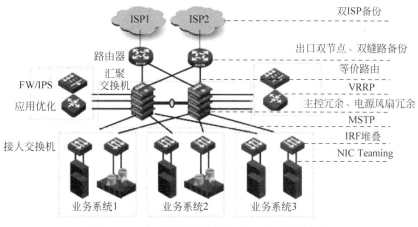

图14-36　高可用设计的数据中心基础网络架构

14.2.9　数据中心网络安全设计

数据中心安全解决方案为数据中心提供了建立在全线速网络基础上的防护攻击所需的边界安全、深度防御及架构安全解决之道。它可保护数据中心中关键应用和保密数据；增强数据中心的运营效率，并迅速创建新的安全应用环境来支持新的业务流程。通过拥有一个高度永续、有效、可调整的数据中心网络，可缓解竞争压力、拓展市场范围、加速新服务的面世,面向未来提供一条高效安全的可持续发展之路。

1. 数据中心面对的安全挑战

1）面向应用层的攻击

常见的应用攻击包括恶意蠕虫、病毒、缓冲溢出代码、后门木马等,最典型的应用攻击莫过于"蠕虫"。应用攻击的共同特点是利用了软件系统在设计上的缺陷,其传播都基于现有的业务端口,因此应用攻击可以毫不费力地躲过那些传统的或者具有少许深度检测功能的防火墙。

2）面向网络层的攻击

除了由于系统漏洞造成的应用攻击外,数据中心还要面对拒绝服务攻击(DoS)和分布式拒绝服务攻击(DDoS)的挑战。DOS/DDOS 是一种传统的网络攻击方式,然而其破坏力却十分强劲。

常见的 DDOS 攻击方法有 SYN Flood、Established Connection Flood 和 Connection PerSecond Flood。已发现的 DOS 攻击程序有 ICMP Smurf、UDP 反弹,而典型的 DDOS 攻击程序有 Zombie、TFN2K、Trinoo 和 Stacheldraht 等。

3）对网络基础设施的攻击

数据中心像一座拥有巨大财富的城堡,然而坚固的堡垒最容易从内部被攻破,来自数据中心内部的攻击也更具破坏性。

"木桶的装水量取决于最短的木板",涉及内网安全防护的部件产品非常多,从接入层设备到汇聚层设备再到核心层设备,从服务器到交换机到路由器、防火墙,几乎每台网络设备都将参与到系统安全的建设中,任何部署点安全策略的疏漏都将成为整个安全体系的短木板。

"木桶的装水量还取决于木板间的紧密程度",一个网络的安全不仅依赖于单个部件产品的安全特性,也依赖于各安全部件之间的紧密协作。一个融合不同工作模式的安全部件产品的无缝安全体系必须可以进行全面、集中的安全监管与维护。

数据中心的安全防护体系不能仅依靠单独的某个安全产品,还要依托整个网络中各部件的安全特性。

2. 三重保护,多层防御

以数据中心服务器资源为核心向外延伸有三重保护功能。依托具有丰富安全特性的交换机构成数据中心网络的第一重保护;以 ASIC、FPGA 和 NP 技术组成的具有高性能精确检测引擎的 IPS 提供对网络报文深度检测,构成对数据中心网络的第二重保护;第三重保护是凭借高性能硬件防火墙构成的数据中心网络边界。

三重保护为数据中心网络提供了从链路层到应用层的多层防御体系,如图 14-37 所示。

交换机提供的安全特性构成安全数据中心的网络基础,提供数据链路层的攻击防御。数据中心网络边界安全定位在传输层与网络层的安全上,通过状态防火墙可以把安全信任网络和非安全网络进行隔离,并提供对 DDoS 和多种畸形报文攻击的防御。IPS 可以针对应用流量做深度分析与检测,同时配合精心研究的攻击特征知识库和用户规则,即可以有效检测并实时阻断隐藏在海量网络流量中的病毒、攻击与滥用行为,也可以对分布在网络中的各种流量进行有效管理,从而达到对网络应用层的保护。

图 14-37 多层防御体系

3. 分区规划,分层部署

在网络中存在不同价值和易受攻击程度不同的设备,按照这些设备的情况制定不同的安全策略和信任模型,将网络划分为不同区域,这就是所谓的分区思想。

所谓多层思想(n-Tier)不仅体现在传统的网络三层部署(接入－汇聚－核心)上,更应该关注数据中心服务器区(Server Farm)的设计部署上。服务器资源是数据中心的核心,多层架构把应用服务器分解成可管理的、安全的层次。"多层"指数据中心可以有任意数据的层次,但通常是 3 层。按照功能分层打破了将所有功能都驻留在单一服务器时带来的安全隐患,增强了扩展性和高可用性。

第一层,Web 服务器层,直接与接入设备相连,提供面向客户的应用;第二层,即应用层,用来粘合面向用户的应用程序、后端的数据库服务器或存储服务器;第三层,即数据库层,包含了所有的数据库、存储和被不同应用程序共享的原始数据。数据中心分层部署架构如图 14-38 所示。

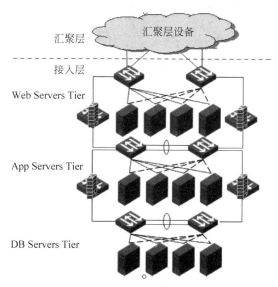

图 14-38 数据中心分层部署架构

14.2.10 数据中心边界网络规划

外部用户访问数据中心必然需要经过数据中心边界网络。数据中心边界网络是连接数据中心和外部环境的关键,既要保证外部用户高效顺畅地访问数据中心各种应用业务,也要防范各种针对数据中心的恶意攻击。在数据中心边界出口将企业出口的类型按照不同应用进行区分,精细化地管控出口流量。

1. 物理设备和链路

数据中心边界出口采用高端路由器,部署万兆插卡式防火墙进行高性能的安全防护,并部署防毒墙、WAN 优化、网流分析、千兆插卡式 IPS、VPN 网关、插卡式流量清洗和链路负载分担设备提供全面的安全防护和应用优化。数据中心边界出口如果采用高速链路可以部署 POS 链路,提供 155~622M 带宽,如果采用低速链路可以部署 E1 或 E1 捆绑链路,提供 $N \times 2M$ 带宽。

2. 拓扑和协议

典型拓扑组网如图 14-39 所示。数据中心边界采用双路由器、每台路由器分别通过两条链路接入不同运营商 Internet,提供设备级和链路级冗余的数据业务互联。边界出口路由器采用 OSPF/BGP/MPLS 路由方式,形成边界路由的完善部署。

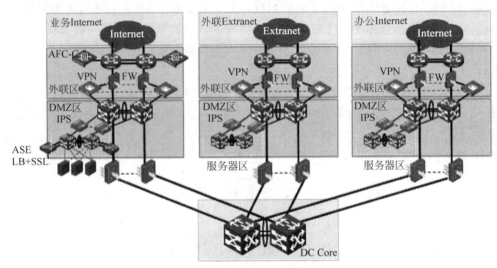

图 14-39　数据中心边界网络规划拓扑图

3. 出口设计

针对数据中心边界网络的 Internet 出口进行精细化的物理分离,按照业务需要大致分为业务 Internet、办公 Internet、外联 Internet 几个区域,相互隔离,满足出口流量的分离和管控需求。

4. QoS

数据中心边界出口设备上可以提供流量分类、流量策略和流量调度功能。

5. 网络安全

出口边界可以提供有效的接入认证、ARP 防护、风暴抑制、设备加固、入侵检测与防御、VLAN 隔离、双向 NAT、流量清洗等安全特性,满足边界安全的需求。

6. DMZ

DMZ 区可以提供组播/IPv6 等应用,增加 Proxy/LDAP 等服务器的部署。

14.2.11 数据中心存储系统设计

某企业数据中心核心服务器有若干台,其中包括企业内部的 ERP 系统、Email 系统、域控制器服务器、Web 系统等,各个业务系统的数据通信依靠前端网络,业务系统的数据几乎都存储在本地磁盘,随着公司业务规模扩展将会导致数据量几何级增长以及系统对存储性能要求更加苛刻,应用系统将会对储容量和存储性能有更高的要求,采用哪种架构存储以及未来业务对数据安全的需求是应该重点考虑的问题。

1. 数据集中存储方案

在 SAN 出现之前,计算机网络普遍采用分布式存储;SAN 的出现使集中存储得以实现,而 SAN 的一大优势也在于它对集中存储的支持,可以说 SAN 与集中存储模式的发展相辅相成,相得益彰。SAN 出现后,很快得到银行、电信、电视台等行业用户的认可,纷纷斥资建立新的存储架构以实现集中存储,进行数据整合,因为这些行业的应用特点决定了集中存储能够改造其应用系统和业务流程。随着 SAN 技术的发展成熟,越来越多其他行业的用户包括一些中小企业也接受了它。并不是所有用户的应用都需要集中存储模式的支持,那么是什么原因使用户愿意投资呢?

其实我们很容易看到,无论对何种类型的用户,集中存储相对于分布式存储都存在以下优势:

(1) 资源管理。随着信息系统的发展和数据量的快速增长,各单位信息部门不得不加强对存储空间的有效管理。如果采用分布式存储,我们就必须为每一台服务器考虑空间使用和扩容问题,即使这样还不能保证所有服务器的存储空间都得到最有效的利用。扩容时往往需要停机进行,如果服务器的磁盘插槽用满了就更麻烦。集中存储相当于一个存储资源池,管理员可以从这里给每个服务器划分存储空间,当一台服务器的存储空间不足时,只需要从存储池再划一部分给它,配合操作系统自带的卷管理功能,很容易做到服务器端动态扩容。当存储池的资源不足时,管理员只要考虑这一点的扩容,这比考虑几台甚至几十台服务的扩容要容易很多。而且用于集中存储的智能存储设备通常是支持在线扩容的,不会因为扩容造成应用的中断。由此可以看出,集中存储既可以提高存储资源的利用率,简化系统管理员的维护工作,又可避免扩容带来的应用中断。

(2) 数据管理。集中存储还会给数据管理带来方便,如数据共享、数据保护。对于高可用集群系统,共享存储无论从运行性能、故障切换效率还是磁盘利用率来讲都比分布式存储更有优势;对于数据保护,集中存储能够极大地改善备份系统的结构,提高备份效率,降低管理的复杂性。如果考虑未来容灾级的数据保护,集中存储更是容灾系统实现的基础。

(3) 系统的灵活性。采用集中存储后会为用户系统将来的发展带来极大的灵活性。比如用户增加新的应用服务器,或者原有服务器升级到 UNIX 系统,在存储上的投资都可以继续利用,不会造成投资浪费。如果将来需要建容灾系统,只需要建设备份中心和增加连接设备,已有系统的设备和结构都不需变动。

从上述优势可看出,对于数据中心来说服务器数量多、数据量增长快,分布式存储会使系统管理越来越复杂,并且限制系统的发展,集中存储是必然的发展趋势,越早转换越容易进行,造成的损失也越小。随着存储 TB 费用的下降,建议把业务系统要求数据安全性较高的数据都放在集中存储设备上进行统一管理。集中存储拓扑如图 14-40 所示。

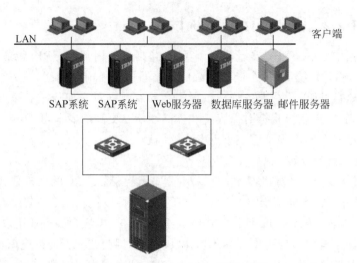

图 14-40   数据集中存储网络拓扑图

数据中心拥有 SAP 业务、邮件业务存储等众多业务，我们认为数据对用户都是重要的，应该尽最大可能存放到存储设备上，并通过统一界面进行管理。采用集中存储方案可以把数据中心的 ERP、Exchange、Web、数据等业务都存放在一台甚至多台存储设备上，通过统一的界面进行管理，节省了日后维护的成本。

2．数据分层存储方案

IDC（国际数据公司）建议把数据分为 5 层，即第一层：至关重要的数据。企业极具价值的数据，访问率高；高性能，高可用性，宕机时间几乎为零；成本高。第二层：关键业务数据。对企业很重要，成本处于平均水平；具有合理性能，可用性好，恢复时间小于 8h。第三层：可访问的在线数据。注重成本，访问率低，常常是为满足监管达标要求而保存的固定内容；在线性能，可用性高，恢复时间小于 8h。第四层：近线数据。注重成本，访问率低，数量大；小于 1h 的访问时间，自动化检索。第五层：离线数据。归档数据，与备份或满足监管达标要求有关；非常注重成本，访问有限，寻找时间大约为 72h。

根据此分层标准，企业数据的关键性按照层数递减，那么不同的层间就应该选用不同级别的存储设备，第一层应该是高档的存储设备，而最后一层可以是廉价的磁带。这种对于企业存储的分层无疑会降低企业数据的存储成本。

数据中心业务系统对存储系统要求可以分为三层：第一层，公司核心系统 SAP 系统，这个层次的数据应该建立在高性能、高可靠性、安全稳定的存储设备上如图 14-40 中高端存储设备；第二层，邮件系统、Web 系统等，这个层次的系统对性能并没有过于苛刻的要求，能够保证数据安全存储在存储设备上就可以满足，如图 14-41 所示；最后一层，数据管理系统，这个层的系统要求数据保存在有安全机制的在线存储设备上就可以满足。

同样也可以根据业务系统对存储系统性能的要求，在同一台存储设备上配置不同档次的硬盘，对于第一层次可以使用高速的 15K 硬盘，第二、三层的系统数据存放在 7.2K 的企业级 SATA 硬盘可以满足。

3．持续数据保护方案

数据中心的对 SAP、邮件等业务要求非常严格，如何保证 SAP、邮件等关键系统的正常

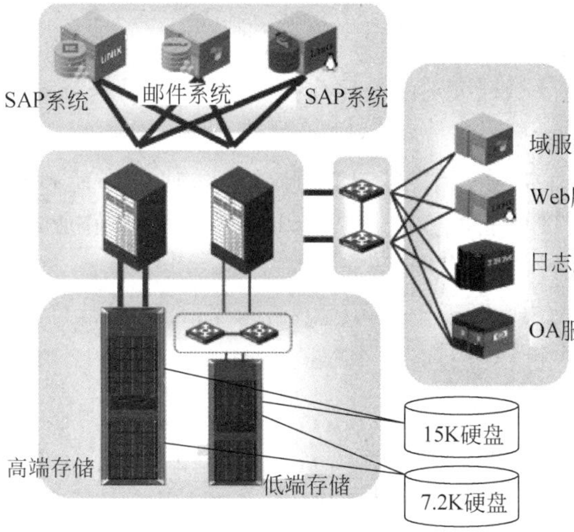

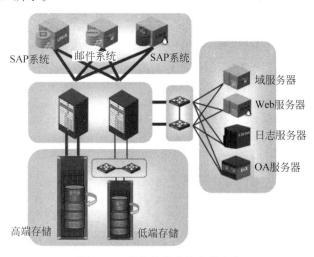

图 14-41 数据中心业务系统三层存储架构

运行也是必须考虑的。传统上采用磁带和备份软件作为备份方式来确保数据备份,传统的磁带库备份只能防止部分硬件故障,但是不能有效防止自然灾难(地震、雷击、洪水等)、大型基础设施灾难(机房火灾、电力故障等)和软灾难(病毒、软件 BUG、人为操作错误、黑客等),备份只能在业务不繁忙或者晚上进行定期备份,磁带库的机械损坏率非常大,并且磁带介质保存在一定时间内也有可能发生失效问题。而随着企业的发展对 IT 系统依赖在不断加大,传统的磁带加备份软件方式已经无法满足现有业务系统对数据保护的需求。因此,只能选择更适合业务系统的保护数据方式——持续数据保护。

持续数据保护(CDP)是一种在不影响主要数据运行的前提下,可以实现持续捕捉或跟踪目标数据所发生的任何改变,并且能够恢复到此前任意时间点的方法。CDP 系统能够提供块级、文件级和应用级的备份,以及恢复目标的无限的任意可变的恢复点。采用了持续数据保护有效的较小备份窗口,提升了备份速度,从而增加了数据备份的频率。持续数据保护存储方案如图 14-42 所示。

图 14-42 持续数据保护存储方案

该方案特点：

（1）根据业务系统特点，针对不同业务系统数据制定快照策略，由于 ERP 在企业中的核心位置，可以对 ERP 进行小时级别的快照保护措施，并且结合针对 SAP 系统的快照代理功能完全可以保证数据完整性。

（2）对邮件服务器的保护，结合数据中心 Exchange 邮件系统特点，可以使用主机操作系统保护软件结合快照代理功能进行数据保护，这样可以对邮件业务系统进行保护的同时也可以进行对操作系统进行实时或者周期的保护。

（3）对文件系统进行保护，由于文件系统中的缓存很小，通常可以直接使用快照功能进行保护，根据业务需要最多可以进行 255 个时间点保护。

4．远程灾难备份方案

所有引起系统非正常停机的灾难大致可分为三类。

- 自然灾难：飓风、龙卷风、雷击、地震、海啸、洪水等；
- 基础设施灾难：硬件损坏、机房进水、火灾、电源中断、电力故障、建筑倒塌等；
- 软故障（渐变式灾难）：病毒、误操作、软件 BUG、人为破坏、黑客等。

为保证业务在发生灾难的情况下影响最小，可以在异地建立远程灾难备份系统。远程数据灾难备份存储方案如图 14-43 所示。

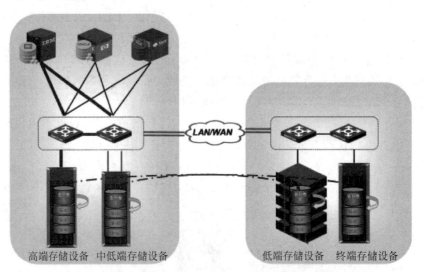

图 14-43　远程数据灾难备份存储方案

该方案特点：

（1）持续数据保护效果比磁带库备份更好，并且可以应对软灾难。使用传统的磁带库备份一般一天只能做一次备份，而采用持续数据保护每天都可以按照用户设定的策略对数据进行时间点备份，并且备份过程对应用基本没有影响。使用磁带库备份经常遇到磁带失效和恢复失效等问题，而采用持续数据保护则不会出现类似的问题，并且用户可以实现可视化的恢复，用户可用选择将数据恢复到前面备份过的任何一个时间点的状态。管理简单，备份工作完全可以按照设定的工作自动执行。在应用系统的快照代理的配合下，通过快照功能实现了对重要数据的持续数据保护，可以选择在出现灾难后恢复到前面保存过的任何时间点的状态。支持对"渐变式灾难"（如：人为操作错误、应用自身错误、系统溢出、病毒侵袭及黑客入侵等)的保护和恢复。

(2)块增量扫描技术,最低的带宽实现远程容灾。由于采用了先进的块增量扫描技术,远程容灾过程中传输的数据变量不是基于文件级的变量,而是更小单位的基于磁盘块的变量。这样可以保障数据增量最小,对网络带宽的占用最低。

(3)基于网络层的数据容灾,对主机零干扰。该方案的容灾是在存储系统的网络层实现,具有与主机和存储平台"无关"的特性,在整个数据容灾的过程中不影响应用系统的运行。

(4)能感知各种数据库等应用,确保容灾或备份过程中的数据完整性。支持丰富的主机快照代理,可以确保对在线数据库等应用进行远程容灾或备份过程中的数据的完整性,一旦出现灾难,远程容灾系统中的数据完全可用,不需要人工恢复数据完整性。

(5)由于整个系统采用了开放的、符合国际标准的 IP 技术实现,技术的普及性比较高,管理人员不需要再学习封闭的技术和标准。

5. 数据中心网络存储系统建设方案推荐

结合数据中心现状、未来业务的发展趋势、未来存储发展的方向,以及 ERP 等重要业务系统对数据高可靠性、高性能、高容量等需求,我们建议采用数据分层存储和高可靠的集中存储结合的方式为数据中心建设网络存储系统,整个网络存储系统采用业界标准的接口协议,兼顾未来存储发展方向,根据实际业务的需求为不同业务配置不同层次和策略的存储设备,使用统一的管理界面对存储进行管理和维护。

数据中心 ERP 系统作为企业的核心业务系统之一,如何保证 ERP 应用存储系统 $7\times24\times365$ 级别的运行?我们建议主机采用集群系统的情况下,通过两台虚拟数据管理平台的镜像或复制功能把两台集中存储的数据卷合并为一个数据卷,并提供给 ERP 等关键业务系统,这种冗余架构的稳定性是单台存储系统稳定性的 2 倍,并且避免了单台存储升级带来的停机等问题,极大地提高了业务的连续性。数据分层存储可以在同一套存储设备根据不同的应用配置高转速 15000rpm 的磁盘和低转速 7200rpm 的硬盘,对于性能要求较高的业务配置转速为 15000rpm 硬盘,性能要求不高的应用配置 7200rpm 的转速的企业级 SATA 盘,并通过不同级别的 RAID 策略保证数据的安全。高可靠的集中存储系统对外提供高带宽,结合主流的双控制器、写缓存镜像技术、主机多路径技术确保存储性能能够保证业务系统正常运行,同时也确保单台存储架构的冗余性,并且存储系统同一个磁盘柜内支持高速、低速硬盘混插技术。

结合企业对重要数据保护的需求,集中存储设备采用了主流的 CDP 功能,并结合相关业务系统配置了对应的快照代理功能,确保数据的完整和一致性。特别针对微软操作系统平台,提供了操作系统保护功能,通过操作系统保护软件和集中存储之间的通信,可以把操作系统进行镜像和快照保护的数据存放在集中存储系统之上,当操作系统发生灾难性时,可以通过 Recovery CD 结合存储在集中存储中的镜像和快照时间点任意恢复快照时间点状态。如果采用基于 IP 方式连接,存储服务器采用 iSCSI HBA,也可以通过 iSCSI HBA 卡进行远程启动存储中的镜像,从而正常运行业务系统,并在业务不繁忙期间对本地系统进行恢复。

最近几年很多政府机关以及大企业都意识到业务系统数据的重要性,当数据发生意外丢失会给政府和企业带来重大灾难,很多政府机关和大企业已经在着手建立灾难备份中心。由于数据中心正在建立存储系统考虑未来有建立远程灾备中心的需求,我们的存储设备上提供了基于 IP 的复制技术,可以根据业务系统的重要性和业务系统数据的重要性,把数据从数据中心复制到远程灾难备份中心,结合我们提供的快照代理功能确保复制之后的数据完整性。我们的基于 IP 复制技术提供了丰富的复制策略供用户进行选择,针对实时性要求不是很高的系统,我们提供策略性复制技术,定时对数据中心和远程灾备中心进行复制,策略复制技术也可以当数据改变量达到某一阀值时进行数据中心存储和灾备中心存储复制。我们可以把策略性复制技术的两种方式结合在一起使用,针对业务安全较高的系统,我们可以提供自适应复制策略,实时地把重要的数据复制到远程灾备中心的存储上。基于 IP 的复制技术提供"微扫描"技术、压缩技术和数据加密技术,微扫描技术可以侦测到主存储上最小512B 的数据改变量并进行复制,这样大大节省了复制占用的带宽,压缩技术可以对进行复制的数据进行压缩,针对数据安全较高的用户我们的复制功能,提供了高级别的加密功能,能够屏蔽 IP 网络传输数据的风险。

结合企业数据中心现有业务系统特点和未来发展方向提供一整套的基于 FC/IP 存储、高可靠的集中分层存储、WSAN、灾难备份方案,这个方案可以为公司数据中心建立高可靠性、高扩展能力、高性能的存储系统,并结合基于 IP 的 CDP、WSAN、灾难备份方案为用户提升了业务系统运行连续性的能力,大大节省了系统建设费用。若采用数据分层存储和高可靠的集中存储结合的方式为数据中心建设网络存储系统,其架构如图 14-44 所示。

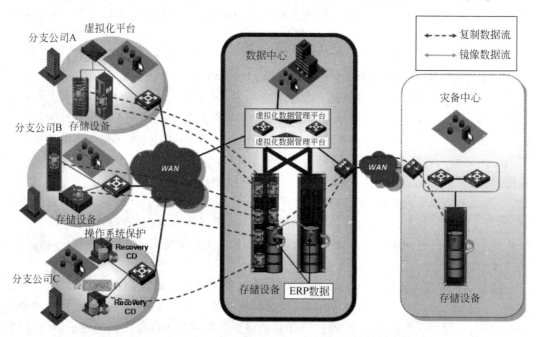

图 14-44　数据中心网络存储系统建设方案推荐

习题

通过网工程设计案例的学习,请你按以下相关要求完成实训任务。

某校园需求:某校园网前期网络系统整体设计方案和综合布线系统的施工结束,实现了分段阶的校园网的项目建设。现需对校园网络的应用服务平台进行搭建和网络设备的安装调试,对系统运行状态进行最终的测试和验收。为实现校内资源的共享和 Internet 访问,需要建立以下应用服务器:WWW 服务器、E-mail 服务器、OA 服务器、数据库服务器、DNS 服务器等,正确选择服务器品牌和型号、操作系统平台和系统软件。同时,根据校园网络总体设计方案,正确选择核心层、汇聚层和接入层交换设备,结合 VLAN 划分和 IP 地址分配,对交换设备进行正确的配置,以实现网内用户的互访。选择边界路由设备和防火墙,并进行合理有效的配置,实现 Internet 接入和网络安全访问。

具体要求:

(1) 校园网系统总体设计方案概述:包括网络系统组成与拓扑结构,VLAN 及 IP 地址规划,绘制系统网络拓扑图、VLAN 及 IP 编址方案。

(2) 交换模块设计:接入层交换服务的实现;汇聚层交换服务的实现;核心层交换服务的实现。包括设备的选择、各端口配置过程及命令清单。

(3) 广域网接入模块设计:接入设备的选择,端口基本参数设置,路由、NAT、ACL 等配置命令清单。

(4) 服务器模块设计:包括服务器品牌与型号选择、服务器操作系统选择、各类应用服务功能实现等。

(5) 系统测试与管理:包括系统测试的基本原则、方法;系统后期维护管理方法。

(6) 撰写设计方案文档。

参 考 文 献

[1] DOYLE J,等.TCP/IP 路由技术:第 2 卷[M].夏俊杰,译.北京:人民邮电出版社,2017.
[2] 谢希仁,等.计算机网络[M].7 版.北京:电子工业出版社,2017.
[3] 雷震甲,等.网络工程师教程[M].5 版.北京:清华大学出版社,2018.
[4]   HALABI S.Internet 路由结构[M].孙剑,等译.2 版.北京:人民邮电出版社,2011.
[5] VACHOH B,等.路由和交换基础[M].6 版.北京:人民邮电出版社,2018.
[6] 周亚军,等.网络工程师红宝书:思科华为华三实战案例荟萃[M].北京:电子工业出版社,2020.
[7] 陈光辉,等.网络综合布线系统与施工技术[M].5 版.北京:机械工业出版社,2018.
[8] 王楠,等.计算机网络工程[M].武汉:华中科技大学出版社,2020.
[9] 王勇,刘晓辉,等.网络系统集成与工程设计[M].3 版.北京:科学出版社,2011.
[10] 谭志彬,等.信息系统项目管理师教程[M].3 版.北京:清华大学出版社,2020.
[11] 黄少年,刘毅.系统集成项目管理工程师[M].3 版.北京:中国水利水电出版社,2018.
[12] 刘丹宁,田果,等.路由与交换技术[M].北京:人民邮电出版社,2020.
[13] 华为技术有限公司.校园应用场景及业务规划[EB/OL].(2020-08-07)[2020-12-28].
    https://support.huawei.com/enterprise/zh/doc/EDOC1100016421/4587cb56.
[14] 华为技术有限公司.POL ODN 网络规划设计_v1.2[EB/OL].(2020-07-30)[2020-12-28].
    https://support.huawei.com/enterprise/zh/doc/EDOC1100093465.
[15] 华为技术有限公司.企业园区应用场景[EB/OL].(2020-08-07)[2020-12-28].
    https://support.huawei.com/enterprise/zh/doc/EDOC1100016421/b312ad9a.
[16] 华为技术有限公司.华为云 Stack 6.5.0 解决方案[EB/OL].(2019-06-14)[2021-01-11].
    https://support.huawei.com/enterprise/zh/doc/EDOC1100062348.

图书资源支持

感谢您一直以来对清华大学出版社图书的支持和爱护。为了配合本书的使用，本书提供配套的资源，有需求的读者请扫描下方的"书圈"微信公众号二维码，在图书专区下载，也可以拨打电话或发送电子邮件咨询。

如果您在使用本书的过程中遇到了什么问题，或者有相关图书出版计划，也请您发邮件告诉我们，以便我们更好地为您服务。

我们的联系方式：

地　　址：北京市海淀区双清路学研大厦 A 座 714

邮　　编：100084

电　　话：010-83470236　010-83470237

资源下载：http://www.tup.com.cn

客服邮箱：tupjsj@vip.163.com

QQ：2301891038（请写明您的单位和姓名）

用微信扫一扫右边的二维码，即可关注清华大学出版社公众号。

教学资源·教学样书·新书信息

人工智能科学与技术
人工智能|电子通信|自动控制

资料下载·样书申请

书圈